国际可持续发展战略比较研究

主　编　王伟中
副主编　郭日生　黄　晶

商务印书馆
2006年·北京

图书在版编目(CIP)数据

国际可持续发展战略比较研究/王伟中主编.—北京：
商务印书馆,2000
　（可持续发展战略研究系列）
　ISBN 7-100-03125-7

Ⅰ.国… Ⅱ.王… Ⅲ.可持续发展-发展战略-比较研究-世界　Ⅳ.X22

中国版本图书馆CIP数据核字(2000)第23889号

所有权利保留。
未经许可,不得以任何方式使用。

GUÓJÌ KĚCHÍXÙ FĀZHǍN ZHÀNLÜÈ BǏJIÀO YÁNJIŪ
国际可持续发展战略比较研究
主　编　王伟中
副主编　郭日生　黄　晶

商务印书馆出版
（北京王府井大街36号　邮政编码100710）
商务印书馆发行
河北省三河市艺苑印刷厂印刷
ISBN 7-100-03125-7/K·672

2000年10月第1版　　开本 850×1168 1/32
2006年 8 月第3次印刷　　印张 19 3/8
定价：36.00元

主　　　编	王伟中			
副　主　编	郭日生	黄　晶		
主要编著人员	周海林	杨　川	陈漓高	马　丽
参加编著人员	于长青	于宏源	牛冬杰	王　丽
（以姓氏笔画为序）	王　颢	王红瑞	王金生	王恩宙
	王晓峰	冉圣宏	田至美	任亚楠
	闫　林	何孟常	张　远	张军涛
	李　明	李　高	李小梅	杨志峰
	周　伟	罗怀圣	夏丽萍	夏星辉
	徐琳瑜	贾兰庆	高　詠	傅小峰
	曾红鹰	曾思育	程红光	

序

"可持续发展"在全球达成高度共识,反映了各国对解决目前业已存在的、威胁人类生存的环境问题的迫切愿望,也标志着人类对于"环境与发展"的认识开始从分离走向融合。里约会议之后,世界大多数国家和国际组织很快就予以积极回应,制定了各自的可持续发展战略和计划,并付诸实际行动。

各国在制定和实施可持续发展战略过程中面临的一个共同问题是:如何实现促进经济增长和保护生态环境的双重目标。当前,经济全球化趋势的进一步加快,促进了生产要素在全球范围内的自由流动,并通过逐步消除各种壁垒和阻碍,使国家间的经济关联度和依存度不断增强。全球经济一体化是当今世界生产力和国际分工向更高级阶段发展的必然结果,但是,如果处理不好经济全球化进程和生态环境保护之间的关系,那么,它将会加剧环境问题的全球化,从而阻碍可持续发展的实现。解决这个问题的关键是如何规范经济全球化的发展,即用"可持续发展"的思想来指导经济的发展。可持续发展与经济全球化是当今世界两个相互牵制和相互促进的重要方面。可持续发展目标的实现,需要全球不断的经济增长来提供物质基础,而经济的发展需要以可持续发展为原则来进行引导。因此,实施可持续发展战略以改善目前全球的生态环境状况与通过经济全球化来促进经济的进一步增长是对立统一的两个方面。

我国可持续发展战略的实施也面临着同样的问题。也就是说,面对全球经济一体化的浪潮,中国一方面要深化改革,扩大开放,解放生产力,同时又不能模仿"自由放任",以避免在经济发展过程中由于忽略生态环境问题而自毁家园。中国必须在发展经济的同时,重视生态和环境保护,致力于可持续发展。要在跟上全球化步伐的同时,确保自身的经济安全、资源安全与环境安全。世纪之交,中国的可持续发展机遇与挑战并存。从经济发展的方面来看,我们是在批判工业文明的背景下探索有中国特色的市场经济,因此,我们有可能在前人经验教训的基础上,少走弯路,实现跨越式发展;从社会和自然条件来看,中国的发展历史和人口数量的压力决定了我们的经济活动强度具有较强的环境影响,中国的自然条件和地理特点决定了其生态环境具有明显的脆弱性,中国相对贫乏的人均资源和生存空间占有决定了我们的经济发展和生活质量的改善具有特别的艰巨性。因此,实现我国人口、社会、经济、资源与环境的可持续发展任重而道远。近年来,我国经济结构和供求关系正在发生深刻的变化,粗放型经济扩张的内在动力减弱,结构的调整和升级已成为政府和企业的共同要求。认真研究发达国家和其他发展中国家在经济一体化和可持续发展过程中的政策措施和以往的经验,将有利于我国国民经济的战略性结构调整,从而有效地改变目前资源消耗、环境破坏型的经济发展模式。随着中国加入世界贸易组织步伐的加快,中国经济日益融入经济全球化的进程之中。我们可以利用国外的资金和先进技术,发挥"后发优势",赶超发达国家,同时,还可以充分利用两种资源,两个市场,从更大的范围内解决中国的资源环境问题。了解国际可持续发展的动态以及其他国家在经济一体化和可持续发展过程中的策略与方法，将有利于改善我国的产业结构，加速我国的现代化进程，并使之朝着更有利于经济和社会可持续的方向发展。

他山之石，可以攻玉。世界各国在制定和实施可持续发展战略过程中有很多成功的经验，许多国际组织在制定和实施支持可持续发展的计划过程中也有很多有价值的思路和想法，这些经验很值得我国借鉴。尽管不同类型、不同发展经历的国家以及不同性质的国际组织，在关于对可持续发展思想的理解、可持续发展目标的设定、可持续发展的实施手段方面各不相同，但了解这些国家和国际组织的可持续发展战略、计划和行动，分析和总结全球可持续发展态势和动向，及时掌握国际可持续发展领域的信息，不仅对于中国正确地制定和实施可持续发展战略有着重要的意义，而且对于中国广泛参与可持续发展各个领域的国际竞争也将产生积极的作用。"知己知彼"才能"百战不殆"。

基于上述想法，中国21世纪议程管理中心组织有关专家编著了《国际可持续发展战略比较研究》一书。该书选取了二十八个不同经济发展水平与政治体制的国家和八个不同性质的国际组织，对各国在制定和实施可持续发展战略方面的背景、动机和发展趋势等情况作了介绍、分析和比较，并就这些国家在一些全球性重大环境问题，如全球气候变化、生物多样性保护、臭氧层保护、森林资源的可持续利用与保护等方面的立场和对策作了介绍。该书对一些国际组织的可持续发展政策和支持的优先领域，及其推动全球和地区可持续发展战略的构想、计划和相应的措施也作了介绍和评价。最后,从全球的角度,对可持续发展战略的实施情况和趋势进行了系统评价与分析,并就全球可持续发展战略的实施对中国的启示进行了讨论。该书作为国内系统介绍其他国家和有关国际组织可持续发展战略的第一部专著,相信它将不仅有助于读者全面了解国际可持续发展战略的动态和趋势,而且对我国进一步实施可持续发展战略,广泛开展可持续发展领域内的国际合作将产生积极的意义。

2000 年 7 月

目 录

引言 …………………………………………………… 1

第一章 总论 ………………………………………… 12
第一节 全球可持续发展透视 ……………………… 12
第二节 经济全球化背景下的可持续发展 ………… 33

第二章 发达国家与新兴工业化国家的可持续发展战略 ……………………………… 52
第一节 澳大利亚 …………………………………… 52
第二节 奥地利 ……………………………………… 63
第三节 比利时 ……………………………………… 69
第四节 加拿大 ……………………………………… 79
第五节 芬兰 ………………………………………… 96
第六节 法国 ………………………………………… 111
第七节 德国 ………………………………………… 119
第八节 以色列 ……………………………………… 136
第九节 意大利 ……………………………………… 148
第十节 日本 ………………………………………… 161
第十一节 韩国 ……………………………………… 177

2 目录

  第十二节 荷兰 ································ 187

  第十三节 新西兰 ······························ 196

  第十四节 挪威 ································ 213

  第十五节 新加坡 ······························ 230

  第十六节 瑞典 ································ 259

  第十七节 英国 ································ 278

  第十八节 美国 ································ 290

第三章 发展中国家和经济转轨国家的可持续发展战略 ·············· 321

  第一节 玻利维亚 ······························ 321

  第二节 巴西 ·································· 329

  第三节 匈牙利 ································ 342

  第四节 印度 ·································· 352

  第五节 印度尼西亚 ···························· 362

  第六节 菲律宾 ································ 375

  第七节 南非 ·································· 386

  第八节 泰国 ·································· 400

  第九节 越南 ·································· 411

第四章 国际组织的可持续发展战略 ·················· 421

  第一节 世界银行 ······························ 421

  第二节 亚洲开发银行 ·························· 440

  第三节 联合国可持续发展委员会 ················ 461

第四节　联合国开发计划署……474
　第五节　欧洲联盟……491
　第六节　东南亚国家联盟……516
　第七节　世界可持续发展工商理事会……529
　第八节　地球理事会……542

第五章　国际可持续发展战略评价和比较……548
　第一节　国际可持续发展战略比较……549
　第二节　全球可持续发展趋势……564
　第三节　国际可持续发展战略模式对中国的启示……579

参考文献……595

后记……602

Table of Contents

Introduction

Chapter 1　General Perspective
1.1　Global Perspective on Sustainable Development
1.2　Sustainable Development Under the Background of Economic Globalization

Chapter 2　Sustainable Development Strategies in the Developed and New Industrialized Countries
2.1　The Commonwealth of Australia
2.2　The Republic of Austria
2.3　The Kingdom of Belgium
2.4　Canada
2.5　The Republic of Finland
2.6　The Republic of France
2.7　The Federal Republic of Germany
2.8　The State of Israel
2.9　The Republic of Italy
2.10　Japan
2.11　The Republic of Korea

2.12 The Kingdom of the Netherlands
2.13 New Zealand
2.14 The Kingdom of Norway
2.15 The Republic of Singapore
2.16 The Kingdom of Sweden
2.17 The United Kingdom of Great Britain and Northern Ireland
2.18 The United States of America

Chapter 3 Sustainable Development Strategies in the Developing and Economic Transition Countries

3.1 The Republic of Bolivia
3.2 The Federative Republic of Brazil
3.3 The Republic of Hungary
3.4 The Republic of India
3.5 The Republic of Indonesia
3.6 The Republic of the Philippines
3.7 The Republic of South Africa
3.8 The Kingdom of Thailand
3.9 The Socialist Republic of Viet Nam

Chapter 4 International Organizations, Strategies for Achieving Sustainable Development

4.1 The World Bank

- 4.2 Asian Development Bank
- 4.3 United Nations Commission on Sustainable Development
- 4.4 United Nations Development Programme
- 4.5 European Union
- 4.6 Association of South East Asian Nations
- 4.7 World Business Council for Sustainable Development
- 4.8 Earth Council

Chapter 5 Assessment and Comparison on international Sustainable Development Strategies

- 5.1 Comparison on International Sustainable Development Strategies
- 5.2 Global Sustainable Development Tendency
- 5.3 Enlightenment of International Sustainable Development Strategies to China

Bibliography

Postscript

引 言

1972年联合国环境大会在全球范围内掀开了人类关注环境、保护环境的新一页,具有里程碑意义的1992年里约环发大会提出了可持续发展战略,以一种新的思想,确立了人类共同解决环境与发展问题的途径。

《里约宣言》和《21世纪议程》明确了在处理全球环境问题方面发达国家和发展中国家"共同的但有区别的责任"以及发达国家向发展中国家提供资金和进行技术转让的承诺,制定了实施可持续发展的目标和行动计划,确立了建立全球伙伴关系、共同解决全球环境问题的原则。《21世纪议程》的出台很快得到了全球性的回应,这种回应主要来自两个方面,一是各种国际组织,另一个是各国政府。几乎所有的国际组织都采取了相应的行动。联合国经济与社会理事会专门设立了可持续发展委员会(UNCSD),并且每年举行会议,审议《21世纪议程》的执行情况。1992年之后联合国举行的多次会议,如联合国人口与发展大会、第四次世界妇女大会、第二届人居大会等,均将可持续发展纳入会议主题。许多国际组织也将环境问题纳入其优先工作领域,如作为全球主要的金融支持机构之一——世界银行,在里约会议之后,以可持续发展思想为指导,对优先项目的选择进行了调整,并针对不同的国家、区域以及行业制定了可持续发展战略。世界贸易组织(WTO)也专门设立"贸易与环境委员会"。而且,可持续发展越来越受到国际法律的保护,全球性、区域性和双边环境保护公约、条约和议定书不断出台,涉及的领域也不断扩大。世界各国政府更是对《21世纪议程》作出积极反应。据联合国估计,到目前为止,全世界已有约100多个国家设立了专门的可持续发展委员会,约1600个地方政府制定了当地的《21世纪议程》。总体讲,发达国家制定可持续发展战略主要是为了继续保持已获得的优越的生活环境和现有的消费模式,维护和提高其在处理国际事务中的地位。而发展中国家提出可持续发展战略,主要目标则是强调发展,优先项目的实施也主要围绕消除贫困、控制人口、发展农业、减少环境污染等方面展开。

在1992年里约大会举行之时,曾有一位著名的美国传媒界人士评价说:"尽管可持续发展概念的提出和联合国《21世纪议程》的制定成功地缓冲了发达国家呼吁环境保护和发展中国家捍卫发展权的冲突,但在其背后隐藏着南北双方艰难地讨价还价的背景,这种形势将延续多年。"果然如其所料,八年过去了,尽管国际社会在实施可持续发展方面取得了进展,但与环发大会所预期的相比,仍相距甚远。《里约宣言》和《21世纪议程》等会议文件中所作的承诺和一些目标与行动计划不能如期实现,发达国家所作出的一些承诺事实上已变成了一纸空文。1997年6月联合国在纽约召开了第十九次特别大会,对全球可持续发展的进程与各国的实施进展进行了评价。联合国秘书长安南在大会致辞中指出:"1992年以来,可持续发展虽然取得了一些积极的进展。许多国家建立了国家协调机制以及各自的可持续发展战略;预防全球变暖、保护生物多样性和防治荒漠化的三个国际公约开始生效；蒙特利尔议定书也已进入第十年，许多工业化国家已经禁止使用氟里昂；可持续发展的思想已经深入人心，环境保护方面的立法与国际合作已在多层次、多领域展开……但是在许多方面仍存在不足：发展中国家还有四分之一的人生活在绝对贫困之中；在 1992 年里约环发大会上，发达国家已承诺的向发展中国家提供额外资金援助和技术转让并没有进展；二氧化碳排放量继续增加；森林损失依旧上升……"1999 年联合国环境规划署（UNEP）发表的一份题为《2000 年全球环境展望》(Global Environment Outlook‒2000) 的报告，在综合了全世界 850 多位科学家和 30 所著名环境研究机构的意见后指出：环发会议召开七年后，在体制建设、国际共识的建立、有关公约的实施、公众参与和私营部门的行动方面已取得一些进展，一些国家成功地抑制了污染并使资源退化的速度放慢，然而总体情况是全球环境趋于恶化。在工业化国家，许多污染物，特别是有毒物质、温室气体和废弃物的排放量仍在增加，这些国家的浪费型生产和消费方式基本上没有改变。在世界许多较穷的区域，持续的贫穷加速了生产性自然资源的退化和生态环境的恶化。报告悲观地指出：制止全球环境恶化的时间已经所剩不多。下一世纪，地球将越来越干旱、燥热、缺水；气候的反复无常也会越来越严重。如果不采取果断措施，人类消耗地球资源及破坏环境的速度将使实现"可持续发展"几乎可望而不可及。报告还说，由于水资源匮乏、土地退化、热带雨林毁坏、物种灭绝、过量捕鱼、大型城市空气污染等问题，地球已呈现全面的生态环境危机。

应该承认，上述评价并非是危言耸听，它对人类进一步处理好发展与环境的关系是一个很好的警示。当前,不仅是气候变化、生物多样性锐减、臭氧层破坏等全球性环境问题依旧没有得到有效的控制,其他诸如:淡水资源匮乏、有毒有害废弃物问题、采矿业的发展导致土地退化、森林退化、基因工程与生物安全问题、农业可持续发展问题、商业养殖业的发展与扩张、渔业资源匮竭、旅游业的可持续发展等问题还在不断出现,并正在由局部不断扩展到全球。

20世纪90年代全球灾难性的自然灾害比60年代多8倍。过去的1998与1999两年便是灾害频出的年份,1998年前11个月发生的各种自然灾害给人类带来严重的生命和财产损失,有3.2万人丧生,3亿人流离失所,经济损失高达890亿美元,高于1996年600亿美元的记录,也超过了80年代自然灾害损失的总和。1999年,自然灾害总是占据着新闻的头版头条。上半年印度奥里萨邦的飓风夺去了1万人的生命,土耳其的地震也引发了"世纪末的恐慌",12月委内瑞拉连续两周的大雨夺去了5万人的生命,并使20万人无家可归。联合国环境规划署(UNEP)在《2000年全球环境展望》报告中指出,与20世纪80年代末及90年代初相比,近年来的自然灾害爆发频率加快,对人类影响的规模也不断加大。报告认为,尽管1998年的自然灾害与厄尔尼诺现象有关,但是在很大程度上也是一种非自然灾害。人们大肆砍伐森林,破坏生态环境是导致严重自然灾害的一个重要因素。1999年由联合国环境规划署(UNEP)与人居委员会(UNCHS)所共同开展的一项调查研究表明,由于人类对环境不可持续的利用以及城市化快速而无计划的扩展,使环境的恶化和自然灾害的破坏程度更为严重。事实上，大规模的环境破坏不是一夜之间发生的，是长期形成的恶果。以对空气污染和温室效应影响较大的汽车为例，二次大战后全球有4000万辆汽车，今天已经增加到6.8亿辆。

除了日益尖锐的环境问题外，资源稀缺以及为争夺稀缺资源而引起的冲突也日趋尖锐化。在一个拥有60亿人口、200多个国家的星球上，资源匮乏与环境问题的全球化趋势必然引发国际之间的冲突和斗争。20世纪90年代初的海湾战争其实就是英美等西方国家为维护"石油资源"供给安全而进行的保卫战；由来已久的中东地区冲突都因"水"而引发。水资源匮乏已成为威胁国家安全与人类生存的主要因素。根据联合国的统计资料显示，目前全球有20%的人缺少安全饮用水，有50%的人没有足够的安全卫生设施。如果按目前的状况发展下去，到2050年世界上将有2/3的人口生活在中度或严重缺水状态之下。另外，由此造成的对水资源的竞争将必然引起更多的国与国之间的甚至国内各地方之间的冲突与争端。对于森林资源保护问题，尽管环发大会出台了关于森林问题的原则声明，但是森林的减少仍在持续。据联合国粮食及农业组织(FAO)1997年的《世界森林状况报告》显示，1990年至1995年，全球平均每年有1130万公顷森林被毁，在1980至1990年期间，发展中国家的森林减少量为每年1550万公顷，相当于以每分钟30公顷的速率减少。此外，水资源匮乏所导致的土地退化、土地产出量降低，以及人类为满足其自身的需求，竭泽而渔、大量地采用非自然的生物生长与养殖方式，不仅破坏了大自然应有的生态平衡，而且，对资源再生与环境保护形成了很大的威胁。

资源安全与环境安全已成为国家安全的重要内容,全球环境问题已与各国的政治经济利益、社会发展战略和文化价值观念紧密联系在了一起。因此,全球性环境和资源问题的解决并非一国或一个国际组织可以实现,它需要各国政府和国际社会的共同努力。里约会议开辟了人类认识和解决环境与发展问题的新历程,但是,要解决这些全球性的环境问题,最终实现全球范围的可持续发展依然任重道远。

里约会议以后,国际形势风云变幻,经济全球化步伐加快。经济全球化促成了商品、资源、技术、信息、资本在全球范围内的自由流动和配置,形成统一的全球大市场,推动了跨国公司的全球化经营和全球产业结构的新一轮调整,在促进全球生产力快速发展的同时,全球统一市场上的经济主体之间竞争越来越激烈。经济全球化将世界连成一体,使各国之间的生产要素、产品贸易往来更加密切,各国之间的相互依赖由此进一步增强,形成你中有我、我中有你相互交织的复杂局面。伴随经济全球化的另一结果是生产要素向资本占有者流动,拥有资本优势的发达国家可以将产品生产和销售的原材料市场与产品市场扩展到全球各个角落,增强了对发展中国家资源与市场"掠夺"的强度与广度,使穷国与富国的差距进一步拉大。经济全球化使得影响可持续发展战略制定和实施的变数增多,对可持续发展既有有利的一面,也有不利的一面。

有利的一面是,经济全球化为各国可持续发展战略的实施提供了全球范围的支持与合作。经济全球化促进了资源的优化配置以及全球范围内的生产分工合理化与规模效益,提高了资源的利用效率,相对地减少了低水平、低效率地资源开发与生产所导致的环境污染。而且,经济全球化将经济效率、市场化的观点推广到全球各个生产领域,有助于促进资源成本化与环境价值化。像解决诸如空气与水资源遭到污染和破坏的问题,也可以通过类似于"商品购买"的方式进行。经济全球化将通过促进国家之间生产要素和产品的相互交流,而使国际间的合作变得必不可少。鉴于一国的环境污染会影响到周边国家的环境质量,国与国之间在环境保护问题上的合作也会得到加强。

不利的一面是,经济全球化拉大了发达国家与发展中国家的差距,贫富悬殊进一步加大。经济全球化所导致的全球分工新格局是在已有的经济基础之上发生的,发达国家在已完成工业化的基础上将主要发展知识密集型的高新技术产业和服务业,而还未完成工业化的广大发展中国家则除了继续作为原材料、初级产品的供应者外,还将成为越来越多的工业制成品的生产基地。这样,发展中国家的产业结构调整仍处于被动状态,在全球生产地域分工中处于劣势,资源利用与开发力度较弱,在全球性资源和市场竞争中仍处于不利地位。发达国家为强化高科技行业的垄断地位,保持贸易、投资、金融、管理、人才等方面的优势,将把污染严重、高能耗的产业转移到发展中国家生产,导致污染源从发达国家向发展中国家转移,使发展中国家不仅在资源生产与经济增长方面受着发达国家的剥削,而且还将成为主要的污染承纳国。此外,发展中国家还面临着新贸易保护主义的挑战。发达国家一方面积极推动经济全球化,努力占领发展中国家市场;另一方面却通过质量认证、绿色标准、产品配额等措施限制发展中国家产品进入其国内市场。这样,随着经济全球化的不断深入,发展中国家与发达国家之间的经济发展水平与质量上的差距有可能继续扩大,这与可持续发展的公平性原则背道而驰。

经过多年改革开放之后的中国,在着力对经济结构进行战略性调整之时,恰逢经济全球化的浪潮带来挑战和机遇。中国因其充满活力的经济,要求建立公平合理、全面发展的全球贸易秩序的主张,以及中国对全球人类环境高度负责任的态度,受到了国际社会极大的关注。因此,中国实施可持续发展战略将会给全球政治经济新秩序的形成产生重大和积极的影响。与此同时,中国加入世贸组织和融入一体化的全球经济体系后,中国可持续发展战略的制定和实施也将受到外部环境的多重影响。经济全球化一方面将会深化中国的改革开放,加强中国与世界各国的贸易往来,有利于吸引国外的资金、先进的管理经验和科学技术,促进国内产业结构升级与经济结构调整,并给国有企业与民营企业的发展注入生机,进而提高中国的经济实力,增强可持续发展的能力。但是,另一方面,经济全球化使中国目前尚还弱小的产业,如汽车、电子、通讯、金融等完全卷入全球竞争的浪潮,因而面临经济竞争的压力和发展能力的考验。中国能否在这次浪潮的冲击中争得主动、游刃有余?能否在参与全球分工的同时保障本国的资源安全与环境安全,而避免成为发达国家的"加工厂"和"垃圾场"?这是经济全球化对我们提出的挑战。中国在制订发展战略中,曾受"东亚模式"的影响,将高速增长作为首要目标;为保护民族工业和培育有竞争能力的企业,政府不得不采取宏观干预政策，推行出口导向和以市场换技术的战略等等；环境保护也主要以政府投入为主，市场调控能力非常薄弱。这种政府较多干预的经济发展模式在经济起飞阶段发挥过重要作用，但在参与经济全球化过程和面临新形势新问题情况下，中国将如何调整自身的发展战略，如何利用经济全球化的契机，将自身的可持续发展与对外开放所面对的国际大环境紧密结合起来，这又是摆在我们面前的一项新的课题。

可持续发展没有固定的模式，不同的国家，可持续发展战略的内容与实施途径也不同，但这并不意味着他国的发展经验对中国没有参考意义，别国的教训不可作为借鉴。相反，只有全面地了解中国之外的可持续发展形势和动态，才能在经济全球化的浪潮中找准位置，把握机遇，合理地处理经济增长与环境保护的关系。信息技术的迅猛发展为人与人之间的交流与合作提供了便利，不同国家之间可以相互吸取经验和教训，并与本国实践相结合，以形成具有本国特色的可持续发展道路。各国基于不同资源环境条件和经济发展水平所制定的可持续发展战略以及对不同问题所采取的对策和措施，对中国实施可持续发展战略有何借鉴作用？环境问题的全球化趋势将会给 21 世纪世界各国的政治、经济和外交关系带来什么样的格局？经济全球化趋势将对各国的可持续发展产生怎样的影响？加入 WTO 后中国的可持续发展将面临怎样的挑战和机遇？中国在实现可持续发展的征途中有哪些国外经验可以借鉴？我们编写《国际可持续发展战略比较研究》一书并不是想要给出上述所有问题的答案，我们所希望的是通过书中的介绍和分析，启发读者对中国的可持续发展战略进行深入思考。

本书通过对可持续发展历史的反思、哲学的思考以及对联合国环发大会以来可持续发展进展的实践总结，对全球可持续发展进行了三维透视，并分析了经济全球化与环境问题全球化的关系。在读者了解了这些背景知识后，本书重点介绍了二十八个国家和八个国际组织的可持续发展战略，重点国家覆盖了发达国家、新兴工业国家和经济转型国家的代表，主要国际组织包括了联合国体系的开发计划署和可持续发展委员会、金融机构的世界银行和亚洲开发银行、地区性组织的欧盟和东盟以及非政府组织的世界可持续发展工商理事会和地球理事会。关于各国可持续发展战略，简要介绍了各国与其可持续发展战略密切相关的环境、资源特点和经济发展水平等基本情况，重点介绍了这些国家可持续发展战略的核心思想、战略目标、相应的对策、实施途径、主要进展，负责推动可持续发展战略的组织机构，地方可持续发展战略的实施情况，以及对一些全球重大环境问题的立场和对策等。关于主要国际组织的可持续发展战略，简要介绍了这些国际组织的性质和功能，重点阐述和分析了该组织对推动全球和地区可持续发展战略的构想、计划及相应的措施，分析研究其政策措施对全球和地区可持续发展已经和预期产生的影响，评述该国际机构采取有关政策和行动的动机背景以及试图在可持续发展国际舞台上发挥的作用等。在此基础上，本书对国际可持续发展战略进行了比较，概括总结了全球可持续发展的九大趋势，并就国际可持续发展战略模式对中国的启示进行了分析。我们希望通过《国际可持续发展战略比较研究》这扇窗口对世界各国和重要的国际机构在可持续发展方面的举动作一次探查，为中国的可持续发展战略研究提供参考,并为中国进一步制定可持续发展的方针政策和行动举措提供一面镜子,从而为中国可持续发展战略的实施提供借鉴。

第 一 章

总 论

世纪之交,"可持续发展"日益成为国际社会的广泛共识,并逐步向社会各个领域渗透。以联合国和世界银行等为代表的主要国际组织纷纷制定自己的可持续发展政策措施,以推动其全球可持续发展的战略构想;大多数国家和地区也根据联合国《里约环境与发展宣言》和《21世纪议程》等纲领性文件,制定了适合本国或本地区条件的21世纪可持续发展战略。"可持续发展"这个同时包含大量不同观念和认识的概念,自然也引起了学术界的广泛关注和几乎是无休止的争论。这些争论不仅涉及学术和理论领域的不同观点,更代表了不同政治、社会、经济利益群体间的冲突和斗争。因此,从宏观的角度,透视全球可持续发展的背景和内涵,研究全球经济一体化对实施可持续发展战略的影响,将对理解不同国家、不同国际组织所制定的可持续发展战略在概念、内涵和实施对策上的差异产生积极的效果。

第一节 全球可持续发展透视

"可持续发展"概念的提出,是人类经过实践探索和理性反思后在认识上的一次重大突破,也是人类思维方式和观念更新的一种表征。那么,人类对"环境与发展"的认识是怎样走到可持续发展这一步的呢?本节将首先回答这一问题,在此基础上,从多层次、多视角透视可持续发展的深刻内涵和广泛外延,从联合国环发大会的执行情况透视全球实施可持续发展战略的艰巨性。

一、通过回顾"发展"的历史,透视"可持续发展"产生的必然性与必要性

"可持续发展",从本质上讲,是对"发展"问题的再认识。回顾人类发展的历史,两条主线贯穿"发展"的全过程。一条是关于经济增长的方式,即推动经济增长的动力,强调经济增长的"原因";另一条是关于经济发展的模式,即走什么样的发展道路,强调经济增长的"结果"。两条主线相互交织,推动了人类在"发展"问题上认识的升华。

(一) 从经济增长方式上划分,人类发展史大体经历了原始经济、农业经济、工业经济三个时期

原始经济时期,从人类起源至公元前 8000 年。表现为生产力水平低下,劳动力为唯一的生产要素。这一时期,人类主要是本能地利用环境,采集和捕食生存所必须的生活资料,通过生理代谢过程实现与环境的物质和能量交换,依靠自然界自身的净化能力实现一种自发的生态平衡关系。

农业经济时期,大约从公元前 8000 年至公元 1750 年,农业对经济增长起着决定性作用。主要经济特征包括:劳动力、简单的生

产资料、土地为主要生产要素；种植业占主导的农业为主要产业形式，人类的主要生产经济活动都围绕土地进行；生产力水平较低，表现为对劳动力的单一需求。这一时期，人类对于自身与环境的关系认识较少，虽然人类活动也造成环境污染、森林火灾等事故，但总体来讲，对资源、环境、生态造成的破坏较小。

工业经济时期，从公元 1750 年至今，工业对经济增长起着决定性作用。主要经济特征包括：劳动和资本成为主要生产要素；制造业成为主要产业形式，人类的主要经济活动围绕着资源进行；生产力水平较高，表现为对资源和机器的需求，并且这种需求的满足是建立在科学发现和技术发明创造的基础之上。这一时期，伴随着人类创造出越来越多的经济成果，人类对环境的破坏日趋严重，同时也对自身与环境的认识逐渐深化。

需要指出的是，随着部分发达国家完成了其工业化进程，知识经济的雏形已在少数发达国家中诞生，知识在经济中的作用显著增加，从而为人类经济活动减轻对资源、环境的压力提供了可能。

(二) 从经济发展模式上划分，人类对于"环境与发展"的认识大体经历了唯经济发展阶段、发展道路的反思阶段和可持续发展共识阶段

经济发展模式的选择，反映了人类发展观的演变和更新。回顾人类发展观的发展过程，可以寻找人类认识发展的轨迹，帮助提高对发展问题的再认识。

第一阶段：唯经济发展阶段，即发展等于经济增长。

直至 20 世纪 60 年代之前，无论是原始经济时期、农业经济时

期,还是工业经济的初期,一直是这种发展观统治着人们对"发展"问题的认识。特别是18世纪初工业革命后,随着科学技术和商品经济的迅猛发展,人类生产力水平有了极大提高,世界出现了前所未有的"增长热"。在这一阶段,发展主要是按经济增长来定义的,也就是以国民生产总值或国民收入的增长为根本目标,以工业化为主要内容,认为有了经济增长就有了一切。这种高速的经济增长,不仅加剧了通货膨胀、失业等固有的社会矛盾,而且引发了南北差距加大、能源危机、环境污染以及生态破坏等更为广泛而严重的问题。

第二阶段:发展道路的反思阶段,人类对"环境与发展"认识的第一次飞跃。

从20世纪60年代到80年代,人类在经历了一系列重大公害事件对经济和社会发展带来的影响和痛苦之后,开始积极反思和总结传统经济发展模式不可克服的矛盾,努力寻找新的发展模式。

在这一阶段,人们提出了许多发展的观点,其中最重要的是联合国《第一个发展十年》中提出的重要结论:单纯的经济增长不等于发展,虽然经济增长是发展的重要内容,但发展本身除了"量"的增长要求以外,更重要的是要在总体的"质"的方面有所提高和改善。

20世纪60年代,人类对发展道路的反思和总结不断走向深入。在这期间,学术界也十分活跃。1962年,美国出版了莱切尔·卡逊的《寂静的春天》一书,书中列举了大量污染事实,轰动了欧美各国。书中指出:人类一方面在创造高度文明,另一方面又在毁灭自己的文明,环境问题如不解决,人类将"生活在幸福的坟墓之中"。1966年提出的来自地球宇宙飞船的经济学主张用"循环式经济"代替"单程式经济"。1972年召开的联合国人类环境会议发表了《人类环境宣言》,指出:"为了在自然界里取得自由,人类必须利用知识在同自然合作的情况下建设一个较好的环境。为了这一代和将来的世世代代,保护和改善人类环境已经成为人类一个紧迫的目标。这个目标将同争取和平和全世界的经济与社会发展这两个既定的基本目标共同和协调地实现。"由美国麻省理工学院1972年"人类困境研究计划"提出的《增长的极限》,借助系统动力学模型,得出了"零增长"下"全球均衡"的结论。这个结论虽然过于悲观,但是却促使人们开始重视全球性战略问题的研究,提醒人们注意地球的承载能力,提出了"不要盲目地反对进步,但是反对盲目的进步"等有益观点。

由此可以看出,20世纪70年代的发展观向着被称之为"发展目标的社会化"的方向前进了一大步。这是由于实践表明,单纯的经济增长并不能使贫困、失业、分配不公等社会问题得到解决,有些情况下甚至还会恶化。国际劳工组织(ILO)于20世纪70年代初期提出了以增加就业、匡济贫困阶层为主体的政策建议。1975年,国际劳工组织还进一步将"基本需求战略"作为发展中国家的发展战略向国际社会推荐,这一战略从20世纪70年代后期开始也影响了发达国家的发展援助政策。

20世纪80年代以来,世界各国开始从经济、政治、社会等多方面研究发展问题,从而形成了一种新的"综合发展观"。1983年,联合国教科文组织委托法国学者写了《新发展观》一书,指出新的发展观是"整体的"、"综合的"和"内生的",其经济发展不仅包含数量上的变化,而且还包括收入结构的合理化、文化条件的改善、生活质量的提高,以及其他社会福利的增进。也就是说,经济发展体现为经济增长、社会进步与环境改善的同步进行。这种新的综合发展观在实践中逐步演变成"协调发展观"。在西方,这种发展观把发展看成是民族、历史、环境、资源等自身内在条件为基础的,包括经济增长、政治民主、科技水平提高、文化价值观念变迁、社会转型、自然生态协调等多因素的综合发展。在中国,从20世纪80年代初开始,包括自然和社会科学的许多学科的学者,在实践中总结和发展了协调发展观,提出了社会经济与自然生态协调发展的新观点。1980年,世界自然保护联盟(IUCN)、联合国环境规划署(UNEP)和世界野生动物基金会(WWF)共同发表的《世界自然保护大纲》中较早提出了可持续发展思想。到1987年,世界环境与发展委员会(WCED)的著名报告《我们共同的未来》,比较系统地阐明了可持续发展战略思想,并提出了可持续发展的明确目标:"为了实现可持续发展,人类必须致力于:(1)消除贫困和实现适度的经济增长;(2)控制人口和开发人力资源;(3)合理开发和利用自然资源,尽量延长资源的可供给年限,不断开辟新的能源和其他资源;(4)保护环境和维护生态平衡;(5)满足就业和生活的基本需求,建立公平的分配原则;(6)推动技术进步和对于危险的有效控制。"1991年,世界自然保护联盟、联合国环境规划署和世界野生动物基金会又共同发表了《保护地球——可持续生存战略》,提出:"要在生存于不超过维持生态系统涵容能力之情况下,改善人类的生活品质,"并且提出人类可持续生存的9条基本原则,同时还提出了人类可持续发展的价值观和130个行动方案,着重论述了可持续发展的最终落脚点是人类社会,即改善人类的生活品质,创造美好的生活环境。《生存战略》认为,各国可以根据自己的国情制定各不相同的发展目标,但是,只有在"发展"的内涵中包括提高人类健康水平、改善人类生活质量和获得必须资源的途径,并创造一个保障人类平等和自由权利的环境,才是真正的"发展"。

通过以上反思和总结不难看出,人类对于"环境与发展"的认识,开始强调社会因素和政治因素的作用,把发展问题同人的基本需求结合起来,同时也把发展的概念由经济推向社会,把环境问题由对工业污染的控制推向全方位的环境保护。这是人类对"环境与发展"认识的第一次飞跃。

第三阶段:可持续发展共识阶段,人类对"环境与发展"认识的第二次飞跃。

以 1992 年联合国环境与发展大会为标志,人类开始从环境与发展的分离走向将经济发展和环境保护相结合的道路。在这一阶段,全球对可持续发展达成了共识,并赋予其具体的思想内涵和切实的行动计划。联合国环发大会通过了《里约宣言》和《21 世纪议程》等重要文件,可持续发展的战略思想逐渐形成全球共识,成为全人类共同的发展战略。可持续发展概念的提出,是人类发展观最重要的进步,是人类对于人与自然的关系以及自身社会经济行为的认识的飞跃,同时也是人类对"环境与发展"认识的第二次飞跃。近几年来,可持续发展战略已经成为许多世界最高级会议和全球大会的中心议题。

这就是人类从传统发展观向可持续发展观转变的历史轨迹。当代人类最终理智地选择了可持续发展观,是人类发展观由传统的工业文明向现代的生态文明的历史性飞跃,是一种划时代的全新的发展观。因而它既是一场彻底的思想意识革命,又是一次势在必行的人类经济社会的全方位的巨大变革。可持续发展观,正在影响着中国和世界各国发展的历史进程。

二、通过系统的哲学思考,透视"可持续发展"的内涵与外延

经过痛苦的反思、认真的求索,人类对"环境与发展"的认识终于达成了"可持续发展"的共识。但就目前而言,关于"可持续发展"的概念、内涵及外延并没有统一的结论。为了深刻理解"可持续发展",有必要首先从哲学高度对可持续发展进行思考,这有益于寻找可持续发展的理论底蕴和认识根源。

(一)关于可持续发展的哲学思考

可持续发展思想的实质是对人类自身和自然关系的再认识问题。从哲学上思考可持续发展,意味着必须将人看作是未完成的、有待不断完善的社会存在物。德国哲学人类学家米切尔兰德曼说过:"人的非特定化是一种不完善,可以说,自然把尚未完成的人放到世界之中;它没有对人作出最后的限定,在一定程度上给他留下了未确定性"。这一思想正如马克思指出的:"人不是在某一种规定性上再生产自己,而是生产出他的全面性;不是力求停留在某种已经变成的东西上,而是处在变易的绝对运动之中"。因此,所谓可持续发展,就是着眼于这种"未确定性",促使世代相继的人类走

向不断完善,防止中断或逆转这种发展。这取决于对人与自然关系危机的合理解决。为此,必须变革传统的思维定势,确立新的悟性:人与自然和谐相处。

我们不能简单地将人类活动于其中的自然界视作外在于社会的、不变的形而上学的实体。普列汉诺夫说:"社会人与地理环境之间的相互作用,是出乎寻常地变化多端的。人的生产力在它的发展中每进一步,这个关系就变化一次"。新的可持续发展的人地观作为辩证的综合,既不是复归古代的,又高于前工业社会的人地观。它既以肯定人与自然的统一性为前提,又充分认可人在自然面前的积极能动性。它明智而适度地对待自然界,既肯定人类的生存和发展离不开对自然界的改造,又要求将这种改造活动保持在一定的合理阈限。它所倡导的人与自然的协调发展,要求将社会生产力与自然生产力相和谐,将经济再生产与自然再生产相和谐,将经济系统与生态系统相和谐,将"人化自然"与"未人化自然"相和谐,从而实现在保持自然资源质量和持续供应能力的前提下经济的可持续发展,在不超越环境系统涵容能力和更新能力的前提下的人类社会的健康发展。

从理论角度来说,可持续发展不是一个独立的部门学科而是交叉科学,其科学体系还在形成之中,现阶段还处在哲学思考和实践归纳阶段。可持续发展理论的提出,实际上首先还是人类发展观的根本转变。这个发展观的转变包括两层意思。

首先,是从以经济增长为核心到以社会全面发展为宗旨的转变。传统的发展模式,将社会发展仅仅看作是一种经济现象。其战略目标追求的是国民生产总值(GNP)或国民收入的增加,将其增长率视为社会发展水平的尺度。实践证明,这种发展模式是有根本缺陷的,它造成对有限资源的掠夺性浪费,破坏了生态系统;它无法使人们随着物质生活的提高,得到真正的整体幸福。于是人们对其弊端进行反思,认识到经济发展的中心是"物",社会发展的中心是"人";社会发展虽然要以经济发展为基础,但决不能顾此失彼。可持续发展的基本要求,就是自然、经济和社会的协调发展,其哲学特征是强调发展的"整体性"和"综合性",要求将社会当作复杂有机体看待。这种发展符合现代系统科学。可持续发展把人当作中心,具有人学意义。第一,对待人类的未来发展,它倡导代际平等原则。强调当代人对后代人应当赋有自觉的"类"意识,担当起为后代开创更美好生活的责任。第二,对待人类的现实发展,它倡导代内平等的原则。强调任何国家和地区的发展,不能以损害其他国家和地区的发展为代价,特别应当顾及发展中国家的利益和需要,从整体上防止国与国、民族与民族、地区与地区间的贫富分化。第三,将人的不断完善当作战略旨归,主张人与自然的和谐统一,其根本立意在于把人从与自然的严重对立中"解放"出来,进入人与自然的高级阶段的统一。

其次,是从开发自然资源为主到开发人类的资源为主的转变。在人类存在的时空范畴内,自然资源是有限的,它的合理开发有赖于人的素质的提高;人类的资源是无限的,是一种比自然资源更为可贵的资源。如果只是从自然资源看,会得出增长有限的悲观结论;如果转向人类自身资源开发的无穷性,就会对人类的未来充满信心。因此,应当"把目标放在开发人们潜在的、处在心灵最深处的理解能力和学习能力上面,以便事态的发展最终能得到控制"。

人类资源的开发绝非意味着最终加大开发自然资源的强度，相反，人类资源被开发的程度越大，对合理开发自然资源的认识就会越深。

历史的车轮驶入20世纪下半叶后，人和自然的冲突达到全球规模。在严峻的现实面前，协调人和自然的关系成为全世界关注的焦点，也成为当代哲学研究的结合点。人们对经济发展的一些观点也开始重新认识。首先是生产力的问题。生产力是指人类征服和改造自然的客观物质力量，反映人们在物质资料生产过程中与自然界之间的关系。在传统的经济和价值观念中认为没有劳动参与的东西没有价值，或者认为不能交易的东西没有价值，两者都认为环境资源，特别是自然资源没有价值。这就形成了"产品高价、原料低价、资源无价"，这是以往发展观念的致命误区。同时，人们也开始认识人口、资源问题在可持续发展中的重要地位。事实上，可持续发展的概念在很大的程度上是由资源问题引发的，各国经济的发展和竞争实质上是对资源分配的争夺，自然资源的有限性、人口增长的无限性导致了资源除以人口这个真分数锐减的不祥趋势。人类今天面临的问题比以往任何时候更为严重、复杂和棘手，这不仅要求全人类共同付出更大的努力，更重要的是要抛弃那种过分狭隘的思路，从技术、经济、社会、文化、意识形态和价值观等多个维度来对生态环境问题进行综合分析。

(二) 可持续发展的概念、内涵与外延

可持续发展作为一种全新的发展观，到底应该如何去定义、理解和实践它，不同的学者站在不同的角度提出了多种不同的观点。

第一节 全球可持续发展透视

本文谨列举人们普遍接受的、以布伦特兰夫人为首的世界环境与发展委员会（WCED）对可持续发展的定义，"既满足当代人的需要，又不损害子孙后代满足其需求能力的发展"。

从上述定义出发，可持续发展的内涵至少包括三个基本原则。(1)公平性原则，包括时间上的公平和空间上的公平。时间上的公平，又称代际公平，就是既要考虑当前发展的需要，又要考虑未来发展的需要，不以牺牲后代人的利益来满足当代人的利益。空间上的公平，又称代内公平，是指世界上不同的国家、同一国家的不同人们都应享有同样的发展权利和过上富裕生活的权利。(2)持续性原则。可持续发展的核心虽然是发展，但这种发展必须是以不超越环境与资源的承载能力为前提，以提高人类生活质量为目标的发展。(3)共同性原则。由于历史、文化和发展水平的差异，世界各国可持续发展的具体目标、政策和实施过程不可能一样，但都应认识到我们的家园——地球的整体性和相互依存性。可持续发展作为全球发展的总目标，所体现的公平性原则和持续性原则应该是共同的。

可持续发展的外延涉及经济、社会、生态三个方面的和谐统一。也就是说，人类在经济发展中不仅追求经济效率，还追求生态和谐和社会公平，最终实现全面发展。因此，可持续发展是一项关于人类社会经济发展的全面性战略，它包括经济可持续发展、生态可持续发展、社会可持续发展三个方面。

综上所述不难看出，可持续发展作为一种全新的发展观，它的内涵十分深刻，外延非常广泛。

三、通过对联合国环发大会(UNCED)执行情况的总结，透视实施"可持续发展战略"的艰巨性

1992年6月在巴西里约热内卢召开的联合国环境与发展大会，是继1972年联合国人类环境会议之后举行的讨论世界环境与发展问题的筹备时间最长、规模最大、级别最高的一次国际会议，也是人类环境与发展史上影响深远的一次盛会。183个国家的代表团和联合国及其下属机构等70个国际组织的代表出席了会议，102位国家元首或政府首脑到会讲话。通过这次会议，世界各国对可持续发展达成了共识，但就实施可持续发展的具体责任和措施仍存在较大分歧，这不仅反映在里约会议本身的遗憾，而且也反映在后续行动上的迟缓。

（一）里约会议的重要成果

从直接成果上看，里约会议通过并签署了五个重要文件——《里约环境与发展宣言》、《21世纪议程》、《关于所有类型森林问题的不具法律约束的权威性原则声明》、《气候变化框架公约》和《生物多样性公约》，其中《里约环境与发展宣言》和《21世纪议程》提出建立"新的全球伙伴关系"，为今后在环发领域开展国际合作确定了指导原则和行动纲领，也是对建立新的国际关系的一次积极探索。这些文件的通过和签署，普遍提高了各国的环境意识；同时由于发展中国家在这次会议上发挥了主导作用，国家主权、经济发展权等重要原则得到了维护。

里约会议最重要的成果是在全球建立起一个以"里约精神"为基础的新型全球伙伴关系。里约会议本身及其长时间的筹备,使各国最高政治层及其社会与经济各个阶层不仅认识到环境危机本身是相当棘手的问题,而且要处理好环境与社会经济的相互关系也十分复杂。环发大会本身形成了一个由国际组织、各国政府机构、非政府组织、学术团体及个人组成的国际大家庭,从而相互交换观点、表达意见、取得共识,并决心在未来的几年里抓住机遇、共同努力,为了拯救地球和人类自身而改变掠夺性的生产方式和浪费型的消费形态,坚决抑制环境恶化、建立一个"可持续发展"的新世界。

环发大会共识的核心是:要以公平的原则,通过全球伙伴关系促进全球可持续发展,以解决全球生态环境的危机。这一点在《里约宣言》的"共同但有区别的责任"原则中已经被清楚地阐明。也就是说,发达国家应承认对造成目前环境恶化状况负有主要责任。发达国家应该援助发展中国家在环境问题上的努力。发展中国家正努力致力于消除贫困和满足人民的基本需求,因此迫切需要来自发达国家的外部援助。具体地说"共同但有区别的责任"应该要求:(1)发达国家必须改变目前不可持续的消费方式,包括改变现有的不可持续的生活方式,减少自然资源的浪费,减少排放有毒有害物质,通过"把自己家里先整顿好"来为其他国家做出示范,也就是说在"可持续发展"方面要先做出表率。(2)发达国家通过资金援助和技术转让帮助发展中国家在经济上得到发展(比如真正实现公平贸易),从而使发展中国家在经济得到发展后有能力在环境方面进行改善。(3)发展中国家将在拥有良好技术资源和经济发展条件下有限解决满足人民基本需求的问题,同时积极把经济社会发展与改善环境与保护自然资源结合起来。(4)国际组织及机构要帮助发展中国家争取用于改善生态环境方面的财政资助和技术转让,并保证贸易的经济发展的公平性。(5)在经济发展与环境保护关系复杂一些的问题上,如环境与贸易问题、知识产权与环境技术转让问题、当地传统文化与技术问题等,必须尊重发展中国家的发展需求权利,不以环境为借口为发展中国家的经济发展和贸易设置壁垒。

这正是对以布伦特兰夫人为首的世界环境与发展委员会提出的、也是当前最流行的关于可持续发展的定义的最好诠释。也就是说,可持续发展除了在生态意义上要保证未来后代能有资源满足其基本需求外,还要以公平的方式改变目前的消费与生产方式,使得被浪费的资源能够得到节约并用于满足当代及后代的生活需求。只有这样,可持续发展概念的两个重要组成部分"环境保护和满足当代和未来后代的基本需求"才能够得到实现。

应该看到,各国在环发大会上对可持续发展的理解和实施可持续发展的共识来之不易。它既是人类作为一个整体在长期与自然相互作用的生存中得出的理论和经验总结,也是代表不同利益的各国之间相互既有斗争又有合作的政治性谈判的产物。为此,环发大会倡导在这个共识的基础上,以新型的全球合作伙伴关系开展世界范围的合作,为最终实现可持续发展的远大目标而共同努力。这种在环发大会的筹备和召开过程中表现出来的、并为各国承诺将继续进一步开展的合作精神,就是"里约精神"。

(二) 里约会议的问题

尽管没有人怀疑环发大会的巨大成功,但是深入研究和总结此次大会的经验,找出其不足或者说遗憾之处显然是有益于全球和各国可持续发展实施工作的。在环发大会成功的绚丽光环背后,我们还应清楚地看到它留给人们的遗憾。

1. 发达国家在环发大会上拒绝改革国际经济关系和结构以建立新型的南北经济交流与对话,拒绝承诺任何改善发展中国家贸易地位和减轻外部债务等问题的义务,从而阻碍了发展中国家的资金流动及为发展中国家提供更多更快的发展的机会。由于在《21世纪议程》中无法提出表现新型伙伴关系以帮助发展中国家摆脱困境从而使之有能力加强生态保护的条款,因而在谈判中自始至终停留在要求发达国家兑现以前就已承诺了的官方发展援助(ODA),以所谓"新的额外的资金援助"以及"优惠的和减让的技术转让"(至少是环境无害化技术转让)来粉饰原本并无进展的援助。从环发大会后的实际情况看,这两项发达国家援助发展中国家的"环境和发展伙伴关系"的内容只是里约精神提倡的"全球新型伙伴关系"的象征性条款而已。

2. 即使是《21世纪议程》中重点强调的"技术转让"问题,发达国家也明确宣布"知识产权"的保护是不能做任何让步的。这实际上完全使所谓"优惠的和减让的"技术转让条款形同虚设。《21世纪议程》、《气候变化框架公约》和《生物多样性保护公约》中的这些条款虽然为环发大会后续行动提供了基础,也确实说明了不能以知识产权保护为借口阻碍技术转让的实现的含义,然而其措辞都有模糊不清的弱点,因而缺乏明确的约束能力。

3. 环发大会未能对跨国公司及商业集团的经营及发展行为作出相应的规范。实际上跨国公司是世界上造成环境污染转移、资源不公平分配和浪费以及不可持续的生产与消费方式扩展的主要责任者。《21世纪议程》未能对这些大型跨国公司提出促使其朝可持续发展方向规范的条文,使得这些公司逃避了应该负担的责任,从而使《21世纪议程》的实施显得脆弱和无力。

4. 发达国家特别是美国拒绝为实现可持续发展而改变现有的生活方式,他们不断宣称"我们的生活方式是不能谈判的"。如此,可持续发展中重要的"资源与能源的节约与可持续利用"的原则在实施中遇到了很大的阻碍。

5. 虽然环境提案很多,但能被南北双方都接受的寥寥无几。发展中国家由于担心对经济发展带来影响,因此拒绝接受针对自然资源与生态退化特别是森林退化方面的影响经济发展的约束条款;发达国家则拒绝讨论限制其向发展中国家销售和转移环境有害产品及转移生产活动,不同意对生物基因工程的环境安全作出法律保障,不愿意兑现在《气候变化框架公约》中关于减少温室气体排放的承诺。

6. 对可持续发展的概念仍然有很多争议,尽管对环境与发展问题的共识已基本达成,即环境改善的进展是与经济发展的程度相对应的。但是作为可持续发展概念的核心,其公平性的地位和作用,建立公平国际关系所需要的改革,以及关于环境与发展有机结合的有效与公平方式等等都未有明确的解释。这就给里约会议的后续行动的迟缓留下了隐患。

(三) 里约会议的后续行动

环发大会后,随着一系列公约的生效,全球可持续发展取得了一定的进展。主要反映在:(1)为了审议实施《21世纪议程》取得的进展、促进全球对话,并建立促进可持续发展的伙伴关系,联合国建立了可持续发展委员会(UNCSD)。它在联合国系统内外的各种活动中促进了新的行动和承诺,其政府间森林问题特设工作小组已对促进全球森林议程作出了一定贡献;(2)国家可持续发展战略的推动有了一定的进展,各国政府做了大量的努力,拟订促进可持续发展的新政策和战略,或调整现有的政策和计划,从而将环境和发展事项纳入其决策。有150多个国家建立了国家级的可持续发展理事会或相应的组织机构,而且全球有2000多个城市针对当地的实际情况开展了地方21世纪的行动;(3)环发大会的局限性逐渐暴露出来,要求进一步改革呼声日高,等等。

在看到成绩的同时,我们更应该注意到环发大会后续行动进展不大的事实。在环发会议召开七年后,正如联合国《2000年全球环境展望》中所指出的:全球环境在继续恶化,重大的环境问题仍然存在于所有区域和各国的社会经济结构之中。在工业化国家,许多污染物,特别是有毒物质、温室气体和废物量的排放仍在增加,这些国家的浪费型生产和消费方式基本上未有任何改变。许多经历了迅速经济增长和城市化的国家,其空气和水污染的程度也在上升,对人类健康的影响在逐渐增加。酸雨和越境空气污染一度被认为仅是工业化国家才有的问题,现在正在日益成为许多发展中国家的突出问题。在世界许多较穷的区域,持续的贫穷愈发加速了生产性自然资源的退化,荒漠化也在扩大。供水不足和不安全正在影响世界各地越来越多的人,使穷人中的身体不健康和粮食不安全问题更加恶化。在世界所有区域,自然生境状况和脆弱的生态系统仍在继续恶化,造成生物多样性逐渐减少。全球可再生资源,特别是淡水、森林、表土和海洋鱼类的使用超过其自然再生率,这种情况显然是不可持续的。

环发会议召开八年后,"里约精神"的实质并没有转化成行动,相反落实环发大会的后续行动步履蹒跚,而且"里约精神"的声音已经非常脆弱。主要表现在以下几个方面:

1. 官方援助的大幅度下降。尽管发达国家在环发大会上作了提供新的和额外的援助的承诺,但是在经济合作与发展组织(OECD)的21个成员国中有14个却降低了官方发展援助(ODA)在国民生产总值中的比例,而且美国、加拿大、瑞典等国仍在不断削减官方发展援助。实际上,发达国家用于援助发展中国家的官方发展援助已经从1992年的0.34%降至1995年的0.27%,远低于承诺的0.7%水平。也未达到将国民生产总值的0.15%作为向最不发达国家提供的官方发展援助的联合国商定指标。

2. 环发大会以来,在技术转让,特别是环境无害化技术(EST)转让方面几乎毫无进展。相反,发达国家,特别是那些以发达国家为基地的大型跨国公司,则不断强调"知识产权保护"。这主要是乌拉圭回合贸易与知识产权协议的影响。该协议要求WTO成员国进一步加强对知识产权保护的力度,实际上这很不利于技术转让的实施。这种偏袒商业公司的知识产权保护法律体系还将挫伤有利于生物多样性发展的技术传播与发展(如在农业、药业领域),使这种技术局限于拥有专利的商业公司之中。与官方发展援助的萎缩一样,以牺牲技术转让与推广为代价而对知识产权保护过分强调,是环发大会后续行动的又一令人失望之处。因为技术转让被认为是环发大会上发达国家对发展中国家在实现可持续发展上仅次于"资金援助"的第二项重要承诺和行动。

3. 发达国家在生产与消费方式上几乎没有变化。发达国家还有一种取消有关环境政策的倾向,也就是企图取消某些政策约束从而更容易获得他们急需的原材料资源等。而对应引起注意的诸如基因工程的发展等对环境的影响却未予以应有的重视。由于商业利润的驱动和对"保持经济竞争能力"的大肆宣传,实际上发达国家对环境的关心程度并不像他们口头表白的那样高。

4. 由于经济水平的限制,发展中国家对环境问题并非像环发大会上表示的那样给予特别的重视。不发达国家则仍旧陷入债务危机,另外,不良的投资环境使得外国投资减少加上官方发展援助的削减,使其已无能力顾及环境问题。正在较快发展的发展中国家又面临人口增长、城市化、工业化带来的巨大压力,相对于其首要任务"发展"来说,对环境的考虑显然难以放在优先日程上。因此总的来说,除少数国家外,发展中国家由于经济能力的限制,在环境改善方面和可持续发展方面未取得明显进展。

5. 发达国家虽然积极倡导和推动经济全球化,但在处理南北关系问题上,却存在着严重的"经济保护主义"倾向。他们反对把处于经济不利地位的发展中国家作为需要帮助的伙伴,而是鼓吹一种以商业贸易利润为首要驱动的行动准则。他们把发展中国家当作巨大的、必须进一步促使其开放的市场,同时又将其视为潜在的、必须抑制其经济发展势头的竞争对手。因此，作为南北关系基石的"发展原则"受到严重损害。这种损害不仅体现在援助的减少方面，而且也反映在联合国系统内各项谈判中发达国家对待发展中国家的态度方面。

更重要的是，在 WTO 的谈判中，发达国家在"贸易与发展"领域给予发展中国家一般最惠国待遇，而且此项原则作为关贸总协定(GATT)的第一条，是整个 GATT 以及 WTO 体系赖以建立的基本原则，也是多边贸易体制存在的基础。可是，在"环境与发展"领域，发达国家则不愿再认可发展中国家发展的需要，而坚持所谓"一视同仁"。这种强弱同等对待的态度与 1995 年在社会发展首脑会议上各国首脑重申的"承认发展中国家发展的权利和需要"形成强烈反差。因此，代表国际合作精神的各种"宣言"在具有法律约束力并生效实施的"贸易条款"面前变得苍白无力。所以，目前的状况是发展中国家发展的空间越来越小，而不像环发大会倡导和达成共识的"使发展中国家有更大的发展空间从而推动其朝着改善环境的可持续发展方向发展"。

6. 环发大会曾强调要重视解决发展中国家的发展困难问题，要通过改善国际经济环境和改革国内经济政策来加以实现。而当前整个发展中国家除少数东亚国家得益于外资的流入获得高速发展之外，大多数仍处在出口障碍、债务危机、贫困加剧和失业及社会动荡的恶性循环之中，导致进一步靠出售自然资源维持本国经济从而削弱了本身谋求可持续发展的能力。贸易与投资的全球化趋势的不均衡发展并没有给发展中国家带来所期望的效益。相反，各项发展政策的范围不断受到WTO的限制而变得越来越狭窄。

综上所述,实施可持续发展战略的艰巨性由此可见一斑。

第二节 经济全球化背景下的可持续发展

20世纪80年代末90年代初,正如"可持续发展"的观念迅速被全球所接受一样,"经济全球化"浪潮席卷世界各国。关于"经济全球化"与"可持续发展"的关系,是很难作出简单回答的。经济全球化的倡导者认为,经济全球化促进了经济发展,因此有利于改善人类的福利水平、有利于可持续发展;环境保护主义者认为,经济全球化导致了环境的进一步恶化、影响了环境保护政策的实施效果,因而阻碍了"可持续发展"。的确,作为全球化的两个侧面(经济的全球化和环境问题的全球化),它们之间存在着复杂的联系,而且只有相互之间协调,才能取得"双赢"的结果。如图1-1,所谓"双赢"(可持续发展)反映在两个集合的交集中。

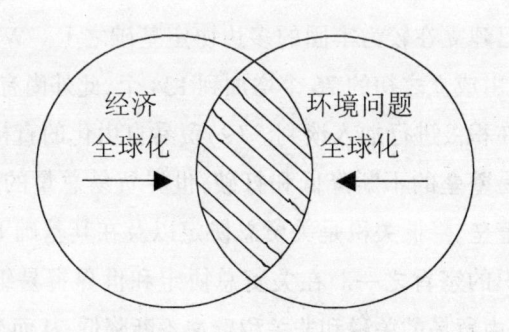

图1-1 经济全球化与可持续发展的相互影响

一、经济全球化的内涵与基本特征

所谓经济全球化系指生产要素在全球范围内的自由流动,从而达到资源合理配置,逐步消除各种壁垒和阻碍,使国家间的经济关联度和依存度不断增强。它是当今世界生产力和国际分工向高级阶段发展的必然结果。

经济全球化的重要标志是全球经济系统的形成,体现在贸易、生产、投资、金融和科技等诸多方面。

第一,贸易自由化的程度不断提高,范围不断扩大。(1)世界贸易组织作用的增强,为全球贸易自由化铺平了道路。国际贸易是首当其冲实现全球范围内多边协议的领域,国际贸易规范的形成经历了一个历史的演变过程。1995年生效的世界贸易组织(WTO)顺利取代1947年诞生的关税与贸易总协定(GATT)标志着这一历史进程达到了顶峰。世界贸易组织的成立和发生效力,不仅标志着规范化、法制化的世界市场的形成,同时也标志着世界自由贸易已建立在较为牢固的多边协定基础之上。WTO成立以来,成员已由成立之初的76个增加到134个,此外尚有30个国家和地区正在积极进行加入谈判。(2)贸易自由化的直接表现是随着国际贸易壁垒的不断降低和打破,世界贸易总量的飞速发展。消除关税壁垒、降低关税是关贸总协定以及在其基础上建立的世界贸易组织的宗旨之一。在关贸总协定和世界贸易组织的作用下,影响自由贸易的关税和非关税壁垒不断降低,从而为世界范围内的自由贸易奠定了基础。根据世界贸易组织和联合国贸易与发展会议的有关资料,1984~1989年世界出口的年平均水平为2.38万亿美元,到1996年增长到5.1万亿美元,增长1.14倍;1984~1989年世界进口的年平均水平为2.47万亿美元,到1996年增长到5.24万亿美元,增长1.12倍。另据世界贸易组织统计,1997年世界商品与服务贸易额合计已达6.7万亿美元;据联合国有关机构预测,2010年世界贸易总额将达16.6万亿美元。世界贸易规模的扩大由此可见一斑。(3)国际贸易在世界各国的地位不断提高。据世界银行1996年《全球经济前景与发展中国家》报告,在1985~1994年的10年中,世界贸易在世界各国GDP总额中所占的比重,已由10年前的10%提高到1992年的15.5%,预计2010年还将提高到32%。进入20世纪90年代,世界商品贸易增长率已连续7个年头超过世界生产增长率,充分表明了贸易自由化程度的提高。由此可见,在经济全球化的作用下,贸易自由化已经成为当前以及今后相当长时期世界经济的主流。

第二,跨国公司在国际经济中作用的增强,推动了国际生产和国际投资全球化进程的加快。20世纪90年代以来,跨国公司蓬勃发展,作用不断增强。1993年,世界共有跨国公司3.5万家,分布在全球的附属公司(包括子公司)共有17万家;截至1998年底,世界跨国公司总数达到5.3万家,其境外分支机构为45万家。跨国公司控制了全世界1/3的生产总值,掌握了全世界70%的对外直接投资,2/3的世界贸易,70%以上的专利和其他技术转让。由此可见,在世界经济日趋全球化的发展进程中,跨国公司及其对外直接投资在国际经济中发挥着越来越重要的作用。(1)跨国公司作用的增强直接推动了国际生产的全球化进程。国际生产的全球化导致了80年代以来世界范围的产业结构大调整,这次产业结构大调整大体采取了两种形式:一是发达国家之间,通过跨国公司之间的相互交叉投资、企业兼并,在更大的经济规模上配置资源、开拓市场、更新技术,从而实现了发达国家间的技术和资本密集型产业的升级。这一过程始于80年代,当时全部外国投资的95%都是从发达国家流出,然后又由它们吸收整个75%的投资。交叉投资和兼并的结果,形成了许多诸如电讯、汽车等国际化水平很高的产业,形成了你中有我、我中有你的生产格局。二是发达国家将劳动和资源密集型产业向发展中国家转移,特别是把这些产业,包括高技术产业中的劳动密集型生产环节向发展中国家转移。这一转移始于80年代,90年代愈演愈烈,促使了90年代以来发展中国家在全球吸引外资总量的比例从80年代的25%逐步上升,1992年达32%,1996年达到37%。(2)跨国公司作用增强的第二个突出表现是国际直接投资遍及全球,投资规模不断扩大。由于国际竞争日趋激烈,企业纷纷在世界各地寻找新的发展机遇,使国际投资在规模和形式上不断发展和创新。1985~1990年期间,年均对外直接投资为1556亿美元,1995年增加到3150亿美元,1996年达到3490亿美元。1991~1996年,国际对外直接投资年均增长率达到11.8%。

第三,金融活动全球化趋势加速,一体化的全球资本市场已经形成。由于电讯技术的发展,遍布世界各地的金融市场和金融机构已紧密地联系在一起,使全球的资本调拨和融通得以在几秒钟内完成,遍及全球的金融中心和金融机构正在形成一体化的国际金融市场。区域性、世界性金融机构空前的活跃,国际性商业银行不断地在海外开设分支机构,同时使银行网络日益扩展,覆盖面越来越大,密度越来越高,形成了全球范围的经营网络,银行业务在全球范围进行,资本不断地在全球范围内流动。1997年全球证券发行量已突破3万亿美元,外汇市场平均日交易量已经高达1.5万亿美元左右。世界金融市场一年的交易量已接近400万亿美元,是国际贸易量的几十倍、上百倍。世界贸易组织更于1995年7月26日达成《金融服务贸易协议》,明确提出全面开放全球金融服务贸易。于1999年3月生效的该协议,将使全球95%的金融服务纳入逐步自由化的准则,涉及全球17.8万亿美元的证券资产交易,38万亿美元的银行信贷及2.5万亿美元的保险金;根据该协议,各缔约国将取消或减少对外资银行、保险公司、证券公司和其他金融服务公司的市场准入限制,允许开设独资或者合资的外资金融机构。

第四,技术进步为贸易、生产、投资和金融的全球化创造了条件。由于新型技术和信息技术的发展和应用,从1930年到1990年,空运的成本已从平均每英里68美分降到11美分,纽约与伦敦的三分钟的电话费从244美元降到3美元,估计到2010年,这种费用可以降到3美分,从而使跨大西洋的通讯费几乎降到零。由于信息技术的发展,使快速、经济地在全球范围内传递大量信息数据成为可能,这样许多跨国公司得以把生产的各个阶段广泛分布在世界各地,通过信息传递,把生产统一组织起来而不至于形成管理的失控,从而使科学管理实现了飞跃。此外,由于信息技术的发展,使管理者可以在瞬息之间了解世界各地市场情况,并进行必要的计算,找出针对各地市场的最有效的配置资源的赢利机会。

由上不难看出,经济全球化作为世界经济潮流已经不可逆转。国际货币基金组织、世界银行和世界贸易组织作为世界经济三大支柱,它们的共同目标就是促进和推动经济全球化进程。世界各国只有顺应经济全球化潮流,才有可能获得更高的福利水平。

二、经济全球化与可持续发展存在既对立又统一的关系

从本质上看,经济全球化与可持续发展具有统一的关系。它们的基本目标都是通过资源的合理配置不断改善人类的生活质量,两者之间具有较强的统一性和互补性。经济全球化强调,通过资源的有效配置,实现人类财富"数量"的增长;而可持续发展强调资源的有效配置对环境、生态等的影响,侧重于人类生活"质量"的改善。但站在不同的角度,经济全球化与可持续发展在实际发生作用时亦产生诸多对立。

(一)可持续发展对在经济全球化基础上建立起来的经济格局提出了尖锐的挑战

这种挑战反映在两个方面。首先,可持续发展动摇了经济全球化单纯依靠市场配置资源的理念。一方面,经济全球化要求完全通过市场的作用推动生产要素在全球范围内的自由流动,从而实现资源的有效配置,而持续发展强调环境、生态的承受能力,但环境和生态属于公共物品,具有强烈的外部性,即环境和生态的成本没有通过市场机制反映出来,因此可持续发展要求世界各国在推动经济全球化进程中考虑将环境、生态成本内部化。事实上,环

境、生态成本内部化的水平反映了各国的经济发展水平,各国的经济发展水平不同,环境、生态成本内部化的水平不可能一致。一般来说,经济发达国家,环境、生态成本内部化程度相对较高,经济欠发达国家,环境、生态成本内部化程度相对较低。由此导致了各国比较利益的变化,这种变化并非是完全依靠市场机制实现的。另一方面,经济全球化会导致自然资源利用的重新分配,影响和破坏经济相对落后国家和地区的生态环境状况。发达国家从自身经济利益出发在全球拓展贸易和投资,并不考虑发展中国家生态环境的可持续性,因此,发达国家推动经济全球化的行为常常同可持续发展的理念相抵触。其次,可持续发展要求改变经济全球化背景下建立起来的国际经济关系。一是由于环境、生态成本内部化水平的差异,导致各国比较利益的变化,将在一定程度上改变国际贸易、国际投资格局的变化。二是可持续发展要求发达国家对目前的环境恶化承担更多的责任(《关于环境与发展的里约宣言》原则7),同时应援助发展中国家在解决环境问题上的努力,进一步还更明确提出了建立新型的全球合作伙伴关系(《关于环境与发展的里约宣言》原则4)。这必将大大地影响在经济全球化的背景下建立起来的有利于发达国家的经济格局。

(二) 经济全球化对可持续发展构成重大影响

在注意到可持续发展对经济全球化构成尖锐挑战的同时,我们同样不能忽视经济全球化给可持续发展带来的严重影响。经济全球化对可持续发展的影响既有有利的一面,也有不利的一面。

经济全球化对可持续发展的有利影响表现在:(1)经济全球化

促使更有效地分配和使用资源,提高资源的使用效率,从而帮助增加生产和减轻环境负荷。一方面,经济全球化通过资源的全球合理配置,有利于打破封闭经济下的资源制约;另一方面,经济全球化促进了全球范围内的专业化分工和规模经济,有利于提高世界各国的资源利用效率,进而实现在发展生产的同时减轻对环境的压力。(2)经济全球化有利于发展经济,从而有利于改善环境。环境意识与经济发展水平高度正相关早已为经济学家所证实,因此,发展经济有利于改善环境就成为不辩的事实。众所周知,经济全球化极大地促进了全球经济的增长。尽管这种增长在发达国家和发展中国家的利益分配是不平衡的,但不可否认经济全球化给发展中国家带来的机遇。从1985年至1995年,总体来说,发展中国家在制造业和工业竞争力方面取得了极大的进步:制造业增加值占全球制造业增加值的比重由17.4%增加到19.8%,向工业化国家出口的制成品占工业化国家制成品进口总额的比重由11.6%增加到18.5%,吸收外国直接投资的份额由24.5%增加到38.9%。经济全球化导致的发展中国家经济增长,有利于发展中国家摆脱贫困、吸收更多的先进技术,从而为改善环境提供了可能。(3)经济全球化为解决全球性环境问题提供了现实途径。环境问题从一定意义上讲具有天生的国际性,发生在一国的活动极有可能会影响到另一国,对环境有损害作用的活动可能会转移到另一个国家或地区,如全球性的气候变化、臭氧层耗竭与破坏、生物多样性锐减、有毒化学品的污染及越境转移、土壤退化、森林面积急剧减少等。作为主权国家,政府考虑的仅仅是本国公民的福利,很少有动力和机会在它们的国土上执行国际性的环境要求。

这种矛盾当然可以通过一系列可持续发展的国际公约加以解决，但由于这些公约更强调政治性，实施的监督和处罚均缺乏力度。经济全球化使各国的经济活动紧密联系，可以通过经济手段促进全球性环境问题的解决。事实也是如此，世界贸易组织、世界银行等全球性经济组织都在凭借自身的特殊地位，推动各国可持续发展战略的实施，帮助解决经济全球化进程中的环境问题。

经济全球化对可持续发展的不利影响表现在：(1)经济全球化导致一国环境措施的失效，不利于环境成本内部化，从而造成环境污染的扩散。经济全球化主张生产要素及制成品的国际间自由流动，由于各国环境成本内部化程度不同，必然导致危害环境的生产和消费从环境成本内部化程度高的国家或地区流向环境成本内部化程度低的国家或地区，在国际上影响到一些国家环境政策的实施，从整体上降低环境内部化水平，在客观上造成环境污染的扩散。(2)经济全球化带来的经济增长，在一定程度上构成了对环境的压力。就目前的科技水平和经济增长模式而言，经济增长必然会消耗更多的资源，对环境的压力是不言而喻的。除此之外，由于生产要素的国际间流动性的增加，势必带来运输量的绝对增长，增加对环境的压力。运输过程是一个"移动"的污染排放源，它在许多方面比静止的排放源更难管理。90年代交通运输的主要问题之一是大部分交通工具以矿物燃料为驱动力，这造成了对空气和水的污染。航空和海洋的客货运输占全世界石油消耗量的1/8，同时也加剧了空气中已经大量存在的并且还在增加的二氧化碳、氮氧化物、二氧化硫、碳氢化合物的排放，石油运输中的原油泄露更加剧了这种污染。(3)经济全球化加剧了南北双方在环境问题上的矛盾。倡导经济全球化以及推动解决环境问题全球化的主体都是发达国家,发展中国家始终处于被动或被动参与状态。经济全球化加剧了发达国家与发展中国家在国际经济格局中的不平等,环境问题全球化则为发达国家遏制发展中国家经济发展提供了新的借口。在经济全球化进程中,发达国家一方面以低于资源价值的市场价格从发展中国家掠夺资源,以不负责任的态度向发展中国家转移有害环境的生产环节,另一方面却打着环境的旗号限制发展中国家向其出口产品,由此造成发展中国家发展受阻和环境遭破坏的双重压力;环境问题的国际性,要求解决环境问题必须冲破国家的界限,由此导致了发展中国家的主权受到挑战。所有这些,都从一定意义上加剧了南北双方在环境问题上的矛盾。
(4)经济全球化拉大了贫富差距,进一步加剧了不公平性增长,这既不是可持续发展的目标,也同可持续发展的原则相悖。墨西哥属于从经济全球化进程中获益的国家,但该国统计部门的数据显示,贫困家庭的收入只占国民生产总值的 8.37%,富人家庭占 64.12%,富人更富的同时平民的收益却在下降,差距进一步拉大。这显然不符合可持续发展的基本原则。

  经济全球化与可持续发展之间既有相互的推动作用,又有彼此的不利影响。如何采取措施,利用和促进相互间的有利影响,避免和消除彼此间的不利影响,是国际社会面临的重要课题。

三、建立有效的国际协调机制,是实现经济全球化与可持续发展协调统一的根本出路

既然经济全球化与可持续发展都是全球性问题,那么,就有必要建立一种国际间的协调机制;既然经济全球化与可持续发展的基本目标是一致的,都是为了改善人类的生活质量,那么,建立一种解决二者之间矛盾的国际协调机制的基础就存在了;既然经济全球化与可持续发展是彼此高度相关的,那么,孤立地通过环境政策解决环境问题、通过经济政策解决经济问题的思路就站不住脚了。我们认为,解决经济全球化与可持续发展之间矛盾的有效的国际协调机制,应该建立在国家层次上,以规范经济全球化的经济政策和可持续发展的国际公约或协定为基础。具体包括以下内容:

一是促进各国环境标准统一的机制。在环境标准问题上,发达国家认为发展中国家的低环保标准是"生态倾销",发展中国家则认为发达国家的高环境标准是"环境壁垒",双方为此争论不休。在环境标准问题上,国际普遍认为,既不能完全参照发达国家的"高"标准,也不能迁就发展中国家的"低"标准,而是要在二者之间寻找到一个均衡点。比较现实的途径是,促使更多的国家全面接受 ISO14000 标准化体系,同时不断完善这一体系;在实际操作中,应当考虑给予发展中国家一定的宽限期。

二是推动南北之间的对话与交流的机制。要充分发挥联合国、世界贸易组织等国际机构的作用,推动发达国家与发展中国家

开展关于经济全球化与可持续发展的对话,增进彼此间的了解。要通过对话,使发展中国家更加深刻地认识到在经济发展过程中保护环境的重要意义,使发达国家认清自己对环境问题的历史责任,意识到切实帮助发展中国家发展经济、摆脱贫困对于全球可持续发展的重要性;要通过这种机制的建立,促进发达国家对发展中国家的援助,尤其是在技术上的援助。

三是解决争端的机制。目前,解决经济全球化进程中的国际争端主要依靠 WTO 等国际经济组织制定的规则,统一各国环境意识的主要依据是有关可持续发展的一系列国际公约或协定。由于经济全球化与可持续发展是不可分割的,因此,在经济政策中考虑了环境因素,在环境政策中包含了针对经济的条款,但在判断具体问题时,两者经常发生冲突。如关贸总协定与蒙特利尔条约的矛盾:按照关贸总协定术语,可以认为蒙特利尔条约的贸易法规是条约签署国歧视性对待非条约成员国所开展的管制物品的贸易,由此引发了蒙特利尔条约法规与关贸总协定法规关系问题的争议。举例说明,英国、韩国、瑞典均是关贸总协定成员国,但英国和瑞典同时还是蒙特利尔条约的签署国,根据关贸总协定,瑞典同意不歧视对待韩国和英国,但同时根据蒙特利尔条约,瑞典还同意在危害臭氧层物质的贸易上歧视性对待韩国和英国。如何解决这种国际性法规之间的矛盾,我们认为,由于经济政策具有更强的操作性,因此这种争端协调机制应以经济政策为基础,同时经济政策制定者要充分尊重环境政策的约束力,即具体操作时以经济政策为依据、制定经济政策时以尊重环境政策为前提。

四是限制跨国公司转移环境污染的机制。鉴于跨国公司对环境的影响,如跨国公司产生的温室气体占全球温室气体排放的一半以上,是臭氧层破坏物质 CFCs 及其相关物质的唯一生产和控制部门,是环境有害物质、有毒物质和产品向发展中国家传输的主要执行者,等等,有必要全球采取一致行动限制跨国公司不可持续发展的行为。当务之急,除了国际间制定一部严格约束跨国公司环境行为的公约外,跨国公司母国与投资接受国联手执行现行国际公约更是重中之重的事情。

四、世界贸易组织(WTO)是协调经济全球化与可持续发展的现实舞台

从某种意义上说,环境标准是一定经济发展时期环境资源价值的一种体现;不同国家的经济和技术发展水平不同,环境标准也各不相同。问题是:发达国家利用这种由于经济水平差距所造成的不同环境标准,一方面加紧掠夺发展中国家的资源初级产品,同时把污染企业转移到发展中国家,使发展中国家的环境进一步恶化,另一方面又极力将环境问题与经济问题挂钩,把环境问题作为新的壁垒,从而抵消发展中国家资源与廉价劳动力方面的比较优势,限制发展中国家的经济发展,以保持其在国际政治、经济领域的主导地位;而发展中国家在竭力反对发达国家"环境壁垒"的同时,却迟迟不能提出协调经济全球化与可持续发展的现实途径,由此加剧自身的被动处境。应该说,为解决环境恶化问题,采取必要的经济政策是值得研究和考虑的,公正、合理的国际经济政策有利于促进全球经济的可持续发展和生态环境的改善。1992 年联合

国环境与发展大会一致通过的《里约宣言》中明确指出:"为了更好地处理环境退化问题,各国应该合作促进支持性的和开放的国际经济制度,这将会导致所有国家实现经济增长和可持续发展。"现阶段,我们将协调解决经济全球化与可持续发展的矛盾,寄希望于WTO,不仅在于WTO自身在推动经济全球化进程中的特殊地位,而且在于WTO在解决国际经济与环境现实冲突中正在发生和将要发生的重要作用。

(一) WTO作为世界经济的"三大支柱"之一,在推动经济全球化进程中发挥着举足轻重的作用

1995年1月1日正式成立的WTO,既是运作了近50年的关税与贸易总协定(GATT)的继续,同时也是对GATT的扩张和完善。WTO是多边贸易体制的法律基础和组织基础,它通过规定各国政府所应承担的主要契约义务,来规范各国国内贸易立法与规章的制定与实施。同时它还向各国提供一个场所,使它们通过集体辩论、谈判和裁决来发展贸易关系。WTO既被独立地称为"经济联合国",又与国际货币基金组织、世界银行一道并称为世界经济的"三大支柱"。因此,WTO在推动经济全球化进程中有着举足轻重的作用。主要体现在三个方面:

一是成员的广泛性。截至1999年5月31日,WTO成员已达134个,其中发达国家28个,发展中国家和地区106个。另外,还有诸如中国、俄罗斯、白俄罗斯、越南等20多个国家和地区正在积极申请加入。WTO成员的经济贸易量占世界经济贸易量的近95%。

第二节 经济全球化背景下的可持续发展 47

二是管辖范围的宽阔性。WTO 的管辖范围不仅囊括了 GATT 的货物贸易(包括脱离 GATT 管辖的农产品、纺织品、服装贸易),而且还扩展到服务贸易、与贸易有关的知识产权、投资、金融、环境、劳动、竞争等领域。

三是法律的权威性。由于一国加入 WTO 是由其国内立法部门批准的,所以 WTO 的协定、协议与其国内立法处于平等的地位。WTO 成员需遵守 WTO 各项协定、协议的规定,执行其争端解决机构作出的裁决。并且,争端解决仲裁机构作出决策是按"除非 WTO 成员完全协商一致反对通过裁决报告",否则视为"完全协商一致"通过裁决,这就增强了争端解决机构解决争端的效力。加之对争端解决程序规定了明确的时间表,使其效率大大提高,权威性得以确认。

WTO 的上述三个方面特性,决定了其在推动经济全球化进程中的特殊地位。

(二) WTO 致力于协调"环境与贸易"领域的矛盾,不断完善解决经济全球化与环境问题全球化现实冲突的国际规则

GATT/WTO 非常重视环境保护问题,可持续发展的思想已经渗透到 GATT/WTO 的一系列协议和条款之中。如 GATT 基本条款第 20 条"一般例外"中有两条涉及环保问题:"(乙)为保障人民、动植物的生命或健康所必需的措施;(庚)与国内限制生产与消费的措施相配合,为有效保护可能用竭的天然资源有关措施;",另外,《技术性贸易壁垒协议》、《补贴与反补贴措施协议》、《应用卫

生与植物检疫措施协议》、《农业协议》、《建立世界贸易组织协议》等协议中均包含"环境"内容。这些协议为 GATT/WTO 协调解决环境与贸易争端提供了依据。

近年来,在国际经济与环境领域不断发生各类争端,提交 GATT/WTO 寻求解决。比较典型的案例,如 1991 年美墨金枪鱼之争。美国根据自己的国内法《海洋哺乳动物保护法令》(MMPA)禁止从墨西哥进口金枪鱼及其产品,理由是墨西哥渔民捕捞金枪鱼采用的是一种可能对海豚产生危害的捕捞方法。美国同时禁止进口从第三国转运而进口的墨西哥金枪鱼及其产品。因为海豚属 MMPA 保护的海洋哺乳动物。墨西哥将美国告到了 GATT 的争端解决专家小组。专案组最后作出了有利于墨西哥的裁决,责成美国不得对从墨西哥进口的金枪鱼及其制品实施低于美国自身的金枪鱼及其制品的差别待遇,而不论其捕捞方法是否偶尔伤及海豚。该案例几乎覆盖了环境与贸易争端中的所有关键问题,如同类产品问题、产品与产品制造方式问题、单方主义与国际标准问题、域外司法管辖权问题、GATT 的"环境"条款第 20 条的适用与解释问题等。类似的案例还有泰国、马来西亚、印度、巴基斯坦 4 国与美国的海虾—海龟之诉。美国以保护海龟为目的颁布禁令,任何国家的捕虾船若被发现未能按照美国的环境保护标准配备海龟保护装置,则该国捕获或加工的全部海虾及其制品均被禁止进入美国市场。1998 年 11 月,WTO 虽然最终作出有利于泰、马、印、巴的裁决,但同时作出了重要的制度突破,即授权成员在遵守 WTO 有关规则的前提下,为达到保护某些自然资源或濒危物种的目的,可以采取适当的贸易限制措施。此外,欧盟与美国的激素牛肉案以及围绕转基因作物问题的争端,都在一定程度上对WTO关于"环境与贸易"的规则提出了新的要求。

为了应对"环境与贸易"领域的各种挑战,乌拉圭回合通过了贸易与环境的决定,WTO指定贸易与环境为最新领域,在以后的回合中继续谈判。在WTO第一次一般理事会上即成立了贸易和环境委员会,要求其在第二次理事会上提出报告,报告包括7个项目:多边的环境条约等以保护环境为目的的贸易措施和WTO的关系;对贸易有重大波及效果的环境政策同WTO的关系;环境保护为目的的税收以及制造物管理同WTO的关系(环境倾销等);环境保护的贸易措施以及有贸易波及效果的管制的透明度;争端处理体系之间的调整(WTO争端处理中环境NGO的参加);环境保护措施的影响以及废除贸易限制对环境保护的作用;国内禁止产品的输出问题。

以上这些,充分反映了GATT/WTO解决"贸易与环境"争端规则不断完善的历程。

(三) WTO应当谋求符合可持续发展要求的经济全球化规则,主动寻求与联合国开发计划署(UNDP)、联合国可持续发展委员会(UNCSD)合作

不断完善WTO协调解决"贸易与环境"争端的规则与机制,实际上已经在某种程度上触动了WTO的许多基本原则。(1)非歧视性原则。如美墨金枪鱼案例中的产品与生产方法问题即PPMs问题,跨国公司在发展中国家投资设厂是采用东道国标准还是母国标准符合国民待遇问题,多边环保法规中成员国与非成

员国享受不同待遇问题等。(2)公平贸易问题。各国经济和技术发展水平不同,环境标准不同,导致环境成本内部化水平不一,各国应如何开展公平贸易。(3)一般禁止数量限制原则。泰国、马来西亚、印度、巴基斯坦4国与美国的海虾—海龟之诉的裁决中,授权WTO成员为达到保护某些自然资源或濒危物种的目的可以采取适当的贸易限制措施,其中对贸易数量的限制对该项原则提出了挑战。(4)发展中国家的特殊待遇原则。在与环境保护有关的方面,发展中国家出口的产品是否也应享受特殊待遇,对此,相关环境保护公约提出了否定的看法。

关于WTO基本原则的争议,实质上反映了发展中国家、发达国家以及各种国际性环保组织对于"环境与贸易"问题的不同认识。发达国家强烈要求将"环境"问题纳入WTO规则体系,从而维护其在国际经济中的主导地位。发展中国家则对此坚决反对,认为若将贸易与环境相关联,将被强加上无法企及的环境标准,要求建立一系列规则管理环境及其与环境相关的贸易措施,寻求在更民主、公正的WTO体制中获得更多的市场准入、技术、资金及其他形式的援助。许多国际性环保组织也纷纷提出自己的计划,即通过WTO确立的贸易规则,以参与国际贸易所获得的经济利益作为驱动力,吸引发达国家和发展中国家在内的全体成员遵守严格的环境标准以保护环境。

客观地说,在WTO的框架规则内,有些问题能够很好的解决,如产品与生产方法问题、环境补贴问题等,但大多数问题需要UNDP、UNCSD等国际组织协同解决,如世界贸易组织规则与多边环境协议之间的关系、各国贸易规则同有关环境原则的矛盾问题、国际公认的环境标准问题等等。因此,WTO与联合国、众多的国际性组织一道,共同探讨以可持续发展为指导思想的推动经济全球化的WTO基本原则,是现在乃至今后相当长的时期内国际社会的重点课题。

总之,在全球化进程中,相对落后的发展中国家谋求可持续发展的努力相对于单纯的经济发展而言更具挑战性:由于在科技水平、资本供给等方面的不利(或弱势),相应地要求其在资源和环境方面提供更多的支出(全球化不会自动导致帕累托最优或改善。由于各国国情不同,全球化的风险和收益是不对称的,全球化无法绕开经济学上的成本—收益这一古典命题。)。因此,要在尊重各国主权的基础上,积极完善经济全球化与可持续发展的国际协调机制,确保在经济全球化进程中实现可持续发展。

尽管可持续发展已经成为全球共识,但由于各个国家的经济发展水平和国情的差异,它们的可持续发展战略的内容及其实施管理存在着很大差异;不同国际组织在贯彻和支持可持续发展战略时由于着眼点不同,它们的政策侧重点也存在较大差异。为了了解和借鉴不同国家及国际组织的可持续发展政策与状况,更好地推动中国可持续发展战略的实施,我们有选择地介绍下列典型国家和国际组织在推动可持续发展方面的做法和经验。

第 二 章

发达国家与新兴工业化国家的可持续发展战略

第一节 澳大利亚

一、实施可持续发展战略的概况

澳大利亚位于南半球,国土面积 760 万平方公里,居世界第六位,人口相对较少,约为 1830 万。澳大利亚蕴藏着极其丰富的矿产资源,是世界上矿物的主要生产国之一,同时,澳大利亚是世界上主要的能源生产国和出口国。因此,澳大利亚的产业结构主要以资源、能源密集型为主。尽管近年来澳大利亚制造业和服务业发展很快,但其经济和出口结构,以及由此产生的生活和消费方式仍未摆脱对资源和能源(主要是煤和燃油)的依赖。

澳大利亚独特的地理环境使得生物种类繁多,其中桉树、苏铁裸子植物、大型"南极"蕨和有袋类动物(如袋鼠)等均为世界独有,有着极高的环境、科研和文化价值。据统计,澳大利亚国土上仅森林和灌木植物就有约1.2万种,其中3/4的物种在世界独一无二。在过去的200年里,由于农业的发展对一些生物栖息地造成的巨大压力,以及引进外来物种对本土物种的影响等因素,澳大利亚的生物多样性受到了很大的威胁。对此,澳大利亚成立了强有力的科研与法律机构来处理这些问题。

在澳大利亚联邦政府这一层次,澳联邦政府的环境、体育和领土部是主管环境事务的最高职能部门,负责制定及履行有关法规政策和计划。该部下设联邦环境保护局,其主要任务是掌握并提供有关环境状况的信息,加强环境管理与保护,协助政府制定环境方面的工业标准、目标和指南,促进环境教育,提高公众的环境意识。

澳大利亚对环境保护的重视可追溯到70年代。1974年,澳联邦议会颁布了环境保护法案,要求联邦政府及其所属机构出台的任何政策、建议和规划都必须充分考虑其对环境的影响。1983年,澳大利亚政府又制定了资源保护国家战略。1990年后,澳政府意识到不应孤立看待和处理环境问题,应将其与经济、社会发展问题综合起来考虑,因而提出了生态可持续发展的概念。从1990年6月开始,澳大利亚政府通过企业、环境、工会、福利和消费者团体等各方面的讨论和咨询,制定了澳大利亚《生态可持续发展国家战略》。该战略是指导澳大利亚社会、经济、生态环境协调发展的主导战略,现已成为指导各级政府特别是农业、林业、渔业、制造业、采矿、能源利用、能源生产、旅游和交通等部门制定政策和决策过程的主要依据。澳联邦议会一致同意未来各项政策和项目的制定,应以《生态可持续发展国家战略》和《政府环境协议》为基准,鼓励商业、工会和社会团体以其作为发展的指南,以保证实现可持续发展战略目标。1992年,澳大利亚成立了由联邦、州和地方政府代表组成的政府间生态可持续发展指导委员会,定期对发展战略的实施状况进行检查。

值得注意的是,在1992年的里约环发大会后,澳大利亚并没有专门编制本国的国家级《21世纪议程》,而且今后也不准备编制。澳大利亚认为,自己要做的是保证里约环发大会所制定的联合国《21世纪议程》在澳得到贯彻执行,这与继续实施和深化本国的《生态可持续发展国家战略》是相一致的,所以不必重新编制一份澳大利亚的21世纪议程。但是,在执行《生态可持续发展国家战略》的过程中,澳大利亚政府将根据联合国《21世纪议程》的要求和实际进展情况,对本国的《生态可持续发展国家战略》做出相应的调整。可以说,《生态可持续发展国家战略》就是澳大利亚的21世纪议程。

澳大利亚《生态可持续发展国家战略》的总目标是,按照维持生命赖以依存的生态过程的方式,提高当代人和后代人的生活质量。其核心目标是,沿着能保证后代人福利的经济发展模式,提高个人和社会的福利,实现国民代际间的社会公平,同时保护生物多样性以及维持重要的生态过程和生命支持系统。具体目标实施过程的指导方针有:应将长期和短期的经济、环境、社会目标纳入决策过程;不能因缺乏足够的科学依据,而有意推迟采取防止环境破坏的措施;应充分考虑行动和政策对全球的影响;应考虑经济不断增长的、多样化的、高质量的发展对提高环境保护能力的影响;应积极采用一些效益好的、有一定灵活性的政策工具,如评估、价格和刺激机制;在对公众具有影响的问题进行决策时,应尽量考虑广泛的公众参与。

《生态可持续发展国家战略》主要分为三大部分。第一部分阐述了行业领域的发展战略问题,涉及澳经济领域中的各主要行业(如农业、林业、制造业、采矿业等行业)的发展目标和计划。第二部分论述了跨行业领域的发展战略问题,如生物多样性保护,土地利用的规划和决策,海岸带管理以及水资源管理等。第三部分分析了澳大利亚生态可持续发展的管理和趋势,如冲突管理、生态环境的监督和评价等。每个部分又就具体的领域进一步划分为各种挑战(Challenges)、战略方案(Strategic Approaches)和具体目标(Objectives)三方面的内容。挑战部分主要介绍每个领域所存在的问题和机遇,战略方案部分论述联邦、州和地方政府以及主管部门为应对相应的挑战应采取的主要政策及可行的实施方案,目标部分则列出具体的发展目标,并阐述实现各个目标所应采取的规划或行动等。

由于澳大利亚是个联邦制国家,因此建立一种联邦、州和地方三级政府协调合作的机制是实施《生态可持续发展国家战略》的关键所在。为此,澳政府主要靠两个途径来实现这种机制。一个途径是依靠1992年5月联邦、州和地方政府一致通过的《政府间环境协议》(Intergovernmental Agreement on the Environment)。该协议标志着澳大利亚环境保护工作从过去的州和地方行为上升为国家行为,并为改善政府决策过程、制定和履行统一的国家环境政策创造了条件。另一个途径是依靠澳大利亚政府委员会和部长级委员会。前者是澳大利亚各级政府间的最高协调机构,每年定期召开会议,对包括环境问题在内的国家重大议题进行讨论、协商和作出决议。后者主要对各行业的环境与发展、自然资源管理、地区发展问题等进行协调。

此外,澳联邦政府还采纳了非政府组织和公众参与的机制。澳政府充分认识到非政府组织和公众参与在发展战略和相关政策的制定与实施过程中的重要作用。为此,联邦政府在联合国环发大会后建立了有关国际环境问题的非政府组织协商论坛。该论坛由联邦外交部,环境、体育和领土部和发展合作部的部长及澳环境大使共同主持,主要由来自自然资源保护、工商界、工会、职业组织、妇女、青年和土著人组织等17个主要非政府委员会的代表组成。

二、实施可持续发展的具体行动

(一) 制定一系列配套战略、政策和计划

为配合生态可持续发展战略的实施及履行国际义务,澳联邦政府颁布了一系列单项国家战略、政策和计划。主要的战略有《减缓温室效应国家战略》、《生物多样性保护国家战略草案》、《臭氧层保护战略》、《减少和回收利用废弃物国家战略》与《水质量管理国家战略》等;主要的国家政策和计划包括国家森林政策、国家抗旱政策、联邦重点项目扶持计划、国家土地保护计划、国家环境工业数据库、国家污染物目录和国家温室气体目录等。旨在提高工业企业生产效率、减少污染的计划有:清洁生产示范计划和能源监控

计划等。此外,各州和地方政府也相应制定了很多类似的战略、政策和计划,从而形成了比较完整的关于国家可持续发展的战略、政策和计划体系。

为监督《生态可持续发展国家战略》的实施效果,澳联邦政府从1995年起定期发布《澳大利亚环境状况报告》。该报告的宗旨是向澳各级工商部门、决策者及公众提供及时、准确的澳大利亚环境状况、趋势、问题及前景的信息,用以提高决策质量,减少失误,增强公众的环境意识。该报告将全面反映能源、农业、制造业、交通运输业等产业以及人口变化、城市发展、国际贸易等对环境产生的压力,并对有关政策、法规的执行效果及公众行为的变化作出评价。此外,报告还涉及一些具体的环境问题,如野生动植物保护及生物多样性保护方面的问题等。

按照联合国可持续发展委员会的要求,澳政府还就联合国《21世纪议程》的各项条款的执行情况每年做出报告。到目前为止,澳大利亚已经向联合国提交了1994~1998年五份年度报告,对澳政府执行联合国《21世纪议程》所制定的政策、计划及采取的措施做了详细阐述。

1993年6月,澳大利亚加入《生物多样性保护公约》,随后制定了澳大利亚《生物多样性保护国家战略》。又如,为了建立一个代表性的国家保护区系统,政府通过了一项名为《国家保护区体系》的计划。该计划包括发展和提高保护区域的鉴定方法学;对州和领地政府合作进行鼓励;建立保护区的国家级管理原则。除此之外,《濒临灭绝物种计划》、《湿地计划》和《国家土地保护计划》都对生物多样性的保护起着重大作用。目前,澳大利亚的保护区占国土面积已从 1992 年的 6.4% 上升到 7.8%。全国共有 4187 个陆地保护区,306 个海洋保护区。

(二) 实施缓解温室效应的国家战略

对于日益加剧的全球气候变化,澳大利亚的主要行动是制定和实施《减缓温室效应国家战略》。该战略以稳定温室气体排放量为基本目标。

1995 年 3 月,澳大利亚政府要求工业界每年减少 1500 万吨温室气体的排放,使澳大利亚到 2000 年的温室气体排放量接近 1990 年的水平,并通过一项 6300 万澳元的计划帮助实现这一目标。该计划包括:建立政府与企业之间的合作;支持发展再生能源技术工业;支持合作研究中心开发减少温室气体排放技术;审定新的投资方案,为中小企业有效使用能源提供贷款;研究公共交通中能源的有效利用;加速利用天然气以取代石化能源;建立全国性法规,作为城市基础建设废气排放的参考标准;扩大《十亿棵树计划》;建立土地使用资料库;制定国际持续能源政策白皮书。

此外,1995 年 6 月,澳大利亚农业与资源经济局和澳大利亚外交部、贸易部发表了一项共同研究报告,为澳大利亚采取国际外交策略应付温室效应可能给澳经济带来的负面影响提供了依据。研究报告的基本结论有三点:第一,硬性限制温室气体的排放是无效的和损害生产力的。报告希望限制措施具有一定的弹性,对人口众多和依靠出口矿物燃料的国家应适当放宽限制。第二,各国对减排温室气体倡议的响应,应继续选择最适合它们环境的政策和措施。第三,发展中国家必须参与,并承担责任,减缓温室气体排放的增长。在1997年的日本京都谈判会议上,澳大利亚政府同意在2008~2012年将其每年排放温室气体的总量控制在1990年排放水平的108%以内,成为经谈判后获得温室气体排放量可以超过其1990年排放水平的为数不多的几个国家之一。

(三) 保护生物多样性

1993年6月,澳大利亚签定了《生物多样性保护公约》,并制订了自己的《生物多样性保护国家战略》,满足了生态可持续发展国家战略的要求,对国家森林政策、温室效应国家战略,以及澳濒临灭绝种类与生态保护委员会所拟的国家战略草案作出了有益的补充。

澳大利亚生物多样性保护国家战略的目标是保护生物多样性和维持生态系统平衡,其基本原则是:(1)尽可能地就地保护生物多样性;(2)虽然各级政府的职责明确,但是保护组织、资源使用者、当地居民和普通社团的合作对于生物多样性的保护至关重要;(3)对生物多样性丢失和减少原因的预测、防止和杜绝非常重要;(4)对澳大利亚资源的分配与使用的过程与决策应该有效、平等和公开;(5)知识的缺乏不能作为推迟生物多样性保护的借口;(6)澳大利亚生物多样性的保护受到国际活动影响,需要超越澳大利亚国家权限的保护活动;(7)超越国家权限的活动应该遵守生物多样性保护与生态可持续使用的原则,并且要与任何相关的国家及国际法律相符合;(8)澳大利亚生物多样性保护中心是一个全面的,代表性的和充分可行的生态保护系统。这些系统与所有其他系统(农业及其他资源生产系统)结合在一起;(9)因为希望对传统生物多样性知识的创新使用而共享生物多样性的利益,所以应该认识到澳大利亚土著居民与生物多样性的传统联系。

(四) 促进行业可持续发展战略

澳大利亚还制定了大量的行业战略以提高可持续消费与生产,减少环境影响,实现环境与经济的可持续协调发展。

1994年,澳大利亚同意了一项在国家范围内对水资源进行重新分配的条款。该条款通过改变供水管理,确保国家水资源更有效和可持续地利用。该条款包括:以消费定价原则和完全恢复费用为基础的定价改革;减少和取消多种补贴;补贴公开化;环境水资源的分配;水资源的交易安排。到2000年,该条款将完全实现水资源的有效定价,确保水资源的生态可持续消费。

澳大利亚的废物管理政策的目标是,到2000年将土地填埋的废物减少55%。对于澳大利亚的大部分居民来说,废物最小化处理和再循环是可行的。最近,澳政策的工作重点已从废物循环转向废物最小化处理,以提高当前的消费和再利用水平。

澳大利亚的《清洁生产计划》、《最佳环境管理计划》、《国家水质量管理战略》和《环境审计计划》均鼓励企业减少对环境的影响。此外,澳大利亚还制定了《国家清洁生产战略》以帮助企业从了解到实行清洁生产,确保有利于环境保护的决策在正常的商业决策中具有优先性。

在政府的微观经济改革和环境议程中,能源市场的改革是一个关键的因素。1997年,国家电力市场开始启动,提议建立的新的汽油管理市场也将很快得到实施。新的管理市场将会提高目前能源的服务状况,使环境效益与经济效益相协调。价格的提高将反映出能源供应的真实价格。一个健全的、竞争的能源服务市场已经在澳开始形成。对于需求方,能源供应商正努力提供完善的包括能源效率和智能计量在内的综合服务,以满足消费者对能源的需求;对于供应方,可以获得建立协同生产和远程电力系统的利益。这些措施具有大大减少温室气体排放量和能源部门造成的其他环境影响的潜力。

澳大利亚政府已认识到森林的重大环境与科学价值。联邦、州和领地政府已通过了《国家森林政策》,该政策的关键目标是发展具有国际竞争性和生态可持续发展的木材产品工业;发展完善、充分和有代表性的森林保护系统。从 1990 年到 1996 年,澳大利亚的森林面积增加了 1000 平方公里。

由于木材和纸类工业对于来自国家的森林、植被和循环纤维具有的长期依赖性,澳联邦政府制定了《木材和纸类工业战略》,以鼓励此类企业参与国际竞争,进行高附加值加工和投资。目前,澳大利亚期望通过进口木材以满足自己的需求。但同时又希望通过扩大植被在下世纪初期实现出口木材。基于这一思路,澳联邦、州和领地政府正在努力实现一个计划:到 2020 年,将澳大利亚的植被量增加三倍。目前,政府正在建立一个相应的国家战略以达到这个目标。

三、国际合作

澳大利亚支持联合国可持续发展委员会(UNCSD)的成立,并且成为该委员会的初始成员之一。同时,澳大利亚对环境大使的任命也反映了其对联合国《21世纪议程》的重视程度。此外,澳大利亚加入了与环境和可持续发展问题相关的多个国际组织,如联合国环境计划组织(UNEP)、世界卫生组织(WHO)、联合国人口活动基金组织(UNFPA)、联合国妇女发展基金组织(UNIFEM)、世界气象组织(WMO)、联合国教科文组织(UNESCO)、粮食与农业组织(FAO)以及22个国际农业研究中心等。

此外,由于地理环境的相关性和政治经济的密切性,澳大利亚和新西兰还联合成立了一个名为澳大利亚和新西兰环境与资源保护委员会(ANZECC),该委员会由澳联邦、各州及领地政府及新西兰政府的有关部门的代表组成。该委员会为各级政府交流信息、经验,更好地制定国内和国家间环境与资源保护政策提供了一个很好的场所。而且,澳大利亚和新西兰还有许多专门机构在实施生态可持续发展国家战略过程中发挥着重要的作用。如澳大利亚和新西兰农业与资源管理委员会、澳大利亚和新西兰渔业和水产养殖委员会、澳大利亚和新西兰矿业与能源委员会、澳大利亚和新西兰土地信息委员会,等等。

为帮助发展中国家走上经济与环境可持续发展道路,澳大利亚国际发展资助局对资助政策做了调整,要求所有资助项目都必须符合生态可持续发展战略的目标和原则。为此,澳大利亚实行了大量的实质性措施以改善和提高整个发展合作计划中的可持续发展的原则。1993年至1994年,澳通过发展合作计划向发展中国家特别是亚太地区的发展中国家提供了14亿澳元的资助,占其国民生产总值的0.35%。其中,与环境直接相关的项目资助为1

亿澳元。澳政府还鼓励本国企业、大学和研究机构利用发展合作计划向发展中国家转让环境技术。为此，专门建立了澳大利亚环境专业知识库。此外，澳大利亚还将咨询和培训作为向发展中国家转让环境技术和技能的主要方式和手段。

第二节 奥地利

一、基本情况介绍

奥地利是中欧南部的一个内陆国家，东邻匈牙利，南接斯洛文尼亚和意大利，西连瑞士及列支敦士登，北与德国、捷克、斯洛伐克接壤，是东西方政治缓冲地及贸易中转站，历来受到世界瞩目。1995年，奥地利成为欧盟（EU）的成员国之一。奥地利国土面积约为8.4万平方公里，其中有46%被森林所覆盖，人口803.9万。1994年奥地利的国内生产总值为1990亿美元，人均国民收入2.45万美元。奥地利非常重视环境保护工作，1997年奥地利在环境方面的投资约为4亿美元，占到GDP的2.8%，这些资金对促进环境改善起到了重要的作用。

二、可持续发展总体战略

奥地利政府充分认识到环境保护对社会经济发展的重要意义。因此，奥地利政府积极贯彻可持续发展思想，制定了一系列政策和计划,并设立专门的组织机构来负责管理政策计划的实施和监督工作。

(一) 基本内容

奥地利可持续发展总体战略包括奥地利可持续发展的战略与对策、与可持续发展有关的立法与实施、费用与资金机制、教育与可持续发展能力建设、团体及公众参与等方面的内容。

对奥地利而言,发展仍然是首要的和先决的目标。为保证其社会的稳定,同时谋求更高的国际地位,以及确保其在欧盟中的利益,奥地利努力保持其良好的发展势头,稳定、持续的经济增长速度。在经济发展的同时,奥地利还注重对资源的合理开发和利用,加强对环境的保护和对企业的监督,以确保可持续发展战略的实施。

奥地利政府认为可持续发展必须建立在资源可持续利用和良好的生态环境基础上。保护整个生命支持系统和生态系统的完整性,保护生物多样性一直是奥地利所关心的一个主题。由于境内河流湖泊众多,因此防止水土流失、预防水患、提高水质等保护流域生态环境问题是保证奥地利可持续发展所必须要考虑的重要内容。森林资源一直是奥地利引以自豪的一项资源,正是由于境内大面积的森林为奥地利保存了数目众多的物种,同时林业也是其国民经济支柱产业之一,因此,政府十分重视对森林的保护和发展。此外,为保护生态环境免遭破坏,奥地利政府鼓励对企业的产品推行生态标志。由于奥地利绝大多数企业都是私有企业,因此政府鼓励这些企业自愿参加生态标志制度,并在许多方面给予优惠,从而促使企业在生产工艺流程中以及其最终产品的销售服务过程中都能重视生态效益。

(二) 组织机构

奥地利可持续发展战略实施主要由联邦总理负责。不同部门在不同领域负责相应的可持续发展政策制定与项目行动,构成了奥地利可持续发展的决策体系。

联合国环境与发展大会奥地利委员会(Austrian UNCED Commission)是奥地利可持续发展的主要负责部门。该部门成立于1991年,目的是协调奥地利政府与联合国环境与发展大会(UNCED)的关系,并逐渐成为负责 UNCED 在奥地利后续行动的机构。此外,一些研究机构也通过各种途径参与到可持续发展战略的研究与实施中。委员会还与一些非政府组织,如全球2000年与奥地利绿色和平组织等,密切联系,加强合作。

三、具体行动与进展

里约会议后至今,奥地利为实现自己的承诺,在实施可持续发展战略方面做了许多工作。一些优先领域已经顺利达到了预期的目标,国家可持续发展能力得到了提高。1997年4月奥地利联邦环境、青年与家庭事务部向联合国可持续发展委员会提交了关于其《21世纪议程》执行情况的报告,报告系统的反映了里约会议五年来奥地利可持续发展战略的实施情况。

(一) 山区的可持续发展

阿尔卑斯山区占据了奥地利国土面积的 67.1%，旅游业是该地区的主要经济产业。但是由于当地排放或越界输移造成的空气污染、过度放牧、雪崩、过多的户外运动以及别墅等休闲设施及基础建设的扩张，山区的可持续发展面临着极大挑战。

奥地利认为：可持续的旅游业发展要求有效地利用和管理稀缺的自然资源，在考虑文化和社会因素的同时，注意保护旅游区所特有的生态要素。因此，在奥地利国家旅游政策中，已将旅游业与休闲业可持续发展的建议与方针纳入到了国家环境保护规划中。1994年在专家的帮助下，联邦政府和民间组织对旅游业生态标志准则进行设计。为实现阿尔卑斯山区的有效维护，奥地利政府已经实施了一些针对农民和山区社团的社会、经济和文化激励手段，来促进本地资源的可持续利用以确保山区农业管理的可持续性（具体手段如：进一步引导本地产品市场、发展手工艺制品、保护阿尔卑斯牧场等）。

(二) 改变生产与消费模式

奥地利正在推行一项用于减少废弃物排放，提高能源与原材料使用效率的政策，并且一些社会福利政策的制定与基础服务设施项目都考虑了可持续问题。除中央政府外，地方也制定了一系列的规章制度来促进可持续发展战略的实施。这些措施如提供可持续发展信息与教育，推行自愿协议、生态标志和木材及木制品质量标志等。此外，奥地利政府还采用了一些经济手段，如收取原油税以及发动机保险税、道路交通费、机动车税、电与天然气的能源税等。政府希望通过这些措施来影响生产和消费模式的改变,同时还对这些措施的执行情况进行监督,以保证措施的有效性。

(三) 森林保护

奥地利的森林面积占到了领土的46%,是奥地利景观、经济和文化的核心要素。奥地利林区面积已由1961年的361万公顷增长到1990年的388万公顷,这主要得益于原来农业用地的重新造林、在森林保护区植树造林、禁止砍伐等工作。

奥地利已经开始实施了《保护森林储备战略框架》,主要包括如下措施:继续贯彻清洁空气政策,加强野生物种的储备,保护对森林生态系统敏感的牧场及山地森林,此外还有一些森林管理措施,如在高原地区种植人造防护林等。目前针对《阿尔卑斯公约》的山区保护协议已经着手编制。

为保护森林的生物多样性,政府采取了如下一些措施,如对自然森林进行管理并在一些群落衰落区重新造林,绘制森林生物群落图,加强自然森林储备(如制定自然保护协议),进一步提高森林包括非经济功能在内的综合功能等。此外,奥地利还积极参与了森林管理方面的国际合作,并希望召开专门的会议,形成全球性的森林保护公约。目前,奥地利已经对亚马孙河流域的森林保护提供援助。

(四) 大气环境保护

奥地利已签署了《蒙特利尔协议》及其修正案,以及《联合国气候变化框架公约》，并建立了许多早期预警系统。目前已建成有 10 个空气质量监测点和 300 多个核辐射早期预警系统监测点。此外，政府严格控制大气污染物排放，对电站与工厂采取空气污染综合防治手段，降低了空气污染对于森林的损害。目前，SO_2 的排放量比 1980 年减少了 75%，NO_X 的排放减少了 12%。

（五）水资源保护

奥地利水资源管理的目标主要是确保长距离水供应的安全，维护和提高地表水与地下水水质，保持水体的生态功能，防止危及居民生命财产安全的水患发生。奥地利制定了一个雄心勃勃的水管理目标，要使所有流动水体均达到饮用水标准。为此，奥地利制定了严格的水质标准和排放标准，并且有《水利法》对水资源利用进行强有力的管理，目前正在积极进行地表水循环方面的研究。在未来 15 年内，奥地利在水处理方面计划集资约 16 亿美元以上。此外，奥地利还积极进行水资源管理方面的国际合作，尤其是多瑙河水资源管理方面的国际合作更受关注。

（六）固体废弃物管理

奥地利每年产生 4400 万吨固体废物，其中主要是建筑废料（约 2250 万吨），污水处理系统产生的废料约 660 万吨。目前奥地利已有一些关于废物管理的法律措施，特别是《废物管理法》，规定超过 100 名雇员的企业必须设废物管理办公室，超过某一规模的企业必须要有废物管理计划。此外一些经济部门与废弃物管理部门签定了自愿协议，在此协议下，这些经济部门承诺负责回收由它们所产生的废弃物。目前这一措施已经取得了很大的成绩:奥地利每年210000辆报废汽车中,有90%得到回收再利用;纸的回收率为66%;每年50000吨的轮胎中,有80%再利用于能源生产;售出电池的60%得到回收;信用卡以及其他PVC制成卡的回收率为80%,并且100%得到再利用;玻璃的回收率为72%。

奥地利地处欧洲中心,是东西贸易的枢纽,有毒有害物的越境转移、越界影响成为奥地利可持续发展战略比较关心的一个方面。为此,奥地利先后签署了《巴塞尔公约》《工业事故越境影响公约》《国际公路运输危险货物欧洲协议(ADR)》等。其部分城市和地区也与周边国家进行合作,签署了类似的协议。

第三节 比利时

比利时王国位于西欧,北连荷兰,东临德国,东南与卢森堡接壤,南部和西南与法国交界,西北隔多佛尔海峡与英国隔海相望,是一个面积为30528平方公里,人口一千多万的小国。独特的地理位置,使它逐渐成为欧洲经济中心。首都布鲁塞尔是欧盟总部的所在地,随着欧洲统一步伐日见加快,这里将成为世界注目的焦点。"比利时是欧洲的心脏",这里拥有欧洲贸易和运输上最重要的河流和三角洲,是中欧地区通达海洋的桥梁。

比利时属于温带海洋性气候,境内既有高山、丘陵,也有低于海平面的堤围泽地和近代河流冲击而成的沙质平原。斯凯尔特河是境内主要的河流之一,此外,还有利斯河、桑布尔河、马斯河奔流不息,汇向北海。

比利时有丰富的煤炭资源,储量约37亿吨,其中有开采价值的18亿吨。森林面积约60万公顷,占全国总面积的20%。核电站提供了65%的电力。自1994年以来通过一系列结构调整,其经济摆脱了前两年的负增长,经济开始持续增长。据1995年统计,其国内生产总值(GDP)为2620.2亿美元,人均国民生产总值2.5万美元,国民生产总值增长率为1.9%。

一、可持续发展总体战略

(一) 基本情况

联合国环发大会以后,为进一步改善环境,促进经济发展,比利时联邦政府和各级地方政府采取了积极的行动,制定了本国的发展战略和21世纪议程。比利时可持续发展战略包括可持续发展的战略与对策,与可持续发展有关的立法及实施,费用与资金机制,教育、可持续发展能力建设、组织、团体与公众参与等内容。比利时可持续发展战略的核心是基于本国、本地区的实际情况,谋求社会的可持续发展,保障经济持续稳定发展,并在经济发展的同时,通过可持续发展计划的实施,做到自然资源合理的开发利用,环境状况保持良好。

鉴于以前的教训,比利时认为,资源的开发与利用是有限度的,必须对自然资源加以保护。对不同属性的资源,要采取不同的对策。对于非再生资源应提高其利用率,加强循环利用,寻找替代资源,延长使用寿命。对再生资源的利用,要限制在资源再生能力的限度内,同时利用一些其他手段促进其再生产;保护生物多样性及生命支持系统,保证生物资源的持续利用。在促进社会可持续发展方面,比利时政府注重改善居民生活环境,关注公民健康。

(二) 组织机构

1993年比利时成立了国家可持续发展理事会,以协助政府实施可持续发展战略,动员各界积极参与各项有关活动。国家可持续发展理事会的任务是:(1)为政府实施欧共体的第五个环境计划、21世纪行动计划、联合国《气候变化框架公约》和《生物多样性公约》以及今后与可持续发展有关的各种公约所采取的措施提供咨询及建议;(2)针对这些措施及实施方案举办有关的研讨会,并就可持续发展的各方面专题工作提出建议;(3)促进国家机构、私营组织和全体国民广泛参与可持续发展的各项活动。

联邦政府为增强在可持续发展管理与计划方面的能力,综合考虑在社会、经济和文化三方面的可持续发展战略实施情况,于1996年末成立了联邦部门间委员会。该组织在联邦规划办公室的领导下工作,提交国家可持续发展报告,监督与评价可持续发展状况。此外,联邦社会、公众健康与环境部,提供对环境事务方面的服务以及进行研究和协调方面的工作;比利时发展合作局,联邦科学、技术与文化事务办公室也为可持续发展的政策与计划的制定提供帮助。在地方政府这一层次,各个地区、社会均有各自负责可持续发展战略实施的部门,如弗兰德地区环境、自然、土地及水管理局,瓦隆地区自然资源与环境董事会,布鲁塞尔环境管理研究所等。

(三) 实施行动

为实现比利时的 21 世纪议程所提出的可持续发展战略,自 1993 年以来,比利时在可持续发展方面采取了一系列行动,经过几年的不懈努力,目前许多措施已经在比利时的社会经济生活中发挥了重要作用。

1. 改变消费模式

1993 年比利时开始引入生态税制度,以促进投资者采取有利于保护环境的行动。这些行动包括废物的收集与循环利用,进行生态容许的废物处理和对消费品更为合理的使用等。由于生态税是在销售的最初阶段进行征收,所以这个新法律并没有给贸易带来任何约束。能源税也于 1993 年开始征收,从而直接导致 1994 年 CO_2 排放量显著减少。

在改变消费模式方面,比利时的国家目标是:2000 年 CO_2 排放量与 1990 年相比削减 5%,这一目标与欧盟在限制 CO_2 的战略上是一致的。为达到这一目标,比利时采用了征收碳与能源税的办法。

2. 保护大气,提高空气质量

比利时在制定环境保护政策时,注意与经济发展计划相协调,综合考虑发展问题。为保护大气,比利时参加了多个国际公约,并针对臭氧层保护、气候变化、空气污染物质越境转移等几方面采取了不同的措施。在这些措施中,大量的经济手段得以使用,表现了其利用市场的能力。例如利用环境税收来控制空气污染物质的排放等。比利时依据国际标准对空气质量进行分级。各地区也陆续建立了一些检测网,以观测周围空气污染状况。同时一种称为"环境地区间单元(IRCEL)系统"也建立了起来,它的主要目的是监测大气排放和空气质量数据。

在臭氧层保护方面,一个用于监测和统计进口、出口和使用臭氧耗竭物质量的系统已经投入到使用 ODS(恢复、循环、销毁)的废物管理系统中。该管理系统还包括对 CFCs 非法进口的控制。同时,正在对 CFC 运输战略、臭氧耗竭等进行研究。

比利时的气候变化政策主要集中在 CO_2 的排放上,对其他气体的排放还没有明确的政策目标。比利时"削减 CO_2 排放量国家计划"(NPRCE)已于 1994 年开始执行。该计划希望通过政策和运作手段(包括经济手段)相结合,使 2000 年 CO_2 的排放量比 1990 年减少 5%。在 NPRCE 中还包括一些如能源有效标准规定、自愿协议和促进大规模运输系统等非经济手段。一些地方采用税收优惠计划来鼓励企业在节约能源上的投资。

比利时在欧盟领导下积极开展提高空气质量和控制固定或移动源污染气体排放等方面的工作。1996 年,开始采取一系列手段来探讨臭氧问题与公众健康的关系,进行了如空气污染模型、可溶产品的使用以及运输部门、工业部门的排放量等方面的研究。

3. 合理利用水土资源、发展可持续农业

可持续农业是比利时农业政策追求的目标。如何把环境目标与农业、经济和政治目标联系起来是比利时政府所关心的问题,为此采取了很多行动,例如制定规章、开展农艺研究、培训和资金辅助等。1994 年欧洲委员会认可一项农业/环境规划,其中包括了联邦和地方两个层次的措施。联邦措施有减少化肥和农药使用的示范项目和有机农业项目。各地区则加强和提高了对苹果、梨等产品综合有害物的管理。此外,在人口统计、土地征税结构研究、国际贸易与农产品的联结、巩固农民权益、开发数据库和建立恢复土地退化政策等方面采取了行动。

在淡水资源保护方面,各地方政府针对本地区的实际情况,提出不同的对策。在弗兰德地区,水资源政策是整个地区环境政策的一部分,并有一个关于地表水处理的总体规划;在瓦隆地区,水行动计划是在瓦隆地区可持续发展环境规划的指导下制定的,该计划重视利用价格机制来促使水资源的高效利用;而布鲁塞尔的水资源保护主要集中在污水处理方面。各个地区在水处理方面都进行了大量的投资。

4. 保护森林、保持生物多样性

自1992年里约会议以来,比利时地方政府已经采取了很多与森林有关的行动,如提供范围更大的服务、提高公众意识,开展地理信息系统、远程遥感、国家计划、森林的多重角色、土地分类和环境影响评价等研究工作。1996年森林管理(扣除工资和研究费用)的预算达3940万美元。国家在森林上的税收(包括木材工业)约为35.5亿美元。

比利时的森林覆盖率并不很高,但其在森林保护方面却做得比较好。三个主要的地方政府都有各自的一套完整的森林保护计划。1992年,各地区都对其森林立法进行了修订。瓦隆区的可持续发展环境规划中把森林保护列为一个重点;弗兰德地区1993年也提出了一个森林长期战略规划,并在1997年初实施了一个森林行动计划。

在保护生物多样性方面,比利时签署了《生物多样性公约》。目前已经采取一些措施来就地保持和恢复生态系统,异地保存生物和基因资源。每年都有一些新区域被划为自然保护区或将现有保护区的面积扩大。

5. 废弃物处理

废弃物管理主要由地方政府负责。联邦政府负责废弃物的运输和预防政策(产品规范,生态税等)的制定。各地区首先采取一系列立法手段建立废弃物管理法律框架。废弃物管理的总目标是,在可持续发展观点下,考虑经济社会成本,确保环境保护的高度有效性。废弃物管理的主要目标是依据预防原则,防止废弃物产生,进一步削减废弃物中有害物质的含量。这就需要通过采取一些新手段,如产品征收生态税、促进清洁生产以及教育等来实现。联邦政府也优先采取诸如生态标签计划和削减废弃物中有害物质含量的生产规范等手段来加强其废弃物管理。

比利时的能源结构决定了其在放射性废弃物方面的态度。比利时65%的能源来自核能,因此,放射性废弃物的管理是比利时工作的一个重点。比利时目前有7个核电站,总装机容量为56亿瓦;有两个燃料加工厂,一个带有材料测试反应装置和几个研究设备的原子能研究中心。其他与放射性废弃物生产相关的有医疗、工业和研究机构。此外,对旧有设备的拆除等也会产生放射性废弃物。为了对放射性废弃物进行有效管理,比利时采取的主要措施是:(1)依据燃料的用量对废弃物分类,共分成A、B、C三级;(2)通过分类、鉴别、净化等手段限制放射性废弃物的产生量;(3)通过化学处理、焚烧、超浓缩等手段减小其体积,进行化学稳定;(4)在稳定的环境下对废弃物进行处理,以免废弃物扩散;(5)对临时存储放射性废弃物的建筑,要有足够的防护和安全措施。

  这些措施已经在降低放射性废弃物的工作中取得成效。比利时计划在全国所有生产和储存放射性物质的地点安装必要的处理设备,并针对不同类型的废弃物,采取相应的最终处理措施。

二、地方可持续发展

  比利时21世纪议程提出以后,各个地方政府积极行动,制定了各自的行动计划,配合联邦可持续发展战略的实施。比利时的三个地区政府:弗兰德区、瓦隆区和布鲁塞尔首都行政区都提出了各自的"21世纪议程"和可持续发展的战略计划。

  1993年弗兰德区政府推出了"2002年的弗兰德区"的行动计划,作为弗兰德地区的"21世纪议程"。它包括:(1)进入21世纪以后,弗兰德地区将以一个崭新的环境向人们提供安居乐业的条件。为此,政府将改变本地区的工业结构,限制或取缔对环境造成污染或危害的行业(如核工业和金属提炼业)。为进一步改善人们生活的环境质量,将制定相关的条例和法规以保护环境,并拟于2002年大幅度改善人们的住房条件;(2)完善地区内基础设施,提供更加全面的服务,改善人民生活,大力发展教育;(3)提供众多就业机会,保障一定的工资水平。郊区还拟采取措施鼓励本地区大企业的发展,吸引跨国公司投资办厂;(4)在今后的10年里,成倍增加社会福利的投资;(5)不继续发展目前的交通网,鼓励使用自行车和公共交通工具;(6)政府拟依据联邦法令,进一步完善自治体系,反对各种种族主义倾向;(7)完善社会保障体系,增加医疗服务设施,提高人民健康水平。

在该计划中,弗兰德区政府提出以效率为准则的口号,采取措施加强公众与各级政府机构的对话,增辟咨询和信息服务窗口,提供一系列便民措施等。

瓦隆区于1994年通过了本地区的可持续发展与环境计划,该计划涉及水、人与自然、垃圾、农业、森林与环境、工业与环境、能源与环境、交通基础设施与环境等方面,综合地反映了本地区可持续发展的目标与行动。为保护瓦隆区内的森林与自然景观,瓦隆区政府与联邦政府合作,制定了一系列的规章制度进行森林保护。

瓦隆地区对水资源的保护和管理十分重视,1992年用于水净化(包括废水处理)的费用高达0.8亿多美元,1993~1994年为2.1亿美元,自1995年开始,瓦隆区政府拟进一步采取措施,对本地区的水净化工作予以完善。

布鲁塞尔首都行政区与联邦政府联系比较紧密,在淡水资源管理,改善居民生活条件,提高居民健康等方面发挥了重要的作用。作为欧盟的所在地,布鲁塞尔不仅加大对景观保护的力度,同时积极参与执行欧盟倡导的各种国际合作、国际协议、欧盟法令等。此外,在人口统计、森林保护、废物处理、提供住房等方面,布鲁塞尔区政府都发挥了更为积极的作用。

三、对国内外重大环境问题的关注

比利时是一个发达国家,是欧盟的核心成员之一,因此,在国际事务上,特别是有关环境保护方面表现的比较积极。同时,作为欧盟总部的所在地,比利时在许多重大环境问题上的立场与欧盟保持了相对的一致。比利时希望联合国能够进一步巩固和深化里约会议以来所取得的成果,在森林问题上,希望能够召开国际会议,形成一个专门有关全球森林保护方面的公约,以保护面积正在逐渐缩小的森林,发挥其调节气候、保持物种等多种环境功能,并对许多地区存在的森林砍伐问题表示关注。

比利时对目前出现的"全球化"趋势表示欢迎,希望建立一个框架和政府间论坛,通过政治途径解决当前所面临的结构和体制上的冲突。比利时相信,社会和环境方面的措施将会有利于"全球化"的发展。为此,比利时支持国际社会在这些领域所做出的努力。比利时认为,在可持续发展问题上,国际范围的合作是十分必要的。比利时首相 Dehaene 曾说过:"没有任何一个国家和地区能够凭借一己之力,而不需要全球的伙伴就能实现 21 世纪议程"。因此,比利时在可持续发展战略中重视与周边国家的合作,注重在扩大贸易往来的同时,协调社会、经济与环境方面的政策。

在全球气候变化问题上,比利时参加了《联合国气候变化框架公约》,并积极开展一系列行动,限制对 CO_2、CH_4 和 N_2O 等温室气体的排放,并提出了具体的减排时间表。

比利时支持国际社会对臭氧层的保护,参与了《维也纳公约》

和《蒙特利尔协定》，严格限制臭氧耗竭物质的排放。国家和地方政府制定了一系列的措施来限制其臭氧耗竭物质的排放，并采取社会的和经济的多种手段来保证目标的实现。

总之，比利时作为一个人口只有一千多万的小国，虽然经济比较发达，与世界许多国家相比，环境问题与社会、经济发展的矛盾并不十分突出，但国民和政府仍非常重视环境保护问题，公众在解决环境问题上的参与意识也比较强，因此，比利时可持续发展战略的实施进行得较为顺利，许多在其21世纪议程中提出的目标，或是已经开始实施，或是已经实现。

第四节 加拿大

一、基本概况

加拿大位于北美洲，与美国接壤，国土面积990多万平方公里，仅次于俄罗斯而居世界第二。加拿大人口只有2800多万，人口密度低，平均每平方公里2.7人，是世界上人口密度最小的国家之一。加拿大地大物博，资源丰富，淡水湖面积占世界淡水湖总面积的15%，居世界之首；森林覆盖率占国土总面积的1/4，为世界第三大林业国；矿产资源得天独厚，石油、天然气、煤炭及各种矿物储量丰富，许多稀有金属产量居世界之首。按人均GDP来衡量，加拿大的生活水平位居世界第六，处于美国、瑞士、卢森堡、德国和日本之后。在联合国开发计划署综合考虑人均GDP、预期寿命和教育等因素的"人文发展指数"对世界各国所作的排序中,加拿大位居第一。

作为一个富裕的、高科技工业国家,加拿大在市场经济体系、生产模式和生活水平等方面都类似于美国。二战以后,加拿大在制造业、采矿业及服务业等行业的迅速增长已经使加拿大从一个农业经济国家发展成为一个工业化、城市化的国家。加拿大的产业结构是以服务业为主,在 GDP 中占 66%,其次为工业和农业,分别占 GDP 的 31% 和 3%。加拿大经济具有多样化的特点。与自然资源相关的产业,如林业、采矿、能源、农业、渔业等都是重要的收入来源。同时,加拿大在通讯等高科技领域也具有世界先进水平;信息产业和服务业在国民经济中的地位日益上升。加拿大的经济主要建立在市场经济基础之上,高度整合于全球经济之中。由于加拿大的私营部门在法律允许范围内有很大的行动自由,因此对于可持续发展的许多方面也有着重要的影响。

目前加拿大面临的主要环境问题包括:空气污染以及随之而来的酸雨对湖泊和森林的严重影响;金属冶炼、煤炭燃烧及汽车尾气的排放对农业和林业生产的损害;由于农业、工业、采矿和森林采伐等活动所造成的海水污染等。

加拿大人越来越认识到环境与经济是一个问题的两个方面。当前的公众意见调查表明,加拿大人非常关注环境问题,而且大多数人相信强劲增长的经济与清洁的环境密不可分。1993 年的民意调查首次表明,加拿大大多数公众开始将环境保护的大部分责任归于个人,现在个人生活方式的改变越来越被认为是解决环境问题的关键。

二、可持续发展战略的实施情况

(一) 对可持续发展概念的理解

加拿大作为最早对 1987 年世界环境与发展委员会报告作出反应的国家之一,早在 1986 年就建立了全国环境与经济特别行动组,召集加拿大社会各界代表,共同商讨环境与发展问题。在特别行动组 1987 年的报告中,推荐了一系列使加拿大更接近可持续发展目标的行动计划。

加拿大认为可持续发展的核心观点在于:健康的环境与富于生产力的资源带来的持久的经济效益,是未来发展的基础。经济繁荣可以保证有能力采取良好的资源管理措施和保护环境质量的能力,可以有足够的资金来防治污染,发展改善人类健康状况所必需的技术能力。经济繁荣还可以使得所有部门更容易在决策中考虑环境问题。各项行动的目的都是保证上述目标的实现。

(二) 政府实施可持续发展战略的政策机制

加拿大政府认为可持续发展不仅是一个理想的目标,而且是制定公共政策的基础。因此,一项推进可持续发展的政策必须符合广泛、全面、公开、负责的原则,并且能够不断完善。加拿大实施可持续发展战略的主要原则包括:

• 广泛参与原则:可持续发展并不是某个部门的职权范围,所有部门都必须在各自的部门内推进可持续发展战略。不论是该部门所制定的政策,还是部门内部的运行机制,都要贯穿可持续发展原则。

• **整体性原则**:加拿大人所享有的高质量的生活是加拿大经济、环境及社会等各方面状况的全面反映。这些方面互相关联,加拿大政府的政策不能只考虑某一方面,而忽略各领域之间的相互影响。

• **公开性原则**:可持续发展是加拿大政府、土著人、私营部门、志愿组织和社区组织,以及每个加拿大人的共同责任。通过政策公开和相互合作,就可以使各个组织机构及个人设定各自的目标,了解各自所担负的责任。

• **责任原则**:各组织机构及个人在可持续发展方面承担共同责任的同时,也意味着在可持续发展方面的每一项行动都必须有清楚的定义,从而能够区分各自的责任和义务。

• **改进原则**:经验表明可持续发展并不是一个静止的状态,也非一朝一夕之功,要取得成效有赖于对原有政策的不断改进。加拿大政府将不断积累经验,增进对可持续发展的理解,最终使加拿大的可持续发展达到更高的水平。

近年来,加拿大政府面临的财政压力比较大,财政收入无法满足大量公共设施建设的需要。这使得加拿大政府更加强调社会各阶层的统一行动,开辟一条新的可持续的经济和社会发展之路。加拿大政府越来越认识到环境改善与经济发展密不可分,只有保持一定的经济发展水平,才能更好地保护生态环境。

(三)"环境与经济圆桌会议"

作为一个市场经济国家,加拿大政府对各行业具体发展的影响非常有限,加之加拿大各省在教育、林业、矿产资源、城市建设等方面都拥有自己的立法权,所以联邦政府不容易制定一个统一的、全国性的可持续发展规划。有鉴于此,政府不设立专门的权威机构来指导和实施全国性的可持续发展行动,而是采用政府支持、社会参与的模式来实施可持续发展战略。加拿大"环境与经济圆桌会议"就是这一模式的具体体现。

早在1986年,加拿大国家环境与经济工作组就建议在全国各省及大都市成立"环境与经济圆桌会议",由政府、工业界、环境组织、劳工界、学术界和土著人代表组成,这些代表在其各自部门都有一定声望,具有相当的决策或发言权。其目的是召集社会各个不同利益集团的代表,共同商讨加拿大经济与环境可持续发展问题。"环境与经济圆桌会议"有三个主要特征:

1. 促进可持续发展战略的制订和实施

"圆桌会议"首先确认各地已有的可持续发展计划和实践,然后商讨、制订符合本地区实际的可持续发展长远战略、指导政策和建议,向各地方政府首脑及公众提出建议,全国性"圆桌会议"则向总理提出建议。

2. 统一决策

"圆桌会议"是一个政府大力支持的非赢利的民间组织,其成员代表社会各个不同利益集团,因而具有广泛的代表性。为使"圆桌会议"决议或建议具有实际意义和现实作用,任何"圆桌会议"的决议和建议都必须经过充分协商后实行统一决策的原则。

3. 跨部门协调和指导

"圆桌会议"实际上是社会各界商讨环境、经济可持续发展问题的论坛,由于其成员具有广泛的代表性和权威性,因而行使了跨部门协调机构的职能。它的决策和建议虽然不具有强制性,但得到了广泛的支持,因而对各部门具有相当的指导作用。全国性"圆桌会议"下设的委员会如图2-1所示:

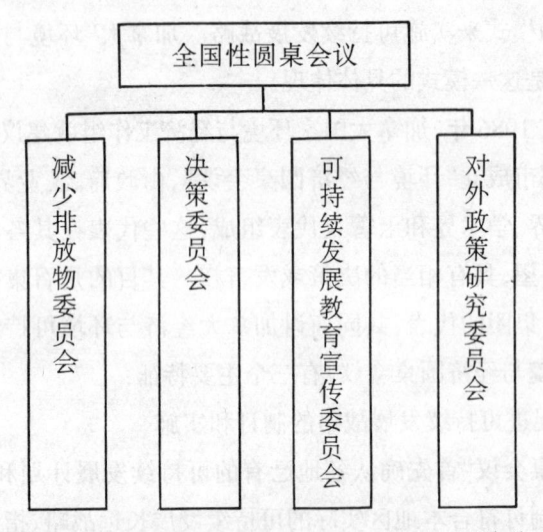

```
            全国性圆桌会议
    ┌──────┬──────┬──────┬──────┐
  减少    决策    可持续    对外
  排放    委员    发展教    政策
  物委    会      育宣传    研究
  员会            委员会    委员会
```

图2-1 加拿大全国性"圆桌会议"组织结构

全国性"圆桌会议"共包括12项计划和任务:经济措施计划;林业"圆桌会议"计划;纸浆和纸制品工业"圆桌会议"计划;决策一致性指导原则计划;关贸总协定(GATT)、生物多样性及农村地区的可持续发展计划;可持续发展评价报告;贸易和可持续发展计划;社区可持续发展计划;可持续发展渔业计划;持续和繁荣计划;

21世纪议程计划;可持续发展教育宣传计划。这种"圆桌会议"模式具有很多优点:第一,"圆桌会议"具有跨部门、代表各阶层利益的特点,有广泛的代表性和群众性,因此,在制订决策和行动计划时,可以克服部门局限,有利于计划的完善和执行。第二,"圆桌会议"使原先对立或竞争的各方坐到一起,有利于促进各方相互了解,促进一致决策的形成和组织实施。第三,全社会联合行动是实施可持续发展的根本保障,促进可持续发展的管理机制需要建立各部门间合作的伙伴关系及行业内的网络关系,"圆桌会议"提供了建立这种伙伴与网络关系的有利条件。

(四)联邦政府"绿色计划"

"绿色计划"是加拿大联邦政府经过全国范围的广泛咨询和讨论后于1990年12月由联邦政府发布实施的。该计划全面反映了加政府对解决国内和全球环境与经济可持续发展问题的基本立场和采取的战略对策、行动措施,是加拿大可持续发展战略的重要组成部分。这一计划为期6年,总预算30亿加元。联邦政府40多个部门和有关机构参与了这项计划,其中10个部门直接负责计划实施。"绿色计划"共有100多个项目,分8大领域:(1)空气、水和土地资源的保护(包括保护自然资源、降低有毒物及烟雾排放量等);(2)发展可持续的再生资源(包括可持续农业、林业、渔业等);(3)保护自然生态和物种(包括建立占加拿大面积12%的生态保护区等);(4)保护北极生态环境(开发北冰洋区域的环境战略);(5)全球环境安全(包括控制温室气体的排放,保护臭氧层,控制酸雨排放及环境保护方面的国际合作);(6)可持续发展决策(包括建立环境信息库,加强全民可持续发展意识教育等);(7)评估联邦政府实施可持续发展战略的进展情况(包括评估、修改联邦政府现有的环境方面的法令、条例;改革政府现有的环境评估过程;建立可持续发展基金等);(8)环境事故预报与预防(包括建立灾害性天气预报系统等)。

三、可持续发展方面的主要行动

联邦政府在环境保护方面处于领先地位。加拿大对自然资源的保护和本国社会财富的增长使得它在联合国开发计划署提出的人文发展指数(HDI)排位中名列第一。加拿大在参加联合国环境与发展大会前后都积极参与国际国内与可持续发展有关的活动。

(一) 人文社会发展领域

加拿大国际开发署经济支持目的在于消除特定群体贫困状况和具有良好传递机制的项目。他们通过发展援助计划,致力于解决贫困与环境退化等相关联的问题,努力促进长期的可持续发展。加拿大也制定了一系列计划帮助本国的低收入阶层,但重点是国际合作和通过官方发展援助计划来帮助发展中国家。在人口问题上,加拿大政府将官方发展援助的25%用于满足基本人权的需要,并将计划生育和基本医疗保健作为加拿大人口计划的主要部分。

积极推行可持续发展教育。1996年,加拿大在联合国可持续发展委员会(CSD)召开的会议上承诺建立可持续发展教育国家网络。加拿大还制定了气候变化教育战略,并积极参与蓝色技能计划,教育加拿大人转向可持续的水资源消费模式。此外,各省政府通过环境、自然资源、教育等部门在各个层次上积极推进环保教育。"为可持续的未来而学习"等非政府组织也致力于将可持续发展概念与原则结合到各级各类学生的课程当中。

现在人居环境和城市开发成为加拿大越来越重视的问题。加拿大抵押贷款与住房公司是加拿大的联邦住房机构,负责全国住房计划的开发、投资和运作,并提供抵押保险,支持有关提高市场效率、创建更良好的居住环境方面的研究。加拿大的十个省和两个行政区通过规划立法和制定建筑和住房标准来管理城市和农村的开发。市政府通常负责土地利用管理并提供基础设施。联邦政府、省、行政区和市政府及非政府组织之间共同合作来推进受助住房计划。在国际合作方面,加拿大国际开发署(CIDA)负责支持发展中国家的可持续人居环境建设,鼓励多种方式的双边、多边以及民间交流。国际发展研究中心(IDRC)也支持有关可持续城市方面的研究。加拿大国际开发署与国际发展研究中心设立了许多项目来消除城市中的贫困现象,推进环境无害化的市政管理和城市基础设施建设,提高城区和郊区的生活质量。

(二)自然资源与环境保护领域

加拿大很早就签署了生物多样性、气候变化和荒漠化方面的国际协定,而且为推动许多发展中国家参与这些协定的谈判提供了援助,并为谈判的进行提供了部分经费。

1. 能源

加拿大在气候变化方面大部分活动的目的是更有效地利用能源,并在可能的情况下用可再生资源进行替代。例如加拿大的《效率与替代能源计划》包括了 37 项能源调整、信息以及研究与开发动议。例如,这一计划鼓励在建筑业中使用国家能源代码,设定自愿的节约能源目标,支持使用新的、节约能源的技术和替代的交通燃料。

联邦政府"环境选择计划"的目的是,通过减少能源和材料消耗来改善和保护环境。该计划评估一个组织为减少由于商品和服务的生产、使用和处理而带来的污染影响所做出的努力,这一计划著名的生态标识(Ecologo)可以告知消费者他们所购买的产品已经达到了较高的环境标准。

加拿大正在寻求新的设计和修建房屋的方式,以求更有效地利用资源和利用土地,并且使建造的房屋更为安全,更有益健康,价格更低。现在已经有了许多动议,以提高能源效率,保护水源,减少室内污染,控制湿度,改善通风条件。重要的研究课题包括:通过更好的建筑措施来提高能源效率和被动式太阳能利用;通过新技术利用环境能量,如地热资源等;减少家用淡水消费。另一项优先议题是减少住房建筑的废物量,鼓励更多的建筑材料重复利用。

2. 森林资源

森林资源是加拿大的重要资源之一。加拿大的森林面积有 4.176 亿公顷,占世界森林总面积的 10%。加拿大的林业管理属于省一级的权限,每个省和行政区都有各自的立法、政策和法规。在过去几年中,各省已经实施了几项动议来推行可持续的林业生态系统管理原则,包括要求所有成员和利益相关团体参与到战略设计和综合性的土地利用规划当中。加拿大林业部长理事会包括了13个联邦、省和行政区主管林业的部长。这一理事会是加拿大进行国际国内林业方面合作的主要机构,领导着加拿大的林业管理部门,并且为林业发展指示方向。

许多省提出的动议体现了向基于生态系统的林业管理的转变。这些措施包括:通过立法将经济、环境和社会因素结合到林业管理当中(例如就业、野生动植物生活环境、生物多样性、非木材的林业产品和地方社区);更严格的环境保护措施、森林保护战略(包括使用造林技术和使用生物治虫产品),减少森林采伐面积,改变森林采伐方式来促进资源更新;增加特许权制度;采用生态系统原则及指标体系框架,与自然资源总量相结合。

可持续的林业管理正在改进的一个方面是决策。大多数省通过立法规定了公众要参与到决策当中。木材加工和造纸行业的公司开始起草公司环境报告,采纳志愿者制定的法规,增进他们监督自身行为及遵守法规情况的能力。他们大力投资以减少污染,致力于从纸浆和造纸厂排放物中完全消除二恶英(dioxin)和呋喃(furan)。使用新的设备生产高产出的纸浆、复合板和再生纸,以减少木材用量。加拿大标准协会建立了一套非官方的认证标准来识别在可持续的森林管理体系下产出的木材。森林管理理事会也在建立一套非官方的认证体系,将森林产品与其整个生命周期联系在一起。

3. 水资源

尽管加拿大拥有全世界大约9%的可循环水资源,但是由于加拿大60%的淡水资源在北部,而加拿大90%的人口居住在南部,这里的淡水资源由于污染和日益增长的需求也日见紧张。加拿大的各省政府制定了各种水源保护计划,旨在提高公众对水环境问题的认识。例如,纽芬兰省完成了《加拿大纽芬兰水资源管理协议》,该协议包括若干项水资源方面的技术研究,建立指导性纲领,并编写宣传手册来提高公众意识。为了推进水资源保护,私营部门通过加拿大管道与供热协会和其他非政府组织参与了加拿大环境部长理事会全国行动计划的实施。私营企业生产的环保产品可以获得生态标识(Ecologo)认证。在很多情况下,公私合作机制在提供供水、用水设施方面起到了作用。在防止污染方面,私营部门主要通过参与生态系统动议计划,签署自律协定,遵守各项法律法规等方面来发挥作用。

4. 海岸带与渔业资源

加拿大有着世界上最长的海岸线和第二大大陆架。加拿大联邦政府拥有对海洋及其资源的权利。各省和行政区拥有对海岸沿线和一些海区的权利。渔业资源的保护和可持续利用是加拿大在海洋问题中关注的重点。总量保护、各渔业团体之间的分配问题、国际间边界纠纷、过度捕捞及财政限制都促使联邦政府寻找一种战略进行渔业重组、改变对内对外的渔业政策和管理措施。其目标是,在渔业部门实现经济和环境的可持续发展。

5. 有害物质与废弃物处理

在有害物质方面,加拿大履行它在《蒙特利尔臭氧消耗物质协定》中所作的承诺。通过加拿大环境部长理事会,联邦和地方政府努力在全国范围内达成一致,以协调环境保护行动。加拿大政府已经通过立法来减少和控制有毒物质的使用和排放。联邦政府正在修改"加拿大环境保护法案"和"治虫产品法案"来严格现有规范,对有毒物质在其整个生命周期内进行控制。作为对有毒物质的"从摇篮到坟墓"(Cradle to Grave)的管理方式,"加拿大环境保护法案"保证新产品在进行毒性评估之前,不准其进入加拿大市场。

四、实施可持续发展的主要措施

(一) 积极开展国际合作与贸易

加拿大认为贸易自由化可以促进经济增长,从而为环境保护提供支持,而健康的环境反过来又能保证长期经济发展目标的实现。以此为前提,加拿大在关贸总协定(GATT)和世界贸易组织(WTO)中积极推进贸易自由化。加拿大积极参与世界贸易组织中的贸易与环境委员会以及经合组织(OECD)贸易与环境联合专家委员会的活动。联合国环发大会以后,加拿大改变了一般优惠关税,为欠发达国家进入加拿大市场提供了机遇。

加拿大在一些具有全球重要性的问题上积极开展国际合作,并且加强了对发展中国家进行的援助。加拿大政府的两个主要援外机构——加拿大国际开发署(CIDA)和加拿大国际研究与发展中心(IDRC),都将环境领域的国际合作与援助列入其最优先考虑的项目中。近几年,加拿大政府通过双边及多边国际组织向第三世界提供可持续发展方面的资金达1亿加元以上。在全球性公约方面,由于有着丰富的森林和渔业资源,加拿大积极参与了保护海洋环境不受陆地活动影响的全球计划。支持各国在保护森林方面的合作,如"国际示范森林计划",蒙特利尔准则与指标的建立,以及通过联合国可持续发展委员会的森林问题政府间合作小组与马来西亚的合作。

(二) 各级政府上下协调,多方力量积极参与

加拿大联邦政府与各省政府对于与可持续发展有关的各个议题都可以行使各自的权利。各级政府互相协调来保证政策的一致,并相互补充。各级政府通过加拿大环境问题部长理事会,通过各项法律、法规、政策以及各种活动来推进其战略。加拿大生物多样性战略的建立和实施就是这种合作模式的良好范例。

加拿大的土著人在可持续发展方面作出了很大的努力。许多土著人政府和社区在土地利用和资源管理的决策过程中获得了更大的权力和影响力。对于土著人传统知识的研究和利用也开始被优先考虑。在加拿大的北极地区,当地人是北极环境保护战略等活动的重要参与者。

各级政府在决策前一般都广泛咨询非政府组织和社区组织的意见。这些组织在唤起公众的环保意识和反映对各项可持续发展议题的不同看法方面起到了关键作用。这些主要组织和政府之间在各项问题上寻求共识,并选定可持续发展的优先议题。例如,在大湖区、福雷斯河、圣劳伦斯河和加拿大西海岸行动计划中,社区以一种伙伴关系与省政府及联邦政府讨论环境保护等议题。魁北克省则通过地区性环境理事会将非政府组织召集起来。这种合作

模式也是加拿大在履行对环发大会的各项承诺时所采取的方式。

因此,加拿大所采取的国内措施是政府、土著居民、工业界、劳工界、环境及社区组织等共同商讨的结果。各方的共同努力对于实施这样一个综合性的行动计划,帮助加拿大履行对环发大会的承诺是必不可少的。

在研究领域,加拿大可持续发展国际研究院正在制订可持续发展指标体系,建立监测、跟踪 21 世纪议程行动的各种信息。联邦政府各部门也建立了相应的监测跟踪系统,环境部已建立了一套较完善的区域环境与生态数据收集与报告系统,为建立评价可持续发展的指标体系奠定了基础。

五、加拿大可持续发展战略评述

加拿大是一个经济发达国家,对环境问题,特别是全球变化问题非常关注。由于加拿大现在的经济主要是依靠自然资源,因此更加关注于全球变化问题的研究以及环保技术的开发,并在研究工作中极力提倡创新,试图通过推进可持续发展,为加拿大找到新的经济增长点。加拿大注重宣传环保观念,使之深入人心,为可持续发展战略的全面实施打下了基础。加拿大的可持续发展战略总体上有如下特点:

(一) 积极参与全球可持续发展活动,关注全球变化问题

加拿大在可持续发展方面非常积极,各级政府都把可持续发

展纳入到了决策过程当中,各部门根据本身的情况制定了各自的可持续发展战略。加拿大建立了许多新的专门研究可持续发展及其相关领域的研究机构。在有关环境保护和气候变化方面的全球性公约的签署方面,加拿大是积极的倡导者和推动者,并且将对第三世界国家的援助与该国在可持续发展方面所采取的行动相联系,推动第三世界国家转变观念,重视可持续发展战略,签署有关的全球性公约。这其中虽然包含有加拿大自身的国家利益,但确实为国际范围内可持续发展战略的推广和深化起到了重要的作用。在联合国环境与发展会议上,加拿大提出的行动计划比较"激进"。希望各国能更快地批准和实施《生物多样性公约》和《联合国气候变化框架公约》。加拿大在 1992 年 12 月批准了这两个公约,成为批准这两个公约的第一个发达国家。加拿大已经批准或签署的公约还有《野生动植物群落濒危种类国际贸易公约》、《荒漠化国际公约》、《联合国海洋法公约》、《国际污染预防、应变与合作公约》、《防止海洋倾倒废物公约》、《蒙特利尔臭氧消耗物质协定》等。加拿大鼓励发达国家帮助发展中国家在解决三个相互关联的前沿问题——援助、贸易与债务的过程中实现向可持续发展模式的转变。加拿大希望各国合作达成防止在公海过度捕捞的全球性协议,建立全球性公约来实现全世界森林的保护与可持续利用。

(二) 将可持续发展战略的实施与本国的整体发展战略相结合

加拿大的经济发展主要依靠以自然资源为基础的对外贸易。

为了寻找经济发展的持续推动力,加拿大增加了对科技研究与开发的投入。在可持续发展战略的实施方面,加拿大以此为契机,通过加强可持续发展的研究,扶植相关产业部门。例如,加拿大的全球变化研究项目有着较强的目的性,在确定优先发展领域和选择重大项目时,立足于国内发展的需求,注重有开创性的、居于国际前沿的研究项目。在其每项研究中基本体现了1987年开始的"创新行动"原则,强调思想、研究方法论的"开创之见"。加拿大《全球变化研究计划》的宏观目标是:"保证加拿大的全球变化研究与综合全面的国家需要紧密联系,并体现国际首创精神"。在其具体目标中要求达到"通过政策规划推进国内与国际研究成果的一体化"、在国内和国际竞争领域推进加拿大"全球变化研究计划(CGCP)"。由此可见,在可持续发展领域,加拿大极其重视发展有国际竞争潜力的项目,并且给予经费支持。

(三) 注重唤起公众环保意识,将观念的改变作为可持续发展进程中的重要一环

加拿大现有的环境保护水平堪称世界一流。加政府及人民十分重视其环境与经济的可持续发展,其主要原因之一是,加拿大经济仍在很大程度上依赖于得天独厚的自然资源条件。在政府及社会各界民间团体的长期宣传教育下,全国上下已经形成了一种大家共同关心环境,保护环境人人有责,可持续发展全民参与的良好风尚。很多加拿大人已经认识到了发达国家的现有消费模式必须改变,而且正在将这种认识转变为行动。加拿大政府也希望通过提高能源和水资源利用效率,推广"垃圾循环利用计划",从

根本上实现资源的可持续利用。加拿大将注意力集中于不可持续的生产与消费模式，通过建立国家的政策和战略来鼓励改变不可持续的消费模式。加拿大通过发布环境状况报告使人们了解本国的环境状况和发展趋势，人类活动对环境所产生的影响，生态系统及资源利用状况的转变，各部门在保护和恢复环境过程中所作的努力。加拿大鼓励更有效率地利用资源，减少废物的产生，并通过颁发生态标识（Ecologo）等措施帮助加拿大人作出环境无害的购买决定。加拿大政府本身也在改变政府购买政策，努力推进环境无害化产品的定价改进措施，鼓励建立可持续的生产与消费模式。

第五节 芬兰

一、实施国家可持续发展战略的概况

芬兰地处欧洲北部，南临芬兰湾，西濒波的尼亚湾，与瑞典、挪威、俄罗斯接壤，面积33.7万平方公里。1996年，全国人口514万，国民生产总值（GNP）为1065亿美元，人均GNP达20740美元。芬兰森林资源极为丰富，全国70%的土地被森林覆盖。木材蓄积量15.2亿立方米。森林资源成为这个国家可持续发展的物质基础。农林业产品（包括作为工业原料的产品）在国民经济中占据重要地位，林业产值在国民经济各部门中位居首位。1995年，森林产业的出口总值占到总出口额的34%。近几年，除森林工业

称冠欧洲外,冶金、造船、电力、机械也得到了迅速发展。通讯业是芬兰新崛起的高技术产业,诺基亚(NOKIA)公司的产品已行销世界各地。

为了更好的推进可持续发展战略的实施,芬兰可持续发展委员会专门设立了一个特别小组,对芬兰可持续发展的概念作出明确的阐述。根据这个特别小组的阐述,可持续发展是指在全球、地区、地方等不同空间尺度上,旨在为当代人和后代人提供享受良好生活的每一机会的、具有指导性的、持续不断的社会变化过程。具体而言,可持续发展包括具有操作性的三个领域,即生态可持续性、社会可持续性、文化可持续性。生态可持续发展的基本先决条件是,生物多样性保护及人类的经济和其他物质活动必须与全球资源和自然环境的容量相适应。社会公平发展就是要确保人们具有创造良好生活环境、享有基本的社会权利、获得基本的生活条件的平等机会,以及保障在国内参政议政和世界组织中的平等权利和义务。在文化方面,可持续发展就是要保障文化艺术的创作自由,保护民族的繁衍生息,保护和发展世代相袭的文化多样性。可以说,该小组对可持续发展概念的阐述,较为全面、准确地表述了芬兰政府在制定、实施和管制国家可持续发展战略方面的理念。

自 1987 年以来,芬兰政府开始有步骤地将环境因素作为各部门制订相关政策的依据,以努力推进本国的可持续发展。芬兰环境管理的最高行政部门是芬兰政府环境部,负责制定环保战略规划和政策,起草环保法律,促进环保科研。1993 年,作为协调和管理芬兰全国可持续发展事务的组织机构——芬兰国家可持续发展

98　第二章　发达国家与新兴工业化国家的可持续发展战略

委员会宣告成立,该委员会的成立使致力于不同方面的可持续发展工作得以协调、有序的展开。

在芬兰,推动可持续发展已经作为一个政府、私营部门与不同利益团体之间广泛的合作目标。因此,芬兰国家可持续发展委员会的组成较为广泛,成员具有广泛的代表性,代表了芬兰社会的各部门和阶层。委员会每年召集3~4次会议,并下设3个分会和在秘书处领导下的若干工作组。这些机构在教育与培训、改变生产和消费模式及技术转让、社会的公平发展、有关地方可持续发展等方面履行总会的工作。芬兰国家可持续发展委员会所关注的其他方面的问题还有:可持续林业和国际林业事务、贸易与环境、生物多样性保护、防止和减缓气候变化等。

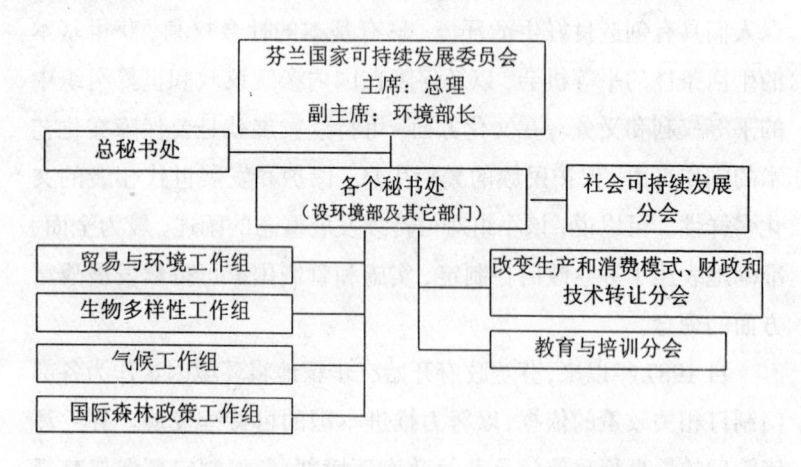

图2-2　芬兰国家可持续发展委员会的组成框架

二、实施国家可持续发展战略的具体行动

（一）改善就业、社会保障和人居环境

就业问题是包括芬兰在内的许多欧盟国家近几年来面临的重要问题之一。在过去的几年内，芬兰失业率一直在15%左右，这使得社会一些部门劳动者的生活水平持续下降。社会、教育、劳动政策都对失业问题给予格外的关注。尽管芬兰失业率较高，但是政府在健康护理、卫生设施、教育等社会保障方面仍然处于世界前列。

在芬兰，国家不分地域和社会阶层对儿童、老人和丧失行为能力的人都给予平等的医疗护理和其他社会保障及均等的教育机会。这种福利体系的实施是防止相对贫困范围扩大的有效途径。个人或家庭如果无法获得足够的生活收入时，政府还将根据具体情况提供生活补贴。所以，即使是失业者或家庭，以收入来衡量的贫困是极为少见的。

芬兰的高福利制度保证了每个公民有可靠的生存条件，有效地消除了贫困和不平等现象。然而，在大城市，一些人依赖社会福利的倾向日益严重，领取政府福利的人口比例也有上升之势，这对社会的发展造成很大的危害，使城市贫困现象重新出现。

自1992年以来，芬兰政府积极倡导可持续发展的人居环境观念，开展了大量以此为主题的基础研究和应用研究，并提出、制定和实施了一系列以人居环境为核心内容的计划、建议和工程。其

中包括:国家环境健康行动计划,商业服务区位的影响研究,指导商业区位调整的建议,建筑的生态监测,改进现有住房能源效率和废物处理系统等。

(二) 倡导可持续的生产和消费模式

在倡导改变消费模式的活动中,芬兰政府已完成了一系列工作。如,展开全国性的可持续的生产和消费模式的讨论,制定生产和消费的计划,制定和实施废物减少的法案,对地区和部门的生产和消费模式和废物减少的方案进行评估,推行减少能源消耗的生产方式等。芬兰自然和环境协会也实施了几个旨在改变生活方式的重要项目——"绿色消费战略计划"和"如何营造可持续的社会"等。该协会还进行了几项有关环境监测行为规范和环境意识在环境保护中的作用等研究。此外,芬兰在交通、能源节约、有机(天然)产品等方面也有类似的专门规划。

(三) 保护大气层

芬兰已加入联合国《气候变化框架公约》和《蒙特利尔议定书》及其两个修正案——《伦敦议定书》和《哥本哈根议定书》。

早在《蒙特利尔议定书》签定之前,芬兰已开始减少并逐步消除臭氧层物质的消耗。1980年代,由于核能、生物能、天然气使用的增加以及电力的进口,芬兰温室气体的排放量大为减少。进入90年代,由于工业的发展和煤、石油等工业燃料的进口,化石燃料产生的温室气体的排放量又呈增加之势。据估计,到2010年芬兰二氧化碳的排放量将增长到7000万吨。为控制二氧化碳的排放量,芬兰现已推广了多项能源的有效利用技术,如区域集中供暖已占热能供应的45%,动力和热能联合(CHP)方式供电现已占电力供应的30%。

(四)保护森林资源

森林是芬兰最重要的自然资源。由于芬兰的森林更新相对较快,因此,根据可持续发展的原则,森林资源的利用具有良好的潜力。在芬兰,森林的生长量明显超过采伐量。继1993年第二次欧洲森林保护部长会议之后出台的一系列可持续的森林管理的泛欧标准,芬兰在森林管理和利用上出现了一系列新的动向,森林资源以及木材和其他林产品的产量增加,生态系统多样性得到保护,森林的保护性功能增强,森林的社会和生态效益得到进一步体现。参照泛欧标准,芬兰建立了一套本国的可持续林业管理的标准和指标体系。这些指标和标准以国家政策的形式,指导地方林业的规划和管理工作。

为了增加森林面积,芬兰制定出长远规划,用开沟排水的方法对泥炭沼泽地进行改造。目前,芬兰森林生产能力达到有史以来的最好水平。森林资源比50年代增加了22%,森林年增长量已达到8000万立方米,而砍伐量只有5000万立方米,每年的净增长量达3000万立方米。

(五)促进农业与农村地区的发展

为促进农业和农村地区的可持续发展,芬兰的环境机构和农业机构共同制订了《农业环境规划(1995~1999)》。该规划的主要目的在于：以可持续的方式发展农业和畜牧业，使环境不致受到因生产而带来的不利影响，保护传统的农业景观，从长远考虑，保护进行生产的基本条件以及生物多样性。截止 1996 年底，芬兰已有 82% 的农场和 90% 的牧区参与了国家的农业环保总体计划，覆盖了全国 90% 的可耕地面积。

（六）保护生物多样性

芬兰分别于 1992 年和 1994 年签署和批准了联合国《保护生物多样性公约》。芬兰政府十分强调保护生态环境及恢复和重建芬兰独特的生态系统多样性。为促进芬兰的景观管理，1994 年，环境部通过了保护芬兰 73 万公顷的文化景观区域的决议，以建立有效的文化景观管理体系，保护在传统乡村土地利用的过程中形成的文化习俗、天然牧场、草甸和半开放林地。1995 年，芬兰国务院通过了推动生物多样性保护的原则决定，由环境部着手完成和履行推动生物多样性保护的各项任务和职责，环境部下属的国家生物多样性委员会，制定了未来几年内的国家行动计划，推动与生物多样性相关的研究工作的进行。芬兰还制定了国家保护和维持生态系统和濒危物种的战略，对多种濒危物种加以有效地保护。芬兰政府根据《水法案》，严格禁止可能导致自然资源减少或自然景观破坏的工程建设，以及对鱼类有危害或改变水生物环境的废水排放。此外，新的《自然保护法案》和《森林法案》、《建筑法案》都有关于海洋生物多样性保护的具体内容。

作为欧盟成员国，芬兰在制定本国生物多样性保护的行动方面，以及确定保护区范围和面积的工作时，充分考虑欧盟在野生动植物保护中的相关条款及已经包含在欧盟确定的"2000自然保护网"内的保护范围。芬兰现已划出大量的自然保护区保护生物类型和特有物种。为了保护国家的自然特征,芬兰已制定出了一系列包括保护原始森林和野生动植物在内的国家级的保护项目。

(七) 土地资源管理

当前,在芬兰国家级的土地利用规划系统中优先考虑了如下事项:建筑法案的改革,国家空间规划远景的筹划,空间规划与自然保护的协调统一,土地利用规划与城市管理手段相结合的方法的建立。在芬兰,土地利用规划最大的挑战之一是城市的蔓延以及海滨别墅的大量修建。为了处理这些棘手的问题,几年来芬兰政府对有关法规的改革已作了相应的筹划,并制订了一系列相关的法规。另外,芬兰政府还制定了一些关于海滨管理、国家公园、自然保护区、文化遗产等的规划。

(八) 保护海洋与合理开发利用海洋生物资源

芬兰分别于1982年和1996年签署和批准了《联合国海洋公约》,并参与了全球海洋观测系统的社会经济和环境指标的制定工作。芬兰政府还广泛实施了欧盟制定的沿海地区综合管理规划,并积极筹备渔业专属区(EEZ)的准备工作。

近年来,为保护海洋环境,芬兰政府组织开展了深入细致的海岸环境演变状况调查和海洋区域的评估工作,并出台了一系列有利于环境保护的经济政策,如对企业征收市政废水费、水保护费、石油污染费和化石燃料能源税(CO_2税),对到岸船只的垃圾征收强制性的废物处理费等。对于各种经济活动和各项建设工程,芬兰政府还强制性地要求对其进行海洋和沿海环境影响的先期评估。另外,对于在海洋规划区域范围内的大部分活动,包括与污水处理相关的事项,对海洋作为碳素吸纳器的作用的评估、分析和系统观察等工作,芬兰海洋规划部门都给予了高度的重视。

(九) 加强环境保护与管理

环境保护是芬兰国家持续发展战略的重要组成部分,有害废物处理是芬兰环境保护链中十分重要的一环。对此,芬兰政府高度重视以行政、立法、控股三管齐下的措施严格控制有害废物的处理。由于历届政府都在环保方面采取许多有效措施,使芬兰二氧化硫的排放量从80年代初的每年60万吨减少到1995年的10万吨左右,提前实现了到2000年将二氧化硫排放量减少80%的目标。当前,芬兰全国城市100%的污水都经过净化处理,其中90%为生化处理。在工业污水中,占排放量90%的纸浆和造纸工业的污水基本得到了净化。在自然环境保护方面,全国包括国家公园在内的自然保护区总面积已达284万公顷,占全国总面积的8.4%。

(十) 积极推行环境标志

目前,芬兰正主要推行"北欧环境标志"和"欧盟生态标志"。现有约50个产品群拥有芬兰标准协会颁发的"北欧环境标志"使用证书,约10个产品群使用"欧盟生态标志"证书。现在,在芬兰经济生活中的各行为主体(包括生产者、供应商、消费者和环境组织、甚至是银行和保险公司)都明确地表示要为绿色产品的生产作出努力。环境管理和生态审计正在成为芬兰企业实施可持续发展模式的有效工具。

(十一) 推动地方可持续发展的进展

1992年,芬兰地方机构协会启动了一项先导性项目——"城市可持续发展项目"。该项目对地方城市层次上的可持续发展战略的内容和含义加以规范,同时,也通过出版宣传材料和组织培训等手段,创造条件推动可持续发展战略在各城市的实施。根据芬兰地方机构协会的统计,到1996年秋,开始实施当地21世纪议程的城市增加到了88个,覆盖芬兰近50%的人口,几乎所有的大中城市都参加了这个项目。为了促进城市的可持续发展,许多城市还积极参与了一些国际合作,有22个城市签署了阿尔伯格(Aalborg)文件(即《欧洲城镇可持续发展宪章》),加入欧洲可持续发展城市的行列。

在管理手段方面,芬兰政府已对国家环境管理部门进行全面检查。1995年3月,机构调整后的13个区域环境中心已开始运行,并在城市内开展与21世纪议程相符的开发管理活动,如拉赫蒂城市的环境论坛等。目前,在各城市中已建立了地方行动计划,并得到国家的鼓励和支持。根据国家实施21世纪议程的计划,芬兰地方机构协会将通过出版《地方21世纪指南》,帮助地方政府开发当地的21世纪议程项目,组织各类会议,安排与各省各地及区域环境中心的研究会议等途径支持那些实施21世纪议程的城市。

三、芬兰在实施可持续发展战略方面的经验与启示

芬兰可持续发展战略的方针与本国国情密不可分。芬兰的自然条件、自然资源、社会文化背景以及历史发展状况,都在一定程度上影响了该国经济发展,是国家实施可持续发展战略的基础。依照这些策略和方针,芬兰在可持续发展的实践中取得了令人瞩目的成绩,其中成功的经验尤其值得借鉴。

(一)法律和行政手段的应用

立法和行政管理在与可持续发展直接相关的环境产业中体现得尤为突出。芬兰政府制定环境政策的立足点是保证国家的持续发展能力、后代能够拥有一个安全健康的环境、提高国家整体竞争力,在此基础上,积极鼓励和支持技术型环境产业的发展。

芬兰历届政府都十分重视对森林资源的保护和管理,不仅在经济上采取扶持林业的政策,而且在长期管理和经营中,又建立起一套管理方式以及严格的法律制度保障。80年代后,芬兰政府制定或修订了一整套完备的环境法律、法规并辅之以有效的监督和惩罚机制。这对环境产业的发展起了决定性的作用,近十几年间,芬兰环境产业的发展呈现出10倍的增长速度就充分说明了这一点。1992年,芬兰环境部将各个时期制定的环保法律汇编成册,对涉及到环境保护的所有方面都作了详细的法律规定,还专门对各级政府机构在环保方面的责任和义务规定了明确的条款。

(二) 经济手段的应用

采取经济手段进行鼓励与限制是芬兰环保工作的特色之一。一方面,政府拿出大量资金用于环保技术的开发和新技术的研制,并对公共和私营部门在控制污染方面进行投资、给予贷款和补贴。另一方面,以收费和征税的方式约束生产者和消费者,将各自有害物质对环境可能造成的危害减少到最低限度。

征收环保税是芬兰有特色的一种税收制度之一。1993年由政府环境经济委员会提出设立能源税建议。目前,能源税、环境燃料税在芬兰已经实施。芬兰政府自90年代初开始征收二氧化碳税,近几年又根据环保规划的要求,逐步调整和提高了与环保有关的收费和税收,并利用所征收的环保税进一步开展节能、环保等项工作。合理的税收不仅有效地限制了排放物对环境造成的污染,同时也有力的推动了环保计划的实施。

立法、行政管理和经济手段是相互关联,相互补充的。芬兰政府较好地处理了它们之间的关系,使国民经济和社会生活的各个部门和环节在法律约束、行政管理和经济手段的共同作用之下得以持续健康地发展。

(三) 依靠资源优势,发展经济与贸易

森林资源、矿产资源是芬兰的两大优势资源,芬兰的森林工业和金属工业就是依靠这些资源优势逐步发展起来的。芬兰人总说:"我们的经济是依靠两条腿——木腿和铁腿支撑起来。"这句话形象地概括了二战后芬兰依靠森林工业和金属工业发展经济的历

程。森林工业部门作为冶金和机械制造业的最大主顾和运输系统的最大用户,对国家经济建设起着重要的作用。仅是林业和森林工业系统就直接和间接地为 20 万人提供了就业机会。虽然芬兰出口产品仅占世界贸易的百分之一,但其森林工业产品的出口却占世界同类产品贸易总额的 10%,特别是纸张和纸板产品在国际市场上的份额已达到 15%,是世界上仅次于加拿大的第二大纸张和纸板出口国。

芬兰以精细管理和充分利用森林资源而著称于世。芬兰人十分懂得珍惜自己的"绿色宝库"。《2000 年森林发展纲要》是政府制定的最新林业发展规划,是为指导市场、生产与原料供应相互关系而制定的一项长远整体性规划。规划的重点是要加强对森林工业用材的供应,加强对林业资源的综合利用。

(四)注重可持续发展的基础性研究及公民环境意识的培养

1995 年 3 月,芬兰环境部制定了《2005 年环境计划》,并通过芬兰环境部和 13 个区域环境中心来加强环境的研究与开发。此外,为了保障可持续发展战略目标的实现,在环境技术方面,芬兰环境部已制定出《环境技术计划》,并采取措施改善与环境技术有关的商务活动的先决条件,增加企业的环境意识。芬兰科学院和环境部一并赞助了《1990~1994 年可持续发展研究计划》,计划集中在社会价值和实践、环境经济和区域规划等领域。

1995 年底之前,政府先后制定了《环境信息 2000 年计划》和《环境意识战略》,以及基于此项战略的"行动计划"。具体的工作包括:制定指标和标准,进行寿命周期分析,建立和出版数据,促进生态标志(环境标志)的宣传和推广等四个方面。

1994年1月,芬兰教育部还制定了"国家战略",内容与芬兰的国家21世纪议程保持一致。"国家战略"包括人类增长与责任、可持续发展、文化社会资源、公共参与等10个子战略,这些战略构成了芬兰可持续发展的文化基础。教育部在普通教育、职业教育、高等教育、成人教育以及军事教育等方面均注重宣传与普及可持续发展的思想,进行相关项目的培训与研究工作。

在信息提供和环境意识的宣传方面,芬兰国家可持续发展委员会定期出版简讯,介绍可持续发展的最新信息和动态。目前,芬兰各地已有7所自然学校,19个国家公园信息中心、教育指导中心和绿色信息中心。绿色信息中心在全国范围内联网运作,区域性和地方性的环境信息服务活动在芬兰全国广为进行。

(五) 重视环保产业的发展

芬兰环保产业是在80年代后发展起来的新兴产业。1995年的环境工业产值达到25亿芬兰马克,环境产品的出口占到芬兰出口额的20%,比80年代初增长10倍。专家预计,在今后10年内环境产品的出口还将增长5倍。芬兰环保产业的发展与整个工业的发展息息相关。在芬兰,森林、能源、运输、金属加工等是最重要的产业部门,传统上这些部门是环境污染的大户,但严格的环境立法和排放标准使这些产业部门环保技术和产品含量逐渐提高(1986年是7%,1993年已达到15%)。

(六) 开展广泛的国际合作

在国际合作方面,芬兰采取的措施是:促进关于可持续发展的国际协议落实,加速执行现存协议;增加对邻近国家和地区的环境投资;加强区域合作,特别是在欧盟的框架下,促进经济措施的实施;通过组织机构的有效分工,寻求资源优化利用的方法。

芬兰政策的一个显著特点就是加强同邻近国家的国际合作。如,芬兰同其接壤的俄罗斯以及临近的波罗的海国家进行环境保护合作,通过重点投资和技术转让,帮助俄罗斯、爱沙尼亚以及波兰等国减少工业排放物,解决核电站安全、核废料处理等环保问题,从而改善这些地区的环境状况,同时减少了来自邻近地区对芬兰本土的污染。此外,芬兰还积极参加波罗的海区域《波罗的海21世纪议程》的制定工作,以及参与北冰洋地区的可持续发展行动。

芬兰也积极推动发展中国家的可持续发展。根据可持续发展的原则,芬兰开展了与发展中国家的合作,在合作过程中,强调环境的重要性,以自然资源的可持续性利用为基础,实施环境规划和环境管理的合作项目,尤其支持和参与考虑可持续发展原则的农业规划项目,支持发展中国家开展环境保护工作,完成其环境职责。

芬兰在环保方面与中国也进行了合作。例如,早在80年代中期,中国与芬兰就进行了"白洋淀环境管理"综合治理项目的长期合作,提出减少污染和保护环境的具体规划,并加以实施。又如,芬兰的先进环保技术在中国铜冶炼中的"闪烁熔炼法"、工业用循环硫化床锅炉、柴油机发电站以及城市污水处理设备等方面均得到了应用。

第六节 法国

一、实施国家可持续发展战略的概况

法国位于欧洲西部,与摩纳哥、意大利、瑞士、德国、卢森堡、比利时、西班牙毗邻,面积达 55 万平方公里,约占欧盟面积的 1/5,是西欧面积最大的国家。1998 年,法国人口达到六千多万,位居欧洲第五位。

法国是经济发达的资本主义国家,主要出口机器设备、汽车、化工产品、钢铁和食品等。二战后,法国军火出口贸易发展很快,现已成为仅次于美国和俄罗斯的世界第三大军火出口国。但是,法国的动力资源比较贫乏,能源自给率为 35%,能源工业主要有煤炭、石油、电力和核能。法国最主要的矿藏是铁矿,其次为铝矾土和钾盐矿,还有煤、石油、铀、铅、锌及少量的非金属矿藏。此外,法国的水力资源集中在东南部山区,对该地区的能源起一定的补充作用。

1964 年,法国出台了《水法》。该法是法国水资源管理的一个关键性举措,首次提出了按水文地形组成流域委员会,与用户合作以及实行"污染者付费"的原则。1971 年,法国政府设立了环境保护部(Ministere del' Environment),成为世界上最早建立这类部级

机构的国家之一。在1975年,法国成立了"海滨和湖岸空地保护委员会(CELEL)"。该委员会属于政府部门,其职责是实施土地征购、保护海滨、湖泊的自然空间和大面积的水域。1981年,法国签署了联合国《长距离越界大气污染公约》,开始参与治理酸雨污染的国际合作。1991年,法国成立了环境研究所(IFEN)。该所隶属于环境保护部。在具体实施环境保护的各部门中,空气质量署(Agency pour la qualite del' Air)具体执行治理大气污染方面的措施,水资源管理局具体负责水资源管理工作,国土整治工作的具体执行机构是国土整治和地区行动署(DATAR)。1992年,法国在联合国环境与发展大会上签署了《里约宣言》,认可了可持续发展原则,并承诺制定和实施法国的21世纪议程。此后,法国政府指定环境保护部作为实施国家可持续发展战略的协调机构。

法国政府制定了一项"环境问题国家计划"。该计划确立了一些环境管理的目标,并就落实办法提出了建议。制定该计划的基本原则是:优先考虑环境问题,防止新的环境问题产生;鼓励对环境问题的研究工作,增加对环境问题的研究经费;改进环境服务现状,推动建立现代化的全球性的环境服务体系;增强公众的环境意识;将环境政策建立在具有坚实科学依据的基础之上;采取谁污染谁付费的原则,控制生态失衡的状况;承担一定的国际义务,加强国际合作,并保持绿色工业的竞争力。

根据上述原则,法国政府相应地制定了一系列国家级的可持续发展政策和计划。这些政策和计划着眼于:使经济活动与对生态环境的保护不再相互矛盾,即强调企业必须优先考虑环境问题,从重视环境问题入手,加强研究与开发工作,推广应用先进实用的环保技术,改革生产工艺和流程,合理使用原材料和能源,把经济发展对环境的影响降至最低限度,使环境和发展两者相互促进,相得益彰。

自1992年联合国环发大会以来,法国还制定了相应的可持续发展研究计划,研究项目涉及:减排二氧化碳的策略,降低工业含氮、磷废水的措施,解决干旱地区的水源问题,恢复山区和沿海地区的生态环境等。此外,法国还制定了生物多样性国家研究计划和城市研究等跨学科研究计划。在财力上,法国政府每年在环境研究方面的投入约280亿法郎,占民用公共研究总投入的5.5%;在人力上,法国在公共实验室从事环境研究工作的科研人员约4000名,占民用公共科研力量的8.6%。法国在从事环境研究方面也很发达,有大量的科研机构和高水平的研究成果。

二、实施可持续发展的具体行动

(一)加强水资源管理与污水治理

90年代初期,法国对于生活污水的处理能力仅达到40%,这个比例相对较低。此外,法国工农业废水及生活污水的比例是:工业废水和生活污水共占1/3,农业废水占2/3。由此可见,水资源的污染在法国是比较严重的。为此,法国成立了六个流域委员会和六个流域管理局(现叫水资源管理局)来分工管理整个法国的水资源。水资源管理局收取用户和污染排放者缴纳的费用,并利用这笔费用资助治理污染和开发水资源的工作。1992年,法国颁布了新的《水法》,旨在加强对水资源的整体管理以及对水污染的防治工作。该法的宗旨与里约环发大会可持续发展的精神是一致的。同时,法国还制定了相应的"五年发展计划",以期达到水资源环境目标,并批准了一笔810亿法郎的款项,专门用于该计划的实施。这项计划的主要内容包括:

(1)提高对生活污水的回收和处理能力,在2005年实现对全部生活污水的回收和处理,以达到欧盟的要求。

(2)提高饮用水的质量,使饮用水完全达到欧洲饮用水的标准,并提高城市供水系统的安全可靠性。

(3)减少工业废水做好对有毒废水的防治工作。

(4)治理农业污染,对农药和化肥进行产品周期和使用过程中的系统管理。

(5)改善水资源管理,对干旱地区的水资源管理体系进行改造。

(6)加强对天然水环境的恢复和水资源的保护,并大力开展水污染防治的研究工作,使法国的水资源保护和水污染的治理工作更加科学化。

(二) 强化生活垃圾和废弃物管理

在法国,90%以上的垃圾是在官方认可的工厂里进行处理的。目前,法国已经建立了250个垃圾分拣站。这些垃圾分拣站将可回收物品(如玻璃、纸张等)以及特殊的生活垃圾(如油、蓄电池、干电池、药物等)分门别类存放。此外,法国还采用征税手段处置和管理生活垃圾。

随着人们生活水平的提高,家庭垃圾和废物也随之不断地增长。1992年7月,法国议会通过了一项取消传统垃圾堆放场的决议。为了分担落实这项政策的财政,法国颁布了新的《垃圾法》,以强化垃圾及其设施管理,并对生活垃圾开始征税。该法体现了法国在垃圾管理方面的政策思路:采取预防措施,减少垃圾及其危害性;组织好垃圾的运输工作,合理调配垃圾的运输距离;做好垃圾的循环利用工作,尤其是在可再生能源方面的转化利用工作;针对垃圾从产生到清理的全过程,对公众进行宣传教育。

在新的《垃圾法》颁布实施后,法国已采取了一系列的措施加以落实。例如,法国于1993年颁布了一项法令,用三年的时间对非生活垃圾、特别是危险垃圾进行了区域治理或跨区域治理。又如,法国从1993年4月1日起开始征收垃圾税,并将税收用于资助购置垃圾处理设备和完善垃圾处理设施。据初步统计,法国在1993~2002年期间的垃圾税可达到30亿法郎,这笔税收将由法国环境与能源控制中心进行管理。此外,至2002年,法国将关闭全部垃圾堆放场所,其中包括5500个不合要求的垃圾堆放场所和1100个传统垃圾堆放场所;在关闭的传统垃圾堆放场所中有四分之一将用作不可回收生活垃圾储藏库。

在法国,放射性和低放射性的核废料占90%。为了加强对核废料的管理工作,法国政府于1992年将核废料管理部门列为政府专门机构,且独立于法国原子能总署。1993年,该部门公布了法国各种放射性核废料储藏地的清单。目前,这些核废料都储藏在拉芒什和奥布两个核废料储藏地,其储藏能力可满足法国今后40年的需求。

(三) 治理大气污染

早在 60 年代,法国政府就开始意识到控制大气污染的必要性,并实施了两项措施。一是改善高度城镇化和工业化的重污染区的空气质量,将部分火电代之以核电。二是降低燃料油或液化气的含硫量,以及汽车油料的铅含量。

当前,法国私人汽车约占交通车辆的 70%,且私人汽车以每年 3% 的速度增长,而公共交通车辆则以每年 1% 的速度增长。汽车的发展不仅带来能源方面的问题,同时也带来许多环境污染方面的问题,如大气污染、噪声、废弃物的产生,以及加剧温室效应等。目前,法国城市交通领域能源消费已占全部交通能源消费的一半以上。针对这种情况,法国政府采取了一系列管理措施:

(1) 发展城市公共交通运输。目前,除巴黎市区外,已有 32 个大城市根据各自的城市规模及其特点制定并实施了发展交通运输的规划(如,开辟公共汽车专用道路,增设有轨电车,修建地铁,以及在城市周围建立铁路运输线等)。

(2) 发展联合运输。法国已和意大利达成一项协议,修建一条里昂至都灵的高速铁路。此外,还针对里乐—巴黎—阿维尼翁干线上大型货车运输中出现的环保问题,寻求解决途径。

(3) 使用替代能源。法国环境与能源控制署正在研究交通替代能源,主要的研究项目有:电动汽车、天然气机车、液化气机车及生物燃料机车。

（四）保护自然资源

法国拥有丰富的自然遗产,其中包括5500公里的海岸线,总长度为27.5万公里的河流,以及占国土总面积1/3的山地。这些资源的保护和管理状况是法国可持续发展的先决条件。为了加强对自然遗产的保护和管理,法国采取的主要措施包括:建立自然资源总清单;了解和掌握各地利用自然资源的传统和方法;编制绿色空间地图集,包括国家拥有和私人拥有的花园、树木、森林、草地和水域等;登记和标记大型自然区域;建立省级或地区级地理信息系统。

长期以来,法国十分重视森林及其生物多样性保护。80年代末,法国建立了完整的森林监测系统。由于有了负责监测每一小区昆虫、灾害和病毒的观测网点,以及参与了欧洲国家的总监测网,对520处森林进行特别观测,使得法国能够对森林生态系统的状况和发展趋势进行比较深入的研究。

为了保护物种,法国政府就捕捞和打猎制定了严格的法规,有效地保护了动物物种。1982年,法国环境部着手建立了若干自然保护区,旨在较完整地保护动植物遗传资源。目前,法国拥有一大批国家级和地区级的自然保护区,主要目的是在保护好各类遗传资源的同时,合理开发利用,发展绿色旅游,促进当地的经济发展。法国还成立了遗传资源科学利益集团(BRG),把相关的政府职能管理部门和科研机构结合起来,以利于各种遗传资源信息的集中使用。

目前,法国的自然资源管理模式被美国、英国、德国和亚洲部分新兴工业化国家所借鉴,并被称之为"法国模式"。这一模式实质上是把国有自然资源委托给私营企业进行经营和管理。由于在经济和社会发展过程中,地方政府在有效地保护和合理地利用自然资源方面往往受到资金方面的限制,因而引入私人投资,并给予其特许经营权,是一种能较好地解决资金困难和实施有效管理的方法。

(五) 发展环保产业及开发绿色产品

法国的环保产业发展很快,其营业额超过850亿法郎(其中废品回收利用约占40%,水处理约占35%),约占法国国内生产总值的1.6%,直接雇佣着9.5万名工人。

为了开发绿色产品,法国于1991年3月设立了绿色产品标志,并将其作为工业产品的一种证书。绿色产品的检测工作由法国国家试验室进行。1992年6月法国公布了第一批绿色产品标志清单,1994年第一季度又推出了第一批带有绿色产品标志的垃圾袋(纸袋和塑料袋)。此外,还有电池、洗发香波、皮革、家具、布料、润滑剂、绝缘材料、取暖设备、纸张等也陆续推行了绿色产品标志。今后,法国还准备对汽车维修产品、玩具、家用小电器、园艺肥料、节水器等产品进行绿色产品标志的测试工作。法国绿色产品标志具有以下特点:任何单位和企业均可以申请,由国家试验室测试后,凡符合标准的产品都可获得绿色产品标志;凡申请绿色产品标志的产品,必须符合有关产品寿命周期中的各种生态标准;绿色产品标志是受时间限制的,因为衡量绿色产品的标准要根据环境状况和技术革新而不断提高。

第七节　德国

一、可持续发展总体战略

(一) 对可持续发展的理解

德国十分重视可持续发展问题,在1992年里约会议上就对实施全球21世纪议程作出承诺,将环境保护和可持续发展上升为国家长期战略。1994年,德国基本法第20a条明确规定,国家本着对后代负责的精神保护人类生活的自然基础,强调确保生活的自然基础不仅是国家环境政策的基本目标,而且也是跨部门、跨领域管理行为的普遍准则。

德国政府认为,根据生态学和市场经济的准则,经济、社会和生态三位一体是可持续发展模式的本质要求,只有这三个方面达到彼此协调才能认为是可持续发展的。实施可持续发展战略,就是要使经济和社会状况的改善同保护生命自然基础的长期过程保持一致,人类社会的发展与资源、环境相协调,实现整个生态系统的良性循环。为此,应当把专门的环境保护工作提升为跨部门、跨领域的一般社会准则,强调环境保护(生态效益)应该与促进经济发展(经济效益)、解决社会就业(社会效益)等问题结合起来,并尽可能将环境保护与经济社会发展协调统一起来。德国政府认为,现存环境问题具有全球性,应从可持续发展的角度出发,建立新的全球合作伙伴关系。

目前,德国和其他工业化国家的经济和社会发展仍没有达到可持续性的标准。因此在实施可持续发展战略中,德国正在建立和发展一种能为环境负责任的行为提供经济激励的政策和体制,寻求经济和环境协调发展。例如,德国社会的市场经济体制正进一步发展成为所谓生态定位的社会市场经济或生态社会市场经济,这种体制为提高企业和消费者保护环境的积极性和创造性,提供了理想的体制框架,引导可持续性生产方式或消费模式的发展,促使企业积极行动起来,提高生产的经济效益和社会效益。

(二) 环境保护与可持续发展政策的基本原则

德国环境政策的核心是利用现有的技术条件,不断降低污染物的排放量。预防性原则要求通过生产过程和产品的清洁化达到防微杜渐,从而实现从末端治理到源头预防的转变。例如德国的法律严格规定了污染物的排放标准,要求企业采用先进的技术,安装净化装置以达到国家的许可标准,从而推动了环境保护技术的不断革新。预防性原则不仅成为德国环境保护的基础和可持续发展的主导因素,而且成为保证未来环境安全的重要手段。污染者赔偿原则要求污染者承担治理环境污染的部分费用。污染者赔偿原则的逻辑推论是"产品的责任概念"和"封闭的物质循环概念",它要求生产者对产品在生命周期结束后进行环境无害化处理或产品再循环。合作原则要求政府、企业界、社会团体、公众都要参与解决有关环境与发展的各种问题,联邦、各州及各部门要努力合作,寻求有效的解决办法,加快实现环境政策所规定的目标。

(三) 实施手段

1. 行政法规

德国依靠严格而完备的行政法规保障整个社会的环境保护和可持续发展。联邦德国从60年代中期制定第一部环保法——《保护空气清洁法》以来,随着经济实力的增强,先后制定修改了《垃圾管理法》、《三废清除法》、《环境规划法》、《有害烟尘防治法》、《洗涤剂法》、《水管理法》、《自然保护法》、《森林法》、《渔业法》等环境法规。同时,还颁布了相关的行政措施和禁令,对各项法规作出了与生态保护相关的修改,以图建立一个面向可持续发展的法律框架性的文件。

2. 排污费和税收

1981年开始实施《废水排放法》,1989年又重新修订,该项修正案限制了更多的污染物排放,包括含磷和硝酸盐的污染物。1999年起该项法规要求将单位污染物排放量的征税由现在50德国马克增加到90德国马克,并将进一步考虑征收固体废物和CO_2的排污费问题。

3. 押金退款制度

1986年制定的《新废物处理法》规定,对可能造成污染的固体废物加以回收,并通过经济手段建立配额制度,用收取押金的办法,促使消费者把有关废物退还到商店或超级市场,然后收回押金,以达到废物的再循环和再利用。"押金—退款"制度已广泛且自愿地应用于饮料罐的回收。

4. 财政补贴

政府对有利于保护资源环境的生产者或经济行为给予补贴是促进可持续发展的一项重要经济手段。德国政府对老工厂的技术改造给予补贴,使其停止向环境排放污染物。此外,政府通过减免税收、比例退税、投资减税等形式对有利于保护资源环境的行为进行间接补贴,促进企业进行技术革新,开发对环境有利的生产程序及产品。

(四) 战略重点

1996年6月生效的德国《循环经济的废物管理法》确立循环经济是德国走向可持续发展的具体突破口,规定了对待废物的优先顺序为:避免产生—循环利用—最后处置。循环经济遵循三个基本原则:(1)避免生产制造废物优于废物回收再利用,再生产阶段要避免废物产生;(2)无法避免的废物要回收再利用,让它们重返物质循环体系;(3)不能再利用的最终废物才允许作环境无害化处理。

目前,循环经济仍是德国可持续发展的重点,进一步明确了废旧物品再生利用与废弃处理的界限,停止危害环境的废物简易处理方法,促进废物处理行业的企业竞争与技术创新,实现废物处理生态化和机械化。

二、管理机构和各自的功能

1994年,德国成立了国家可持续发展委员会,负责实施《21世纪议程》所规定的义务和承担的职责,促进政府部门和社会团体的协调与合作,实施德国的可持续发展战略。参与可持续发展战略实施的机构有政府部门和非政府组织,联邦政府有8个部参于实施可持续发展战略(见图2-3)。非政府组织诸如德国工商界联合会、环境联合会、德国妇女理事会、德国青年理事会及宗教协会,它们通过"环境与发展论坛"同政府部门联系在一起,推进整个国家可持续发展。

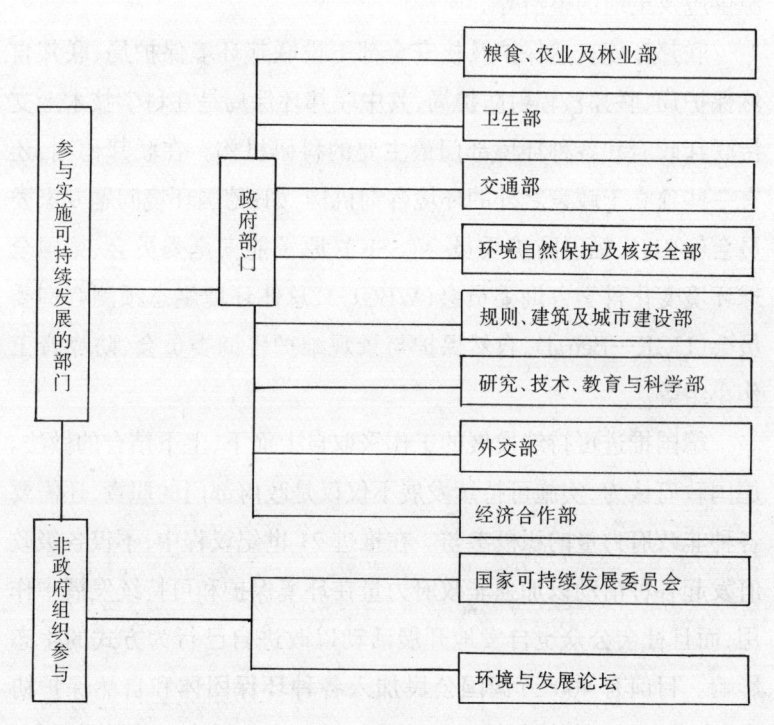

```
                              ┌── 粮食、农业及林业部
                              ├── 卫生部
                              ├── 交通部
              ┌── 政府部门 ────┼── 环境自然保护及核安全部
参与实施       │                ├── 规则、建筑及城市建设部
可持续发展 ────┤                ├── 研究、技术、教育与科学部
的部门         │                ├── 外交部
              │                └── 经济合作部
              │
              └── 非政府组织 ──┬── 国家可持续发展委员会
                   参与         └── 环境与发展论坛
```

图2-3 德国实施可持续发展的部门组成框架

可持续发展和环境保护的行政管理工作分别由德国联邦环境自然保护及核安全部、11个州的环境部和地方政府三级行政部门

负责,各级部门分工明确。联邦环境自然保护及核安全部的主要任务是制定国家环境与自然保护的整体框架和基本规章,积极推动和促进各项具体环保措施在各地的实施;联邦各州根据本州的实际情况制定相应的规章,确定空气工业设备、电厂、垃圾掩埋场和垃圾处理设备的建设和运行;地方政府主要负责地方事务,包括城市建设和农业规划,给排水、公共污水处理厂的建设和运行,能源供应及土地的整治等。

联邦环境自然保护及核安全部下设联邦环境保护局、联邦自然保护局、联邦核辐射防护局,其中联邦环保局是在科学技术上支持联邦政府和各种环境部门最主要的科研机构。在联邦德国,还有一些独立于政策之外的环境咨询机构,如:德国环境问题专家委员会(SRU)、辐射防护委员会(SSK)、原子能安全委员会、德国全球环境变化科学咨询委员会(WBGU)、总体环境生态预测咨询委员会(UGR—Beiral)、自然保护与景观维护咨询委员会、防噪音工作小组等。

德国推进可持续发展的工作采取自上而下,上下结合的做法。德国政府认为,实施可持续发展不仅仅是政府部门的职责,还需要各种非政府力量的积极参与。在推进21世纪议程中,不仅各级政府发起各种活动以加强非政府力量在环境保护和可持续发展中作用,而且社会公众也自发地开展活动以改进自己行为方式的生态影响。目前有400万德国公民加入各种环保团体和自然保护协会,许多市民把环境保护融入到他们的日常生活中,新闻媒体把环境保护和可持续发展作为他们的工作中心之一。

三、不同领域的可持续发展政策

(一) 工业

德国是高度发达的工业国之一,经济实力居欧洲首位,对外贸易额占世界第二位,仅次于美国。目前面对以美日高科技为一方,东欧的低成本为另一方的钳形攻势,德国经济和产业结构受到强烈冲击,就业岗位持续削减,1994年失业率达9.5%,创历史最高纪录。对于自然资源匮乏和劳动力价格昂贵的德国,要在世界竞争中立于不败之地,必须进行一场涉及工业产品和工艺的产业革命,以提高国家的科技创新能力,维护和加强世界工业技术强国的地位。

德国政府推出一系列科学研究和技术创新资助计划,德国红绿两党提出要将德国变成世界"智慧工厂"的口号,德国研技部组织各界人士开展"21世纪的生产战略"研讨,促使工业界进行工业变革,创造一个以竞争为导向的经济环境,推动整个社会的可持续发展。其主要措施有:(1)政府继续加强对中小企业的研究、开发和创新的倾斜政策,支持高新企业的创建,尽快淘汰和转移一般性传统产品、高耗能产品和污染环境产品,将德国变成主要依靠出口技术而较少依靠出口产品的国家。(2)继续加大对工业生产技术革新的投入,尽快启动支持生产的研究计划,加强对具有战略指导意义的"特别优先项目"的资助,逐步取代以往对一般性项目的资助方式。(3)利用现代科学技术实现经济、生态的协调和可持续发展,把生态现代化作为德国工业政策和科技政策的重点,将生态无害化技术和消费模式引入经济领域,发挥德国作为环保大国的优势,不断扩大环境保护领域的投资,促进环保技术的出口转让。

(二) 能源供应

德国的煤炭资源丰富,褐煤产量居世界首位。德国统一后,由于经济结构的改革、能源供应的多样化和环保意识的加强,德国的褐煤开采量至1994年减少了60%以上。现在德国的能源消耗以石油、天然气为主,占消费结构的1/2以上;但国内石油、天然气资源缺乏,年产石油不足400万吨,所需石油几乎全部靠国外进口,在国内只能满足天然气需求量的1/4。

随着经济的增长,德国对能源的需求量将持续上升。为保障能源的稳定供应,德国政府提出新的能源政策纲要,要求将降低矿物能源消耗和开发新能源作为国家能源政策的核心,提倡资源节约,不断提高能源供应的效率,保障能源长期安全的供应,逐步分阶段关闭德国境内所有核电站,改变能源结构,开发低CO_2和无CO_2的新能源。

新政府上台后继续贯彻"节约优于开发"的基本原则,将能源政策重点转向对未来有利环保和经济合理的可再生能源技术,要把节能新技术的研究、开发和推广置于优先发展的地位,把开发高效新能源作为主要战略方向;开征生态税,促进能源向开发和提高利用率的方向发展。消除地区性垄断和行政保护,逐步减少国家对硬煤的财政补贴,为可再生能源和本地能源以合理价格参与能源市场竞争提供保障。

（三）交通运输

德国交通高度发达。铁路、公路、水路和航空运输全面发展，以公路为主。随着欧洲一体化的顺利进行和西方经济区的形成，德国作为欧洲的交通中转国，交通更加繁忙，道路"瓶颈"逐渐突出，日益增多的交通工具成为某些环境问题的重要根源之一。

发展环境可承受的交通成为德国未来的一个中心议题。为了改变目前交通拥挤状况，形成环境清洁的交通格局，德国政府采取的主要措施有：大量建造公路、铁路和发展航空运输，重点优化高速公路网，继续发展高速铁路系统，将公路运输转向铁路和水运；促进个人意识和行为方式的转变，转向环境友好的交通方式，鼓励人们乘坐公共交通，限制短途航空运输；提高现有交通线的利用率，在高速公路和市区使用电子交通引导系统，减轻城市和人口稠密地区的交通压力；优化交通工具和燃料，减少私人汽车的能源消耗和污染物的排放，进一步使用清洁燃料，扩大废汽车循环使用的范围；改善铁路运输网，优化公路/铁路联合运输的组合，以缓和公路拥挤状况和减轻环境污染。

（四）农业

人口多耕地少，农业集约化程度高，现代工业产品大量占用土地，使德国的农业环境进一步恶化，影响农业和农村地区的稳定发展。为实现农业的可持续发展，德国政府对农林生产调整的指导思想也由经济效益转向经济与生态相结合，重视森林和草地的维护和发展，对农村地区实行统一规划，以促进工农业的协调发展。

德国制定环境无害化可持续农业的主要目标有：促使农业为

社会公众提供优质粮食,确保农民收入和财产的增加,保护人类生活的自然基础和生物多样性,保护和发展农村地区的生态和景观。因此,德国的农业政策要求土地所有者严格按照适当的耕作技术和环境无害化方式使用植物保护剂和化肥,进一步减少所有土地的污染物投入,大力发展生态农业和生物基因技术,认真执行"优质农业耕作规则",改善环境能够承受的常规耕作方式,并且注意保护农村地区的自然景观,向农业提供财政补贴,促进农村地区的经济发展和自然保护。作为欧盟成员国,德国认真贯彻欧洲经济委员会(EEC)第 2078/92 号决议《关于保护动植物天然栖息地和环境无害化农业生产方法》,敦促各州制定出自己的农业环境计划,鼓励农业部门参加各种环境和自然保护计划。德国政府与各州通过"改善农业结构与海洋保护"这个共同任务来安排国家的农业政策,调整农业结构。

德国的森林覆盖率为 30%,年产木材 4000 万立方米,满足了国内对木材及木制品需求的 2/3。德国政府的目标是保障森林能发挥经济、生态和社会效益,保护森林物种的多样性,扩大森林的覆盖率。《联邦森林法》规定了可持续森林的原则,即保障木材的稳定供应,确保森林具有可利用及休闲娱乐功能。进一步扩大林地覆盖率是德国农业政策和环境政策的重要目标之一。1975 年起,德国发起植树造林的行动,1991 年实行植树奖励措施,对植树超过 20 年的森林生产者给予一定的物质奖励。德国还设立不同规模的国家公园、自然公园、受保护的林区、天然森林保留地等自然保护区,建立起占国土面积 10% 的大面积生态群落体系,以保护森林和遗传资源。

(五) 地区和人居环境发展

德国共有人口约 8180 万(1995 年),平均人口密度高达 228 人/平方公里,是欧洲人口最稠密的国家之一。为了合理地利用有限的土地资源,德国政府十分重视地区规划和人口居住环境的发展,认为区域规划的目标是要在重视自然条件的现状及区域间相互联系的前提下,改善经济、社会、文化条件,为个人在社会中自由发展提供良好的空间结构并逐步缩小和克服地区间的不平衡。

德国的区域规划一般以州、地区和城镇等多级形式出现,各级之间在规划的编制和执行方面需要彼此衔接和协调,并充分考虑与规划相关的各种因素,根据实际需要同时或交叉运用各种手段如经济立法、政策、经济杠杆、社会协调等。

德国城镇布局要求避免大城市过度集中,主张大、中、小城镇协调发展,形成一个比较均衡的城镇网络,把城市基础设施作为提高人们生活水平和工作质量必不可少的条件。此外,高度重视居民的住宅建设,要求建造的住宅面积、设施以及房租必须适合不同消费层次居民的需要,能为大多数城镇居民提供健康的环境。

四、主要实施进展和优先领域

(一) 主要实施进展

1. 环境保护领域

德国环境保护重点在于减少工业污染,保护城市环境卫生,将环境介质中污染物降低到最低限度。政府加强工业排污的管理，制定了在全国具有约束力的最小化污水排放标准，通过对生产设备的特别折旧法和投资补贴等方式，促进企业的环保投资，广泛采用改良型净化装置和加热处理技术，限制危险物质如重金属汞、镉、铅及有机物等排放量。在交通方面，提高燃油质量，减低燃料消耗，严格汽车尾气排放标准，提倡交通工具安装三通调节催化器，以减少对空气的污染。

德国在环境污染控制方面取得了显著的成效，《经济合作与发展组织（OECD）1993年环境执行评论》指出，德国的环保状况在OECD成员国中高居首位。1996年政府用于环境保护和改善环境领域的经费约191.59亿马克，占GDP的1.8%，德国已成为世界上最大的环保市场之一。统计资料表明，CO_2的排放量已经从1990年10.14亿吨降至1995年8.94亿吨，下降了11.9个百分点，空气污染物的浓度减少50～70%。

实施环境标志，就是对产品的环境行为进行"从摇篮到坟墓"的全过程控制，重视可再生资源的使用，提高资源和能源的利用效率。根据国家环境保护标准、指标和规定，考虑到生产过程中及产品的环境效应，在国家指定的认证机构确认下并通过颁发环境标志（蓝色天使）和证书。实施环境标志不但可最大限度地把污染消除在生产过程之中，而且避免产品对环境所造成的潜在危害。到1996年底，920家厂商生产的4100种产品授于环境标志"蓝色天使"，涉及76种不同的产品，从节能洗衣和到符合环保的洗衣粉。现在标有可再生、纯天然、无污染、合乎环境标准的"绿色食品"已成为德国90年代的主流。

2. 大气层保护

1992年,德国议会批准《蒙特利尔议定书》,1993年政府签署了《联合国气候变化框架公约》和《远距离跨界空气污染公约》。此后根据本国国情,政府先后制订了《大规模燃烧设施条例》、《空气质量控制技术指南》、《引进改良型净化装置和其他相关交通措施》。德国已建立温室气体监测中心和防止干扰气候系统,国内各大中城市均设有大气监测站。1994年,德国已全面停止生产和使用破坏臭氧层的化学物质,包括氟利昂(CFCs)和哈龙(Halons),增强政府对因工业事故引起的跨界空气污染的早期报警系统和反应机制。德国政府提出,至2005年CO_2的排放量将减少25%(以1980年为基础),CH_4、NO_2、CFCs将削减40%。政府加强对森林、沼泽、海洋的保护,提高其对温室气体的吸收和净化能力。

3. 森林保护

德国粮食、农业、森林部负责森林方面的立法和管理,1973年通过《森林法》,要求森林所有者发展可持续的林业生产,德国重新统一后,制定了新的《森林法》和《狩猎法》。80年代初,由于生物与非生物因素的影响,各林区确定有所谓的"新型森林损害",其症状为针叶与阔叶林树冠光秃变黄,德国政府发起"拯救森林"运动,防止森林出现新的破坏。德国主要从治理空气污染和保护大气候入手,减少有害气体的排放量;建立森林监测网络,系统监测森林生长状况;用有关森林保护措施,稳定森林生态系统,保护林内遗传资源;加强对森林生态系统的研究。空气质量的改善和有关森林保护措施经一段时间后,已对森林、木材林的生长状况产生积极影响,新联邦州受损害的树木从1991年的38%下降到1996年的

16%,减少约一半。

4. 生物多样性保护

议会制订出多部关于生物多样性保护的法律,如《生物多样性保护公约》、《濒危野生动植物物种国际贸易公约》。1990年,在波恩建立遗传资源信息中心,1993年成立联邦自然保护局。德国实施关于保护森林遗传资源决议,参加"植物遗传资源欧洲合作计划",建立"全欧保护区系统",1996年还主持"植物遗传资源国际技术会议"。德国环境与发展论坛成立生物多样性工作小组,参与生物多样性的国际谈判,提供有关教育和咨询信息。在世界鸟类会议后,德国自然保护联盟在重要的鸟类聚居区开展保护生物多样性的活动。此外,政府为保护生物和遗传资源,建立大面积的自然保护区,制订新的法律,支持该领域的科学研究。

5. 海洋保护和淡水供应

保护海洋成为国际环境政策的中心问题之一。德国建立了几个大型数据库,综合评价沿海地区和海洋环境状态,采取有效地措施改善环境状况,制定沿海地区综合管理计划,控制工业污水排放量,要求所有的污水需经二次净化后才能直接排入海洋,敦促各国停止向北海倾泻工业废料和废料的燃烧物,到2002年前将有害物质(重金属)浓度降到自然背景值之内。

为了保护淡水资源,德国政府重新修改相关的法律,确定陆地水体的净化标准,制定有效的环境清洁计划,限制将危险物质、耗氧有机物以及富营养化物质直接排入水体;注意节约用水,采用水循环系统,提高农田灌溉的效率。高度重视地下水的保护,全国建立起完善的地下水监测网,减少地方污水处理厂和工厂的废物排放量,控制非点源污染,减少化肥使用量。

6. 自然保护和景观管理

德国境内50%的脊椎动物处于危险境地,2/3的植物受到威胁或濒临灭绝。1996年提交议会审议的《联邦自然保护法》提出自然保护的目标是保护生物多样性。《联邦自然保护法》确定了各州的自然和风景区保护的基本内容。州和地方政府在进行远景规划时,尽量协调城市、交通、农业用地的紧张局面,划出专门的自然保护区,采取经济补偿手段,避免群落生境的衰退和破坏。在具有生态价值的地区建立新型的网络系统,跨区域行政界线进行土地规则,维护自然景观和生态平衡。沿海各州通过制订相关的条例来保护沿海地区和山区的环境和自然景观,整个德国北海沿岸地区和40%沿波罗地海地区被开辟为国家公园、生物圈自然保护区和自然公园。目前为止,5300处自然保护区和6000处风景保护区分别占德国国土面积的2%和25%,已有12个要求特别加以保护的国家公园,此外还有28个大规模自然公园以及12个联合国教科文组织承认的生物圈自然保护区。

(二) 优先领域

德国政府确定的可持续发展目标引起国内有识之士对目前环境问题的强烈关注,社会舆论要求在确定行动优先权和解决问题的对策上达成一致意见,尽可能将有限的资金投入到亟待解决的问题上。特别在社会经济的转型期,确定行动优先权有助于拓宽行动的政治领域,使共同制定的目标得到更迅速、更有效的实现。

1996年德国环境部长Angela Merkel提出一份关于德国可持

续发展的具体目标和行动优先权的讨论报告。报告提出六个方面的优先行动领域：(1)保护大气和臭氧层；(2)保护生态平衡和动物的栖息地；(3)减少对资源的影响,节约利用和恢复原料；(4)保护人类健康,反对环境污染；(5)发展环境可承受的交通方式；(6)宣传环境伦理。提出这个报告的目的,是要在各有关部门之间开展建设性对话以对优先行动领域达成共识,然后采取必要的步骤推进德国的可持续发展。

五、对全球性环境问题的看法

1. 全球气候变化

德国每年 CO_2 的排放量占全球的 4%,从 90 年代以来,积极参与欧盟国家气候保护合作项目"全球气候保护的合作战略",德国政府承诺,到 2005 年 CO_2 的排放量将减少 25%(1990 年标准),将 CH_4、NO_X 的排放量减少 40%,与 1987 年相比,CFCs 的排放量将减少 50%,1994 年终止使用 CFCs 和哈龙等臭氧层消耗物质。德国政府主张有关缔约国采取强制性减排政策和措施,提高能源的利用效率,积极寻求减排 CO_2 或不排 CO_2 的替代能源,在欧盟成员国内征收碳税/能源税,支持发展中国家制定控制和减少温室气体排放的经济、技术政策,积极转让环境无害化技术和提供资金援助,此外还加入全球气候监测系统,执行防止地球大气变暖计划,并设立专项保护基金。

2. 生物多样性问题

德国政府重视生物多样化,把保护生物多样性作为自然保护的重要目标,并签署了《生物多样性公约》和《濒危野生动植物国际贸易公约》。栖息地的破坏和污染是生物多样性丧失的主要原因。保护生物多样性需国际社会的广泛合作和非政府组织的积极参与,德国支持世界各国保护和管理各种生态系统,如森林和其他受威胁的生物天然栖息地,认真分析导致物种减少的经济和生态原因,向发展中国家缔约国转让有关技术。在生物安全问题上,重点管辖涉及经生物技术改变的"活体生物"的越境转移问题,以减少其对生物多样性及对人类健康的不利影响。

3. 森林问题

德国支持联合国环境与发展大会一致通过的关于森林问题的原则声明,认为这是有关国家在森林的可持续发展方面进行合作的框架性文件。德国重视同国际社会的合作,在里约会议后,签署《国际热带森林协议》,赞同全球实行统一森林管理标准和国际认可的可持续生产方式,国际社会采取技术经济措施加强合并,支持欧盟征收碳税/能源税,鼓励和支持发展中国家制定和实施可持续森林发展策略和计划,有效地防止对森林的破坏。

4. 能源战略

大量使用化石燃料,使 CO_2 的排放量增加是造成地球温室效应的原因之一,同时有害气体 SO_2 和 NO_x 排放的增加有害于生态环境,威胁人类以及动植物的生存。因此,德国将安全供应、经济节约及保护资源与环境作为能源政策的目标。德国今后在能源领域首先要考虑市场经济原则,逐渐减少对硬煤的补贴,加快节能环保产品和新型生产加工技术的开发,提高能源使用效率,通过征收碳税/能源税和生态税,控制温室气体的排放。政府加大对可再生能源研究的投资,重点发展太阳能、生物能、地热和风能,逐渐将以煤、石油、天然气为主的矿物能源系统转向以可再生能源为基础的可持续能源系统。

第八节 以色列

以色列地处中东地区西部,西濒地中海,东南与红海相邻,北部与黎巴嫩接壤,东北部与叙利亚、东部与约旦、南部与埃及为邻。国土呈南北狭长形,南北长约470公里,东西最宽处有135公里。以色列国土面积为2.7万平方公里,总人口约560万,其中犹太人约占83%,阿拉伯人约占17%。以色列土地贫瘠,国土面积的70%左右为沙漠;矿产和水资源极为缺乏。在经济方面,由于经济规模小,国内市场相对较小,以色列只能通过出口来推动经济增长。

基于本国的资源、经济发展特点,以色列把发展科技作为立国之本。凭借在农业、沙漠治理、电子、能源等领域高度发达的科学技术,以色列成为电子仪器、医疗设备、军工产品、蔬菜、水果、花卉等的主要出口国之一,经济得到迅速发展,1996年人均国民生产总值达到1.6万美元。

一、国家可持续发展总体战略

(一) 可持续发展战略的指导思想和主要目标

随着社会和经济的发展,以色列的环境问题也日益突出地表现出来。在当今世界可持续发展的大潮中如何为自己定位,如何制定符合自己国情的可持续发展战略,已成为以色列各界人士关心的问题。1996年11月,以色列环境部邀请有关部门的专家就制定以色列可持续发展战略召开了专门的研讨会,以色列政府以这次研讨会形成的框架内容为基础,于1997年正式出台了以色列可持续发展战略。

1. 可持续发展战略的指导思想

在全面分析国际形势和本国的特点的基础上,以色列提出了可持续发展战略的指导思想。其基本观点包括:由于环境问题日益全球化,对国际政治、经济与贸易关系的影响日渐加深,可持续发展已成为世界各国发展的必由之路。可持续发展是一个全球性的问题,不是单个国家的努力所能解决的,实现可持续发展必须以全人类的共同努力为前提。可持续发展战略不可能一步到位,需要对其目标进行广泛的讨论并达成共识,在此基础上提出达到目标所需要的步骤和措施。以色列政府认为,实施可持续发展战略首先应将国际条约和国际贸易协定中的有关要求纳入以色列可持续发展的战略之中;其次,应将可持续发展战略纳入同周边国家进行的和平进程的谈判中;第三,要从可持续发展战略的高度来建立和完善相关的法律法规。

2. 可持续发展战略的主要目标

在1992年联合国环境与发展大会通过的《21世纪议程》指导下,以色列根据本国的特点,制定了可持续发展战略的三个主要目标:(1)不同代人之间的平等,即当代人与后代人之间福利共享。从广义的福利含义来说,后代人至少应与当代人享有相同的福利;从多代人角度考虑,当代人的福利是最低水平的福利。(2)同代人之间的平等。社会成员在收入分配、教育、卫生保健等方面实现平等,同时在所处的环境条件方面也应实现平等。(3)大力发展经济,保护和改善环境质量。在对土地、自然资源需求日益增加的情况下,最大限度地保证后代选择其生活方式与生存环境的自由;通过实现环境成本内在化,使环境因素在经济活动的全过程中都得到充分考虑;在开发过程中应同时实现增加资源储存,开发的价值应与环境代价相结合,从而限制对资源和环境质量的破坏;设立和维持资源、环境的最低标准,防止对重要、稀少自然资源的不可逆破坏,以便保护以色列的自然资源库;保证全体人民包括易受害人群和少数民族合理的生活和环境质量,采取一切措施减少不同人口居住地之间正在增加的环境质量差别;不断改善全体人民的生活和环境质量。

(二)可持续发展战略的实施措施

1. 建立自然资源利用"红线"制度

以色列水资源极为缺乏,在水资源管理方面,以色列于1959年颁布了《水法》,明确规定以色列水资源归国家所有。在1971年和1991年又对《水法》进行了修改,对其主要水源加里里湖和地下水建立了警示"红线"制度,即对水质和用水量进行严格控制。"红线"的建立对其水资源起到了较好的保护作用。从可持续发展的战略高度出发,以色列认为还应对土地、空气等资源以及重要的生态系统建立"红线"制度。

2. 利用市场机制和经济手段

以色列建立了污染税制度,将环境税收的各种款项用于环境基础设施建设。这种做法不仅可以使社会以最小的经济代价按符合环境要求的方向发展,同时也为进一步改善环境提供资金来源。此外,以色列还利用市场机制和人们日益提高的环境意识,积极推行绿色标志,引导鼓励人们进行绿色消费等,从而提高公司企业的环境保护意识和环保投入。

3. 建立最低环境标准

为促进同代人之间的平等,为全体人民提供一个理想的环境质量,以色列提倡建立最低环境标准,同时全体人民都应享有所处环境达到最低标准的权利。对于环境未达标的地方,政府将采取一些措施,比如给予经济补贴、在资源配置上给予优先权,将其环境投资项目纳入国家投资计划等,使当地的环境尽快得到改善。

4. 建立绿色核算体系

以色列认为应尽快建立绿色核算体系,使环境成本内在化。即把人类活动对资源的损耗和对环境的影响用价格形式表现出来,并纳入到成本利润核算当中。但是,衡量人类活动对空气、土地、水等自然资源、环境造成的影响,无论在现在还是在将来都是很困难的,而将这些影响以价格的形式表现出来就更为困难。为此，以色列正在利用先进的计算和测量手段对一些资源，如空气、森林、溪流、地下水等进行量化工作，以便评估资源的危害程度，跟踪监视环境质量，为资源环境成本核算提供基础。

5. 制定各行业和地区的可持续发展规划

以色列认为可持续发展不能仅限于在国家层次上，各部门或各种团体也应当制定各自的可持续发展规划。行业的可持续发展可减少本行业对资源环境的危害，地区性的可持续发展规划可协调不同行业在本地区的行为。

6. 调整行政管理机构

以色列在管理方面进行了一些调整，使之更有利于可持续发展战略的实施。例如，以色列土地管理与水资源委员会隶属于农业部，因此使得农业发展可在土地和水资源配置方面得到优先权。但从可持续发展的概念来看，这种行政职能的划分不利于土地与水资源的管理和保护。因此，以色列认为有必要对一些行政机构进行调整，使行政职能的划分更有利于可持续发展政策的实施。由于自然资源和环境的影响并不与行政界线相一致，所以应建立一个对整个环境问题进行协调的机构，该机构在处理自然资源和环境问题方面应具有法律权威。

7. 教育和研究

可持续发展战略的实施是以资源和环境保护技术的不断更新，以及全体人民特别是决策者的观念转变为基础的。基于这一点，应积极开展环境保护的宣传教育活动，普及可持续发展和环境科学知识，在各级教育中都应设立环境课程，在大学还应设立环境法规和环境科学课程。一方面可以培养环境方面的专业人才，另一方面可提高全体人民特别是决策者的可持续发展意识。加大对环境科学和技术设备的研究投入,制定一个包含研究以色列所有资源在内的长期研究政策。与此同时,还要确定环境研究的重点领域和课题,通过科学研究推动可持续发展。

二、实施可持续发展战略的行动和进展

(一) 保护和促进人类健康

1994年6月,以色列通过了《国家健康保险法》,并于1995年开始实施。这一新的法规使以色列的公民都能享受到医疗保险和应有的服务。以色列还有许多家庭健康教育和管理中心,由国家、地方政府或医疗基金会根据地理区域的划分来运作。在以色列,这种中心已形成了全国网络。

(二) 环境污染治理

1994年,以色列环境部采用新的办法来管理大气污染物的排放。以色列全国设立了63个大气监测站,今后还将增设24个监测站、两个区域性的中心和一个国家级控制中心,对获得的数据进行分析,并及时发布。以色列还签署了《维也纳公约》、《蒙特利尔条约》、《伦敦议案》和《哥本哈根修正案》,并许诺2001年之前将甲基溴化物减少25%,2005年前减少50%,2010年要全部取消。

以色列政府非常重视污水的处理与重复利用,其主要原则是:利用最好的技术和最有效的办法,使得对水资源的污染减少到最

小程度。以色列 90% 的污水被纳入到排水系统,80% 的污水将在污水处理厂接受处理,70% 的污水在经过二次处理或三次处理后被重新用于灌溉(种植非食用植物或动物饲料)。目前,该国正在努力使 65～70% 的污水能够经过处理后被重新利用。最近,以色列还计划建立更加先进的污水处理厂,以服务于特拉维夫、海法等重要城市的污水处理。

据统计,在以色列每人每天产生 1.6 公斤固体废弃物,全国每年产生 310 万吨固体废物。1993 年 96% 的家庭垃圾由遍布全国的 514 个垃圾处理点进行处理,但其中大多数还不够规范。1993 年 6 月,政府采取措施组建能够保证环境安全的垃圾处理中心,同时关闭了数百个不符合要求的垃圾处理点。1998 年已有 80% 的固体废弃物在 20 个处理中心安全地得到处理。同时,加强垃圾的回收和重复利用。如今,有 6% 的家庭垃圾被再利用。到 2000 年将会有 25% 的固体废弃物被重新利用。

(三) 防止荒漠化

为了降低半干旱地区荒漠化的风险,政府制定了严格的防治条例,在减少这些地区家畜存栏数的同时,改变传统的放牧方式,即要求大部分家畜通过牧草和饲料来喂养。此外,政府还通过帮助建房和安置就业等一系列措施安置了大量的贝督因人,使其转变为非农业就业人员,避免了过度放牧对这些地区植被的破坏。同时,利用从北部输送的水源在这些地区种植作物,使原来的一部分牧场变为农田,使土地得到了保护,自然环境也得以改善。

以色列的内盖夫(Negev)沙漠占其国土面积的一半以上,为改善内盖夫沙漠地区的环境,以色列政府对植树造林活动给予了高度重视,将其作为防治荒漠化的一项重要措施。在80年代,内盖夫地区植树造林面积只占全国总面积的25%,现在已达50%。面对严重缺水和干旱的现实情况,以色列政府充分利用现有的自然景观和资源来不断改善内盖夫定居点周围的生活和工作环境,特别是通过植树和种草改善土壤质量,为发展可持续农业创造必要的条件。到目前为止,已建立了1.2万公顷的沙漠绿化区,并仍在以每年200~300公顷的速度增加。

以色列还是区域和国家之间合作进行沙漠化防治的积极参与者,其斯德·伯克(Sde Boker)沙漠研究和防治中心也是国际间、区域间和国家内部开展沙漠防治的一支中坚力量。

(四)生物多样性保护

以色列地处气候和植被分布的过渡区,动植物种类较为丰富。北部地区是地中海式气候,南部是干旱的荒漠气候,中部是这两种不同生物地理区的过渡带。以色列有25%的国土面积被确定为自然保护区,其中的80%位于干旱区。

第二次国际生物多样性保护大会之后,以色列开始制定国家保护生物多样性的对策。其中的一些措施是:(1)建立由环境部、农业部、内务部、科技部、贸易与工业部、交通部、国防部及教育部的代表组成的联合工作委员会,负责协调生物多样性的保护工作;(2)将生物多样性保护纳入到环境保护规划中;(3)国家环境部在资金上资助生物多样性保护的优先领域研究。

在国家环境部领导下进行的自然保护区与国家公园建设把保

护生物的多样性和生态系统的多样性作为一项重要的内容,其中有些已被列入联合国教科文组织(UNESCO)的"人与生物圈保护计划"。为了改善脆弱的生态环境,国家自然保护委员会和国家基金委开始共同执行"开放的景观计划",通过收集各种数据资料,在地理信息系统的支持下进行制图与评价。为进一步开展生物多样性保护工作,使生物资源的利用具有可持续性,国家自然保护委员会还提出了数据收集、制图及评价的框架性建议。

以色列在生物多样性保护工作中参与了不同层次的区域性和国际性的合作,为保护自然界生物的多样性作出了积极努力。

(1)双边合作:为保护自然环境与人类的居住环境,以色列与约旦签定了双边协议,其中一个重要内容是保护海洋的生物多样性。此外,以色列还与西班牙就自然与环境的保护、防治沙漠化等进行了双边合作。这些工作的开展有力地推动了生物多样性保护工作的进程,也为其他国家从事这方面的工作树立了典范。

(2)区域合作:在中东地区多边和平谈判中,环境问题始终是其中的一个重要内容。例如,为了保护独特的生态系统和自然资源,以色列、约旦和埃及签定了区域性的合作协议,以防止在阿卡巴(Aqaba)湾石油开采中出现的意外事故对环境的破坏。为了保护沙漠区生物的多样性,以色列同埃及、约旦、巴勒斯坦等签定了区域性的合作协议。作为"地中海行动计划"的积极参与者,以色列为保护地中海区域独特的生态环境和该区域内生物的多样性进行了不懈的努力,并作出了积极的贡献。

(3)国际合作:在国际合作中,以色列签署了生物多样性保护公约,近期还签定了国际上为保护湿地生态环境而建立的阿姆萨

(Ramsar)协定。1997年3月,以色列作为东道主组织了有关国际研讨会,就防治沙漠化、生物多样性保护和气候变化等问题等进行了广泛的讨论。

(五)海洋环境保护

早在1983年,以色列为保护地中海沿岸地带的生态环境,制定了国家行动框架。根据这一框架,国家的自然保护区、国家公园、沿岸区域的自然保护区等都被列为重点保护对象。近年来,国家环境部开发出了先进的地理信息系统,针对地中海沿岸区域建立了相关的数据库,为科学而准确地进行海洋环境的管理与决策提供了依据。以色列在防治海洋环境污染方面加强了对所有可能造成海洋生态环境破坏的污染物的监控,并将红海和地中海沿岸地带作为重要的自然资产加以保护。以色列是UNEP"地中海行动计划"的积极参与者,将海岸带的管理和可持续发展作为重要的内容加以研究。以色列政府提出的"海岸带管理计划"为以色列提出了海岸带可持续发展的对策与措施;同时,它也是以色列21世纪议程的重要组成部分。

以色列环境部海洋和海岸带管理局是负责海洋生态环境保护的主要机构。该部门的行动计划主要包括:监控海洋、海岸带区域和内陆水域的环境问题,防治所有类型的海洋环境污染,执行与保护海洋生态环境有关的法律条文,更新相关的法律法规。

以色列的科研机构和工业部门的相关人员,对控制海洋环境污染的生物技术进行了深入的研究。比如在利用微生物控制油类污染物方面取得了重要进展,并被应用于石油泄漏事故的处理,取得了很好的效果。

(六) 水资源管理

针对淡水资源严重短缺这一问题,以色列采取了许多措施进行水资源的可持续利用与保护。以色列绘制了详细的全国的水资源图,并要求在土地的开发利用中必须将其作为重要参考,以便在土地开发利用过程中不对水资源构成危害。与此同时,以色列相关部门对可以利用的水资源进行不间断的监控,并发布年度和季度监测报告,作为今后水资源利用调控的重要参考。为了防止水资源的浪费,达到节约用水的目的,以色列还对家庭用水的各种装置进行了改造。为了达到既经济又有利于环境保护的目的,以色列政府鼓励在生产与生活过程中增加废水的循环使用。为了推进这些措施的实施,政府正在通过科研、立法和试点工作来大力推进水的循环使用。1993年6月,以色列政府通过了相应的法规,要求地方政府建立水循环利用与处理中心。同时,要求在建立工厂时首先必须要保证所建工厂有足够的污水处理能力,并达到国家规定的标准。

(七) 促进农业的可持续发展

以色列农业在国民经济中比例很小,1996年农业生产值为34亿美元,只占国民经济总产值的5%,农业出口也只占总出口额的5%。然而以色列非常重视农业在国民经济中的地位和作用。在支持农业发展方面采取了四项措施:一是资金投入强度大;二是建立了机构配套和运转高效的农业科研、开发和推广体系;三是建立了面向国内外市场、适应市场经济发展需要的农业经营管理体系;四是重视农业教育,培养了一支素质较高的从事农业各领域生产活动的人才队伍。此外,政府还制定了一系列鼓励农业发展的政策,调动了农业生产经营者和科技工作者的积极性,有力地促进了农业持续、快速发展。多年来农业生产的增长率一直保持在8%左右。

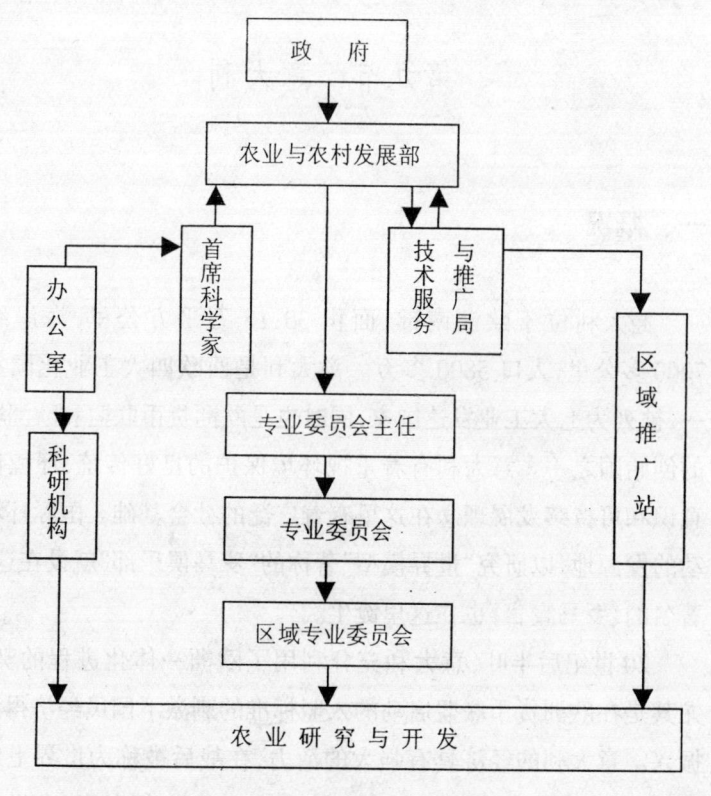

图2-4 以色列国家农业科技开发与推广体系

以色列农业成功的经验在于先进的农业技术研究及高效实用

的农业科技推广应用体系支撑(如图 2-4 所示)。为了实现可持续的农业发展,以色列在国家有关部门的领导下进行不同层次的决策管理,即国家的长期决策、区域和地区的中期目标,区域的、团体的和个体的短期行为决策管理等。而这些决策目标的实现主要通过规划预测、防治污染物的各种环境立法、信息系统的支持来进行。

第九节 意大利

一、概况

意大利位于欧洲南部,面积 30.13 万平方公里,海岸线长 7000 多公里,人口 5800 多万。意大利是西欧四大工业化国家之一,被列为七大工业发达国家,同时也是欧洲货币联盟和欧洲联盟的创始国之一。意大利有着重视环境保护的良好传统,环境保护意识和可持续发展理念在这里有着广泛的社会基础。国际环境运动的发源地,以研究"世界模型"著称的"罗马俱乐部"就设在这里,著名的《罗马宣言》也在这里诞生。

20 世纪后半叶,意大利充分利用了欧洲一体化进程的契机,尤其是在欧洲货币联盟启动的入盟标准的刺激下国民经济得到了振兴。意大利的经济具有强大的活力,在战后被称为世界上继德国、日本经济振兴之后又一个经济奇迹。1998 年以来,在世界经济不景气情况下意大利的经济仍能保持相对平稳。

二、可持续发展方面的主要行动

意大利环境保护和可持续发展运动是自下而上开展起来的,公众的环境意识先行,政府的环境管理相对滞后于社会和企业。60年代,意大利的环境保护和污染防治工作在企业内部率先开展起来。70~80年代,意大利社会已较普遍的开展了各项环境保护工作。直至1986年,意大利才通过立法成立了环境部。

意大利制定可持续发展国家战略的基本原则是:(1)遵循欧盟制定的环境标准和可持续发展目标;(2)通过广泛的合作,发展南北关系;(3)鼓励非政府组织参与到国际可持续发展行动中来。

(一) 国家政策的制定

1.《环境三年规划》和可持续发展国家计划

1989年,意大利政府制定了《环境三年规划》,作为中央政府进行调控的基本手段,首次将计划的方法纳入环境管理轨道。第一期规划从1991~1993年,第二期规划从1993~1996年,目前正在实施的是第三期规划。

1993年,意大利政府通过了"实施《21世纪议程》可持续发展国家计划",计划主要内容包括:(1)中央政府各部门、各级政府在环境政策上要统一认识,确保各部门、各级政府制定的各领域环境政策的协调一致性;(2)建立相应的计划、监督和管理机制;(3)鼓励社会工作者和有关方面的广泛参与到可持续发展行动中来,实现环境信息最大限度的积累与传播。通过制定该计划,环境因素对经济政策制定的影响越来越大，公众对良好环境的要求也越来越高。工业界面临的社会压力很大，企业在制定发展战略时必须考虑环境保护。意大利环境政策的主要方向是鼓励私人企业对环境的投入，技术创新也转向开发无污染少污染技术。例如意大利菲亚特汽车公司每年花费3亿美元用于研制低尾气排放汽车。

2.《意大利城市宪章》

《意大利城市宪章》是按照联合国第二次人类居住大会的要求制定的国家级计划。在可持续发展理念下，各城市制定了城市发展计划，努力改善城市质量、提供更好的服务和更有效的卫生防御政策，提供了广泛的政策框架。内容涉及：(1) 废弃物和能源；(2) 城市和区域规划；(3) 污染排放检测；(4) 社会服务。意大利各级政府都采取了相应的立法行动，各地制定了"地方21世纪议程"，鼓励环保产业的发展并扩大环保部门的就业。

3. 可持续发展经济指数（绿色GDP）

意大利制定了新的可持续发展经济指标体系，修正了现行的经济指标，确定了14个变量。其中有7个变量是反映社会经济发展可持续性的环境变量，这些环境变量包括水、大气和噪声污染的环境成本、对人体健康和耕地造成的损害及对不可再生资源消费带来的长期环境损失等。

（二）纳入欧洲一体化体系的意大利环境法律体系

1947年，战后意大利第一部宪法中作出了明确的环境立法要求。1966年开始实施《大气清洁法》、1976年公布了《水污染控制法》、1982年又公布了《海洋污染控制法》以及实施《欧盟洗浴水质量规则》、《欧盟饮用水源质量规则》、1985年出台了《自然风景及区域保护法》等。

欧洲一体化的进程促进了意大利可持续发展战略的实施和环境状况的改善。意大利的环境法律体系从70年代开始逐步纳入欧盟统一的环境法体系。随着欧洲一体化的进程,欧盟成员国的环境政策和环境标准制定权由各国向欧盟转移。意大利原有的环境标准和环境政策与北欧国家环境标准相比偏低,目前,意大利的环境标准开始向欧盟标准看齐,逐渐开始执行统一的欧盟环境标准和环境政策,这使得意大利与欧盟环境标准之间的差距迅速缩小。意大利强调在欧盟法律框架内处理贸易与环境的关系,贸易与环境的关系具体体现在统一市场和环境保护之间的冲突与协调。一方面,实现统一市场要求商品自由流通,公平竞争,不允许各成员国的环境规范对其造成限制。另一方面,必须寻求更有效的环境保护措施,协调统一市场与环境保护两方面的利益。

(三) 环境保护运动和环境服务组织

意大利民间可持续发展和环境保护运动十分活跃,国家的可持续发展运动和可持续发展战略的实施是由政府、非政府组织和企业共同推动的,非政府组织在其中起到关键的作用。著名的国际环境运动的先驱和可持续发展理念的倡导者——"罗马俱乐部"就起源于意大利。意大利有众多的民间团体和环保组织,有100多个环境协会,大部分协会都得到环境部确认和资助,其中28个大型协会的成员就达170万人,这些民间团体主要从事环保教育和传播环保信息。80年代成立了意大利绿党,目前意大利执政的联合政府中就有绿党参加执政,并开始成为主流政治力量,越来越多的参与政府管理工作。意大利绿党参与执政也导致了环境运动和政府关系的改变。在某种程度上使民间的环保运动陷入困境。政党化趋势把环境运动的政治命运和某一政党连在一起,使绿党变成了一个"利益集团",失去了自身的独特性,同时也影响到意大利的可持续发展的走向和动力机制。

意大利有许多公益性的环境服务组织为公众提供环境服务,这些服务组织都采取企业化形式,由各种联合公司进行经营。根据475/1988号法案,国家鼓励并支持废旧物品回收公司的建立和发展,并从政策和资金上给予支持。公司的任务是收集可再生废弃物,为用户提供节能降耗及正确收集和处理废旧垃圾的技术信息,其运行经费来源于服务收费和政府资助。政府资助一般以法律形式固定下来的,例如对塑料容器的进口商和生产商,政府规定要征收10%的税,这部分税收都将用于塑料回收公司。目前已有塑料、铅电池、玻璃、废铝等20多个回收公司成立并得到环境部的认可和支持。意大利的废旧物资回收行业很普及,包括废旧玻璃,纸、药物,有毒易燃物质等。废旧玻璃的年回收量为80万吨(1992年),全国48%的液体玻璃容器使用的是再生玻璃。

三、可持续发展国家战略的实施

(一) 环境管理体制

意大利环境管理的最高机构是国家环境部,政府环境管理机构基本形成了中央协调,分级管理的形式。

环境部作为环境主管部门,主要职责是评估环境状况,依据基本法律,制定国家环境政策、法规和行政管理措施,准备新的立法建议,推动可持续发展事业;实施国家三年环境计划,管理环保基金以及环境教育和研究工作;协调中央有关部门,使环境政策与其他公共政策相协调;协调各大区的环保工作;监督各环保机构的工作;具有计划、管理、协调、监督、执法的职能。中央政府的其他部门,如计划部、内务部、工业部、农林部、卫生部、公共工程部等与环保有关的部门,以及各大区政府也都设有专门机构和专人负责环保工作。成立于1994年的意大利国家环保局作为环境部的技术后备部门,其职责是促进环境研究;收集和交流环境信息数据;为制定新的环境标准提供技术支持;进行环境监督;负责与欧盟环境局的合作事务。

(二) 意大利的环境监管制度

意大利由宪兵负责国家的环境监管和执法。在宪兵司令部下,成立了环境监督分队。其负责人由环境部委任,统归环境部协调。宪兵环境监督分队下设有环境运作中心。宪兵目前重点负责垃圾处理和污染监督事务。1993年,宪兵处理了2.8万件环境污染事故,其中有2.5万件是有关垃圾处理的。由宪兵进行环保监督和灾害救助,这一监督机制在意大利得到了有效的实施。环境污染本身属于一种公害,是和平年代对国民的主要威胁,在和平年代,由宪兵来进行环境监督,防灾减灾,公害防治,既有利于强化环境执法力度,降低执法监督的成本,提高执法监督的效率,也有利于全民环境意识的加强,这不失为一项可取的方案。

(三) 环境投入的来源和结构

意大利政府用于企业环境保护和污染治理的投资逐年增多。80 年代,用于污染治理的投资相对较少,1985~1990 年用于 SO_2 工业污染排放末端治理的费用仅为 300 万里拉(80 年代 1 美元约合 1000 里拉,90 年代 1 美元约合 1500 里拉)。1990~1996 年期间,用于末端治理的费用增加到了 6500 亿里拉。

环境投入的主要来源是中央和大区两级政府,地方政府的投入往往大于中央政府的投入。1995 年,中央政府拨款 2 万亿里拉,约合 12 亿美元,占国家拨款预算的 17%。在 1986~1995 年的国家拨款中,38% 左右用于土地与水利保护,10% 左右用于水净化处理,其余的用于垃圾处理以及研究、教育、信息等工作。1988 年大区环保投入拨款为 8.5 万亿里拉,1990 年为 10 万亿里拉,大区政府的拨款主要用于水处理与水资源综合治理与管理,约占总投资的 50%。

意大利鼓励私营企业对环境的投入,管理和服务。意大利 60~80 年代的重工业污染问题,基本上由产业部门和企业自行解决,其中,各个行业协会发挥了关键性的作用。80 年代,意大利开始了对传统产业的大规模改造,取缔了一部分污染严重,生产率低的企业。这种取缔不是基于行政或法律强制,而是基于市场竞争的压力和行业协会的自我约束及对产品质量标准的提高。企业通过治理污染和淘汰落后技术促进了意大利经济向外向扩张型的转变,环境保护的加强和工业环境污染的治理是产业升级的必然结果。90年代以来,欧盟对产品及其生产过程都提出了新的环境标准和要求,产品是否符合绿色标志将直接影响到在国际市场上的竞争力。

四、意大利的环保产业

意大利的环保产业其技术水平在欧洲名列前茅,在世界上占有其独特的地位。意大利的环保产业是在本国的环境法规和环境管理都很不健全的情况下先行一步发展起来的。

(一)意大利环保产业发展历史

意大利环保产业起步于80年代初,在80年代末有了飞跃的发展。1985年,环保产业的产值为3470亿里拉(当时1美元约合1000里拉,现在相当1500里拉),到1988年达到1万亿里拉,1989年达到3万亿里拉。意大利环保产业涉及以下几方面:(1)治理工业污染;(2)降低能源和原材料消耗、消除生产过程中所造成的污染;(3)消除人类活动对环境造成影响;(4)各种环境服务;(5)清洁生产技术及绿色产品等。

意大利的环保产业有其鲜明的出口导向。意大利国内对环保产品的需求不大。90年代,由于对环境保护的理解不同和对环境保护未来任务的不明确导致国家环境计划削减,地区财政经费紧缩等妨碍环保产业发展的现象。但是,这些不利于环保产业在国内市场扩展的因素,并未影响意大利环保产业欣欣向荣的发展,原因在于意大利整个经济开始向"外向扩张"型转变,环保产业的某些产品在本国很少使用,大多数都销售到了其他国家。

意大利环保产业的发达,主要依靠几个条件。一是许多大的跨国公司都在意大利有分部,他们在解决本公司污染问题过程中开发出环保技术,利用意大利较便宜并且训练有素的劳动力生产出有竞争力的产品,销售到其他发达国家。意大利的许多环境技术在欧美国家很有竞争力,重要原因就是走"拿来主义"的技术道路。许多意大利制造的成套装备系统,其中许多分系统和组件都是在全球范围内进行采购,由美国、德国、荷兰等国制造的。二是意大利中小企业的兴旺发达,企业专业性强,机动灵活,在国际环境市场上具有很强的生产竞争力,意大利环保产品在国际市场上的发展前景十分看好。

表2—1 意大利1985～1995年环保产业年产值情况(单位:亿里拉)

年度	1985年	1988年	1989年	1990年	1993年	1994年	1995年
产值	3470	10000	30000	43250	59000	56500	130000

意大利环保产业产值在1995年达到13万亿里拉,约合77亿美元。相当于GNP的0.8%。环保产业的结构为:大气污染处理行业占34%,水污染处理占29%,垃圾处理占33%,噪音防治占4%。

(二) 政府对环保产业的优惠政策

1. 针对环保产品使用者的优惠政策

意大利政府对环保产业的优惠政策,主要是针对环保产品的使用者。通过财政和税收政策来鼓励环保公共基础设施建设和污染治理工程,刺激环保产品市场,鼓励对环保产品的消费。工业部为引进污染治理设备和工艺的企业提供15%的资助。

2. 针对环保产品生产企业的优惠政策

主要体现在地区性的税收减免上;鼓励在欠发达地区建立环保产业,扩大就业机会。这些地区包括意大利南部地区,中北部老工业区,无经济发展优势的农村地带以及欧盟指定的开发地带,1997年的新税法规定对从事环保产业的新企业主给予税收优惠。具体内容包括:第一,不必支付增值税费;第二,企业财产税、个人年报税、地方税均减免50%,但减免总额一般不超过500万里拉,对家庭企业不超过700万里拉。

3. 对环保设施运行费的资助

政府不但投资兴建环保设施,而且对其运行也提供资助,以促进污染处理行业的发展。意大利政府为垃圾发电厂提供相当于其运行成本50%的资助。同时,对污水的排放征收环境税。政府将征收的一部分环境税返还给环保产业,如将征收的电池消费税(小电池400里拉/个,大电池4000里拉/个)返还给废铝垃圾处理公司,将按50里拉/升的标准征收的润滑油费批给润滑油回收处理康采恩。

针对环保产业企业生产者的优惠政策的资金来源,有一部分来自环境税。政府首先对消费者征税,然后将其返还给从事污染物处理的企业,如非降解塑料税、电池税、城市垃圾税、污水排放税都将按一定比例返还给环保企业,维持生产的正常运行和获得平均利润。另一部分来自政府的财政开支,如城市污水处理厂和垃圾焚烧厂生产成本10~50%由政府提供。各大区政府自行制定地方性优惠政策,如在工业发达的伦巴底大区,治理环境污染的企业,一旦项目得到批准,地方政府就提供优惠贷款,企业一般只需还贷款30%。

(三) 意大利的环保产业协会(ANIDA)

意大利环保产业协会(ANIDA)是意大利工业协会下的一个行业协会。1990年从其他协会中独立出来。成员包括意大利全国100多个与环保有关的工业集团和企业。意大利环保产业协会的领导成员由三部分人员组成:法律人员、经济学家和技术专家。其中法律人员将环境法规条文用通俗的语言编写成文本,向中小企业领导解释,并编写出可操作的规章制度。经济和技术人员的任务是协助企业分析如何提高经济效率和能源利用率,目前,环保产业协会的主要任务是协助政府将欧盟的有关环境法律本地化并组织召开各种专家研讨会。协会的具体职责还包括:

• 收集并向企业提供欧盟和意大利政府制定的环境法律草案和新的法律条文、规定等,并以简单易懂的文字编写成文告下发给各成员公司。

• 收集企业意见,集中反映到国家有关部门和议会,为制定新法律提供原始依据。

• 协助成员企业解决与政府有关部门和地方权利机构之间的各种问题。

• 向公司提供欧盟和本国有关贷款方面的信息。

• 促进企业与研究部门、公共机构、国际组织建立联系。

• 促进本国企业开发国际市场。

• 组织实施大型环境项目。

ANIDA 下属六个专业分会,分别是水处理、废气处理、环境服务、水循环、土地集团和第三产业分会。这些分会的作用为:

• 为工业企业提供中介服务。

• 消除污染,如清洁垃圾场、清洗海滩、清除石棉等。

• 收集生活垃圾和工业垃圾,实现废弃物的循环利用。

• 陆地和海洋资源的管理和保护。

• 针对工业污染的环境监测。

• 环境鉴定,制定环境标准,将欧盟的环境法律和绿色标志本地化。

• 环境监测和环境影响评估。

• 现有和新建企业与周围环境的相容性评估,分析新旧工业区生态环境。

• 开展环境培训。

• 提供法律咨询及国内外投资咨询。

环保产业协会从事筹集资金、贷款、提供技术改造方案等项服务。同时也负责监督、管理成员企业的产品技术质量。产业协会在国际合作方面也做了大量工作,与国际组织建立了持续的合作关系,了解各国的环保产业发展趋势,促进本国的环境立法。

意大利于 1996 年 11 月向联合国提交了关于可持续发展的国家报告。报告重点在于反省和评价意大利对可持续发展战略的执行情况,着重分析了执行中出现的问题和有待改进的地方。报告认为,意大利实施可持续发展战略政策机制的主要缺陷在于缺少综合目标,如国家环保方面的预算主要集中在土地保护领域,其他领域国家预算不足,报告还批评了各既得利益集团的自利行为,认为缺少足够的社会舆论监督和对大型工业集团的有效制衡机制是意大利实施可持续发展战略的主要阻力。由于在不同的部门,利益获得者和损失者的能力和权力结构不同,导致一些部门的发展和环境保护力度落后于其他部门。意大利的能源部门,如石油、煤炭和汽车部门是可持续发展政策中的弱项,因为这些利益集团的游说者具有很大的政治影响,可以导致拒绝和否定议会和政府对一些环境保护问题的提案,这是意大利实施有效的大气污染治理和防止气候变化政策的主要障碍。

意大利在环境保护和可持续发展领域的对华政策是积极的。意大利对外环境政策,包括与中国的环境合作关系和国际贸易联系紧密。自从1984年中国和欧共体签定了贸易和经济合作协定以来,意大利大量增加对华环境投资、加强经贸关系。中国和意大利的双边贸易扩展到环境保护、发展援助、环境技术转让、环境技术培训及其交流等领域。

意大利环保产业的发展对中国有一定借鉴作用,特别是在环保产业政策方面。意大利的区域性政策对欠发达地区由中央政府给予优惠,对工业化的沿海地区由地方政府提供优惠,是一种较有效的方法。我国在振兴环保产业方面各地区、各部门的环保产业协会也是有很大潜力的。我国环保产业协会和意大利相似,既有大量的政府行政管理职能,同时又是行业组织。意大利行业协会的组织结构和功能设计也是值得中国借鉴的。

第十节 日本

一、自然经济概况

日本是一个人口稠密、经济活动频繁、资源贫乏的岛国。国土面积为37.78万平方公里,总人口约1.2亿(1998)。日本的矿产资源十分贫乏,除北部和西南部的煤炭资源外,没有其他矿产资源。石油、天然气、煤炭、铁矿石等工业原料90%以上需要从国外进口。目前,日本是世界上最大的可再生资源与不可再生资源进口国及第二大化石燃料消费国。日本的渔业资源丰富,但由于环境问题,如发电厂排放的废气所引起的酸雨,湖泊和水库水质的酸化使水质降低并威胁水生生物,使得渔业资源的开发利用面临压力。日本对鱼类和木材的大量需求,对亚洲和其他地区的渔业和木材资源也造成较高的损耗。

日本经济从战后开始高速增长,60年代的经济增长率达10%,70年代为5%,80年代为4%,经济持续了近30年的增长。90年代增长速度减慢,1997年增长率降至为1%。工业是日本经济最为重要的组成部分,约占国内生产总值(GDP)的50%。日本的主要工业部门有钢铁、汽车、造船、电子、化学和纺织工业。工业产品大量出口,在国际市场上占有重要地位。

二、日本环境与发展问题的演变过程

从本世纪 60 年代到 90 年代,日本在环境与发展问题上经历了几个时期的演变。

(一)公害对策时代

第二次世界大战后,作为战败国的日本,其国民财富的 42% 毁于战火。为了重建国内经济,他们以倾斜发展重工业为中心,在较短的时间内恢复了经济增长,并迅速地实现工业化。日本国土面积狭窄,因此要求工业企业高度集中。其结果是约有 70% 的工厂集中在占国土面积 2% 的城市中。相应地,人口随之高度集中,加之大量进口高硫原油,造成严重的环境问题,实际上是以牺牲环境质量换来了经济的高速增长。60 年代后,越来越多的人开始认识这种高昂的代价,加之接连不断地发生环境公害事件,进一步加速了人们环境保护意识的提高,环境恶化引起了人们对企业本身及自由企业制度的尖锐批评。为了消除公害,改善环境,促进经济健康发展,日本政府被迫重视环境保护并采取相应的措施。1967 年日本政府制定的《环境污染控制基本法》规定了国家、地方政府和企业在控制环境污染方面应遵循的原则和分别承担的责任。

(二)环境保护时代

从 60 年代中期起,日本就开始建立与环境保护相关的法律构架。继 1967 年出台《环境污染控制基本法》后,1970 年日本国会通过环境立法,进一步修订完善《环境污染控制基本法》。1972年又出台了《自然保护法》。日本政府还制定了一系列环境质量标准,并针对会造成环境污染的活动制定了相应的规则。随着1972年人类环境会议的召开,日本认识到全方位的环境保护比单纯的防止公害有更深刻的内涵。要解决好环境问题必须从狭窄的、消极的单纯解决公害问题提高到环境保护的层次,因此逐步建立了环境影响评价制度等政策机制。这一时期,日本的环境保护技术得到了迅速发展,同时良性地促进了环境保护技术的研究开发与技术引进,推动了环境保护技术的不断提高和广泛应用。在较短的时间内,不仅降低了工业污染程度,而且发展了低成本、高效益的新型污染治理技术,创造了节约能源和其他资源的全新低废生产工艺流程,形成了一批有竞争力的环保设备制造企业。日本的环境保护技术引起了世界各国的关注,环境保护技术、环境保护设备的输出很快地发展起来。环保技术在日本已同电子技术和汽车技术并列成为三大先进技术。

(三) 关注全球环境问题

80年代,全球相继出现酸雨、大气臭氧层破坏以及由温室效应而引起的气候变化,环境问题逐步全球化。这一时期,日本开始关注全球环境问题。1980年日本政府在环境厅下设立了一个由大学教授和研究机构专家共同组成全球环境问题特别小组,其任务是评估全球环境问题的现况与未来并作出综合性的判断,对全球环境问题提出基本对策。日本作为全球排放温室气体二氧化碳和氟氯烃最多的国家之一,能源开发和利用问题受到高度重视,并试图以能源为突破口为解决全球环境问题做出贡献。为此,日本政府制定并开始实施以新能源开发为中心的"阳光计划",以节能为中心的"月光计划"以及"地球环境技术开发计划"。

(四)实施可持续发展战略时代

1992年联合国环境与发展大会提出了《21世纪议程》和可持续发展战略,日本进入了倡导可持续发展的时代。日本将80年代开始实施的三项能源计划合并成以可持续发展为主题的"新阳光计划",并以1993年《日本环境基本法》的出台为契机,推动了日本社会、经济与环境朝着可持续的方向发展。1994年,日本政府又出台了《日本21世纪议程行动计划》。该计划声称日本要通过实施可持续发展战略,逐步为实现全球环境保护,解决全球环境问题发挥主导作用。《日本21世纪议程行动计划》中鲜明地提出:"为了使子孙后代能够继续有一个良好的地球环境,日本一方面要使自身的社会经济系统转到减少对环境压力的可持续发展轨道上来,另一方面,要积极推进国际环境事业,为此做出自己的贡献。"

1996年,日本成立了国家可持续发展委员会(Japan Council for Sustainable Development),目的在于广泛开展有关可持续发展的讨论,使社会各界通过对话,加强对可持续发展的认识。该委员会的成员包括政府部门、企业界、非政府组织以及科研院校等,委员成员的这种构成确保了来自社会各界的意见都能得到反映。可持续发展委员会已成为一个开展可持续发展讨论的场所。作为一个为政府提供咨询的机构,委员会对《21世纪议程》的实施进展进行监测,并提出需要改进的地方,主持编写了呈交"里约+5会议"(即联合国第 19 次特别联大)的国家报告。

三、日本可持续发展战略及有关政策

1992 年联合国环境与发展大会后,日本政府于 1993 年颁布了《日本环境基本法》。《环境基本法》作为日本环境政策制定的基础,明确地阐述了环境政策的原则:保护环境;建立一个环境负荷较小的可持续发展的社会;开展保护全球环境的国际合作。基本法还明确规定了中央政府、各级地方政府、私人企业以及广大公众在保护环境方面的责任与作用。《环境基本法》通过总论、环境保护基本政策以及对环境委员会的介绍三大部分,明确了环境保护的原则与方法。从政策制定指南、环境基本计划、环境质量标准、特殊领域的环境污染控制、国家环保政策实施、全球环保国际合作、地方政策实施以及资金方式八个方面对日本的环境政策进行了总的论述。为使《日本环境基本法》中的各项政策得以切实贯彻实施,1994 年日本制定了《日本环境基本计划》,计划的目的是使日本社会发展转向可持续发展,并确立了四个长期目标:(1)建立一个以环境无害化原材料循环为基础的社会经济系统,使人类活动所造成的环境负荷减至最小;(2)建立人类与各种动植物以及自然界之间和谐同存的关系;(3)加强社会各界成员在环保行动中的参与;(4)加强国际合作。

1994 年出台的《日本 21 世纪议程行动计划》与全球《21 世纪议程》架构相同,也由 40 章组成,各章所涉及的内容与全球《21 世纪议程》基本一致。《日本 21 世纪议程行动计划》的重点是"从环境要求的角度对国民生活方式进行变革"。《行动计划》中所提出六项重点工作基本上围绕环境问题展开,如减轻对地球环境的压力、积极推动解决全球环境问题、促进环境技术的转移以及处理好贸易与可持续发展的关系等。《日本21世纪议程行动计划》设立了六大目标,它们是:

1. 努力尝试建立一个可持续发展的社会,减少对全球环境的危害,加强公众意识,改变人们的生活方式,使之与环境达成一种和谐的关系;

2. 积极参加有关全球环境保护的富有实效的国际性框架文件的编制;

3. 积极参加以改革全球环境融资为突破口的国际合作行动,建立和完善资金供给体制;

4. 在努力推进环境技术开发的同时,促进技术转移,通过恰当地有计划地实施政府开发援助项目,提高发展中国家解决环境问题的能力;

5. 在全球环境问题方面,努力促进观测、监督与调查研究方面的国际合作;

6. 加强中央政府、地方公共团体、企业及非政府组织之间广泛而有效的合作。

此外,日本政府还制定了一系列的计划和战略,如《防止全球变暖行动计划》(1990年)、《日本保护生物多样性战略》(1995年)、《政府绿色行动计划》(1995年)、《防止全球变暖全面战略(绿色行动)》(1997年)以及《面向21世纪的可持续发展行动》(1997年)等。这些计划、战略不仅涉及日本本土的环境与发展问题,而且也涉及全球环境问题。这一系列法律、计划的出台为综合的、有计划的保护环境提供了有效的法律和政策基础，使各级政府、企业和公众在开展环保活动时有章可循。

四、可持续发展优先领域进展

（一）改变生产、消费方式和废弃物处理模式

日本可持续发展战略以建立一个较小环境负荷的可持续发展社会为目标，即把减少环境负荷作为可持续发展的核心。因此，日本政府十分重视在生产、消费方式以及废弃物处理方式等领域贯彻可持续发展思想。

二战后初期，日本政府采取了独立的能源政策。煤炭作为当时唯一的能源资源，是产业复兴的基础。60年代中期，日本步入了以依赖石油为主的时代。这种"能源革命"成功地实现了日本经济的高速发展。石油危机爆发以来，日本政府重新制定了新的能源政策，并于80年代开始全面实施"阳光计划"、"月光计划"和"地球环境技术开发计划"等以开发新能源和节能技术为核心的一系列能源计划。"阳光计划"以可再生能源（太阳能、地热、水力、风力）及清洁煤利用技术开发为主；"月光计划"以开发电力贮存系统、燃料电池、超级热泵、超导等节能技术为主；"地球环境技术开发计划"以二氧化碳固定技术、低环境负荷物质开发技术和环境协调型生产方式开发为主。

随着全球环境问题的日益尖锐，能源的开发利用与节能与气

候变化等一系列全球环境问题紧密相关。这就要求在新能源开发和节能技术中突出保护地球环境的内容。因此,日本的能源政策也强调在生产和消费的过程中节约能源,开发安全能源,以达到减轻环境负荷为目标。1993~1994年间,日本政府制定了一系列的法令法规并出台了一些新政策,包括:《合理利用能源法》、《促进开发和推广使用可替代能源法》、《资源循环利用法》、《企业合理利用能源和循环利用资源暂行办法》以及《能源长期供求展望》等。

日本通产省把前面提到的"阳光计划"、"月光计划"以及"地球环境开发计划"合并成为"新阳光计划",从1993年开始实施,目的在于开发革新技术,实现能源的可持续利用,解决全球环境问题。"新阳光计划"包括三个技术体系:(1) 革新技术开发;(2) 国际大型共同研究;(3) 适用技术开发。全部经费预计为15500亿日元,该计划的目标是力争到2030年,使日本能源的消费量减少1/3,CO_2排放量减少1/2。日本还准备通过大力开发使用核能,以达到削减温室气体排放的目的。

为了减轻由于政府日常工作和采购行为所造成的环境负荷,1995年日本政府制定了《政府绿色行动计划》,规定政府在购买商品、接受服务、工程建造及开展各类活动的过程中,将考虑其所造成的环境影响,并对其雇员开展环境保护教育。日本广泛开展了有关产品生命周期各阶段环境影响的研究,以致力于对公众进行环境教育,达到逐渐改变公众消费模式的目的。日本于1990年颁布了环境标志,也称生态标志计划,其目标是通过确认、推广对环境有益的产品和服务,鼓励工业界不断开展技术革新,开发"清洁"产品,提高消费者的环境意识。日本生态标志计划的社会影响越来越大,现在几乎达到家喻户晓。

日本国土面积小,人口众多。因此,固体废弃物处理场所的用地问题十分困难。为了减少废弃物总量,日本建立了一种新的促进循环的废弃物管理体系。废弃物的处理将主要依据《废弃物的处理及清扫的法律》(简称《废弃物处理法》)、《防止海洋污染及海上灾害法律》、《大气污染防治法》、《水质污浊防治法》、《下水道法》等法律及相关法规。根据《废弃物处理法》,日本将废弃物分为一般废弃物和产业废弃物两大类。其中具有爆炸性、毒性、感染性及其他有可能危害人体健康或生活环境的废弃物被列为"特别管理废弃物",对不同类别的废弃物进行不同方式的处理。

(二) 自然资源的保护

日本作为一个资源相对贫乏的国家,对现有资源的保护十分重视。以森林资源的保护为例,由于气候温暖湿润,日本国土的67%(约2500万公顷)被森林覆盖。森林在木材加工、土地和水资源保护等有关公众利益和保护自然环境等方面均起着重要作用。为此,日本政府制定了两项发展林业的长期目标:(1)对各种森林的适当管理,(2)指导林业生产过程,充分体现林业资源的经济价值。另外,日本对全球森林的保护和可持续管理的问题也给予了积极的支持。

为了发挥森林的综合作用,政府制定了"日本森林资源基本计划",以配合《林业基本法》的实施。该计划阐述了森林在保护水资源、预防山地灾害、保护环境、木材生产、公众健康及文化发展方面的具体功能。政府还要求森林所有者在采伐后必须对森林进行恢复。为了更好的发展林业,日本政府以林业改进实施计划为基础,制定了有关造林行动和林地道路网络建筑等一系列规划,如土地保护五年规划等。为了改进森林生产量并增强森林的环境承载力,日本实施了树木培育、树种技术、树种网络工程及基因库等项目。

林业管理要通过个人林地所有者、地方政府、地区林业管理部门以及国有林地的地区管理官员来实施。1995年,林业局对来自国家机关、地方政府、私人企业以及发展中国家的1500名管理人员进行了培训,内容包括森林管理、野生动物保护以及林业教育等59项课程。林业部门的预算分配额从1985年的1.08%上升到1993年的1.10%。通过改进森林管理结构临时资金法,私有林业经营者可获得总共25亿日元的低息贷款用于森林重建行动。1995年,日本又制定了一项新的通过使用绿色基金促进森林改造法案,旨在帮助自愿的森林改造行动。

(三) 环保科技的开发与应用

环境保护技术的开发与应用是日本可持续发展战略中的重要内容。日本认为要建立一个富裕、健康、可持续发展的环境,就必须大力发展、广泛传播环保科技。近年来,政府和产业界为实施"技术立国"国策,不断增加科研投资。日本将环境技术视为开拓未来市场的主要手段,积极鼓励一切有利于环境保护的技术革新、开发与应用。

近年来,日本在水污染控制、大气污染控制等领域开展了大量科学研究和技术开发工作。在水污染控制方面,日本目前的环境监测系统,包括机构、人员、设备等都相当健全,环境厅每年都拨给水质监测部分充足的经费,并且每年度公布全国公共水域的水质监测结果。同时,加强对工业废水处理技术的研究,通过改进工艺、增加循环减少废物总量;利用化学分解、湿式空气氧化、微生物氧化或生物降解、活性污泥系统、特种微生物的生物降解等措施处理废水。在大气污染控制方面,日本政府规定了严格的排放标准,并且在重油脱硫和排烟脱硫方面做了许多工作。日本国内各大型企业都积极开发研究针对 CO_2 的回收技术,如三菱重工通过化学吸附法将烟气中 CO_2 的90%进行回收。东京电力进行了物理吸附法试验等。

五、日本可持续发展战略的特点

(一) 重视依靠科技进步来解决环境与发展的协调问题

日本在长期的发展过程中不断依靠科学技术解决出现的环境问题,开发积累了大量的污染控制技术和节能技术,并在污水处理、循环利用、新能源开发、资源保护方面开展了广泛的科学研究,这些方面的研究成果为推动日本的可持续发展起到了重大的作用。

(二) 制定相应法律使各项措施有章可循

日本政府十分重视各个层次法律法规的制定,既有综合性的法律,如《环境基本法》,也有专门性的法律,如《关于废弃物的处理及清扫的法律》、《林业基本法》等。这些法律的出台规范了日本可持续发展战略实施的过程。

(三) 灵活运用经济手段和优惠政策促进各项措施的执行

日本在实施《21世纪议程》的过程中十分注重利用经济手段和优惠政策来促进各项政策措施的执行。日本是循环利用固体废物最为成功的国家之一。多年来,日本政府坚定地支持循环利用项目,其中,押金—返还制度起到了十分重要的激励作用。日本环保产业的发展也得益于政策的鼓励。日本环保产业1996年产值为16兆日元,其规模和水平都达到世界一流,已成为一个门类齐全的新兴产业,成为日本的一个新的经济和技术增长支柱。它的快速发展得益于整个社会环保意识的提高、有关法律法规的完善,同时政府采取的一系列优惠政策也起到了积极地引导作用。日本政府为了加强对环保设备的投入,制定了一系列的贷款优惠政策,其中利用非盈利性的金融机构为企业提供中长期的优惠利率贷款已经形成一种固定的制度。日本对环保产业的优惠政策并不直接针对环保设备的制造者,而是体现在环保设备的使用者身上,因此可以说是一种对环保产业(环保设备制造者)的间接优惠政策。1997年日本环境厅又召开会议,对征求碳税的可行性再次进行了研讨。会议报告指出,为有效地减少二氧化碳的排放量,每排放1吨二氧化碳收税3000日元(相当于每消费1升汽油收税2日元),然后将所收税费用作二氧化碳排放抑制技术的开发和引进。

（四）注重发挥企业界的作用

《日本环境基本法》中规定了企业对可持续发展的责任：包括商业活动中的责任、生产活动中的责任、物质循环利用的责任以及减少环境负荷的责任等；明确提出企业要与消费者建立共生关系，企业的价值不仅在于向社会提供产品，而且还有责任创建美好的社会和改善人的生活质量。日本的一些大公司除自觉遵守环境法规外，还积极开展环保科技的研究并取得了一定成绩。例如，丰田公司开发出取代氟里昂有害物质的新的冰介质；松下电器公司也决定放弃生产高含汞的电池，转产低汞或无汞电池，使得投入市场的电池含汞量从250ppm下降到1ppm以下。三菱重工、东京电力、东京煤气公司以及日本关西电力公司在CO_2回收与固定方面开展了广泛的研究。经济团体联合会作为以日本1000家大企业及120个主要行业团体为成员的民间经济团体，于1991年发表了《地球环境宪章》，将宪章作为产业界的基本信念与行动准则。1997年，为响应气候变化框架公约第三次缔约国会议在日本京都召开，经济团体联合会又发起了《自愿环境行动计划》。

六、日本在气候变化问题上的原则立场及战略对策

日本作为CO_2第四排放大国，面临较大的国际压力，因而十分重视气候变化问题。日本是《全球气候变化框架公约》的18个发起国之一。日本在全球气候变化问题上实行"3E策略"，即环境保护（Environment）、能源供需平衡（Energy）及发展经济

(Economy)三位一体。其基本点是用能源做媒介,把环境与发展协调起来。

1990年,由日本全球保护环境部长委员会通过了《防止全球变暖行动计划》,这项行动计划的对策措施有:限制二氧化碳、甲烷和其他温室气体排放的对策;增强二氧化碳吸收源的对策;推进科学性调查研究和鉴别的对策;技术开发和普及对策以及提高公众意识的对策等。其主要内容包括:①对日本的城市和地区结构、交通体系、生产结构、能源结构和生活方式等进行重新评估,以利于限制温室气体的排放;②全力推进废物的减量化和资源化;可燃有机废物无害化处理全部采用焚烧法,大幅度削减由于直接土地埋填处置而产生的甲烷气体排放,并有效利用焚烧余热;③加强农业灌溉管理与施肥管理,降低农田甲烷气体的产生量;④改进林业生产体制,推进森林永续利用和发展模式,扩大城市绿地建设,实施木材的有效合理利用;⑤大力发展节能技术、新能源技术、二氧化碳回收和固定化技术,努力建设一种促进技术普及的社会系统。

《气候变化框架公约》第三次缔约国会议(京都会议)前,日本国内环境厅与通产省针对日本拟提出的减量议定书立场进行了讨论。环境厅与通产省在减量目标方面有着不同意见,环境厅倾向较大幅度的减量目标,通产省则基于技术可行性及国际竞争力的考虑而持保守的立场,坚持以每人平均排放量来计算减量目标。但两部门都认为欧盟建议的15%减量目标,将损害日本的国际竞争力,是无法接受的。由于日本身为京都会议的主办国,不宜提出一个工业国最低的目标,也为使京都议定书得以顺利签署,日本试图采取折衷的减量目标。1997年9月,通产省与环境厅向日本首相提交日本的减量立场计划,主要内容为:2008至2012年每年平均累积排放量比1990年水平减少5%;要削减的温室气体包括CO_2、甲烷及氮氧化物;按单位GDP排放、每人平均排放决定差别减量目标;同意可按各国环境的不同而有差异的目标。

日本认为《京都议定书》应遵照《柏林授权》中的原则,规范附件I成员在2000年后的排放责任,不得对发展中国家赋予任何新的责任。但日本仍主张发展中国家应该努力逐步的抑制中、长期排放量,并建议第三次缔约国大会采取以下行动:1)所有成员都应做出进一步防止气候变化的承诺;2)鼓励经济发展程度较高的发展中国家自愿加入京都议定书,承担附件I国家的责任;3)第三次缔约国大会应通过一个新的授权,开始新的协商程序来讨论发展中国家的防治责任;4)发达国家应加强对发展中国家的资金支持与技术转移,以协助发展中国家应对气候变化。

日本的减量策略着重于减少与能源有关的CO_2排放,与此相关的主要措施包括:(1)制定法规鼓励节约能源;(2)提供节约能源服务;在工业、运输部门广泛开发并推广节能设施,促进清洁能源技术的研究。(3)改善结构提高能源效率;在运输部门,改善港口设施以减少内陆运输、提高并推广网络利用率。(4)改变生活习惯;在住宅与商业部门,鼓励公众改变生活习惯,如28℃以上才使用空调,0℃以下才使用暖气等。

由于在COP3会上通过的关于削减CO_2排放量的方案,直接关系到各企业的切身利益和今后发展,日本各界,特别是企业界给予了相应的重视。为了反对美、英等国将要在COP3会上提出的

"一律削减的方案",日本企业界的权威组织——经济团体联合会发表了包括 29 个行业的《自愿环境行动计划》。其主要观点是:日本企业界在全球变化对策方面已经做了相当大的努力,特别是针对节能问题取得了巨大的成绩,单位 GDP 的能源消费量(石油计算 t/1000 美元)已达 0.148,大大低于美国的 0.352,英国的 0.224,德国的 0.196 和法国的 0.194。如果采取美英等国的"一律削减方案",在日本将很难实行。因此,CO_2 排放量的进一步削减应由各个企业采取自愿的行动。《自愿环境行动计划》希望在 2010 年,能源转换部门的二氧化碳排放量能够达到低于 1990 年排放量之目标。计划包括 39 个产业(其中 28 个产业属于工业及能源转换部门,例如电业、石化业、钢铁业、水泥业、汽车业、航空业等)及 140 个产业集团,每个参与此计划的产业须制定排放目标,如矿业减排 12%,建筑业减排 1.3% 等。同时建立能源使用、二氧化碳排放总量及单位产出之二氧化碳排放量等衡量指标,以公开透明的方式供各界监督。

1997 年 12 月,《气候变化框架公约》第三次缔约大会(COP3)在日本京都举行,正式通过了《京都议定书》。《京都议定书》的主要内容包括:①确定要削减的温室气体为 CO_2、甲烷、亚氧化氮及 3 种氟利昂气体;②在发达国家全体的排放量比 1990 年减少 5.2%(以 CO_2 计算)的前提下,各国再制定不同的削减率;日本在这次会议上最终承诺是 2008~2012 年在 1990 年水平上减排 6%。③达成削减目标的年限为 2008~2012 年 5 年间的平均;④作为温室气体吸收源的森林的作用,范围只限于 1990 年以后的植树、采伐;⑤承认多国间的排放量削减的共同实施。

日本的 CO_2 排放量从 1990 年的 10.52 亿吨,增加到 1996 年的 11.51 亿吨。按 GDP 年均增长率 2.3%计算,预计到 2010 年 CO_2 排放量将达到 12.73 亿吨。如果采取一系列的防治措施,有望将 CO_2 排放量控制在 9.9 亿吨。为达成日本在《京都议定书》中首期排放目标,日本内阁会议于 1998 年 6 月审议通过了整体减量计划。计划中列出的防治措施包括:①增加核能使用量。1996年核能占初级能源的 12.3%,预计到 2010 年增加到 17%;②产业自愿减量协定。工业部门 CO_2 排放约占日本排放总量的一半。通产省和产业界代表共同协商制定了《产业自愿减量协定》,设定了特定产品及个别产业的具体排放指标或减量目标。③通过节约能源、广泛利用大众运输工具等改变生活方式的方法,以达到 CO_2 减排的目标;④开展国际碳排放交易。

此外,日本还是积极寻求与发展中国家开展"共同执行活动"(AIJ)项目的发达国家之一。日本政府于 1995 年 11 月制定了"日本 AIJ 试点计划",并在 1996 年 7 月确定了 11 个有潜力的 AIJ 项目。日本与中国也在开展 AIJ 方面的示范项目。

第十一节　韩国

一、实施可持续发展战略的概况

韩国是东亚许多国家经济发展模式的代表。它的发展取向和战略选择在某种程度上对亚太地区乃至世界其他地区的一些国家均有不同程度的影响。进入90年代以来,在全球气候变化、土地荒漠化、水资源紧张等生态环境问题日渐加剧的情况下,韩国政府也对经济可持续发展与环境问题表示了进一步关注和重视,并实施了具有本国特色的可持续发展战略。

韩国可持续发展战略的指导思想大体可以用前总统金泳三的有关言论来表述。金泳三在题为《开创二十一世纪的新韩国》的专著中指出:"当最低限度的生存要求得到满足以后,要求在舒适环境中生活的欲望越来越强烈是必然的。真正的先进国家的物质条件不是富饶本身,而是有舒适环境的富饶。不顾社会成员所要求的生活条件——清洁的环境而进行的生产活动,在我们社会中将会逐渐失去其存在的基础。不是国民收入高就能成为先进国家。有新鲜的空气和干净的水源的舒适环境、帮助不幸人们的社会福利、拥有艺术及宗教的文化、并有健康的家庭——所有这些才是保证我们的生活舒适而高雅的条件"。[①]

由于以下两个方面的原因,韩国在进入发达国家行列的同时,正面临着严重生态环境危机。一方面,由于韩国经济发展在很大程度上可以说是以牺牲自然和生态环境来求得所谓的"高速发展",即以牺牲未来为代价换取当前经济的高速增长。如,汉城是世界上污染最为严重的城市之一,也是世界上受酸雨影响严重的三大地区之一。空气污染使不少汉城居民得了慢性哮喘病、支气管炎和肺气肿。韩国的洛东江是对1000多万人提供饮用水的水源,但其前景堪忧,因为它已经被严重污染,并含有大量有毒废弃

[①] 金泳三,《开创二十一世纪的新韩国》,东方出版社,1993年。

物。另一方面,随着经济发展,韩国国内资源稀缺性日渐暴露。韩国本身是一个资源匮乏的国家,其煤蕴藏量约为 9 亿吨,仅供开采 30~40 年;铁矿的蕴藏量估计为 1.2 亿吨,但工业用品铁矿只有 2700 万吨,在韩国目前所需要的铁矿石中 90%以上不得不依靠进口[①]。

面对日趋严重的生态环境问题,韩国政府以及非政府组织积极参与可持续发展和生态环境保护活动。早在 1985 年,韩国就成立了由总理负责的国家环境保护委员会。该委员会是负责环境与可持续发展问题的政府职能部门,它主要负责制定韩国环境保护的中长期政策,发表环境保护的季度报告。1992 年,该委员会制定了韩国中长期环境保护方案。随着生态环境问题日趋全球化、复杂化,为了有效协调国内各相关部门以及与国际组织的关系,韩国于 1992 年成立了由政府总理兼任主席、由 16 个政府部门和相关机构参与的"全国环境委员会"。该委员会成立后,不仅协调了国家的环境政策,也制定了一系列措施以配合联合国环境署的行动。

1993 年 5 月,韩国政府又建立了国家环境影响评估系统(EIA)。与此同时,韩国政府各部门基于本身的情况制定了各自的可持续发展战略。韩国还建立了许多新的研究机构以专门研究可持续发展及其相关领域的课题。另外,韩国政府根据本国具体情况,比较注意适当地发挥各非政府组织和研究机构的作用。这种政府和民间团体相结合的方法有效地促进了韩国可持续发展的

[①] 李庆臻,《韩国现代化研究》,济南出版社,1995 年。

战略研究与政策制定,同时也普遍地提高了公众的环保意识。

在有关环境保护国际合作和国际公约的参与方面,韩国是积极的倡导者和推动者。如,为了推动第三世界国家转变观念,认识可持续发展的重要性,韩国将对第三世界国家特别是亚太地区国家的援助,与该国在可持续发展方面所采取的行动及是否签署了有关的全球性公约相挂钩。尽管其中的做法难免包含有韩国自身利益的考虑,但确实在客观上为国际范围内可持续发展战略的推广和深化起到了重要的促进作用。

在可持续发展的资金和技术方面,韩国正在努力创造一个有效的资金运行模式。1995年1月,韩国建立了"保护环境特别基金",用于环境保护项目。为了提高环境管理的效率,韩国开始对垃圾处理、市容改变等进行收费。另一方面,韩国政府充分利用了各种网络技术(如 INTERNET 等),以此获得各种国外相关信息。同时,韩国目前正对现有的环境信息交换网络进行改造,以进一步便利环境信息的交流。韩国政府还在企业、科研机构的支持下,开始实施"2000年环境技术攻关计划"。此外,韩国政府制定了各种计划来开发生态材料以便降低化学物质对于生态系统的副作用。

为了寻找经济发展的持续推动力,韩国政府将可持续发展战略的实施与本国的整体发展战略相结合。韩国以可持续发展战略的实施为契机,增加了对高科技研究与发展投入,并通过加强可持续发展的研究,扶植新兴产业部门的发展,拓展具有国际竞争潜力的项目和产业。

二、实施可持续发展的行动和进展

(一) 消除贫困、改善民生

在过去的几十年里,韩国经济得到了迅猛发展,同时也出现了大量的社会问题。韩国政府敏锐地发现了这些情况,把建立一个能够保证人人幸福的福利社会作为国家今后的主要发展目标。为此,国家采取了多项相关政策,如保障贫困人口的最低生活水平,提高工作能力,发展福利设施,以及支持穷人获得平等的医疗保险等。韩国在宪法中规定了保障全体公民福利的条款,并制定和实施了公众福利政策、设立了健康保险以及养老金计划。1995年韩国政府成立了由政府部长担任主席的国家福利计划特别委员会。

早在1963年,韩国就制定了《社会保障法》。此后,韩国开始实施其主要社会保障计划,主要包括社会保险的支付,抚恤金制度及社会救济。截止到1996年底,受益于韩国抚恤金制度的人已超过742万人。1998年,韩国又开始实行新的抚恤金制度,抚恤范围进一步扩大,几乎涉及到一切有危险的工作岗位。

(二) 控制人口、提高健康水平

针对人口问题,韩国政府于1996年实行了新的人口政策,主要内容包括:广泛宣传有关人口、环境和可持续发展的知识;依据人口现状,制定相应的环境与社会经济发展政策;努力在地方一级层次上实现环境与社会经济的协调发展。

在韩国,卫生部的公众健康局、健康中心、国家健康研究机构以及国家医疗中心等负责与国民健康相关问题的研究与管理,并致力于卫生健康问题的研究与计划的制定,同时执行韩国政府和联合国在韩国的各种卫生计划。从70年代后半期开始,大多数人都可以享受到医疗保险和医疗援助。目前已有95%的人受益于各种不同类型的医疗保险。韩国政府对卫生与健康政策的指导原则是采取措施控制和防治艾滋病及其他传染性疾病,消除抽烟、喝酒等不良习惯对健康所造成的影响,提高卫生福利水平。具体举措包括:提高公众的生活质量,保证清洁水源的供给,普及卫生健康知识以及开展全民健身运动等。

(三) 发展教育

为了提高国民的环境和可持续发展意识,韩国政府实施了环境教育综合计划及环境教育试点项目。另外,政府开展了"绿色视点21世纪"计划,同时在各级学生课程学习中添加了环境和可持续发展方面的课程,并从1985年开始,建立了"环境保护示范学校"。同时,在全国范围开展了"绿色生命"、"挽救河流"等环保活动,并通过"水日"、"环境日"等宣传活动来让公众了解与环境相关的政府议题。

(四) 拓展农林业

在农业方面,韩国农业与森林部负责农业与农村可持续发展方面的项目制定与实施。1994年,韩国拟订了农村资源利用与农业政策改革方案,同时实施了农业改革计划,以便提高韩国农业在国际市场上的竞争力,保证粮食的自给自足,实现农业的可持续发展。

在森林保护方面,韩国农业与森林部负责制定和监督实施有关森林防护的政策措施。此外,韩国森林协会在中央、省、市以及乡村设立相应的分支机构,以承担各类不同的森林管理项目。自1960年以来,通过"绿化运动"以及森林可持续发展项目的实施,韩国森林面积到1995年已经增至6百万公顷,林木总库存量达到2亿立方米,森林的覆盖率也比1960年增加了5倍。1992年"里约会议"之后,韩国政府不断加大森林保护力度,并将森林政策集中到森林的可持续发展管理,以及森林生态系统保护等方面。目前,韩国正在实施森林资源开发计划,该计划的主要目标是提高森林覆盖率,不断改善森林管理基础设施建设。

韩国是一个典型的山区国家,在山区森林覆盖率达到65%以上。虽然在山区并没有面临像城市那样的人口压力,但是韩国政府仍然关注山区的经济活动,如林业、采矿业和旅游业等等对生态环境的影响。近年来,由于韩国生态旅游及相关行业发展很快,所开辟的交通线经常要经过一些重要的野生动植物生活环境,对此,韩国在山区管理中越来越强调综合性的土地利用和资源管理计划。正是这些措施保证了韩国山区生态系统开发的可持续性。

(五) 保护大气环境

韩国环境部负责对空气质量保护计划的制定与实施,贸易工业部负责清洁、低能耗能源的研究、开发与利用。许多韩国的非政府组织也积极参与保护空气质量的相关活动。韩国自进入工业化以来,由于能源、交通等多方面的原因,导致空气污染程度加重,人居环境逐渐恶化。对此,韩国政府于 1987 年开始规定在汽油中降低铅含量,并开始研制清洁、低耗能源,以降低汽车污染物的排放量。

(六) 加强水资源管理

韩国的水资源也面临着污染、浪费和供需紧张的矛盾。为了解决这些问题,政府改变了以往对水资源的各部门分权管理的机制,成立了保护水资源委员会。该委员会直接隶属政府总理管辖,这将有利于韩国对水资源保护的协调管理。1997 年,韩国开始实施《水资源保护法》《河流保护法》等,从而逐步形成了水资源管理的法制框架。另外,韩国各地均有地方水资源保护办公室,并配合当地政府实施了各种有效的水资源保护政策和宣传计划。鉴于水资源保护是一个综合管理系统,环境部、建设部以及运输部共同制定了 2011 年水资源保护综合管理计划,并将逐步建成水资源保护信息交换处理系统,如各水资源保护单位的信息联接,以及建设综合水资源保护信息库等。

(七) 控制有毒化学物品、妥善处理废弃物

韩国政府比较重视化学制品的安全管理工作,并将各种化学物质根据其危害程度分成不同的种类。韩国政府已经加入了《国际有毒化学物品管理公约》《工业生产安全与健康公约》《消防公约》以及《农业化学品管理公约》。韩国政府还特别成立了由总理

亲任主席的环保委员会来协调这一领域的相关重大问题。韩国政府已经立法来减少和控制有毒物品的使用和排放,并严格现有规范,对有毒物品在其整个生命周期内进行控制。而且,在《韩国环境保护法案》中明确提出了对有毒物质实行"从摇篮到坟墓"的管理方式,以保证在对新产品的毒性进行测定评估之前,不准其进入韩国市场。

对于废弃物的排放,韩国主要采取了一系列的经济手段,其中包括:废弃物处理收费体系,排放再投资体系,商业设施收费体系,排放收费体系以及生活垃圾排放收费体系等。1993年12月,韩国设立综合国家废弃物处理计划,其中建立了中远期废弃物处理政策,将降低排放、循环利用和安全处理作为实现该计划的主要战略。目前,韩国政府正在汉城建立一个面积近5000英亩的大型垃圾堆放场,日处理能力将达400吨。

(八) 转变消费模式

韩国在创造可持续消费模式领域内作出了很大努力,政府各部门都已制定并实施了相关的政策,如:限制高能耗商品生产、对资源浪费现象予以控制、改善水资源消费方式以及实施科学合理的城市规划、土地管理等等。1970年以来韩国开始兴起"消费者保护行动",该运动旨在追求"可持续发展的消费观"。随着运动的深入发展,越来越多的居民愿意在其日常生活中积极参与环境保护工作,如尽管环境产品的价格高于普通产品,人们仍然愿意购买。韩国政府鼓励建立"节约型市场",对低能耗产业予以鼓励支持,并实行了优惠的政策。从1990年起,韩国对那些在高峰期停止用电的公司给予奖励,还对主要的耗能产品实行能源利用等级标志制度。

(九)促进国际合作与贸易

韩国积极参与世界贸易组织(WTO)中的贸易与环境委员会与经合组织(OECD)贸易与环境联合专家委员会的活动。1995~1997年,韩国还向全球环境融资(GEF)提供了560万美元的资金支持。

韩国于1991年建立了韩国海外国际合作组织。该组织的工作重点是:通过贸易自由化来实现可持续发展;加强环境和贸易的相互支持;为发展中国家的可持续发展提供资金与技术;推动环境保护与经济发展相互协调。韩国发展援助重点包括在决策过程中纳入环境意识;优先帮助发展中国家提高解决环境问题的能力等。韩国自从1992年开始,向泰国、马来西亚、印度以及肯尼亚等国提供可持续发展技术资金支持,同时加强了与发展中国家的项目合作。从1990~1992年期间,在可持续发展技术合作领域,韩国共对1500多名来自于发展中国家的人员进行了培训,并向发展中国家派出了130多名培训项目专家。

韩国还与日本、中国、俄罗斯等国一起积极促进东北亚地区可持续发展。20世纪90年代以来,针对黄海地区的污染状况,韩国与中国、俄罗斯等国进行了合作,以努力提高亚太地区的生态环境质量。

第十二节 荷兰

一、基本情况

荷兰位于北纬51°至54°之间,濒临北海,国土总面积41526平方公里,气候湿润,全年雨量分布较为均衡,属于温带海洋性气候。荷兰地势低洼,有一半以上的领土低于海平面,因此被称为"低地国家"。荷兰从13世纪就开始围海造地,至今已经完成围海造地7125平方公里。

荷兰自然资源有限,主要有石油和天然气。现在天然气已经广泛地应用于生产和生活,全国有95%的居民住宅与天然气供应管道网络相连,但是石油和煤等能源仍旧不能满足国内需要,每年还要从法国进口核电,占到荷兰电力消费总量的8%。荷兰地势低平,水电开发利用的潜力极其有限,而且荷兰农业机械化程度很高,农业方面的化石能源消耗量较大,随着新型的温室园艺业的日益兴起,更增加了能源消耗。

荷兰的经济在1960～1973年实现快速增长,后受到70年代石油危机和80年代初全球经济危机的冲击,经济发展速度有所减缓。1983年以后,受出口增长带动,经济又呈现复苏趋势。1997年,荷兰国内生产总值(GDP)为3439亿美元,人均GDP达到22000美元,GDP年均增长率为3.25%。在发达国家中,GDP年均增长率相对较高。

二、国家可持续发展战略目标及特点

荷兰宪法第 21 款写道:"公共当局应该努力确保荷兰有一个好的生活质量,此外还要努力保护和改善生活环境。"因此,在荷兰,关注生活福利和改善环境质量是可持续发展战略的核心内容。此外,荷兰政府制定的《全国环境政策规划》也以《联合国 21 世纪议程》和众多国际和欧洲条约为基础,以保持国家利益与全球利益的统一。

荷兰的可持续发展政策主要有以下几个特点:

1. 通过设置各类"目标组"来实施可持续发展战略。荷兰政府主张将环境政策纳入到更大的宏观背景中去考虑,希望公司、企业、个人和公共机构将环境因素纳入到日常决策之中,并制定出更加有效果和效率的环境政策。荷兰环境政策的特点之一是将改善环境质量的责任分门别类地赋予农业、工业、石油冶炼、电力公司、零售商业、交通运输业、消费者、建筑业、废弃物处理公司、饮用水公司、水净化厂、研究院所等各类目标组,由这些目标组来进一步贯彻实施各领域的可持续发展战略。

2. 发挥财政和税收机制的作用。实施环境政策的工具包括用直接的财政和税收机制来影响公众的看法,例如为社会各界提供可持续发展方面的信息,开展可持续发展教育,鼓励政府、各类组织、商业单位和个人采取有利于环境的行为。现在比较成功的一个手段是政府和工业部门签订志愿协议,通过实施绿色基金、征收常规能源税、减免可更新能源税、鼓励发展绿色电力等具体措施来解决工业对环境造成的不利影响。

3. 加强污染控制管理措施。荷兰对环境损害和不利影响的控制主要通过下面三个方式进行:第一,对从原材料到产品最后到废弃物排放的综合性全过程进行严格控制管理;第二,保证产品的高质量,因为高质量的产品使用寿命较长,从而可以减少由于经常更换产品而带来污染;第三,节约能源,提高能源利用效率,并充分利用可再生能源。

4. 制定实施《全国环境规划政策》。荷兰政府负责可持续发展的部门如环境部、经济部、外交部等每四年共同制定和公布一份《全国环境规划政策》,作为荷兰可持续发展的指导性纲要。现已公布了三个全国环境政策规划,其中大多数目标已经实现,荷兰政府希望通过改善和提高利用环境的效率来追求长期的社会和技术性的突破。

5. 重视非政府环境组织的参与。荷兰的非政府组织有200万会员,在荷兰政治生活中占有重要地位。非政府组织和政府环境部共同合作建立了一个环境论坛,经常协商和交换意见,并积极参与国家一些政策和计划的制定和实施工作,缩短了政府政策和社会团体实践的距离,对政府可持续发展政策的实施起了很好的作用。

6. 积极支持发展中国家的可持续发展。荷兰政府积极履行其在1992年里约会议上的承诺,每年为发展中国家提供的官方发展援助占到GNP的0.7%。此外,荷兰与中欧和东欧国家,以及非洲、亚洲和南美洲一些国家签定可持续发展公约,促进和帮助他们实施《21世纪议程》和相关的国际公约。

三、可持续发展的国家组织机构及职能

目前荷兰有8个政府部门参与可持续发展方面的管理工作,包括住房、空间管理和环境部、经济部、科学教育部、外交部等。住房、空间规划和环境部是主管部门,负责协调各部门的工作。

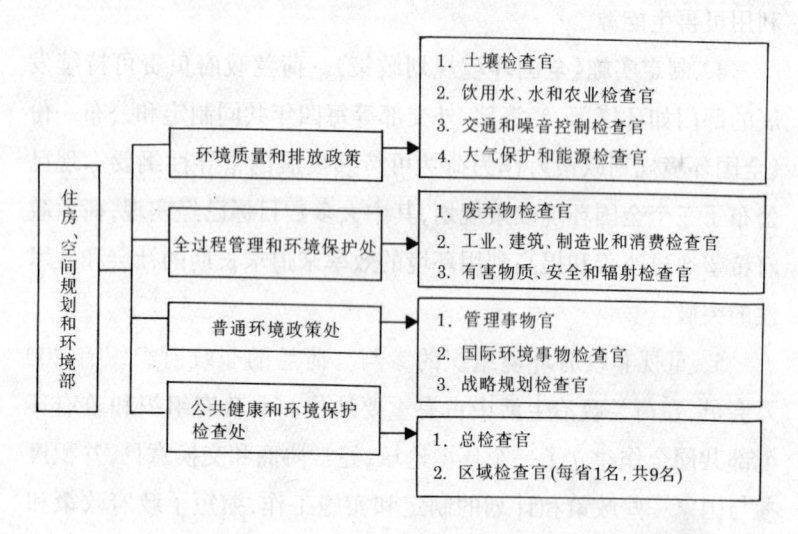

```
住房、空间规划和环境部
├── 环境质量和排放政策
│   ├── 1. 土壤检查官
│   ├── 2. 饮用水、水和农业检查官
│   ├── 3. 交通和噪音控制检查官
│   └── 4. 大气保护和能源检查官
├── 全过程管理和环境保护处
│   ├── 1. 废弃物检查官
│   ├── 2. 工业、建筑、制造业和消费检查官
│   └── 3. 有害物质、安全和辐射检查官
├── 普通环境政策处
│   ├── 1. 管理事物官
│   ├── 2. 国际环境事物检查官
│   └── 3. 战略规划检查官
└── 公共健康和环境保护检查处
    ├── 1. 总检查官
    └── 2. 区域检查官(每省1名,共9名)
```

图2-5 住房、空间规划和环境部的职能部门结构

四、荷兰实施可持续发展战略的主要经验

（一）实施能源战略,提高能源使用效率

能源是荷兰实施可持续发展战略中的重点领域。荷兰的人均

第十二节 荷兰 191

参与可持续发展实施的部门	政府部门	住房、空间规划和环境部	• 负责和协调环境政策 • 负责环境保护方面的相关法法律
		运输、公共工程和水管理部	• 负责综合性的水政策 • 直接负责与海洋和内陆水域、地表水有关的法律和管理
		农业、自然管理和渔业部	• 负责一般的自然保护政策 • 直接负责与物种等有关的自然保护政策
		经济部	• 负责环境政策与经济活动的结合 • 负责能源政策
		外交部	协调与环境政策有关的国际谈判
		健康、福利和体育部	负责公民福利和与环境相关的健康保障
		教育、文化和科学部	提供信息和培训机会,提高能力建设
		发展合作部	负责国际合作和公约相关的政策制定
	非政府组织	• 政府与非政府环境组织的可持续发展交流论坛 • 国际合作和可持续发展全国委员会	• 荷兰国内有 50 个非政府组织参加可持续发展交流论坛 • 并且与 CSD 等国际组织和荷兰政府保持一定的联系

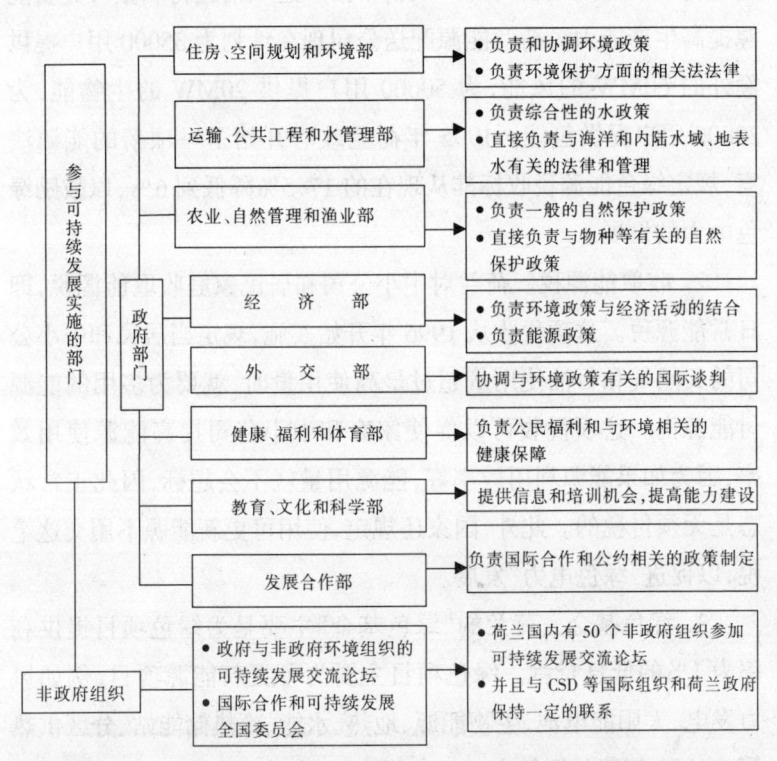

图 2-6　荷兰负责可持续发展的政府各部门的相关职责

能源消耗居世界前列,因此能源问题将对可持续发展产生举足轻重的作用。1996 年,荷兰经济事务部提出了《能源保护政策文件》,鼓励提高能源利用率,并发展风能、地热能和太阳能等可更新能源。此文件现已成为荷兰政府能源保护和利用可更新能源方面的政策基础,其基本目标是在 1997~2000 年能源利用率提高 33%。为实现此目标,荷兰政府采取了以下几项措施:

1. 绿色电力。所谓"绿色电力"是指可更新能源发出的电力，这是荷兰能源配送公司的一项新举措。这项措施将刺激可更新能源提高生产能力。荷兰能源配送公司现在计划为35000用户提供额外的60MW的风能，为50000用户提供20MW的生物能，为20000用户提供氢能。1995年荷兰政府开始了一项新的能源法案，规定绿色能源税收标准从现在的17.5%降低到6%，以鼓励绿色电力的发展。

2. 收取能源税。荷兰对中小公司和居民家庭收取能源税，即日常能源税。这项税收从1996年开始实施，规定当居民和中小公司的天然气和石油使用量超过最高使用量时，就要为多用的能源付能源税。这项税收可以促使家庭和中小公司提高能源使用效率，因为如果能源利用效率好，能源用量就不会超标，因此正常状态是无须付税的。此外，国家还规定，使用可更新能源不用交这笔税，以促进"绿色电力"发展。

3. 绿色基金。荷兰的"绿色基金"主要是为绿色项目提供利率为1%的低息贷款。绿色项目主要为可更新能源项目，例如风力发电、太阳能电池、生物能源、地热、水能、冷热储能站、分区供热等。1995年荷兰开始启动绿色投资计划，中央银行监督绿色基金的运行，按规定荷兰中央银行要在2年内必须投给绿色项目70%的所需资金。绿色投资项目的收入不用交所得税。项目开发商必须向绿色基金递交申请，经环境部交给荷兰能源与环境局进行咨询，批准后才能进行实施。现在荷兰已经有3家银行建立了绿色基金，另外3家也将紧随其后。公众为绿色基金已经捐赠了5.5亿荷兰盾，收益利率为4%。目前为止共有25个绿色项目获得了批准,主要集中在风能领域。

(二) 加强政府领导的同时,努力促进公众积极参与可持续发展战略的实施

荷兰政府认为:各级政府是贯彻和推动21世纪议程的关键因素,但是公众参与也不能忽视,应给予高度重视。支持非政府组织参与可持续发展的政策制定和执行,与他们保持咨询和协商的关系是一条民主的政治性促进手段,因为支持非政府环保组织的发展,最终能够推动社会环境教育的发展。此外,荷兰政府还认为,公众环境意识和环境素养的提高是可持续发展的重要内容,只有加深公众对可持续发展的认识并积极参与,可持续发展政策和措施才能有效地落实。在民间参与可持续发展的组织中,新闻媒体成员、教师和民间组织领袖是其中三个关键性的人群,政府环境部门应该在培训、研究和信息交流方面主动寻求他们的合作,使其发挥积极作用,同时配合政府的相关政策的实施。

荷兰建立了"国际合作和可持续发展全国委员会",共有50个左右的非政府组织、近200万的环境运动成员参加,这个组织刺激了公众在可持续发展问题上的讨论。荷兰环境部与非政府组织也举办了一些论坛,讨论一些重大的环境问题,以消除相互之间的误解,增进合作和了解,并形成战略联盟。现在,荷兰许多高校与科研机构参与了许多城市的《地方21世纪议程》的制定与实施工作,并将可持续发展融入到综合的研究和教育计划中,使之成为一个完整的环境政策研究体系。一些研究所还将可持续发展作为其研究战略的核心。这些非政府组织经过与政府的交流,确定自己的

立场和活动专题,并与欧洲其他国家的分支机构进行联系,对国际公约达成一致立场。政府也通过与非政府组织的交流来了解环境运动的方向,同时保持与工业界和非政府环境运动的平衡,使环境政策和措施获得广泛的支持。

五、在主要全球性环境问题方面的进展

1. 全球气候变化公约

到目前为止,荷兰已经批准了《哥本哈根修正案》,并签署了《联合国气候变化框架公约》。为此,荷兰政府积极采取行动,实施能源战略,并减少温室气体排放。荷兰内阁提出在未来的绿色税收系统框架内增加34亿荷兰盾,每年这笔税收中的5亿荷兰盾将被用于奖励和刺激节能和使用可持续的能源。荷兰中央计划局估算得出,每年因此项举措就会为荷兰减少 700~1000 万吨的 CO_2 排放。此外,荷兰还大力研究和发展可更新的资源,推广可持续的能源使用模式。

对于《联合国气候变化框架公约》中有关发达国家支持发展中国家制定防止气候变暖的国家政策、技术转让等方面的内容,荷兰政府持支持态度。现在,荷兰已经为全球环境融资(GEF)提供了5000万美元的援助。此外,荷兰还提供了气候变化公约相关的双边支持。

2. 生物多样性保护

几个世纪以来,由于保护土地不受淹没和拓展土地,荷兰一直修建闸坝,围海造田,发展农业。但是在这一过程中,大片的自然

区域为人工景观所取代,景观单一而且自然环境遭到了严重破坏。抬高并加固堤岸以防止洪水袭击,造成了荷兰三角洲的生态问题;城市化也加速了自然环境的退化。现在荷兰动植物种类共有3.6万种,很多物种生活在破碎不连续的现存自然区域内。生物多样性保护的任务比较艰巨。

1992年荷兰签署了《联合国生物多样性保护公约》,并于1994年获议会批准。1995年荷兰农业、自然管理和渔业部,住房、空间规划和环境部,外交部和发展合作部,运输、公共工程和水管理部,教育、文化和科学部联合制定了《生物多样性行动计划》,意在通过恢复和发展栖息地、生态走廊,加强合理的环境管理等途径保护生物多样性和保护更多的生物物种。为实现此计划,需采取的主要行动包括:在自然保护、环境、空间规划、水管理政策中包含生物多样性内容;在农业生产过程中进行生物多样性保护;为保护生物物种进行科学研究和监测,加强技术和信息交流等内容。每年这些部委要向议会报告在生物多样性方面取得的进展,每3年向议会报告战略行动计划实施的情况和结果。

3. 臭氧层保护

荷兰是世界上执行保护臭氧层标准比较严格的国家。为保护大气层,荷兰政府先后制定了一系列法律规定,如《全国环境规划政策》(1998),《空气污染和航空政策》(1995),《可持续发展行动计划》(1995),《环境管理法》等。为此所采取的主要行动包括:与石油和天然气部门签定协定,禁止使用破坏臭氧层的化学物质;专门拨出资金以鼓励从汽车空调中回收氯氟烃以及启动"全国空气质量检测网络"等。

4. 森林保护

1994年荷兰农业、自然管理和渔业部批准了《森林政策计划》，强调了森林资源的自然价值，提出需加强保护森林生物多样性并增加林地面积，此外还提出了减少有害废弃物排放的措施。《第三次水管理政策文件》也提出了防止森林进一步干枯和建立自然保护区的措施。目前荷兰保护森林的措施主要包括：开展可持续木材产品认证制度和纸张回收行动，建立林区管理计划，严格控制打猎等。

总体而言，荷兰在可持续发展战略实施方面取得了很大的进展，也积累了一定的经验和教训，其中，在提高能源使用效率、加强各部门之间的协调合作等方面都对中国具有借鉴意义。荷兰是政府援助额较多的国家，因此，中国可与荷兰政府积极合作，加强相互之间可持续发展思想和经验的交流，促进环保技术的转让，以更好地实施中国可持续发展国家战略。

第十三节　新西兰

一、国家概况

新西兰位于太平洋西南部，距澳大利亚东南约2000多公里，扼南太平洋海空交通要冲。全国由北岛、南岛及附近一些小岛组成。新西兰国土总面积为26.8万平方公里。人口330多万，其中

86%是英国移民后裔;9%为毛利人,多聚居在偏僻地区;5%是其他民族。

新西兰海岸线长达4800公里,山地、丘陵占全国面积的3/4以上,平原狭小。南岛西部多雪峰和冰川,东部则为平原。北岛山地少,地势较低,东岸多火山和温泉,中部多湖泊,湖周为平原。新西兰境内河流多短小湍急,航运不便,但水力资源丰富。南岛冰川湖泊众多,可调剂河流流量;北岛中西部多火山湖泊、瀑布和喷泉。

新西兰除北岛北部属亚热带湿润气候外,绝大部分属温带海洋性气候,雨量丰沛。年温差小,夏无酷暑,冬无严寒。最冷月气温平均大都在0℃以上,最热月平均气温都在20℃以下。常年的西风给新西兰带来大量雨水,南岛山地迎风坡降水量在2500毫米左右,背风坡也不少于500毫米;北岛降水量不及南岛,但分布均匀,一般在800~1500毫米之间。

新西兰矿产资源丰富,主要有煤、金、石油、天然气、铁砂等。地热资源丰富,全国有多处温泉。森林面积约占全国土地面积的28%。冰川湖和火山湖众多,为水力发电提供了有利条件,因此新西兰是世界上水电在电力中占比重较大的国家之一。

新西兰经济以农牧业为主,全国2/3的土地适宜农牧,农牧产品占国民收入的3/4,占出口总值的90%以上,其中尤以牧业最为重要。新西兰农业已高度机械化,农作物主要有小麦、大麦、燕麦、新西兰麻和水果等。工业以农牧产品加工业为主,主要为乳制品、毛毯、食品、皮革、烟草、造纸和木材加工等轻工业。近年大力发展了制造、炼油、炼铝等工业。

二、国家可持续发展战略

在里约会议召开以前,新西兰就制定了一些重要的环境法规,在这些法规当中就已经包含了可持续发展的思想。其中最具有代表性的是1991年颁布的《资源管理法》。这一法案集中反映了新西兰在可持续发展方面的观点和认识。制定《资源管理法》的目的就是要对资源进行可持续的管理。《资源管理法》认为,可持续的管理意味着以一种新的方式对资源的开发、利用和保护进行管理。这种新的方式是指:人类对资源的开发利用除了满足当代人的社会、经济和文化需求外,还要保证有足够的资源以满足后代人的需求,同时保护大气、水、土壤及生态系统等生命支持系统并尽量减少、避免或消除人类活动对环境的不利影响。从本质上讲,可持续管理包含两层意思:首先,为了保护自然资源,必须充分认识到行动和政策所付出的环境代价;其次,为给子孙后代保存潜在的资源,必须对地球的资源予以更多的关注与保护。管理法认为:人类的需求必须与环境容量相平衡,建立环境健康底线可以使环境利用与保护相结合。可持续管理的目的在于实现环境要素的可持续利用。其中一个重要方面是环境的可持续管理绝不能因经济或社会的原因而妥协让步。

自里约会议以来,新西兰政府还出台了其他一些法律法规来贯彻里约会议的原则和全球《21世纪议程》的精神。这些法律法规包括:

• 《森林法修正案》(1993年),该法案确保以一种可持续的方式来管理林地,即保持森林能够持续地提供林产品以及良好生态环境的能力,同时又保留森林的自然价值。

• 《生物安全法》(1996年),该法案再次重申和制定了关于防治害虫及有害有机物的法律。

• 《渔业法》(1996年),该法案目的在于为渔业资源的利用、节约、保护和发展提供指导,以此来规范人们的社会、经济和文化生活,以确保渔业资源能够满足后代人的需求,同时又避免或减少任何对水域环境的危害。

• 《危险品和新有机物法》(1996年),该法案强调对环境的保护以及建立环境风险管理机构,以评估和审批将危险品和新的有机物引进新西兰的申请。

• 《臭氧层保护法》(1996年),该法案确定了新西兰实施《蒙特利尔议定书》承诺的框架。

除了上述法律法规以外,新西兰政府还出台了一系列实现可持续发展的战略和政策,主要包括:

• 《2010环境战略》。该战略是新西兰政府第一次全面阐述其环境优先领域及战略的文件,它反映了新西兰进行环境管理的基本观点、原则和目标。

《2010环境战略》提出了未来新西兰环境发展的目标:使生命支持系统和生态系统得到安全保障;生物多样性及自然景观得到保护;能够为当代和下一代提供满足其需求的可持续发展的基础;满足人们在就业、温饱、安全、教育等方面的基本需要;可再生自然资源的消耗程度低于其再生速度;保护自然财富;保护毛利人的耕种习惯;为人们提供户外休闲娱乐的场所。

该项战略指出,实现上述目标必须具备以下四个基本条件,即:具有竞争力的经济;有效的法律和政策;提供经济、社会、环境等方面的信息;社会的参与。

同时战略还提出了环境管理的基本原则,主要包括:可持续管理原则,预防原则,环境底线,外部环境成本内在化,可持续的财产权,最小成本政策,社会成本,明确资源利用及替代的限制,保持国际竞争力等。

战略中还提出了一系列具体措施,包括土地资源管理,水资源管理,维护清洁的空气,保护生态环境和生物多样性,加强对害虫、杂草、疾病的管理,渔业的可持续发展,能源供给的环境影响评价,交通运输环境影响管理,废弃物、污染地区及有毒物的管理,降低气候变化影响,减少对臭氧层的破坏等。

1996年,新西兰政府公布了制定完成的"绿色计划",标志着政府已经开始实施《2010环境战略》。该计划为《2010环境战略》中涉及的11个优先领域提供了为期3年总额为1.1亿新元的资金支持。

• 《2010科学研究和技术战略》。该战略制定了到2010年新西兰科学研究和技术发展的目标及行动方案。战略确定的三个主要目标是:树立重视科学技术的社会价值观,充分认识到科学技术对未来繁荣发展的重要性;确保对科技有足够的投入;增加科学技术对社会、经济和环境发展的贡献率。在该战略中,新西兰政府承诺到2010年,科研经费将从国民生产总值的0.6%上升到0.8%。

• 《国家科学技术战略》。新西兰政府通过制定这项战略鼓励和引导科学技术应用到国家重点领域当中。目前,与可持续发展相关的领域成为研究的重点,如气候变化、可持续的土地管理等。

•《可持续的土地管理战略》。该战略的目的在于改善农业和林业用地的环境状况,行动的重点领域是防止土地退化、农业对水体生态环境的影响以及山地的水土侵蚀问题等。

•《新西兰海岸政策说明》。这项有关海岸管理方面的政策为新西兰的各个地方提供了对海岸环境进行保护的指南,同时明确提出海岸环境的恢复和重建是新西兰的重点领域。

•《国家生物多样性战略》。该战略是新西兰保护生物多样性和实现生物资源可持续利用与管理的纲领性行动计划。

•《新西兰环境报告》。该报告的一个重要方面是首次尝试将分散的数据和信息集中用于分析新西兰的环境评价和管理工作。

•《国家环境指标计划》。该计划为新西兰首次尝试开发了一套环境指标,使之能够及时反应某一特定时期的环境状况,同时显示人类活动对环境施加的压力,并为度量这些压力的各种反馈效果提供了一套方法。

1993年5月,新西兰政府成立了实施联合国环境与发展大会后续行动领导小组。领导小组由新西兰外交与贸易部、环境部、林业部、农业和渔业部、卫生部、商业部、科技部、毛利人发展部、交通部、首相与内阁办公室等政府部门组成,由环境部负责召集。

领导小组的职责包括:

•协调政府各部门之间的行动,特别是协助政府各部门建立将可持续发展纳入日常管理与决策的机制。

・鼓励各有关部门协调其行动,提高利益相关者的可持续发展意识并促进其参与到有关活动中来。

・协助准备提交给联合国可持续发展委员会的年度报告。

在实施《21 世纪议程》后续行动的过程中,每个政府部门都充分利用其广泛的联系网络开展工作。这种部门的联系网络包括其他政府部门以及非政府组织等利益相关部门。例如环境部就有 3 个非政府联络小组。这 3 个小组为:商业与产业联络小组,成员为来自能源、农业、制造业、渔业及零售业等产业部门的代表;环境与发展非政府组织联络小组,包括环境与发展非政府组织协调委员会等在内的一批组织;职业团体联络小组,包括各利益相关者群体的代表,如妇女、青少年、地方、贸易促进会、科技界以及农民等团体的代表。每个联络小组定期与环境部的高层官员会晤,就环境与发展问题展开讨论,并将讨论的文件公布于众,以便使各利益相关部门能够参与政府的决策过程。

三、新西兰实施可持续发展战略的具体行动和进展

(一) 改变消费方式

新西兰积极致力于改革能源的消费模式。新西兰的电力主要来自于可再生资源——水电。每年大约有 70—75% 的电力是由水电提供的,7% 的电力由地热提供,余下的部分则来自于化石燃料发电。

1992 年 10 月,新西兰政府成立了能效与节约局(EECA)。该

局负责制定涉及社会各个方面的节能计划。自1994年以来,新西兰能效与节约局制定并实施了国家能源节约战略。1993年,新西兰政府公布了"政府能源效率领导计划"。该计划通过贷款等方式鼓励公共部门和机构提高能源利用的效率。1994年8月,政府开展了"能源公司运动"。目前,新西兰有600多家大公司为该项运动的参加者。其主要目的是增强公司高级管理层对能源有效利用的认识,建立政府与私营企业之间的伙伴关系,以促进私营企业应用先进的提高能效的技术和方法。该项运动的主要内容包括:由公司主管签署协议,承诺对能源进行有效管理;争取能源供应商的支持和参与;争取主要企业、消费者及环保组织的支持;参与的公司可以从政府的能源效率与节约局得到信息和咨询方面的服务;政府还对能源有效利用方面取得显著成绩的公司予以奖励。

自环发大会以来,新西兰在降低能耗方面取得了显著进展。从1991年到1996年,新西兰的国内生产总值(GDP)增长了16.9%,而能源消耗仅增长了11.5%。也就是说,GDP每增长1%,能源消耗仅增长0.68%。

(二) 消除贫困

新西兰并不存在赤贫现象,因此政府认为没有必要制定专门的消除贫困的计划。但是新西兰政府十分重视扶贫问题,认为可持续的经济增长和发展是解决贫困问题的最佳途径。在这一方面,新西兰强调运用一种有活力的方式来增加就业机会和提高社会保障体系的效率。1995年,新西兰政府颁布了有关政策以提高新西兰国民(特别是那些年轻的和长期的失业者)的就业率。新西兰还实施了一系列收入保障计划以满足个人和家庭的需求。近年来，为提高低收入家庭的收入，新西兰颁布了一系列减税措施和家庭帮助计划。实施这些政策和措施的目的在于在新西兰总体发展的框架下，以可持续的方式逐渐减轻个人和家庭的经济压力。

（三）保护和促进人类健康

1993年12月，新西兰公共卫生委员会公布了有关新西兰人口健康状况的报告。报告显示，尽管新西兰人口的健康水平很高，但近几十年来婴儿的死亡率却有所上升。报告还显示，新西兰交通事故以及中毒等意外事故的死亡率和伤残率很高，同时心脏病、大肠癌及肺癌的死亡率也居高不下。艾滋病在新西兰的发病率中所占比重相对较低，仅为十万分之九点八。截止到1993年9月，新西兰共发现了413例艾滋病感染者。为了控制艾滋病的蔓延，新西兰制定了一系列的计划，包括加强性安全宣传，教育易感人群等。这些计划大部分由政府通过卫生部予以支持，并由政府或非政府的机构来负责实施。新西兰政府还制定实施了有关道路交通安全的政策，降低交通事故死亡率。这些措施包括：对司机进行强制性的呼吸测试，引进速度照相雷达系统以及要求骑自行车的人佩带头盔等。此外，还组织了大量有关控制酒后驾驶以及超速行使方面的培训，并对违章者予以处罚。

（四）改善人居环境

新西兰是高度城市化的国家，居住在城镇的人口占总人口的85%，大多数人都拥有非常良好的居住环境。在新西兰，每3人就拥有一套住宅。同时新西兰住宅的私有化程度很高,大约74%的永久性房屋为个人所有。除了一些低收入人群较难找到既舒适又负担得起的住宅外,在新西兰基本不存在住宅缺乏问题。对于这些低收入人群,新西兰国家社会福利部门的社区基金将为他们提供居住方面的资金帮助。

1991年颁布的《建筑法》作为全国性的建筑法律,取代了原先各个地方政府制定的大量地方法规。《建筑法》的颁布有助于降低房屋建设费用,并确保建筑房屋安全、耐用、便利、节能等。在《资源管理法》中也提出了新的房屋规划体系,即进行决策时必须考虑到对环境的影响,并规定地方政府在制定本地区的规划时必须与当地的社区协商。1993年7月1日,新西兰政府颁布了一项新的有关住房政策的补充修正案,以取代原先的基于补助贷款和租住房屋的政策。这项新政策的目的在于通过建立一种新的补助金来增加低收入者对住宅的选择性,同时提高现有房屋的使用率。

(五) 土地资源管理

新西兰是以农牧业为主的国家,因此土地资源的管理成为该国实施可持续发展战略的重点领域之一。

在制定《资源管理法》的过程中,新西兰所有地方议会的提案中都涉及到了可持续的土地管理问题,其中又以防止土壤侵蚀和土地退化这两个问题最为突出。目前,新西兰的各个地方政府正在制定并着手实施解决土地可持续利用问题的有关政策和计划。例如,有的地方使用纳税人基金来支持农田土地保护和可持续的土地管理活动;有的地方则考虑将可持续的土地利用问题纳入到当地的发展规划之中。

在进行土地资源管理时,新西兰采取的主要行动有:鼓励采取降低土壤流失,提高渠道、地表水、海岸水质量并保护其免受污染的各项土地管理措施;避免、改善和减轻与土地有关的一些灾害,如洪水、地面沉降、土壤侵蚀等;制定和建立一些可以为大众和社区带来社会经济利益的土地管理方法等。

为防止旅游业发展对土地资源造成的危害,新西兰政府还颁布实施了旅游特许经营政策。该政策涉及所有商业旅游经营以及申请在新西兰国家公园和自然保护区进行旅游经营的内容。政策要求所有申请旅游特许经营项目都必须进行环境影响评价。只有当旅游经营与自然资源保护相一致的情况下,政府才会发放特许经营执照。

1997年,新西兰政府颁布了《可持续的土地管理国家科技战略》,它将作为未来国家可持续土地管理总体战略的重要组成部分。该战略由一个中央委员会和三个地方委员会负责制定和实施。委员会的主要任务就是提高新西兰国民对土地资源的认识,使他们认识到人类活动是如何对土地资源产生影响的,以及如何通过科技手段来对环境状况进行监测和评估。委员会还负责监测、协调和推广可持续土地管理的科学技术,致力于加强科技、政策与土地管理之间的联系,同时促进土地管理方面的科技成果为土地使用者和决策者服务。

尽管新西兰已经或正在采取许多必要的行动来实现对土地的可持续管理,但是新西兰政府认为还是很有必要制定更富有战略性的政策。因此,新西兰提出以《资源管理法》和《生态保护法》为法律依据,制定国家的土地管理战略——《关怀我们的土地》。该战略将作为新西兰进行土地管理的总体框架,内容包括:行动的优先领域,责任和义务以及合作计划等。制定和实施《关怀我们的土地》被确定为政府实施《2010环境战略》的重点任务。

(六) 可持续农业

新西兰农业和渔业部实施了可持续农业计划。该计划的目的在于提高新西兰农业在国际贸易中的地位和竞争力,同时确保新西兰当代的农业土地使用者能够将优良的土地留给下一代。其主要内容包括:各个地方政府要实施根据《资源管理法》和《生态保护法》制定的各项地方政策和计划;推动有关可持续农业的信息和政策支持工具和技术中介的发展;鼓励将可持续农业原则纳入培训和教育体系当中;对可持续农业体系包含的主要因素进行研究;建立管理规划和决策支持系统;开展协作参与式的社区研究以支持采用可持续的技术和管理措施等。

在病虫害防治方面,1993年颁布的《生态保护法》表明新西兰将病害虫防治作为其可持续发展的一项重点工作。该法案旨在明确各害虫防治机构对不同种类害虫防治的职责范围,使中央和地方的害虫防治机构能够制定有效的控制害虫的管理政策,同时增加害虫防治基金的透明度。

(七) 海洋资源的保护

新西兰是一个岛屿国家,大多数人口都居住在海岸带附近。因此,海岸带成为新西兰人最主要的居住场所,集中了全国绝大部分的工业和农牧业,同时它也是主要的交通干道和休闲娱乐场所。

1991年颁布的《资源管理法》明确提出对海岸加强管理的重要性,同时还界定了对领海范围内海岸区域的新权限,重点是控制对海洋环境的有害影响,加强对海岸空间使用冲突的管理。1996年颁布的《渔业法》修正案提出在确保可持续的前提下开发渔业资源,同时承诺新西兰在渔业捕捞方面所承担的国际义务。主要内容包括:采用基于生态系统的方式来进行渔业管理,并通过公开的协商方式来使更多的利益相关者参与决策。同时,配合其他有关法规共同来防止受保护物种(如海鸟、海洋哺乳动物)的意外死亡,加强定额分配管理制度来控制过度捕捞等。其他有关海洋资源管理的法规还包括:《野生动物法》、《海洋保护法》、《海洋哺乳动物保护法》、《海上运输法》等。

(八) 森林资源的保护

新西兰的森林覆盖率为28%,总面积约有750万公顷。其中620万公顷为天然林,130万公顷为人工林。目前,新西兰的人工林以每年8万公顷的速度增长,这一增长速度将保持20~30年。按此计算,到2020年,新西兰的人工林将达到400多万公顷。

新西兰的国有林地有490万公顷,其中大部分为保护林地,只有16.4万公顷作为木材生产林地。新西兰有关森林资源保护和可持续管理的法规包括:《森林法修正案》、《新西兰森林法实施细则》、《新西兰森林协议》等。根据1993年颁布的《森林法修正案》,用作林业生产的天然林地必须以可持续的方式进行管理,也就是说要在保持森林的自然价值的同时,使森林能够长久地保持持续地提供林产品以及舒适环境的能力。同时新西兰政府还设立了专项基金来帮助实现上述目标。另外,新西兰还积极参与了国际上开发可持续的森林管理指标的行动。

(九) 贸易与环境问题

作为一个对外贸易依赖性很强的国家,新西兰支持全球贸易自由化。新西兰认为:要想确保长期的经济活力,就必须保持其自然资源的物质基础,这对全球和本国环境的保护是至关重要的。新西兰政府完全支持国际社会的多边与双边合作,以实现贸易与环境的相互促进。新西兰的立场观点是建立在里约会议通过的原则以及相关的贸易协议基础之上的。新西兰参加了经合组织的贸易与环境专家委员会以及世界贸易组织的贸易与环境委员会。新西兰外交与贸易部负责协调对此感兴趣的企业、公司及非政府组织参与有关贸易与环境问题的活动。

(十) 保护大气层

新西兰政府签署了一系列有关保护大气的国际公约,包括《蒙特利尔议定书》、《伦敦修正案》、《哥本哈根修正案》、《联合国气候变化框架公约》等。

在保护大气层方面,新西兰确立的目标和采取的行动有:通过增加森林面积以及提高能源效率等措施确保 CO_2 排放量到2000年仍维持在1990年的水平;自1996年1月1日开始,停止消费所有对臭氧层造成破坏的物质,并争取在2015年停止 HCFC 排放;目前,新西兰已经停止生产含铅汽油。

新西兰还开展了一系列保护大气层的研究活动,如:新西兰出版了《气候变化对新西兰的影响》一书。书中对于气候变化及臭氧层破坏可能造成的影响做了深入的研究,特别是对人体健康的影响,包括黑瘤病、白内障等疾病分布的变化等给予了特别关注。新西兰交通部正在进行一项有关陆路运输的研究。研究中收集了现存的所有有关陆路交通对环境造成影响的资料(如对大气质量的影响、噪音防治、温室气体排放等)及其对人体健康影响的资料。新西兰环境部正在研制开发一套大气质量监测指标。同时,新西兰政府也在制定对气候变化影响的因素进行综合评估的框架,以研究确定自然和人工环境对气候变化的灵敏度。

(十一) 生物多样性保护

新西兰政府签署了《生物多样性公约》和《野生动植物群落濒危种类国际贸易公约》。1993年,在签署《生物多样性公约》之前,新西兰政府对有关的法律和政策进行了细致的分析,以了解当前新西兰森林及相关的生态群落和物种的基本情况及其管理状况。新西兰现有的许多法律都在确保森林资源的可持续利用、防止生物多样性的锐减和土地退化等方面提出了具体措施。与《生物多样性公约》有关的行动还包括:制定国家的生物多样性保护战略,提高公众和企业界对公约和新西兰国内生物多样性问题的认识,减少有害物种的影响,制定保护遗传资源的措施等。

(十二) 国际合作

新西兰通过官方发展援助计划,促进发展中国家的可持续发展。新西兰的援助项目致力于帮助发展中国家解决环境问题以及制定可持续发展战略。所涉及的领域包括：土地保护和土地利用规划、水资源管理、渔业研究与管理、地热及水电规划、环境教育、环境管理、森林保护等。

在联合国环境与发展大会上，新西兰和其他发达国家一道，承诺将国民生产总值的 0.7% 用于官方发展援助。但是，由于受到国内经济状况不佳的影响，1995~1996 年，新西兰提供的官方发展援助金额仅为新西兰国民生产总值的 0.23%。其中的绝大部分（大约占 80% 以上）用于双边及多边的合作项目，并由新西兰外交与贸易部负责管理。

新西兰官方发展援助的对象主要是南太平洋的小岛国。官方发展援助的 47% 用于资助南太平洋的双边与多边项目。其中大部分用于和新西兰联系密切的玻利尼西亚和美拉尼西亚等国家的双边项目。

四、新西兰地方的可持续发展

1994 年 6 月，新西兰环境部和地方政府委员会联合出版了《迎接未来的挑战——地方政府实施 21 世纪议程指南》一书。《指南》中收集了新西兰五个地方政府参与实施《21 世纪议程》及相关优先项目所取得的经验。《指南》中认为所谓《21 世纪议程》的挑战实际就是如何将这一全球性的行动框架转变为地方和团体的实际行动。在国内，地方当局作为最贴近民众的一级政府部门是实施《21 世纪议程》的关键环节，在实施行动中扮演着至关重要的角

212　第二章　发达国家与新兴工业化国家的可持续发展战略

色。《21世纪议程》提出了一些具有普遍意义的概念原则,而真正意义上的对《21世纪议程》的实践还在于将议程转化为许多具体的行动计划并在地方层次上加以实施。指南中明确指出:实施《21世纪议程》不存在唯一正确的模式,各个地方要根据本地的需求和实际情况来选择实施途径。有些地方把实施《21世纪议程》看作是一次蕴涵着机遇的挑战,而有些地方则认为《21世纪议程》提出了许多难以解决的问题。指南的目的在于通过对新西兰五个不同类型城市实施地方21世纪议程方法和经验的介绍,帮助地方政府提高对实施《21世纪议程》的理解和认识。指南中还介绍了一些有关可持续发展国际合作的内容以及世界上其他国家的城市实施《21世纪议程》的有关信息。

在新西兰,许多地方在编制战略规划的过程中都采纳了《21世纪议程》的基本原则,其中瓦塔科雷市(Waitakere)、汉姆敦市(Hamilton)和惠灵顿市(Wellington)参加了地方环境行动国际理事会(ICLEI)。汉姆敦市还是ICLEI"21世纪议程社区计划"的21个试点城市之一。在新西兰,地方政府在制定地区规划和进行资源利用决策时鼓励采取与当地公众进行广泛协商的方式。除此以外,在加强国家海岸管理工作方面,地方政府在开展地方一级的信息交流和增强公众意识等活动中也发挥了很大作用。新西兰的各个地方政府还根据各自的需求和实际情况,选择重点领域,开展了一系列的活动。如从1988年开始,新西兰的几个城市就参与了世界卫生组织的"城市健康计划",以推进人类居住区的可持续发展。有一些地方政府,如汉姆敦市和基督城(Christchurch)则致力于建设可持续的交通运输系统和实施能源可持续利用等项目。

第十四节 挪威

一、实施可持续发展战略的概况

挪威是世界上最富有和环境保护最好的国家之一。由于挪威政府很早就注意了发展过程中的环境和资源等问题,在环境保护和资源管理方面走在了多数工业化国家的前面。1997年前,挪威环境部长曾宣布挪威不需编制国家21世纪议程,而只需继续并协调已经在进行中的工作。这是因为,尽管挪威政府在制订和实施可持续发展战略和相关的政策时并没有把21世纪议程作为确切框架,但事实上挪威已经对21世纪议程行动计划40章内容中的绝大部分早就给予了高度重视并纳入其日常工作中。这也许是挪威可持续发展战略实施中的一个显著特点。而且,挪威虽然未编制国家21世纪议程,但仍履行定期向可持续发展委员会(UNCSD)提交国家报告的义务,并着手制订和履行《气候变化公约》和《生物多样性公约》的国家行动计划。

挪威有两个国家级的可持续发展协调委员会负责21世纪议程工作:可持续发展委员会(Committee for Sustainable Development)和国际环境问题全国委员会(National Committee for International Environmental Issues)。可持续发展委员会的主席是挪威首相,成员则包括环境部长、运输和交通部长、工业和能源部长等政府代表和挪威自然保护协会、挪威工会联合会、挪威工商总会和地方政府协会等非政府机构代表。国际环境问题全国委员会则是一个部际委员会,由环境部部长任主席,成员包括首相府、外交部、财政部、工业和能源部、运输和交通部、农业部、渔业部等政府部门的代表以及挪威工会联合会、挪威工商总会、地方政府协会、挪威环境与发展论坛、挪威研究理事会和挪威自然保护协会等非政府机构代表,它的办事机构设在环境部,日常工作由该部协调。1972年设立的挪威环境部不仅负责传统意义上的自然保护和污染控制,还监督资源开发和利用,确保所有活动不给自然生态带来不利影响。同时,环境部还负责促进室外娱乐活动和保护文化遗产等。

从1987年世界可持续发展委员会出版《我们共同的未来》一书起,挪威就开始以可持续发展作为目标对其政策进行评估。政府引入新的财政和政策手段,包括对每年国家预算中环境部分的评估。挪威政府要求所有的部门都有责任把对环境的考虑纳入到本部门的决策活动中,并在年度预算草案中必须包括环境活动方面的报告。国家预算中有关环境的支出分别为:1992年9.25亿美元,1993年8.93亿美元,1994年8.05亿美元,1995年9.28亿美元,1996年9.68亿美元。

在挪威,支持环境政策的法律包括:污染控制法、自然保护法、文化遗产法、建筑法和产品控制法等。许多环境法规还多次修改,以适应不断变化的环境问题,从而使环境立法得以加强。挪威现行的环境标准中有许多高于国际同类标准。另外,挪威政府强调更多地把使用税收和其他经济手段作为环保战略的组成部分。挪威目前征收的环境税有:CO_2税、SO_2税、含铅汽油税、农药化肥税、航空运输噪声费等。1994年政府成立了绿色税收委员会

(Green Tax Commission)。该委员会1996年6月提交了一份题为《绿色税收——为了更好的环境和更高的就业率》的报告,提出了一系列新增的环境税,同时还建议取消对环境起负作用的(所谓环境不友好)项目补贴。通过种种努力,挪威在环保方面已经取得了令世人瞩目的成就:家庭生活废物回收率由9%增至20%,各种臭氧消耗物质的排放量均降低到了65%至100%之间,硫排放量降低了16%,保护区和国家公园的面积成倍增大,等等。

挪威开展了不少与21世纪议程内容相关的研究计划。1993年,挪威将原有的5个研究理事会合并成统一的挪威研究理事会,并在其中单独设立了环境与发展部门。仅至1994年,该研究理事会就已经运行了多项研究和发展计划,有些计划还包括了广泛的国际合作内容,如"挪威人与生物圈计划"就包括从北南合作的角度来研究自然资源管理的内容。

为了增强国民环境意识,在政府书店以及公共图书馆常年摆放各种免费环境宣传资料。教育部和环境部密切合作,在中小学课程里增加了相当部分的环境内容。教育部还制定了包括从幼儿园到大学的环境教育战略。政府还通过一定的行政手段强化企业的环境意识,并要求企业在年度报告中必须简要说明环境问题。此外,挪威的银行系统(如Christiania银行)还对各行业的主要企业在经营项目中的环境业绩进行记录和评估,以供在对有关企业作贷款决策时参考。为此,挪威的大公司(如,黑德鲁公司、克互纳公司等)已率先在年度报告中编入环境专题报告。1992至1993年,挪威政府还拨专款在440个地方政府中设立环境顾问职位,目的是在地方决策中增加环境意识。

二、实施国家可持续发展战略的具体行动

(一)推动传统消费模式向可持续生产与消费模式转变

1995年,环境部成立了挪威可持续生产与消费中心(Norwegian Center for Sustainable Production and Consumption)。该中心与其他一些商业领域中的组织一起致力于开发、测试和改进能够提高生态效率的方法。其成员包括挪威工业联盟、挪威工会联合会、挪威贸易与服务业联合会、挪威地方政府协会、挪威自然保护协会等机构的代表。

挪威环境标志基金会(Norwegian Foundation for Environmental Labeling)在儿童和家庭事务部的资助下,正在实施一项"北欧生态标志计划"。该计划的目的是通过对产品和服务进行环境标志为消费者提供购买方面的指导原则,以帮助其选择对环境危害低的产品与服务,同时鼓励那些把环境因素同其他质量因素一起纳入考虑范围内的产品的研制与开发。目前已开发出40多个产品组的相应标准。

挪威研究理事会已经开展了题为"可持续生产和消费"的研究计划,以及开展题为"Presses"的可持续社会的研究计划,后者的主要研究领域之一就是经济和消费。挪威研究理事会还在制定可持续消费指标方面也做了不少工作。

挪威不仅在国内致力于生产和消费可持续模式的各种实际操

作,还在国际社会中为推动全世界消费模式的改变作出了不少努力。1994年1月,挪威作为东道主在首都奥斯陆召开了可持续消费国际研讨会,主要讨论了发达工业国家消费模式带来的环境影响。挪威前首相布伦特兰夫人出席了会议,并在题为"可持续生产和消费模式的挑战"的发言中指出,如果让全世界所有人都达到西方消费能源和资源的水平,一个地球是不够的,而是需要十个地球,因此必须改变目前的生产和消费模式。挪威为了支持OECD在可持续生产和消费方面的工作,在1995年7月主办了OECD的"可持续生产与消费:概念的阐明"研讨会,在1996年2月主办了"绿色商品"会议。

挪威积极支持UNEP工业办公室在清洁生产方面的工作以及东欧的清洁生产项目。它实施了一项向东欧和中欧国家转让"减少废物/清洁生产技术"的计划。该计划由挪威政府资助,对象是波兰、捷克和斯洛伐克。同样的计划也已在俄国开展,并筹划在波罗的海国家和中国实施。此项计划由挪威工程师协会(Norwegian Society of Chartered Engineers)全面负责管理,目标是在2至4年的时间里,在各受援国的200~350家生产公司中改造生产工艺。OECD和UNIDO等国际组织认为这是援助计划的成功典范之一。

(二) 促进人类居住区的可持续发展

多年以来,挪威住房政策的主要目标是要让每个人都能有满意的住房和良好的居住环境。现在,这个目标基本实现。目前,挪威每1000人拥有约412处住所,每处住所平均面积约110m^2(即人均约 43m^2),84% 的人拥有自己的房子。

在挪威,无家可归者事实上并不存在,但有 8% 的人居住在相对拥挤的住房中。有些人群,尤其是青年人、难民和其他生活条件差的人群在住房市场上面临着住房成本高的问题。现有的住房存贷不能完全适合老年人和残疾人的要求,还有一部分不符合技术标准。这些问题构成了对挪威住房部门的主要挑战。面对这些挑战,政府制定了诸如补贴和税收等多方面的策略,1996 年,政府调整了住房财政系统以便更好地迎接挑战,还建立了新的补助金系统来刺激在新建住房和旧房改造中获得更好的居住条件和环境质量。

《规划和建设法》(Planning and Building Act)是实现可持续的人类居所开发目标的一个重要的跨部门法律文件。它从技术标准、设计、管理过程等角度做出了必要规定,还给出了制定综合的自然、社会、文化和经济规划的准则。1985 年的《规划和建设法》及其修正案为郡、市级的规划提供了基本框架,而且要求地方规划定期修改。根据该法的规定,政府可以制定各项国家政策指南(National Policy Guidelines)以应用于国家规划,并指导地方级的规划过程。挪威政府已发表了一系列关于土地协调利用、交通规划、奥斯陆海湾地区以及水道保护区的国家政策指南。《规划和建设法》还要求在主要项目实施前开展环境影响评价及决策分析。例如,奥斯陆地区的旧机场拆迁和新机场的选址、规划和建设就是遵照了该法的要求进行了长达 20 年的项目环境评价和决策分析,并通过国内各主要媒体在公众中开展了广泛的争论。直到 1998 年 8 月新机场才建成开通。关闭后的旧机场正被因地制宜,改建成一个新的集居住、商业、教育和娱乐于一体的综合性社区。

由于挪威政府实行的是分权管理体系,各个市政府在落实国家政策的过程中具有较大的自主权。这种自主权也包括各城市在为了获得可持续的人类居所而开展的研究、开发、试验等项目的管理方面。1993 年,挪威中央政府与 5 个挪威地方城市合作开展了"环境城市计划"活动,目的是树立城市可持续发展方面的典范,作为城市可持续发展的指导,并确定能更好地描述挪威城市环境状况的方法和指标。在该计划中优先考虑了如下 6 个方面的内容:

1. 土地利用的协调和交通规划,以环境无害化交通、建设区的环境措施最为优先;

2. 强化市中心为购物、商业和文化集会场所;

3. 通过适当的居住面积、能使人们生活安逸的服务设施和良好的环境来繁荣社区;

4. 为了娱乐和保护生物多样性,自然面积、水环境和绿地面积要加以保护;

5. 废物管理,源头的废物分类以及家庭、工业和商业活动产生的废物的回收;

6. 物理环境的良好设计,保护和开发建筑物环境和公共场所,保护文化遗产。

(三) 加强有毒化学品的环境无害化管理

作为一个小国,挪威的化学品生产不多,大量依靠进口。所以,挪威积极参加国际活动,以建立共同的健康和环境危害风险评价和管理系统,协调有关化学品的立法。挪威负责有毒化学品管理的机构实体为环境部、工业部和能源部。而在该领域,与挪威合作的最重要的机构则是 EU。通过欧洲经济区协议(EEA),挪威已经在化学品领域内实施了若干 EU 的规定,并且与挪威现有的法规一起,强化了对有毒化学品的控制。例如,挪威实施了一项有关新化学物质通报的法规,该法规意味着新的化学物质必须接受有关它对人类和环境可能产生的危险影响的检测。挪威实施的另一条重要法规是针对市场上已有的化学品的:制造商和进口商必须对这些物质产生的对健康和环境影响的相关信息予以报告,以便 EEA 国家的政府对这些化学品中的有毒物质作出评估,并给出降低风险的策略。此外,挪威环境管理部门还实施了涉及某些危险化学品进出口的法规,从而使得"事先知情同意程序"(PIC 程序)在挪威具有合法约束力。所实施的危害环境的化学物质的分类和标签法规,对化学物质的分类、标签、销售和制备提出了详细明确的要求。

挪威在 OECD 中一直扮演着活跃的角色,尤其是在危险物质分类和标签系统的协调化工作中。在过去的几年中,挪威接受了 OECD 委托的评价两项大批量生产的化学品危害程度的任务,并已完成了数据收集工作。为了获得减少化学品危险的经验,挪威积极支持 OECD 正在从事的对减少铅、镉、汞、二氯甲烷和阻燃剂等五种物质潜在危害的有关研究工作,并参与了一项铅法(A Council Act for Lead)的起草工作。在 IPCS(国际化学品安全方案)化学品分类系统的协调方面,挪威和荷兰合作了为信息交流中心协调致癌物分类标准的工作,并在国内建立了致癌物质分类和标签制度。

（四）实行固体废物和危险废物的环境无害化

挪威每年产生大约1400万吨固体废物,其中的470万吨来自采矿业,360万吨来自工业。在每年产生的大约66万吨有害废物中,有大约3.9万吨出口,大约2万吨处置不明。挪威进行废物管理的主要目标是:使废物对人类和自然环境产生尽可能小的危害,同时保证废物及其管理尽可能少地利用自然资源。挪威废物管理的战略要点就是:防止废物的产生并减少其中有害物质的量;鼓励再利用、物料循环和能源回收;保证剩余废物的环境无害化处置。挪威将实现这一战略目标的期限定于2000年,届时由有害废物引起的污染应该降低至不再对人体和环境造成伤害的水平。

在挪威,有关废物管理(包括危险废物)的立法主要是1976年6月11日颁布的《产品控制法》,1981年3月13日颁布的《污染控制法》以及1994年发布的《危险废物条例》。《污染控制法》除了对一些与废物管理有关的基本问题作出规定外,还在很大程度上为政府制订规章制度以及个人决策提供了合法基础,以保证法律的有效实施。例如,该法规定禁止乱扔垃圾并要求违反规定者负责清理;要求各个市政府负责家庭废物(生活垃圾)的收集和处理,并有义务减少本市区内产生的所有废物并做出有关的管理计划。1993年6月,挪威议会再次修改了该法中有关废物的条款,使其规定更加全面。如,修正案规定市政府应当负担废物处理的全部费用,并在源头对废物进行分类。该法同时还对工业企业在废物收集、分类和处置上做了具体规定,要求工厂负责管理自己所产生的废物。如果废物无法被回收利用的话,就必须送到合法的废物处理处。《产品控制法》和《危险废物条例》也为政府制定规章制度和个人决策提供了相应的法律基础。

挪威在废物管理方面的主要特点之一就是增加企业对自己所产生的废物所应负的责任,以此监督和促进企业自觉地管理好生产过程中及其产品应用中产生的废物。由于上述法规的实施,挪威的企业普遍针对不同类型的废物(如包装物、铅电池、轮胎、废油等)建立起了特定的回收系统。这些系统的建立都是政府和企业之间协议的结果。除以上回收系统外,挪威还有专门针对纸的收集和再循环系统。目前,政府正在着手为那些来自电子产品、建筑安装、危险废物外包装、镍镉电池的废物和含有 PCB 成分的废物建立回收系统。

1991 年挪威政府和 9 个大的工业公司一起联合成立了挪威废物管理有限公司,以保证挪威能处理国内所产生的各类危险废物。80 年代后期,挪威政府对被危险和有毒物质污染了的土地做了深层勘测并采取了补救行动,同时还实施了一项计划以保证被污染的土地在将来不会产生严重危害环境的风险。近年来,为了保证城市中的填埋场和焚烧厂在满足环境标准的条件下操作运行,挪威对新的填埋场和现有的焚烧厂采取了相当严格的法规和相应措施。

挪威还积极参与跟巴塞尔公约相关的工作。1989 年,挪威签署了《巴塞尔管制危险废物越界运输及其处理公约》,并于 1990 年批准了巴塞尔公约。1994 年的《挪威越界运输条例》就是对巴塞尔公约的实施,也是挪威对危险废物越界运输的法律规定。

三、地方政府实施可持续发展战略概述

挪威于1972年成立了地方政府协会,以保护协会成员和挪威435个城市与18个郡内就业者的权益。该协会作为地方政府的代言人与中央政府进行面对面的会谈,还可以在有些国际活动中代表地方政府。"在地方一级开展环境保护"(即地方环保改革E-PLL)是由环境部和挪威地方政府协会发起的一项改革措施的名称,目的在于把环境保护和可持续发展的原则纳入到城市规划和管理中。这项工作经历了不同的发展阶段。1988年至1991年期间是EPLL在91个城市的试验阶段,在试验成功后,EPLL从1992年起逐渐转化成覆盖挪威所有城市的一项改革。1993年,该协会向市政部门正式建议优先考虑在地方一级开展环保。EPLL改革成果之一就是挪威的每个城市都任命了一位环境官员。这些官员有他们自己的论坛,即"地方环境保护论坛"(Forum for Local Environmental Protection)。通过论坛,他们可以讨论各自在地方一级所做的环保工作。这个网络在各城市之间进行环保知识和经验的交流中起了重要作用。

EPLL改革为挪威地方21世纪议程奠定了基础。根据1991年国际地方政府联合会(IULA)在奥斯陆宣言中提出的"全球性思考,地方性行动"的纲领,以及1992年里约会议的建议,挪威把E-PLL改革转化成了地方21世纪议程,使EPLL成为市政部门向可持续方向发展的基础。挪威地方21世纪议程的实施在很大程度上要基于现有的法律和发展计划,尤其是EPLL改革。地方21世

纪议程比 EPLL 拥有更广泛的方法,但 EPLL 改革的原则和目标与地方 21 世纪议程的基本特征是吻合的,并且给进一步开展环境工作提供了有效的支持。因此,挪威地方 21 世纪议程可以被看作是地方政府实施 EPLL 后的自然发展结果。

挪威地方 21 世纪议程工作的主要参与者是地方政府(即市政府和郡政府)与当地的各种组织、工商业部门和居民。这些年来,挪威地方政府一直在努力遵守里约会议对在城市中实施地方 21 世纪议程的要求,而且从 80 年代中期开始,已经开展了不少项目来推动地方政府和公众参与环境工作,以及把环境保护纳入到地方规划之中。1993 年,挪威地方政府协会建议各市政府和郡政府将它们的环境与资源管理规划转化成面向 21 世纪的行动计划。以 EPLL 为基础,挪威地方政府协会已经策划了一系列发展计划。其中包括"方向分析"(Direction Analyses)和"民主、参与和指导"(Democracy, Participation and Directing)。前者就是开发环境影响评价工具,这是保证城市朝着长期可持续方向发展的一种工具,具有一种尊重下一代人的时间尺度观念。后者则通过跟地方民主实体和群众的接触,为可持续发展奠定了一定基础。为了在城市中引入和评估地方 21 世纪议程,挪威地方政府协会和环境部正在制定有关的总体策略。

前面所提到的《规划与建设法》是挪威地方 21 世纪议程的法律基础之一。该法规中列有与地方 21 世纪议程相关的一些重要规定,如,地方级的规划当局必须积极参与活动;地方 21 世纪议程的制订和贯彻中必须包括公众参与;环境政策的指导方针必须经由环境保护机构发布;必须把环境影响评价作为工作中的重要工具等。

挪威还有一条指导原则对地方21世纪议程有特殊意义。这就是以"儿童和规划"为题的原则。其目的是将公众的注意中心转到儿童和青年在规划过程中的利益上,旨在保证儿童和青年所处的物理环境的质量,从而为地方政府把满足儿童和年青人的愿望纳入到市政规划中。

在国际合作方面,挪威地方政府协会对地方环境行动国际委员会(ICLEI)的成立起了不小的作用。协会还将自己的环境工作、可持续发展工作同ICLEI的工作相协调,并在ICLEI指导下率先建立了用来交换信息和经验的北欧网络。

四、非政府组织对可持续发展的贡献

挪威在80年代就引入了让非政府组织参与到各种可持续发展计划中的机制。非政府组织(NGO)是挪威可持续发展委员会和国际环境问题全国委员会的永久成员。政府向非政府组织提供核心资金和项目资金,以保证它们在各个层次上都能作为可持续发展的合作伙伴,并不断强化这种关系。反过来,非政府组织在挪威的可持续发展战略实施中也做出了一定的贡献,尤其是对挪威环境与发展论坛(Norwegian Forum for Environment and Development)的贡献。

挪威环境与发展论坛(下简称论坛)建立于1993年。到1997年1月,论坛已拥有60个成员组织。论坛是挪威非政府组织参与国际环境与发展工作的一个网络,是里约会议之后获得重要国际信息的一个中心,是挪威各组织机构和媒体与其他国际环发领域工作人员的沟通中介,同时还是用于辩论、协调全球环境与发展问题,尤其是与21世纪议程和多边机构相关的环发问题的场所。论坛作为一个基本信息渠道,开发了挪威各个NGO的潜力,使它们在处理环境和发展问题的过程中有自己的发言权。同时,它还试图影响挪威的政策制定,从而使有关政策与挪威政府所做出的国际承诺保持一致。论坛的年预算约为346万挪威克郎,其中约有270万的核心资金是由环境部和外交部提供的。

论坛中的各个NGO及其工作小组的目标可以划分为三部分:群众和地方环保行动的动员;环境知识与能力的开发;政治上的突破(例如某原则或决策的采纳)。为了实现这三个目标,论坛采用了主要是通过参加国际会议和影响国家政策实施这两类方法。前一类方法的主要内容有:提供各种演说活动的集会场所;影响官方文件和议案的提出;制订备选方案;与其他团体沟通;为行动的实施创造政治力量等。在影响国家政策实施方面,NGO的方法主要有:利用国际观点作为政策实施的政治力量,提出替代行动方案,建立联盟等。例如,啤酒厂与环境组织(自然和青年)之间的联盟被认为是对不可回收的包装品的税收为什么能保留这么长时间的原因之一。

大多数NGO在地方21世纪议程领域所做的工作主要集中于消费模式问题。例如,"我们手中的未来"、"环境家园卫士"、挪威自然保护协会以及主妇协会等NGO组织优先考虑的工作都是关于消费和废物处理方面的环境问题。

五、挪威对全球性环境问题的立场和对策

(一) 保护生物多样性

环境部是挪威负责生物多样性和遗传资源保护的主要实体。1996年,环境部为保护生物多样性的支出达22亿美元。另外,环境部已制订了关于生物多样性保护和可持续利用的国家行动计划。这项工作由一个跨部门的工作组负责,其重要目标之一就是要将生物多样性的保护问题贯彻到所有部门和社会的各个阶层。

挪威的保护区由18个国家公园、76个风景保护区和1172个自然保留地组成。适用于保护区的法规主要是《自然保护法》(Nature Conservation Act)和《Svalbard法》。另外,还有一些由其他法规规定的保护行动,例如《规划和建设法》、《野生动物法》、《鲤鱼和淡水鱼法》、《文化遗产法》、《咸水鱼法》和《水产养殖法》等。

对物种的保护则是通过对它们的聚居栖息地的保护和恰当的管理来保证的。在这方面,挪威有几个管理物种的行动计划,例如对濒危物种的保护行动计划、对猎区物种的管理计划等。对于常见的物种,挪威的《野生动物法》和《鲤鱼和淡水鱼法》也将其涵盖于常见物种的一般保护之列。

挪威是多个有关国际物种保护和资源可持续利用公约的缔约国之一。这些公约包括:《濒危物种国际贸易公约(CITES)》、《国际重点湿地公约》、《迁移物种保护国际公约》和《联合国生物多样性公约》。在有关生物多样性保护的国际合作与交流中,挪威政府

做了不少实事。1993年5月下旬,挪威环境部与UNEP合作,在特隆汉姆市召开了生物多样性专家会议(Norway/UNEP Experts Conference on Biological Diversity),共有19个国家的科学家、管理人员、政治家以及国际组织和非政府机构的代表参加了会议。挪威首相布伦特兰夫人出席会议并讲话。她称,对生物多样性的主要挑战是在保持物种多样性和资源可持续利用之间找到一个平衡点,各国可在科学研究的基础上自由决定利用或不利用某种资源;在各国政府做出了有关利用或不利用某些资源的决定之后,国际社会应予以承认,而各个国家后续行动战略要注意适应各国特定的社会、政治、经济以及生态条件。当然,布伦特兰夫人的讲话也意味着为挪威恢复商业捕鲸进行辩护。1996年7月,挪威环境部、UNEP、生物多样性公约秘书处、UNESCO、IUCN和SCOPE又在特隆汉姆市共同召开了有关外来物种的会议。科学家、管理人员以及来自发达国家和发展中国家的决策者、国际组织和非政府机构的代表共180人参加了这次特隆汉姆会议。挪威表示还将在生物多样性公约指导下,通过安排研讨会为加强有关生物多样性决策的科学基础做出贡献。

(二) 保护大气,履行相关国际公约

环境部是挪威负责保护大气的国家机构。1991年,挪威成立了一个部际气候变化和酸雨指导委员会(Interministerial Steering Committee on Climate Change and Acid Rain),其主要任务是从国家和国际角度来协调挪威在气候变化和酸雨问题上的政策,并保证政策的有效实施。同年,挪威还设立了一个主要针对气候变化问题的国家基金,每年预算为 3000 万到 7500 万的挪威克朗。挪威还先后参加了不少有关保护大气的国际公约,如 1988 年参加《蒙特利尔条约》、1991 年参加《伦敦修正案》、1993 年参加《哥本哈根修正案》以及 1993 年参加《联合国气候变化框架公约》。此外,还有 4 个 NGO(即挪威自然保护协会、"自然和青年"、"绿色和平挪威"、"我们手中的未来")为了气候变化问题共同组成一个联盟。可以说,在挪威从政府到非政府组织均非常重视大气保护,并且积极参与相关的国际行动。如,挪威在 1994 年 1 月已停止使用哈龙;在 1995 年 1 月已停止使用 CFC 和四氯化碳;在 1996 年 1 月已停止使用氯仿和 HBFC。此外,甲基溴和 HCFC 将分别于 2010 年和 2015 年被禁止使用。

在缓解全球气候变化方面,尽管挪威在 1997 年《京都协议书》上达成的温室气体减排指标是在 2008 年至 2012 年期间可在 1990 年水平上增加 1%,但是,挪威环境部仍然十分重视本国温室气体的减排问题,并已同有关部门一起着手制订关于气候变化的国家行动计划。与行动计划相应的研究内容包括:评价使挪威在 2000 年 CO_2 排放量维持在 1990 年水平上的各种措施;评价减少温室气体的排放措施以及增加吸收的措施;研究同其他国家合作实施这些措施的可能性。挪威强调,这些措施的执行应该尽可能地本着成本有效性原则。1995 年,挪威政府向国会递交了一份有关缓解气候变化和减少温室气体排放量政策的报告(又称白皮书)。该白皮书中提出了一些强化"国家气候变化政策计划"的措施,其中包括:提高能源利用效率;开发可更新的能源;与不受 CO_2 税限制的工业部门签署自愿性协议;对土地填埋场产生的 CH_4 进行回收；推进"共同执行活动(AIJ)"，等等。而且，白皮书还再次重申了挪威针对全球气候变化的重要原则，即所有的国家和国际政策与措施都必须是成本有效的。并着重强调，所指的成本不仅包括在实施政策与措施过程中的直接成本，而且还应包括在实施有关政策与措施过程中所产生的各项外部成本。

1991年，挪威引入了CO_2排放税，几乎覆盖了所有的与能源有关的排放源。1994年，挪威排放的温室气体总量与1990年的排放量基本相等。到目前为止，有关研究表明实行CO_2税对经济的不利影响并不大。今后，挪威在继续保持对排放CO_2征收高额税的同时，还将采用综合性更强的方法来缓解气候变化，并将对工业、运输、能源生产领域中那些具有更高的生产有效性和环境安全性的技术给予优先发展。同时，政府还继续维护和强化对可更新能源(如生物能)的资金支持。为了推进《气候变化公约》的实施进程，以及开发出国际上实用而有效的政策工具，挪威政府还与世界银行共同资助了三个AIJ试验项目(分别在墨西哥、波兰和Burkina Faso)。此外，挪威还与中国开展了AIJ方面的项目合作。

第十五节　新加坡

一、基本国情介绍

新加坡是东南亚著名的城市国家，位于马来半岛南部，地处太平洋与印度洋航运要冲马六甲海峡的出入口，北隔柔佛海峡与马来西亚为邻,南连新加坡海峡与印度尼西亚相望,是连接太平洋和印度洋的重要枢纽,地理位置十分优越。新加坡全境由新加坡岛和附近的53个岛屿和7座礁滩组成,地窄人稠,自然资源贫乏,国土面积约620平方公里,人口320多万,是东南亚地区面积最小,人口密度最大的国家。新加坡是一个多种族的国家,其中华人占全国人口的76%,马来人占15%,印度人占6%,此外还有为数不多的阿拉伯人、菲律宾人、缅甸人以及欧亚混血人等,不同民族均保存了各自的传统习俗。以华人为主体的移民社会形成的中华文化传统,深深地扎根于新加坡的社会文化之中。此外,中华文化又和印度文化、马来文化、阿拉伯文化及近代的西方文化共同在新加坡交汇。新加坡政府十分尊重多元文化价值,不以某种文化价值作为唯一可取的标准,这对于新加坡社会的稳定和各民族、种族的和睦相处起到了重要的作用。

提到新加坡,就不能不提到它骄人的经济成就。在50年代,新加坡基本上是一个转口商港,经济基础薄弱,生活条件较差,失业率较高。独立后,新加坡政府坚持自由经济政策,大力吸收外资,发展多元化经济。经过几十年的发展,新加坡经济取得了显著的增长,金融、航运、外贸、制造和旅游业等成为新加坡的支柱产业。1990年,人均国民生产总值从1960年的1330新元(440美元)提高到21658新元(12300美元),仅次于日本居亚洲第二位,成为东南亚地区充满活力的工业、商业和服务业中心。

二、经济可持续发展和经济结构的演变

新加坡之所以能以一个弹丸小国而自立于世界国家之林,主要凭借其30多年来在经济上取得的巨大成就。同时,经济的发展也为新加坡的可持续发展奠定了雄厚的物质基础。因此,新加坡在经济可持续发展方面的经验应当成为新加坡可持续发展研究的重要内容。

新加坡的经济发展,大致经历了6个阶段:

(一)以转口贸易为主的阶段。1959年新加坡自治邦成立之前,国民收入的3/4来自以转口贸易为主的非生产部门,贸易部门的职工占国民经济主要部门职工人数的4/5。以转口贸易为主的单一经济严重依赖西方工业国家的发展,经济发展不稳定,50年代末失业率曾高达13%。

(二)以发展进口替代型和劳动密集型工业为主的工业化初期阶段。新加坡自治邦成立以后,政府决心改变单一经济结构,向工业化方向发展,颁布了"新兴工业法令"和"工业扩展法令"。1961~1965年制订了第一个经济发展五年计划,积极鼓励发展进口替代型和劳动密集型工业,以解决国内的失业问题和满足本国对工业品的需要,减少工业品的进口。这一时期内,新加坡经济发展较快,国内生产总值年增长率达8%。

(三)转向资本密集型和出口创汇型工业。新加坡1965年独立后,因国内市场狭小,进口替代型工业已不能适应经济进一步发展的需要。因此政府在第二个五年发展计划(1966~1970年)中,

鼓励发展资本密集型和出口创汇型工业。在此期间,奠定了制造业发展的雄厚基础,石油、冶炼、造船业和电子电器等出口型工业获得蓬勃发展。此外,交通运输、贸易、旅游业也迅速增长,外国投资迅速增加,国民经济的发展取得明显的成就,国内生产总值年均增长率达12.4%。

(四)提高经济结构层次和多元化。70年代初,新加坡出现劳工不足的现象,由于新加坡地窄人密,不可能大量输入劳务,新加坡适时决定由劳动、资金密集型工业转向技术密集工业。1970~1975年,新加坡通过"经济扩展奖励法令"以更加优惠的条件吸引外资,促进了工业的迅速发展,经济结构出现多元化,使得新加坡的经济具有较强的应变能力,经受住了1973年的石油危机的考验。在整个70年代,国内生产总值的年平均增长率为8.9%。

(五)发展知识密集型企业。进入80年代,为了适应国际市场变化的需要,同时解决国内劳动力相对不足的问题,新加坡引导企业向机械化、现代化方向发展,逐步淘汰效率低的劳动密集型产业,发展知识密集型产业,以调整经济结构。1981年政府制订了十年(1980~1989)经济发展规划,其总体目标是以科技为基础,将新加坡建成一个以机械、外贸、运输、服务、旅游五大支柱为主的工业经济国。结果是在80年代,国内生产总值每年增加8~10%。

(六)建设网络社会。90年代以来,新加坡继续密切关注国际市场的变化,努力确保本国经济跟上国际经济和科学技术发展潮流。例如,新加坡对信息高速公路的发展给予了高度的重视,在信息基础设施建设、信息技术的开发、教育和普及方面走在亚洲各国的前列,以确保新加坡在信息时代的竞争能力。在很多国家致力于提高计算机产量的时候,新加坡根据自己的国情制订了重点在应用技术而不是创造技术的政策,大力普及计算机的应用。

1997年亚洲金融危机爆发后,新加坡邻近各国的经济受到严重冲击,处于风暴中心地区的新加坡当然也未能幸免。新加坡的经济增长率从1997年的将近8%下降到1998年的接近于零,失业率上升到80年代初以来的最高点,外资流入减少,1999年的经济增长形势也不容乐观。但新加坡与其他邻国的不同之处在于:它经过30年的发展奠定了雄厚的经济基础,所面临的问题大多是外来的而不是自身产生的,新加坡的管理机构和金融体制是健全的。新加坡对危机作出的反应是进一步实行开放,降低税率,迎接全球化,确保新加坡成为亚洲最重要的商业中心,力图将这场危机变为新的发展契机。

新加坡非常重视人才培养和引进。一方面,每年选拔优秀人才,由政府出资送到国外学习先进的科学技术和管理经验,学成以后回国工作;另一方面,在移民政策上向技术移民倾斜,积极引进人才。新加坡政府还提出了"虚拟新加坡科学家"的概念,把触角伸到国外,千方百计吸引海外的新加坡科学家和他国的科技人才实质性地为新加坡的发展服务,以确保在人才竞争上的优势。

为克服新加坡地理面积狭小和经济结构相对单一,容易受世界经济波动影响的特点,新加坡积极向海外投资,在东南亚国家以及中国建立起多个新加坡工业园区,作为新加坡国土的延伸,最大限度地利用国外资源为本国的发展服务,以降低世界经济形势的变化给新加坡可能带来的风险。

在研究新加坡经济发展的历程时我们可以看到,在独立后的

30多年时间里,新加坡政府在经济政策的把握上基本没有出现大的失误,促使本国经济实现了健康稳定的发展。在经济结构调整的问题上,结合本国经济发展的特点和世界经济发展的形势,重视科学技术对经济发展的重要作用,采取了积极而不失慎重的步骤,取得了成功,使得新加坡经济发展始终与世界经济的发展同步。多年来由于经济发展顺利,人民生活水平稳步提高,新加坡政府在人民中树立起了崇高的威信,使政府在处理各种经济、社会问题时比较容易取得人民的支持,这是该国能够从容面对一个又一个的困难,数十年来在经济和社会发展的各个方面始终充满活力的一个重要原因。可以说,新加坡今天在可持续发展各个领域取得的成就都与新加坡的经济成就有密切的关系。

三、城市可持续发展的实践

(一)住区发展

在历史上,新加坡曾存在严重的房荒。在人口大量增长的情况下,住房建设远远落后于人口的增长速度。1959年,新加坡人口已近160万,公私住房只有4万套,容纳的人口不足30万人。城市规划也存在严重问题,人口过分集中在城市中心的狭小区域,环境脏乱,经常发生传染病和火灾,威胁居民的生命安全。

独立后的新加坡政府把安定人民生活、提供良好的工作、生活环境作为治理国家的根本任务。新加坡政府吸收了世界各国建房和城建的经验教训,结合自身条件,认为只有缓和住房问题后,才有可能顺利地重建城市,从而促进经济发展。60年代,经济困难,百废待兴,新加坡政府仍把住房建设置于重要地位,并在其中起到核心作用。新加坡当局把住房、城建与国土规划统一考虑,政府为住宅建设提供巨额资金支持,同时建立严格的住房分配制度,住房建设范围从市区扩大到全岛。到80年代中期,全国80%以上的人拥有政府建造的"组屋",成功地解决了百余年的住房难题,在人民心中树立了威望,为国家的经济发展和改革铺平了道路。目前中国正在实施的住房制度改革在相当程度上借鉴了新加坡当年的经验。

(二) 城市规划

1971年,新加坡政府提出城市"环型发展计划",即环绕主岛进行建设,有计划地改造旧城区,兴建新市区,建设卫星城。新市区沿海岸向东西两个方向扩展,集中建设各种住宅和设施,新市区建成以后,西接裕廊工业区,东临东海岸的樟宜机场。岛上其他地方则环绕位于岛的中部的中央蓄水池建设和发展新镇。

因新加坡土地面积有限,必须在有限的土地上尽可能扩大陆地使用面积。一方面,新加坡采取削岗填洼的措施,如全国最大的工业区裕廊镇,就是靠铲平附近几座小丘,用砂石填平河流交织的裕廊河源头而建成的。另一方面,新加坡还大力进行填海造陆的工作,工程几乎遍及主岛南部由东到西的沿海地带。由于多年的填海造陆,1991年新加坡的国土面积比1964年扩大了10%。

（三）产业布局调整

新加坡政府把市区内原有的工业和新建的工业分别集中起来，组成"工业区"。工业区的配置以新加坡河为中心，呈内外两个环状分布。内环带为劳动密集型的食品、服装、塑料及电子等小型工业区；外环带则在郊区各新镇，分布有大型工业及木材加工业。最外围是裕廊工业区，在该工业区内，有钢铁、重型运输设备、炼油、石化、造船、水泥等工业，其南部为重工业区及港口、码头，北部是轻工业区，东部裕廊河畔为住宅区，这样的布局形式避免了生产、生活的互相干扰，被誉为东南亚的典型工业区。

新加坡将占地面积较大、污染较重的大型重工业配置在南部的岛屿上，有的整个一座岛只建一座工厂。由于这些岛屿远离居民区，可以避免市区环境污染，保护市民健康。此外，也便于船只的停靠，原材料及产品的装卸。新加坡还把新填埋场的场址选在主岛以外的岛屿上，既避免了挤占本已十分紧张的城市用地，也可避免废物处理带来的二次污染的影响。

新加坡政府把有限的土地大多作为工业和道路用地，农业用地仅占全国土地面积的5%。主岛上的农田逐渐向北转移，并逐步收缩种植业，同时建立大型农场实施农业集约经营，提高土地的利用率。

（四）城市交通设施建设

新加坡政府十分重视包括海港、机场、高速公路和地铁在内的交通设施建设。新加坡在海运和航运业的成就已为世人所熟悉，是新加坡的支柱产业之一。同样,道路交通也是促进新加坡经济发展的重要基础。

新加坡政府将全国8%的土地面积用来发展道路交通。采取这种适应新加坡国情的措施,一方面能使市中央区的过剩人口迁往新镇,减少市区中央的人口压力和各种生活设施的不足,另一方面也使城市的职能更为突出。目前,新加坡的公路密度居世界第一位,高速公路与地铁线路、原有干线及次要公路相结合,形成地面和地下交通网络系统,促进了经济发展,方便了人民生活。

(五) 城市绿化

新加坡地处热带,本身植被茂密,覆盖率高,但由于经济的发展,工厂、店铺、道路、住房占去了大量土地,植被有所破坏。为此,新加坡政府规定,新建建筑物的占地面积只能占用地面积的35%,其余都用于绿化,另外还规定,马路和建筑物之间应留有一定距离用来种植花草树木。由于政府的重视,尽管公路密如蛛网、高楼林立,但仍处处树木葱茏,绿草如茵,鸟语花香。目前几乎所有地区都消灭了裸露地面。90年代,政府开展在全岛种植果树的行动,进一步绿化城市环境,使新加坡成为举世闻名的"花园城市"。

可以看出,新加坡在城市可持续发展方面采取的措施实际上体现了新加坡作为一个城市国家的特点。

四、环境保护事业的发展历程

新加坡认为,作为一个人口稠密和高度城市化的岛国,不大力保护环境就难以生存,因此,在新加坡独立以后的发展过程中,环境保护一直受到政府的高度重视。

(一) 环境保护的两个阶段

新加坡独立后的环境保护工作可以分为两个阶段。第一阶段从60年代中期到80年代后期,环境保护的工作以政府为主导,主要进行环境保护的机构建设、建立环境保护的法律框架和管理体制以及在土地利用规划指导下开展城市环境基础设施建设,并进行认真的污染治理。经过20多年的努力,新加坡的环境保护政策、法规已基本形成体系,建立了比较完善的城市环境基础设施,拥有了一个清洁和健康的环境,成为一个举世闻名的花园式城市。

第二阶段是80年代后期至今。在这一阶段,人口增长给有限的资源带来的压力和公众对环境质量的更高期望,使得单靠加大对环境保护的投资和强化环保法律法规已经不能完全适应新加坡环境保护的需要。前一阶段几乎全部由政府包办的环境保护模式也难以持续下去。同时,80年代以后全球环境问题,如保护臭氧层,气候变化,保护生物多样性和海洋环境保护等问题受到各国广泛的关注,其中很多问题对新加坡的发展存在潜在的巨大影响,环境标准实际上成为进入发达国家市场的贸易壁垒,这对以贸易立国的新加坡来说更是构成了巨大的挑战。

在新的形势下,新加坡决心引入新的环境保护思路,由过去那种自上而下、强制性的环境保护模式转变为预防为主、更多地借助市场力量和更多的公众参与的模式,以实现国家的可持续发展。

(二) 环境保护和可持续发展的指导性文件——《新加坡绿色计划》

1992年5月,新加坡在总结以往环境保护的经验和在全国范围内广泛征询意见的基础上,制订了《新加坡绿色计划——建设模范环保城市》,决心在花园城市的基础上进一步把新加坡建设成为一个具有更高生活质量和更舒适环境的"模范环保城市"。

1. 主要内容

作为新加坡政府向1992年里约环境与发展大会提交的文件,《新加坡绿色计划——建设模范环保城市》可以说是新加坡跨世纪环境保护的总体规划,也是指导新加坡可持续发展的最重要的文件。它回顾了新加坡在可持续发展和环境保护方面已经采取的措施,同时描述了新加坡政府为到2000年把新加坡建设成为一个"模范环保城市"而制订的政策和战略。新加坡为"模范环保城市"确定了三个衡量指标,一是拥有高标准的公共健康水平,空气、水和土壤清洁,生活环境安静;二是居民的环保意识高,不仅关心环保问题,而且将个人利益与区域和全球的环境保护结合起来;三是成为地区的环境技术中心,能够为亚太地区国家提供有关环境技术的服务并成为地区环境活动的中心。根据《新加坡绿色计划》,从1993年到2000年,新加坡在环境基础设施项目的投资将达到30亿新元(约合人民币150亿元)。该计划涉及6大领域:环境教育、环境技术、资源保护、清洁技术、自然保护和噪声控制。

2. 行动计划

为具体落实《新加坡绿色计划——建设模范环保城市》,新加坡环境部于1993年推出了《新加坡绿色计划——行动方案》,截止1993年10月,在政府和私人机构的共同努力下,新加坡共制订了133个具体的行动方案,分属上述的6大领域。这些行动方案分别由政府部门或非政府组织牵头,从1993年11月开始执行。为监督和指导这些行动计划的实施,新加坡政府专门成立了一个指导委员会,由环境部高级官员担任指导委员会的主席,成员有来自参与行动方案的主要政府部门的官员。新加坡环境部还成立了与绿色计划6个领域相对应的6个工作委员会,其成员来自政府部门、立法机构和私人公司的代表,其职责是筛选确定合适的机构来承担具体的行动方案、协调和跟踪行动方案的实施。

3. 环境教育与公众参与

过去新加坡在环境领域的成就主要是在政府主导下取得的,建立在严格的环境法律、法规和标准和对违法行为的严厉处罚的基础上。面对新的形势,新加坡认为,公众的环境意识是新加坡可持续发展的基础,要建立一个对环境友好的社会,第一位的是向公众传播保护环境在科学和社会发展方面的重要意义,对环境保护价值的认识和态度的转变将带来新加坡民众生活方式和消费习惯的改变,从而降低对环境的压力。有鉴于此,新加坡把环境教育摆在非常重要的地位,把环境教育列为《新加坡绿色计划——行动方案》6大领域的第一位。

新加坡以往的环境教育形式主要是政府在通过新的环境法规

后和处理某个特定的与环境有关的问题时举办活动,具有主题狭窄和带有强制性质的弱点。根据《新加坡绿色计划——行动方案》的计划,为提高环境教育的效果,新加坡将努力建立一个完善的环境教育体系,其核心目标就是通过学校、社区、企业和媒体等各个环节对国民实行终身的环境教育。在新加坡环境部内还专门成立了公共教育局来组织和协调全国的环境教育。

从1990年开始,新加坡在每年的11月举办一次目的在于提高全民环境意识、为期一周的"清洁绿色周"活动。这是新加坡在环境领域面向全体公众的最重要的公众教育行动,由环境部和作为非政府组织的新加坡环境委员会组织和协调(环境委员会的作用更为突出)。新加坡总理通常会在开幕式上发表讲话和参加有象征意义的某项活动(如植树等)。在活动期间,新加坡环境部还举行仪式,为在环保领域作出突出贡献的组织和个人授予"绿色勋章"以示表彰。"清洁绿色周"作为一项公共活动,已成为新加坡环境教育的一大特色和有效途径。

4. 工商界在环境保护和可持续发展的作用

工商业活动是资源的主要消耗者和污染物的主要产生者,通过提供产品和就业机会,工商业对公众的态度有很大的影响,因此《新加坡绿色计划》高度重视工商业参与对于保护资源、减少污染物的排放和提高公众环境意识。

为促使企业规范其环境行为,把环境保护措施落到实处,新加坡大力推行环境审计制度,鼓励企业自愿参与。由于新加坡环境委员会的成员中有不少是新加坡企业的高层管理人员,它在推动工商业实施环境审计制度起到了重要的作用。

新加坡政府重视 ISO14000 对本国企业的影响,一方面,积极参与国际上有关环境管理体系方面的会议和工作,以了解该领域国际上的最新进展和发展趋势,以便及时作出应对之策,并力争将本国的立场和观点反映到有关的文件中;另一方面,新加坡鼓励企业遵循国际环境管理标准,建立环境管理体系,并为小企业实施环境管理提供资金支持。

新加坡于 1992 年 5 月开始实施绿色标志制度以促进绿色消费和环境无害化产品的生产。最早制订了绿色产品具体标准的三大类产品是纸张(以再生纸的比例为标准)、电池(以汞的含量为标准)和节能灯具。绿色标志制度的实施对消费者的消费导向产生了一定的影响并通过消费者的选择对企业形成环保压力。

由于环保意识的提高,新加坡企业界在环境保护方面的自律性明显加强。1994 年,1200 多家新加坡企业签署了《工商业可持续发展宪章》,标志着新加坡在工商业参与可持续发展方面取得了重要的进展。与此同时,工业协会在推动会员企业加强环境保护方面也起着积极的推动作用。此外,新加坡企业还积极参与政府或非政府机构组织的环保公益活动,在提高公众环境意识方面也起到重要的作用。

五、环保机构建设和环保法律体系

新加坡在工业化的初期,由于随意倾倒废物、排放废水和废气,存在比较严重的环境问题。新加坡高度重视环境问题的解决,不断完善相关政策、法律、法规的制订和建立专门的环境保护机构,强化环保执法。

(一) 环境保护的机构建设

1. 政府机构

1967年,新加坡前总理李光耀在全国范围内发起了植树运动,并于1970年在总理办公室下设立了污染控制局,这是新加坡政府成立的第一个专门的环境保护机构。1972年斯德哥尔摩人类环境大会的召开有力地推动了新加坡环境保护事业的发展。会后,新加坡成立了环境部,以保护公共健康和改善环境。

新加坡环境部负责制订环境政策、标准和规章,并对执行情况进行监督检查。环境部还负责对城市环境基础设施进行规划、建设和运行管理,承担着部分市政管理的职能。环境部还领导大气和水环境质量的监测工作,负责对有毒化学品和有害废物进行管理。此外,还提供与环境有关的公共卫生服务。对全民进行环境教育也是新加坡环境部的重要职能。同时,环境部还负责推进国家环境领域的重大计划的实施,例如《新加坡绿色计划》等,并扶持新加坡环保组织的发展。可以说,环境部在新加坡的环境保护事业中居于核心的地位。

2. 非政府组织

新加坡环境委员会是新加坡最重要的环保非政府组织之一,该机构的前身是成立于1990年的全国环境委员会,由企业、学术界、新闻界的知名人士和政府官员组成,其宗旨是提高公众的环境意识和参与环境问题的兴趣,在保护环境方面寻求公众的合作。

新加坡环保企业协会是新加坡环保领域另一个重要的非政府

机构。它是1993年12月由新加坡私营企业和环境部共同发起成立的。其宗旨是推动新加坡环保公司和环境技术的发展,为把新加坡建设成为东南亚地区环境技术和服务的中心作出贡献。与新加坡环境委员会类似,该机构采取会员制的组织方式,依靠入会企业每年交纳一定数额的会费来维持机构的运转。

3. 环境技术研究和国际合作机构

新加坡与发达国家在环保领域合作成立了一些机构,比较著名的是欧盟—新加坡区域环保科技院,由欧洲联盟和新加坡政府于1993年10月共同成立,其目的是加强新加坡与欧盟国家之间环境技术的合作与交流,帮助欧洲环保企业和技术进入东南亚及亚洲市场,同时该机构也向亚洲国家提供环境咨询服务。

在环境技术的研究开发方面,在国家科学与技术局支持下于1996年6月成立的新加坡南洋理工学院环境技术研究所是新加坡最有实力的环境技术研究、开发机构之一。由新加坡工业联合会与美国—亚洲伙伴关系协会共同成立的清洁技术和环境管理中心在环境技术的信息交流方面发挥重要的作用。

4. 机构建设方面存在的问题

新加坡在环保机构建设方面也存在一些问题。尽管环境部在环境保护的诸多领域居于主导地位,但同时还有另外5个部(例如贸工部等)也承担着某些环境管理的职能,这就不可避免地会导致由部门利益引发的政出多门并且相互矛盾的问题。此外,尽管近年来新加坡的环保非政府组织得到了比较大的发展,但由于在新加坡发展过程中政府的核心作用,不论是政府部门和社会公众都习惯于政府在社会生活的各个领域发挥主导作用,这一心理惯性也影响到了新加坡环保非政府组织的建立和发挥作用的主动性和影响力,与其他一些先进国家相比,非政府组织在新加坡环境保护事业中所扮演的角色与其能够发挥的作用相比还有较大的距离。

(二) 环保法律法规体系

1. 80年代末期以前的环境立法

由于新加坡曾是英国的殖民地,它在法律上沿袭了英国的体系。在新加坡,没有一个类似中国《环境保护法》那样的环境保护综合性基本法律,环保法律体系由一系列的环保单行法律组成,同时包括一般法律中有关环保的内容和政府通过的环保法令。新加坡在环保法律方面的一个重要特色是有一套严格的具体实施要求并通过严密的监测体系和严格的监测手段来确保环保法律的执行。

新加坡于1970年颁布了《吸烟法》(SMOKE ACT),是全世界最早在部分公共场合禁止吸烟的国家之一。但环境保护作为明确的目标以法律的形式体现出来主要是在1972年的斯德哥尔摩人类环境大会之后。在此之前的新加坡法律中尽管也有关于环境保护的内容,但重点是放在公共健康和劳动安全保护上。

在控制交通和工业造成的大气污染方面比较重要的法律包括70年代初通过的《道路交通法》,对机动车的污染作出了规定;《清洁空气法》,规定了大气污染物的排放标准,要求安装足够的防止空气污染和控制燃料燃烧的设施。

在固体废物处理处置方面,1968年通过了《环境公共健康法》。为防止放射性废物的污染,1973年通过了《放射性防护法》。

为保护工人的身体健康和为工人提供安全的生产条件,1973年通过了《工厂法》,规定企业必须确保将工人暴露在有害的工作环境中的危险降低到最低限度。

为解决内河水污染问题和防范洪水威胁,新加坡于1975年通过了《水污染和排水法》,1976年又通过了《地表水排水规定》,对地面排水系统的运行和维护作出法律规定。

为保护海洋环境,新加坡于1971年通过了《海洋污染防治法》,以控制石油和其他海洋污染物从陆地或船舶对新加坡海域造成的污染。

此外,新加坡还制订了有关食品和与引起环境疾病的病虫害防治的法律,由环境部负责实施。

应当说,从70年代初开始,新加坡的一系列环保法律法规的出台和严格的执法,大大促进了该国的环境保护事业的发展,经过10~15年的努力,新加坡的环境状况在80年代后期有了根本性的改善,同时奠定了新加坡在环境领域基本的法律框架。

2. 80年代末以后的环境立法

进入80年代后,新加坡实现了传统劳动密集型工业向电子、化学等高技术产业的升级,新加坡的工业化进入新的阶段。经济结构的调整和社会生活的变化促使新加坡的环保法律法规体系不断更新和强化。人民对生活舒适度的更高要求、清洁技术的开发应用、环境管理体系的推广反映被补充到更加严格的环境立法之中。同时,新加坡签署了一系列的国际环境保护公约,这些公约也成为新加坡环保法律体系的重要组成部分。

在大气污染方面,1997年新加坡实施了强制性的排放源检查,以确保有关环保法规的执行。同时,在税收和设备折旧方面提供优惠,鼓励使用能效高的设备,鼓励向环境技术的投资,并把汽车尾气的排放标准提高到欧盟、日本和美国 90 年代的水平。目前新加坡的大气环境质量已经达到世界卫生组织和美国环保局的标准。

1987 年,新加坡把噪声污染控制的内容第一次纳入修改后的《环境公共健康法》中,并制订了建筑工地的噪声标准。1994 年环境部成立了一个噪声控制的专门机构。1996 年《工厂法》中加入了控制噪声对工人听觉损害的内容。以上两个法律修改后,噪声污染控制在新加坡逐步走上良性循环的轨道。

为了进一步加强对城市垃圾的管理,新加坡于 1989 年在《环境公共健康法》加入了有关固体废物搜集的内容,规定了对在公共场合倾倒垃圾等行为的具体处罚措施。1994 年还成立了一个专门机构以促进废物最小量化的工作,遏制日益增长的垃圾产生量。新加坡还准备通过提高对居民和公共、私营机构的垃圾收费的办法来减少垃圾的产生量。

在危险废物管理方面,新加坡于 1987 年把有关内容加入修订了的《环境公共健康法》中,并于 1988 年通过了附属于该法的《工业有害废物规定》,对危险废物的产生、运输、储存和处置制订了严格的控制标准并体现了通过回收利用实施废物减量的观念。1997 年,新加坡通过了控制危险废物出口、进口和转移的《危险废物法案》,可以认为这是把《巴塞尔公约》以国内法的形式接受下来。

在水污染控制方面,《水污染和排水法》对污水排放制订了更加严格的标准,实施的力度也进一步加强,使得内陆水体的水质得到了明显的提高。新加坡还废止了于1971年制订的《海洋污染防治法》，重新颁布的海洋污染防治法在很大程度上反映了新加坡参与的海洋国际公约的内容。经过努力，目前新加坡近海水体的水质全部达到了娱乐用水的水平。

3. 经验与不足

经过20多年的不断发展，新加坡的环保法律已经形成了一个比较完整的体系，为新加坡环境保护事业所取得的成就发挥了突出的作用。根据新加坡区域环保科技院的统计，截止1996年，新加坡国会通过的有关环境保护的法律及附属文件已经超过50项。同时还应当指出的是，新加坡在环保法律的建设方面与其他国家相比并没有特别的过人之处，比如新加坡的邻国马来西亚也制订了相对完善的环境法体系，但其在环境保护方面取得的成就远不如新加坡，其中原因很多，但很重要的一条是，新加坡用严格执行法律来确保法律发挥应有的作用，这是新加坡严格依法治国所取得的成就，这是我们应向新加坡学习的一个重要方面，再完善的法律条文，如果没有严格执法来支撑，就会变成一纸空文。

当然，新加坡的环保法律建设远非完美无缺。从前面的介绍可以看出，尽管新加坡的环保法律涵盖了大部分的环境要素，但由于新加坡的环保法律体系是由一个个不同领域的具体的环保法规构成的，没有一个环保的综合性法律，整个法律框架显得有些凌乱，法律之间的内在联系不够强，对于普通公众甚至是专业人员来说，要了解新加坡环保法律的全貌是一件比较困难的事情，这对于法律的宣传普及工作是一个障碍。新加坡的环保项目许可证制度也存在透明度不够的问题。从1991年开始，新加坡把改革环保法律体系的计划列入了议事日程,旨在制订一个涵盖污染控制和公共健康所有领域的综合性环保法律。

新加坡环保法律的另一个明显的弱点是,它主要依靠浓度控制的手段,总量控制在法律框架中的作用不明显,这使得企业缺少削减污染物总量的动力,污染控制的主要工具还停留在末端治理技术。

与新加坡的传统一脉相承,在新加坡的环境保护领域,有过分倚重行政部门的倾向,公众和企业角色被动,积极参与性不足,行政部门之间也存在职能交叉,相互扯皮的现象;而在管理手段上,则过分依靠行政处罚措施,从经济角度鼓励环境保护行为的措施不力,对市场力量的利用不足。尽管新加坡的行政部门仍然希望在环境保护方面居于中心地位,但它们也逐步认识到公众、私人机构参与的重要意义,认识到市场力量可以被更大程度地利用来促进新加坡的环境保护事业,而这些变化在《新加坡绿色计划》当中得到了反映。

六、在全球环境问题上的立场和环境保护的国际合作

新加坡积极参与全球环境问题的国际磋商与合作,迄今已签署了多个重要的有关全球环境问题的国际协议,如《防止危险废物越境转移巴塞尔公约》、《保护臭氧层维也纳公约》、《关于臭氧层耗损物质的蒙特利尔公约》、《防止船舶污染国际公约》、《联合国海洋法公约》、《联合国气候变化框架公约》和《联合国生物多样性公约》等等,并采取积极步骤履行国际公约的义务。

在温室气体减排方面，1989年，新加坡人均CO_2的排放量是1.9吨，远远低于经合组织3.4吨的平均水平。预计到2000年，新加坡的人均CO_2年排放量将上升到2.8吨。新加坡表示将通过改变能源结构、提高能源利用效率和在工业部门采取新的技术手段和工艺来把CO_2排放控制在尽可能低的水平上，同时提高新加坡企业的竞争力。在新加坡，电力生产部门的CO_2排放量占总排放量的近一半，因此提高电力部门的生产效率对减少CO_2排放具有重要意义。但新加坡电力生产效率已经处于世界领先的水平，进一步提高效率难度较大。因此新加坡把技术进步作为提高电力生产效率的手段，例如考虑引进联合循环技术。同时，针对使用天然气的CO_2排放仅为燃油排放的75%的特点，新加坡准备在电力生产中稳定增加天然气的供应量，以此作为减排CO_2的具体措施。此外，新加坡还通过加强炼油、石油化工和其他工业的能源审计、减少能源损耗和加强废热利用、强化机动车车况检查、减少废物产生量以减少废物焚烧的能耗等措施来进一步减排CO_2。在淘汰臭氧层损耗物质问题上，新加坡决定在2000年禁止使用氟里昂和哈龙类物质，比修改以后的蒙特利尔公约规定的期限提前2年。为实现这一目标，新加坡政府从资金上为企业提供激励。

在全球环境问题上，新加坡主张各国加强合作，并积极在国际场合，尤其是联合国的框架内发挥自身独特的影响。在国家的定位方面，新加坡认为自己介于发达国家和发展中国家之间。作为"77国集团"和"不结盟运动"的成员国，新加坡在很多全球环境问题上，与多数发展中国家有着相同或相似的立场。

在1997年6月举行的联大特别会议上，新加坡总理吴作栋批评发达国家没有履行其在里约环发大会上所作的承诺,甚至削弱了帮助发展中国家实施 21 世纪议程的政治意愿,很多发达国家更关心的是确保它们的生活水平不会因保护全球环境而受到威胁。吴作栋指出,没有足够的资金支持,可持续发展只能是一句空话。吴作栋还特别批评了美国国会阻挠美国为《联合国气候变化框架公约》提供资金支持的做法。在此次大会上,新加坡政府还与德国政府共同声明,列举了在实现全球可持续发展目标方面需要解决的紧迫问题。

新加坡认为,鉴于目前人类所面临的环境危机主要是发达国家在其长期的发展过程中掠夺资源和破坏环境的后果,发达国家应对此承担主要责任,要求发展中国家对全球环境问题承担主要责任是不公平的。新加坡还认为,要求发展中国家以当前利益为代价来解决长期造成的环境问题是不合理的,牺牲发展中国家的经济增长只会使不合理的国际经济和政治秩序永久化。

为了传播新加坡可持续发展和环境保护的经验,新加坡于 1997 年启动了《新加坡可持续发展技术援助计划》,目的是在城市发展计划、城市管理、交通运输等新加坡的优势领域为发展中国家的官员提供培训,以帮助发展中国家实施 21 世纪议程。新加坡希望以此推动各国在可持续发展领域更广泛的合作,推动发达国家履行帮助发展中国家保护环境和实施 21 世纪议程的承诺。同时,新加坡把积极推进《新加坡绿色计划——建设模范环保城市》作为其对实施全球 21 世纪议程的支持。

新加坡重视与周边国家开展环境保护的双边国际合作。例如,新加坡与马来西亚和印度尼西亚分别合作成立了马来西亚—

新加坡环境联合委员会和印度尼西亚—新加坡环境联合委员会。作为东盟的成员国和其中经济最发达的国家,新加坡致力于通过地区的多边合作推动东南亚地区的环境保护,并希望在环境立法、环境基础设施建设和环境技术方面成为地区内各国的典范,并积极向周边国家输出环境技术和环境保护的经验。

新加坡同样重视与发达国家的环境合作,例如与德国等发达国家签署了环境合作协定,与美国签定了美国—亚洲环境伙伴关系协议等。在机构建设方面,新加坡与欧盟合作成立了欧盟—新加坡区域环保科技院,与美国共同成立了清洁技术和管理中心。新加坡鼓励跨国环境公司在该国开展业务,并把与发达国家的环境合作当作提高新加坡环境技术水平的有效途径。

七、对可持续发展的新思考

1997年联合国"里约+5"大会以后,新加坡的可持续发展事业在更深更广的程度上进一步向前推进。

面对即将来临的21世纪,新加坡的全体国民在共同思考这样的问题:如何既减轻生活压力,又保持追求新生活的动力?如何既照顾老年人的需要,又满足年轻人的期望?如何既有效地吸引外来人才,又照顾新加坡人的利益?如何使国人既能放眼世界,又能心怀祖国?如何既能协商共识,又能提高决策效率?作为在新加坡长期发展过程中居功至伟的全体国民的忧患意识,在新世纪来临之际又一次强烈地体现出来。

1997年8月,新加坡总理吴作栋在国庆群众大会上提出成立新加坡 21 世纪委员会,拟出"新加坡 21"的远景,以加强新加坡面向 21 世纪的社会凝聚力、政治稳定、价值观和全体人民的奋斗精神,建立起各民族和种族对未来新加坡社会的共识,经过几代人的努力,在新加坡建立一个"新加坡人"的民族国家。

新加坡 21 世纪委员会主席由新加坡教育部长张志贤担任,成员包括 10 名国会议员和政府高级官员。该委员会在广泛征询个人和民间组织意见的基础上,于 1999 年 4 月推出了该委员会的报告书——《新加坡 21:全民参与,共攀高峰》。从新加坡 21 世纪委员会的组成来看,这一报告有很浓的官方背景,但与以往不同的是,该报告的出炉体现了较强的公众参与色彩,因而又被称为"人民为人民编写的报告书"。

《新加坡 21:全民参与,共攀高峰》提出了建立新加坡"心件"工程的五个主题,即各尽所能,各有贡献;家和民旺,立国之本;机遇处处,人才济济;心系祖国,志在四方;群策群力,当仁不让。这实际上描绘了新加坡 21 世纪发展的图景。

"各尽所能,各有贡献"是指每一个人对国家都是重要的,而每一个人对国家都能作出自己的贡献。因此在个人的层次上,每个新加坡人都要有自己的方向和目标;在社会的层次上,成功的定义应该扩大到学术与物质成就以外。

"家和民旺,立国之本"则强调家庭是新加坡社会的支柱,城市化和国际化的发展使新加坡传统的家庭观念受到挑战。新加坡总理吴作栋表示:"家庭必须继续是我们给予并接受关怀与支持的来源。"他在 1999 年 4 月 24 日《新加坡 21:全民参与,共攀高峰》的新书推介仪式上,写下了这样的寄语:"每天紧记家庭,紧记国家",表达了他对新加坡人的希望。

"机遇处处,人才济济"表达了这样一种主张:外来人才是新加坡未来发展不可缺少的资源,新加坡人必须在理智上乃至感情上接受外来人才。而国家则有责任让全体公民发挥所能,并且包容失败者,鼓励他们再尝试。

"群策群力,当仁不让"是发展"市民社会"的目标。在历史上,新加坡存在政府主导以实现理想的模式,同时这也是新加坡发展经验的重要组成部分。然而随着社会的不断发展,没有任何人能够为每个问题提供全部的答案,政府包办一切的可能性已经不复存在,人民更积极的参与,将可以带来更理想的解决办法。因此,这一主题的提出表明,新加坡决心在治国方针上作出调整,减少政府干预,在提高人民参与的主动性和积极性与维持一个强大的政府之间找到一个平衡点。

《新加坡21:全民参与,共攀高峰》是一项全面的远景,它超越经济和物质成就,直达心灵和人群。该报告全面检讨新加坡社会的价值观、态度、角色和关系,为个人、家庭、群体和国家的发展指出方向。该报告在起草过程中引起了新加坡各界的强烈反响,于1999年5月正式提交新加坡议会讨论并获得通过,新加坡正在制订具体实施计划,采取实际步骤将新加坡的可持续发展事业推向新的高度。

八、新加坡可持续发展的阶段和特点

可以看到,新加坡可持续发展的战略与实践随着国家经济发展的阶段不同而呈现不同的重点并不断向前迈进。

在新加坡建国初期,由于经济和工业基础薄弱,可持续发展首先要建立在一定的经济基础之上,这一时期国家的工作重心是建立和完善可持续发展的工业和经济基础。在这一阶段,新加坡政府面对城市国家遇到的特殊问题,一方面采取适当的经济政策,促进工业和经济的迅速发展,另一方面,对城市进行改造和规划,使城市功能得以正常发挥,为工业和经济的发展奠定了良好的社会环境。经过一段时间的努力,经济发展和人民生活水平上了一个大台阶。这是可持续发展过程中打经济基础的阶段。

在工业化过程中,经济发展带来的环境污染成为新加坡可持续发展的主要障碍,加强环境保护工作成为促进新加坡可持续发展的重点。因此在这一时期,新加坡着力建立起比较完整的环境保护的机构和比较完善的法律法规体系,建设起一批环境基础设施,以政府为主导,通过严格的法律规定和执法及调整产业结构等等措施遏制环境污染。同时,新加坡在前一阶段经济发展中所取得的成就也为环境治理提供了资金和技术条件。这一阶段可以说是可持续发展过程中注重环境污染治理的阶段,新加坡在加强环境保护的同时,经济持续发展。

在新加坡工业化的后期,随着国家经济实力的增强和人民生活水平的进一步提高,环境的严重污染基本得到解决,人民对生活水平的要求从物质财富的增加和物质享受转向全面的生活质量的提高,促使新加坡的可持续发展进入新的阶段,即以可持续发展的意识提高为基础的全民参与的阶段。

如果进行简单的概括,可以把新加坡的可持续发展战略和实践归结到三个主要内容上,即经济的可持续发展、环境的可持续发展和社会的可持续发展。经济的可持续发展主要是指通过确保经济健康、稳定的发展,为环境保护和社会发展提供坚实的物质基础。环境的可持续发展体现在通过全民参与保护环境,确保人民的身体健康和生活质量,消除阻碍经济发展的环境污染障碍。社会的可持续发展则主要是指提高全民的可持续发展意识,推动公众参与,同时,通过实现种族和睦和国民的团结,为经济和社会的发展奠定社会稳定的基础,从而实现社会的全面进步。三个方面互相联系,相辅相成。

实际上,以上的一幅发展图景我们也可以在相当多的国家看到。从这个意义上讲,新加坡的可持续发展不论从理论到实践,都走了一条与发达国家相类似的道路。今天看来,这条道路实际上反映了包括新加坡在内的世界各国对可持续发展共同的认识过程,这一过程是渐进的,随着经济和社会的进步而不断深入。

当然,这并不是说新加坡在推进可持续发展方面没有自己的特色。实际上,新加坡在可持续发展领域的种种努力都来源于对自身作为一个面积狭小、资源匮乏、多种族的城市岛国的危机意识。这种危机意识推动着新加坡社会不断向前发展。

如果说新加坡在推进可持续发展的过程中表现有什么值得总结的地方,可以说,务实精神是它取得成功的一个重要保证。这突出地表现在两个方面,一是在经济社会发展的各个阶段和各个领域,新加坡不断根据情况的变化提出新的思路、口号、战略目标和政策规划,但更为重要的是,它总是配合以详细的、可操作的具体方案,由具体的部门和机构加以切实的推进,使计划、目标、口号落到实处;二是新加坡的严格执法。从前面的介绍我们可以看出,即使与本地区的一些发展中国家相比,新加坡在环境保护等领域的立法并不能说是完善的,有的地方甚至还有缺憾。但新加坡在可持续发展方面取得的成就却远远高于其他周边国家。其中原因很多,但重要的一点是新加坡执法的严肃性,这使得它的每一部法律都得到不折不扣的执行,发挥了实实在在的作用,这是很多国家难以比拟的,也是中国的差距所在。严格执法不仅对于违反环保法律法规的行为具有震慑作用,对于全社会形成保护环境的风尚也具有不可估量的作用。

在实现可持续发展的手段上,我们可以看到,新加坡从硬件、软件和心件建设全方位着手加以推进。所谓硬件,是指建立完善可靠的工业、城市、环境基础设施,为确保经济、社会的可持续发展提供物质条件;所谓软件,是指加强政策、法律框架的建设,使得社会的可持续发展始终在有序的轨道上运行,通过多种形式的教育提高全体国民的意识,使可持续发展成为全体人民的自觉行动;所谓心件,是指从价值观、国民的归属感着手建立一个各种族和谐相处的社会,建立起全体人民对未来发展的信心和共识。

考察新加坡可持续发展的战略与实践,应当充分注意到新加坡对"心件"的高度重视。可以认为是新加坡从本国具体国情出发实施可持续发展战略的一个鲜明特色和独特视角。它的实质是,在临近21世纪、世界经济和科学技术迅速发展对人们的思想、工作和生活产生巨大影响的今天,新加坡根据自己的国情,决心从价值观、文化观入手,在继承传统的同时,巩固和重构新加坡自己的、面向21世纪的社会文化,把可持续发展建立在全体国民对国家发展的认同感和归属感的基础之上,确保社会的凝聚力、种族的融合和政治的稳定,为可持续发展奠定坚实的社会基础。可以说,新加坡把"心件"建设提高到可持续发展的战略高度,丰富了传统的可持续发展理论,延伸了传统的可持续发展理论的内涵。由于中国与新加坡在社会主体文化方面存在相当程度的类似,因此新加坡在这方面的经验值得我们研究与借鉴。

第十六节 瑞典

一、瑞典概况

瑞典位于欧洲北部斯堪的纳维亚半岛东南部,地势由西北向东南倾斜,西北部是斯堪的纳维亚山脉的东坡,南部及沿海多为丘陵和平原。国土面积45万平方公里,人口约880万。瑞典大部分地区属温带针叶林气候,2月份北部平均气温为 $-12.9℃$,南部 $-0.7℃$;7月份北部平均气温为 $12.8℃$,南部为 $17.2℃$,年均降水量400~600毫米。

瑞典自然资源丰富。境内河湖众多,总数近10万个湖泊约占国土面积的9%,水资源蕴藏量达到6000亿立方米。受地势影响,河流自西北向东南急流直下,水力资源十分丰富。瑞典的环境状况良好,空气清新,森林面积占全国面积的57%,主要分布在北部。矿产资源主要有铁、铜、锌、钛、铋等,其中以铁矿资源最为丰富,已探明储量为36.5亿吨,居欧洲第三位。

瑞典工业产值约占国民生产总值的 35.6%，主要有采矿、冶金、机械、制造、木材加工、造船、造纸、化工、食品、运输设备等部门。出口占国民生产总值的 1/3，主要产品为机械、车辆、化工原料、运输器材、木材加工的原料、金属等。农业产值仅占国民生产总值的 2%，农业人口约占就业人口的 4%，其收入的 80% 来自畜牧业，主要农作物有干草、麦类、马铃薯、糖用甜菜等，畜牧业发达。60 年代瑞典被视为福利国家的楷模；70 年代后半期经济增长迟缓，赤字激增，被称为"欧洲的病人"；80 年代以来，在经济增长的同时，瑞典保持着低失业率和通货膨胀率，经济取得很大成就。

二、国家可持续发展战略

瑞典是可持续发展思想的积极倡导者之一。早在 1972 年，著名的人类环境会议就在瑞典首都斯德哥尔摩召开。1992 年里约环发大会后，瑞典政府提出了"建设可持续的瑞典"的建议，并得到了国家和地方政府的积极响应。1994 年 4 月，瑞典议会讨论通过了题为《迈向可持续发展——执行联合国环境与发展大会决定》的提案，并以此作为瑞典 21 世纪议程文本。这标志着瑞典从单纯的环境保护转入同时兼顾资源、环境、经济和社会诸方面协调的可持续发展阶段。1996 年 9 月，瑞典政府提出"在世界各国中，瑞典应成为实现可持续发展的主导力量和楷模。国家的繁荣发展必须建立在对自然资源——能源、水、原材料有效利用的基础之上"。

(一) 对可持续发展的基本认识

瑞典认为实施可持续发展战略,首先应将经济发展和生态循环作为一个有机整体。经济的发展必须以生态平衡能力为基础,决不能因为发展而威胁到人类自身以及植物和动物的生存;同时良好生态环境的建立又必须以经济的可持续发展作为先决条件。社会各领域、各层次的计划和决策都应把经济和环境两大因素结合起来考虑,对环境影响的评估应广泛纳入决策和各种计划的制定过程中去。在瑞典,环境和经济发展的整体性主要体现在税制改革方面,如征收各种环境税等。其次应明确社会各界对环境问题应负有的责任。1997年1月,瑞典政府向议会提交了一份关于瑞典转向可持续社会的工作报告,报告中指出:当前的工作重点是明确社会各界对自然资源可持续管理所负有的责任,并将环境因素纳入各项决策和计划当中。瑞典认为企业、工商业界、政府和个人对环境负有义不容辞的责任。每个公民都应当在瑞典转入可持续发展社会的进程中贡献力量。第三,地方政府在实现可持续发展战略目标过程中发挥至关重要的作用。瑞典认为各个地方可持续发展计划的集合才是真正意义上的瑞典21世纪议程。实施地方21世纪议程是将可持续发展原则转变为基层乃至每个公民的具体行动的重要途径。

(二) 行业的可持续发展战略

瑞典的能源、交通、工业、农业等各个部门都制定了各自的行动目标并采取了相应的行动,其主要目标为:在能源方面,能源部门提出尽可能地使用可再生能源,并尽可能有效地对能源进行管理。在交通方面,交通部制定的目标是:到 2010 年消除交通对环境的有害影响;到下世纪中叶,大幅度减少交通对人体健康的危害。工业方面的目标是:在 2000 年将污染物排放量控制在对环境不产生危害的水平。在制造业方面,实现对新产品的"终身"环境影响评价,即在产品的设计、生产、消费直到报废的整个过程中,都要进行产品环境影响评价。在废弃物管理方面,1990 年瑞典议会就通过了《废弃物管理纲要》,限制有害废弃物的总量排放及废弃物中有害成分的含量,提高废弃物再循环和回收利用的程度。在农业方面,1990 年瑞典议会通过了新的农业政策,将保护耕地、保护生物多样性、保护具有文化价值的风景区和古迹、减少化学农药的使用作为农业可持续发展的目标。在林业方面,瑞典已建立了较为成功的林业可持续发展模式——"地点决定"模式,即根据林区的土壤性质、气候特点以及其他自然条件来制定林业活动计划。瑞典木材的年度砍伐量仅占木材年增长量的 65%,按正常的木材需要量的增长速度预测,未来 50 年瑞典的木材蓄积量呈增长趋势。目前,瑞典的森林每年可吸收 4000 万吨碳,而瑞典每年矿物燃料燃烧所排放的二氧化碳量仅为 1500 万吨。瑞典是世界上第一个实现大气碳循环负增长的国家。

(三) 可持续发展国际合作与国际贸易

对于全球可持续发展问题,瑞典认为当前世界上有两种趋势正严重威胁着全球的可持续发展,一是贫困问题,二是工业化和城市化问题。一方面,贫困通常导致对耕地、森林、能源、水资源的掠夺性开发以及各类环境问题。消除贫困的措施包括支持发展中国家对土地和水资源的保护、加强培训和提高医疗健康水平等。另一方面,在世界的许多地方,快速的工业化和城市化正在导致诸如环境破坏、环境卫生和健康等问题的产生。要想解决这些问题,就必须采取诸如改善能源结构、加强废水和废弃物管理、保护海洋环境等一系列措施。

瑞典认为实现全球的可持续发展,需要在民主、经济、技术和社会发展等方面给予发展中国家更多的机会,而国际合作是实现这一目标的重要途径。因此,瑞典政府十分重视同发展中国家在可持续发展领域中的合作。瑞典是真正履行联合国环发大会"发达国家将国民生产总值的0.7%用于官方发展援助"这一承诺的少数几个发达国家之一。自1992年以来,瑞典官方发展援助金额占到其国民生产总值的1%。近年来,由于瑞典国内经济原因,比例有所下降,但仍然达到0.7%的水平。瑞典政府承诺,只要政府财政允许,仍将保持原来1%的比例。

瑞典官方发展援助的最终目的是提高贫穷国家人民的生活水平。为此,瑞典议会确立了官方发展援助的六个主要目标:

• 促进资源增长:帮助提高物资和服务产业的水平;

• 经济和社会的平等:帮助缩小贫富差距并为所有的人提供基本的生活保障;

• 经济和政治的独立:帮助提高国家自主管理经济和政治事务的能力;

• 发展社会民主:帮助增强民众对地方、区域和国家发展的影响力;

• 改善环境:帮助加强对自然资源和环境的管理;

• 男女平等:发展合作计划的制定、实施、评估及后续行动均要考虑男女平等问题。

瑞典可持续发展合作的优先领域包括:水资源、可持续农业和林业、海洋环境、城市环境问题、能源生产和消费。在这些领域当中,重点支持科学研究、能力和机构建设以及非政府组织等。

瑞典进行可持续发展国际合作的主要渠道是通过瑞典国际发展合作署(Sida),其援助额度大约占瑞典官方发展援助的 66%。为了将可持续发展原则纳入所有的发展合作中,Sida 专门制定了相关的政策和行动计划,强调加强环境与经济发展以及贫困、男女平等、民主等社会问题之间的联系。其次是通过有关国际组织及瑞典教会、贸易协会等非政府组织开展可持续发展领域的国际合作。瑞典政府还支持本国地方与其他国家地方之间的合作交流。

对于国际贸易,瑞典政府认为:贸易对一个国家的生产状况、环境和经济影响远比其他方式更为有效。因此,贸易与国际合作必须同时为可持续发展作出贡献。瑞典支持自由贸易,因为自由贸易可以为可持续发展创造机遇。例如,自由贸易可以使发展中国家获得更多的出口机会,促进国家的繁荣。与此同时,瑞典认为国际贸易条约与国际环境方面的条约应在更大程度上相互支持。目前,二者仍然是两个相对独立的体系,缺乏相互之间的协调。环境方面的条约仍旧被看作是发展自由贸易的壁垒。因此,瑞典认为世界贸易组织(WTO)应当将国际环境条约中的一些基本原则(如污染者付费原则、预防原则、替代原则、国际合作和参与原则等)纳入国际贸易准则当中。除了环境和资源,国际贸易准则中还应当加入有关工作条件(如成立贸易协会的权利)、工作环境与安全以及保护儿童权益(如严禁使用童工)等国际条约的内容。同时,应当充分发挥非政府组织在国际贸易合作方面的影响力。

(四)可持续发展的组织机构及其职能

瑞典负责可持续发展和环发大会后续行动的国家组织机构为:瑞典环境部和瑞典21世纪议程委员会。

瑞典环境部负责环境的宏观管理,如制订环境法律和法规,负责全国重大的环境活动和各个部委之间的环境活动的协调工作。而具体实施法律及开展环境活动主要是由瑞典环境保护局负责。

1995年,为确保《21世纪议程》的顺利实施,在瑞典首相的提议下,瑞典国家可持续发展委员会——21世纪议程委员会成立。该委员会由瑞典环境部部长担任主席,包括的政府部门有瑞典环境部和环保局、瑞典议会成员、瑞典地方政府和国家乡村委员会的代表、产业部门、贸易联合会及科研单位以及瑞典自然保护协会、瑞典地方政府委员会、瑞典教会及青年组织等非政府组织。委员会的主要职责是促进社会各个领域开展21世纪议程工作。

三、重点领域的行动和进展

(一)可持续能源

瑞典的能源主要是核电和水电,其中50%来源于核电。尽管在安全运行情况下,核电不易对环境造成污染,但大多数瑞典人仍担心发生核事故,竭力反对使用核电。因此,瑞典政府决定逐步关闭核电厂,这就要求瑞典在最近几年里找到替代能源,填补取消核电后遗留下来的能源空缺。由于瑞典煤资源匮乏,且易对环境造成污染,因此瑞典不得不使用其他替代能源。

瑞典积极加强清洁替代能源的研究和开发,并取得显著进展。目前,使用较为普遍的清洁能源是天然气和木屑。在瑞典,社区的供热站都已开始使用经过预处理的木屑作为燃料。大型热电厂,例如瑞典的 ABB 公司等已使用天然气发电、供热。少量使用燃煤的发电厂或热电厂,必须有严格的排放监测,符合一定的排放标准才被允许排放。

其他清洁能源,例如太阳能和风能的开发利用正从实验阶段转向商业化运行。其中风能已通过非政府组织和股份制的经营形式变为人民生活中的现实,即发电站由当地居民组成的自愿者社团集资兴建,靠风力发电节约电费,并能盈利,从而产生了极大的社会和经济效益。

(二) 可持续的交通运输

在过去的 30 年,瑞典的交通投入增长了 4 倍。从 1990 年到 2020 年,瑞典在交通方面的投入还将增长 40%。瑞典交通业的能源消耗占总消耗的 1/5,而其中 90% 为化石燃料。因此,交通成为有害物质排放的最大来源之一。目前交通业的发展趋势与可持续发展是不相符合的。为了改变这种趋势,瑞典采取的主要措施有:加重对燃料和有害气体(如二氧化碳)排放的税收;编制基础设施规划,将交通基础设施的投资重点从修建新的道路转变为加强现有道路的维护和修建铁路上;鼓励使用自行车和由生物燃料(如酒精)驱动的汽车;在大城市发展公共交通;长途运输提倡使用铁路等。

(三)改变生产方式与消费模式

瑞典认为今天的许多环境问题都与人类不可持续的生产方式和不合理的消费模式紧密相关,二者是产生环境问题的根本原因。

推行生态标志是瑞典政府促进生产和消费方式向可持续发展方向转变的主要措施。具有生态标志的产品较同类产品在污染排放、能源和资源消耗、有毒化学品控制等方面达到了所规定的环境要求。推行生态标志提高了消费者对产品提出环境要求的能力,良好的环境质量已经成为商品出售的重要依据。同时,生态标志也是生产者向世人展示其拥有环境无害产品和生产过程的有效方式。目前,瑞典市场上已经有1400种生态标志产品。瑞典政府考虑将进一步扩大生态标志产品的范围,如在交通和能源领域推行生态标志。同时,在授予生态标志时,除产品本身的环境质量外,还应考虑产地的生产条件及环境状况等因素。

消费者对环境友好商品需求的增长给零售业带来了新的挑战与商业机会。为此,瑞典政府及时发起了生态商店运动,对生态管理先进的商店予以奖励。目前,瑞典大部分的食品和方便产品的批发和零售商都制定了有关环境友好产品的计划,而这种产品的销售额也在迅速上升。此外,他们在货物的运输及商店废弃物管理等方面也充分考虑其对环境的影响并采取了相应的措施。

（四）可持续农业和绿色食品

经过长期的努力,瑞典的有机农业和绿色食品产业,已取得了显著成效。瑞典是从 1977 年开始进行有机农业活动的,并于 1985 年建立了全国绿色食品标准。瑞典的有机农业属于可持续发展农业的一种,它强调尽可能减少额外的投入,实行间种、轮种,使用生物杀虫剂,加强用水管理,水土保持,充分利用土壤肥力。瑞典已不再使用化学杀虫剂,DDT 在瑞典 15 年前就已被禁止使用。目前,瑞典有机农业市场销售额达到 2 亿美元,瑞典有 6% 的农用土地面积从事有机农业,瑞典议会已作出决定到 2000 年从事有机农业的农用土地面积提高到 10%。

瑞典成立了非官方的有机农产品(绿色食品)认证机构,负责有关绿色食品的认证工作。获得认证需要一定的手续,认证委员会要到申请认证的农户农场中去视察,不仅对最终产品进行检验,还要对整个生产过程和生产系统进行检验后才能认可。只有获得认证之后,农户的产品才能贴上认证标志。然后,农户把产品销往与他签定合同的商场中去,通过零售商把绿色食品销往消费者手中。

让绿色食品走向市场是一个渐进的过程。瑞典用了十几年的时间推广绿色食品,其间也曾遇到许多困难。例如,有机农业采用了一些高新技术和新的农具,导致绿色食品的投入成本增加,绿色食品的市场价格比普通农产品价格高 10% 到 50%,甚至达到 100%。消费者能否接受,这是一个关键的问题。瑞典在这方面作了大量卓有成效的工作,一方面加强绿色食品的宣传,与公众开展对话,让公众了解和接收它;同时,他们加强对绿色食品生产过程的监督,保证其质量,并尽量降低绿色食品的生产成本,在消费者可承受的限度内,制定出绿色食品的市场价格。

四、地方可持续发展概况

在1992年环发大会之前,瑞典的各个地方就已经参与了与可持续发展有关的各项行动,如环境保护等。这为里约会议各项后续行动在瑞典地方的迅速开展奠定了良好的基础。环发大会后,《21世纪议程》在瑞典的地方层次上产生了很大影响。地方在瑞典开展的大量有关可持续发展的活动中发挥了重要作用。

在国家层次上,瑞典政府并没有从行政上和法律上对地方开展21世纪议程行动提出硬性的要求。为了使地方能够根据当地的需求和实际情况灵活地开展地方21世纪议程工作,瑞典中央政府不参与地方项目的设置,不干预地方政府的具体做法,仅给予宏观上的指导,为地方提供所需的信息。如环发大会后,瑞典政府很快将《21世纪议程》及其他会议文件翻译过来并下发给各个地方。瑞典环境部和瑞典地方政府协会联合向所有地方发文,概括介绍21世纪议程。1993年,环境部和地方政府协会还召开了一系列的地区会议,以鼓励地方实施地方21世纪议程。在资金方面,瑞典政府仅一次性从中央财政拿出700万克朗(不足100万美元)用于启动地方可持续发展工作的开展,主要是有选择地支持一些地方21世纪议程示范推广项目。

在地方层次上,到1995年,全国所有的288个城市都开展了地方 21 世纪议程活动。其中，几乎所有的地方都有专门的地方 21 世纪议程协调员，负责协调当地的地方 21 世纪议程工作。有 2/3 的地方将 21 世纪议程工作纳入地方政府的管理当中，这表明 21 世纪议程工作已经成为地方政府的中心任务，而不仅仅是某个部门或某个方面的问题。有 3/4 的地方政府设立了专门的资金支持地方 21 世纪议程的各项活动。这些资金主要采取小额的形式用于协调和提供信息方面。涉及到具体领域的地方 21 世纪议程行动则主要由相关的政府部门提供资金支持。瑞典的许多地方都实施了地方 21 世纪议程优先项目。每个地方实施的项目重点和工作程序各不相同。有些地方的项目工作建立在广泛参与的基础之上，参与部门包括地方机构、组织、个人，而地方政府则主要发挥协调的作用。有些地方则着手为地方组织制定内部的行动计划或今后工作框架。

瑞典在环境问题上有广泛参与的基础并积累了丰富的经验，因此瑞典地方 21 世纪议程工作比较侧重于环境和自然资源的可持续发展方面。但随着瑞典社会向可持续发展方向的逐步迈进，瑞典地方 21 世纪议程的工作领域也由环境领域逐渐拓展到更广阔的可持续发展领域。在瑞典的许多地方，21 世纪议程中有关社会可持续发展的内容也得到了相应重视，所涉及的领域包括：企业的发展、增加就业、消除社会差异及对移民的歧视、地方及社区的民主建设、提高大众的健康水平和生活质量等。当然，瑞典各个地方选择的工作领域差别很大，这主要取决于当地所面临的环境问题以及经济社会状况。总体来讲，地方 21 世纪议程工作进展较快的领域集中在那些地方拥有较大自主权，并具有先进的工作方法和管理手段的领域。而进展较为缓慢的则是地方自主权较小的领域,如生物多样性及农业方面。此外,在地方缺乏法律、经济和计划等管理手段的领域,如交通和能源等领域进展也较为缓慢。

五、实施可持续发展战略的措施和经验

(一) 注重环境立法

从60年代起,瑞典开始有系统地制订环境法律以保护环境,迄今已形成了比较全面的环境法律体系。主要有:《自然保护法》(1964),规定自然环境是受保护的国家财产,每个人都有权享受自然环境;国家和地方政府都要关心环境保护;国家要建立各种自然保护区。《环境保护法》(1969),对各种永久性设备和设施有害物质的排放作了规定,并应根据技术可能性制定预防措施;对于违法者可以处以罚款,严重者予以判刑。《禁止海洋倾倒法》(1971),关于禁止从船上或其他设备和设施上排放一切液体、固体、气体废弃物的规定。《自然资源法》(1987),规定应从生态、社会和宏观的角度对土地、水等自然资源进行管理。《废弃物收集和处理法》(1990),废弃物得到适当处置,不对公共卫生和环境造成危害。

由于瑞典的环境法律和法规是在不同时期制订的,因此法律之间难免有重复和矛盾之处。因此,瑞典政府在制定并通过国家可持续发展战略的同时,就着手调整现行法律使之与新战略相协调。瑞典政府于1993年提出了修改法律体系的建议,所修改的法律涉及到环保、健康和资源的十几部法。这些法律要按照可持续

发展的思路,对其内容进行重新核定并归并成一个综合性的《环境法典》。新制订的《环境法典》包括《自然保护法》、《环境保护法》、《自然资源法》、《水法》等 16 部法律及相应的规定和条例。该法典以社会长期的可持续发展为立法的出发点,并充分体现里约宣言的主要原则和建立生态循环社会的内容。作为立法工作的第二步设想,瑞典政府考虑对《城市规划和建设法》进行修订,以通过对城市的合理规划和建设,从而促进生态循环社会的建立。此外,立法工作还将与地方各市制定 21 世纪议程、建设生态循环城的计划协调进行。

(二) 完善环境政策

瑞典的环境污染控制经历了三个阶段:即点污染控制、产品控制、生产过程控制。瑞典从 60 年代末期开始制定有关的环境政策,并在污染治理方面取得了显著的成绩。到 80 年代,瑞典重新评估和审视过去的环境政策,开始思考点源控制是否合适新的环保需要。因为,环境政策的决策者们已认识到污染物不仅是从烟囱排出,而更多、更不为人所觉察的是随着产品从制造工厂源源不断地运出去。许多产品都不同程度的含有有害物质,一旦进入流通领域,在使用时和废弃后必然会对生态环境造成危害。因此,从那时起,瑞典的环境政策从点源污染控制转向产品控制。进入 90 年代,瑞典人又逐渐认识到生产全过程控制的重要性。因此,现在瑞典已从加工过程、原材料利用来进行控制。由于环境政策的宏观指导得力,瑞典的环境治理取得了很大的效果。

设置环境保护目标也是瑞典政府宏观管理的重要方法之一。

近几年,瑞典政府已先后提出了十几项污染物排放、资源开发和利用的具体目标,实现这些目标的期限不一,但都集中在21世纪的前十年。这些目标概括起来包括以下诸方面:

• 温室气体:减少影响气候变化的气体,如控制二氧化碳气体的排放量,到2000年,排放总量保持在1991年的水平,控制为6000万吨。

• 消耗臭氧层物质:1993年底禁止使用工业用四氯碳化物;1994年废除使用氯氟烃;1995年起禁止生产、进口和使用三氟乙烷;1998年灭火器停止使用聚四氟乙烯。

• 土壤和水的酸化:1980~2000年间,硫排放量减少30%;1980~1998年氧化氮排放量减少30%;到1995年底,氨的排放量减少25%。

• 光化学氧化物、农药和地面臭氧:化学品生产者及进口者对化学物质和产品负责,用户要确保其所使用的化学品无毒害;到2000年,挥发性有机碳氢化合物的排放量比1988年减少50%;1995年底,禁止使用氯化物;农药的使用在1986~1990年要比1981~1985年平均数减少50%,90年代中期在此基础上减少50%。

• 城市空气污染和噪声:到2000年,空气中的一氧化碳、二氧化碳、氧化硫、烟灰、粉尘将控制在瑞典环保局规定的范围之内;到2005年,致癌物质的排放量将减少50%;城市噪音减少到环保局规定指标以下。

• 海、湖、内陆河、地下水富营养化:1985~1995年间,氮的人为排放量减少50%,磷的排放不得再增加。

- 重金属污染:1985~1995年期间,水银、铬、铅、镉的排放量减少70%;铜、镍、砷的排放量减少50%,并最终禁止使用水银、镉、铅;禁止进出口水银和含水银的化学物质。
- 污染环境的有机物:滞留时间长的有机物将终止使用;氯化物溶剂从1995年终止使用;壬基酚乙基氧化物、塑料添加剂将取消使用。
- 自然资源和自然保护:可再生资源的利用在生态系统的生产能力范围内进行,即:使用—再使用—回收—最后处理,达到资源的最小消费且不污染环境;确保生物多样性和遗传品种;保护动植物,使其在自然条件下得以生存;对非再生性资源的利用要严格管理。
- 土地和水的利用:利用土地建房屋、工业厂房或基础设施,必须按照《自然资源法》的规定办理手续。地方政府作规划时,要考虑自然生态环境,将厂房建在对居民住宅不造成环境危害的安全地带,并要为居民住宅留出娱乐的空间。
- 废料和有害物质的管理:生产者、进口者、消费者要对产生的废包装、废纸、废轮胎等负有回收和处理的责任,使之不影响环境。到2000年,废纸回收和处理率达到75%;改进废轮胎处理方法,减少填埋处理。各地方政府要制订废弃物管理计划,收集和处理对环境有害的玻璃、废纸和家庭垃圾;回收和处理含水银、镉和铅的电池,并于1999年起禁止使用;到1995年,消除城市污水处理厂排放的泥浆中最有害的物质,并使之可用作肥料。

(三) 利用经济手段

瑞典是西方国家中较早采用经济手段进行环境保护的国家之一。瑞典自 70 年代开始征收环境税及环境费，经过 20 多年的实践，证明经济控制机制是十分有效的。1994 年，瑞典环境税收占其国民生产总值的 3%，这一比例还将进一步提高。

瑞典征收的环境税(费)主要包括以下几种：

• 二氧化碳税：石油、煤、天然气、罐装煤气、汽油用户均应交纳二氧化碳税。每排放一公斤二氧化碳，工业部门缴纳 0.08 克朗，运输部门和家庭缴纳 0.37 克朗。

• 硫税：每排放一公斤硫缴纳 30 克朗。

• 汽油税：瑞典政府通过汽油税鼓励使用无铅汽油，对含铅汽油加重征税。每公斤无铅汽油收税 3.14 克朗，每公斤含铅汽油则为 3.65 克朗。

• 氮肥和磷肥环境费：为防止氮肥、磷肥流入湖、河和海洋造成污染，瑞典自 1984 年开始征收环境费，以控制农用化肥的使用。每公斤收费为 1.2 克朗。

• 电池费：1990 年，瑞典政府决定逐步取消使用含水银和含铅电池并减少镉电池的使用。电池生产者和进口商必须在瑞典环保局登记申报，并向电池基金会缴费。所收费用将用于电池的回收和处理。

• 报废车费：瑞典从 70 年代开始对报废车进行收费和回收奖励，以防止乱扔废车。按规定，消费者购买轿车时要预付一定的报废车费，为 1300 克朗；交回报废车将给予 500 克朗的奖励，如果在报废前 14 个月交回,则奖励 1500 克朗。

瑞典环境税的实施收到了良好的效果,一方面减轻了对环境的压力,如瑞典二氧化碳排放量从 1970 年的 1 亿吨下降到 1991 年的 5900 万吨,硫的排放从 1970 年的 90 多万吨减少到 1991 年的 11 万吨;另一方面通过给予税收上的优惠,促进环境无害产品的研制开发。进入 90 年代,运用税收等经济手段对环境进行管理在瑞典得到更加迅速的发展。瑞典已经成为世界上征收环境税和环境费最多的国家之一。

(四) 促进公众参与

在瑞典,人们普遍认识到让尽可能多的团体、组织、个人参与社会事物当中的重要性。如果没有公众的支持理解,仅仅靠传统的行政手段,是不可能实现可持续发展的。因此,瑞典政府把参与可持续发展,强化公众参与意识放到十分重要的位置上。瑞典统计局 1996 年进行的一项调查显示,40% 的瑞典人听说过 21 世纪议程,20% 的瑞典人接触过有关的文字信息,3% 的瑞典人则直接参与了有关 21 世纪议程的项目,这充分显示了瑞典 21 世纪议程活动开展的广泛性。

瑞典中央和地方各级政府在实施 21 世纪议程的过程中主要扮演协调和促进的角色,向公众提供有关信息。在瑞典,大约 90% 的地方政府充分利用了各种渠道向大众传播可持续发展的信息。这些渠道有:地方的出版物、信息发布会、面向家庭的宣传材料、环境博览会、环保展览以及环境学习小组等。此外,地方政府还专门向学校、幼儿园、俱乐部、协会、企业和商业部门提供所需信息。

瑞典各类学校针对不同年龄的学生开展环境教育活动,以提高他们的环境保护意识。年龄稍大的学生可以参加多种学生组织,并在辅导老师的帮助下,积极组织各种活动,探讨当今最为大众所关注的热点问题,发表自己的观点,探讨这些问题的解决办法。同时,这些学生组织还办报刊,开展环保宣传。此外,学生们还以班为单位到学校的生态园地里参加劳动。通过劳动,理论联系实际,巩固了所学知识,同时又增强了他们保护自然的责任感。幼儿则在教师的辅导下,动手制作环保标志,让他们从小懂得不要购买没有环保标志的商品,并劝告他们的父母,或者寓教于乐,让幼儿参加与环保有关的各种游戏,从小培养他们的环保意识。

瑞典的非政府组织不定期地举办各种沙龙,内容涉及环境保护等社会热点问题。沙龙的举办方式极其灵活,不受场地、时间的限制,程序简单,费用少,因此在瑞典这种方式极受欢迎。同时,非政府组织也与政府保持联系与沟通,他们向政府阐述自己对有关问题的看法并提出一些合理建议,常常被政府采纳。政府也以多种方式支持非政府组织的活动,如提供资金支持等。

企业是环境污染的主要责任者,也是环保治理的基本单元。因此,瑞典企业界认识到:在消费者环保意识显著提高的今天,消费者对环境友好产品的需求日益增加并主动抵制那些环境不友好产品。在以消费者为主导型的社会运行机制里,企业只有为消费者服务,满足他们的环保需求,才能有竞争力。这就要求企业生产出污染小,符合一定环境标准的产品。企业自身出于政府的要求,公众的愿望,舆论的压力和自身发展的取向及经济利益,都主动地与政府合作,朝节约能源、资源再利用、无公害、保护环境等方向发展,并积极向社会公众宣传自己的产品,在消费者中树立公司的良好形象,以取得公众的认可,在竞争激烈的市场中处于主动地位,使自己的产品占有市场,取得最佳效益。目前,瑞典许多企业正开始朝可持续发展的方向努力,如:Electrolux 公司生产无氟冷藏设备;Ikea 公司采用新的环境观点进行家具生产;Volve 公司在工厂内实行清洁生产,采用符合生态规律的观念进行汽车和卡车设计等。

第十七节 英国

一、概况

英国位于大西洋中的不列颠群岛上,东、南隔北海、多佛尔海峡、英吉利海峡与欧洲大陆相望,面积约 24 万平方公里,人口近 6 千万。属于海洋性温带阔叶林气候,冬季多雾,因而伦敦被称为"雾都"。过去伦敦冬季多以木材、煤炭为主要燃料,烟尘和二氧化硫在浓雾中积聚不散造成严重的空气污染,1952 年英国伦敦烟雾事件就造成了 12000 人死亡。因此,治理大气污染一直是英国政府环保工作的主要内容。目前,英国主要的环境问题是发电厂二氧化硫污染、工农业污物造成的河流污染和大规模污水倾泻引起的海岸带污染。

近 50 年来,英国极力想恢复其世界强国的地位,重温昔日"日不落帝国"的美梦。在积极发展本国经济的同时,对于各种国际事务也积极参与,例如在欧洲一体化进程、中东和平进程以及巴尔干问题等方面都试图发挥作用。对实施可持续发展战略和推动一系列国际环境公约,英国政府也采取了积极的态度,并希望在国际环境保护与可持续发展领域表现出其影响。

二、国家可持续发展战略

为履行在 1992 年里约环发大会上所做的承诺,英国于 1994 年颁布了英国国家可持续发展战略——《可持续发展:英国的战略选择》(Sustainable Development: the UK Strategy)。在这个长达 260 页的报告中,对英国目前的环境和经济问题分领域进行了审视,分析面临的问题与挑战,并提出解决方法。

首先,报告回顾了可持续发展的原则。英国政府认为经济发展是社会发展的基本目标(经济发展不仅要满足基本的物质需要,而且要提供改善生活质量的资源,包括满足人类对健康、教育和良好环境的需要)。但是,经济发展和环境之间的矛盾是不可避免的,单靠市场力量(如"污染者付费"方法和"提前预防保护"方法)并不能完全保护环境不被破坏。因此,可持续发展便是通过利用当前的经济系统,将完备的环境影响信息、先进的公众决策分析技术、齐备的私营企业管理经验与有效的运行机制结合起来,保证发展的收益大于成本。对于可持续发展的概念理解,英国认为可持续发展指的是协调社会两方面的进步:第一是促进经济发展,以提高当代人及后代子孙的生活水平;第二是保护和改善环境,实现代际公平。

其次,报告对全国环境与发展问题的各个方面进行了回顾。这主要包括人口变化趋势、家庭和收入、全球大气圈、空气质量、清洁水、海洋、石油、土地利用、矿产、燃料资源、野生动物和栖息动物等方面,并就如何在农业、林业、渔业、矿产开采、能源供应等行业中推广应用可持续发展原则进行了阐述。最后还针对如何在国际、国家、地方和民间组织层次上实施可持续发展战略进行了讨论。报告还包括了提高公众环境意识,进行环境核算及可持续发展指标体系、土地利用规划系统等方面的研究等内容。

最后,报告得出结论:可持续发展已经在英国的国家层次和地方层次积极展开,但仍有以下三方面需要改进:

- 政府部门应对可持续发展提出具有权威性和独立性的建议。
- 应加强有代表性的部门对可持续发展圆桌会议的参与。
- 应进一步将可持续发展知识普及到社区和个人。

作为国家可持续发展战略内容的另一个重要组成部分,英国在可持续发展指标体系方面开展了许多研究。早在环发大会召开后不久,英国便注意到一些国家和国际组织,如经济合作与发展组织(OECD)已经开始着手研究可持续发展指标体系的工作;联合国可持续发展委员会和世界银行也提出了各自的可持续发展指标体系框架草案以供讨论;欧洲经济共同体及欧洲环境署也开展了这项工作。在综合考虑各国家和国际组织思路的基础上,英国结合自身可持续发展的关键问题提出了自己的指标框架。这一框架超出了环境指标的范畴,其中包括了将社会活动与环境影响联系在一起的指标。由于这种联系多为间接联系,英国政府期望这一套初步的指标体系将对相关问题的国际争论有益。并且,英国认为不同的国家所面临的问题不同,因此所选的指标也可能不同,但是各国所用的指标之间应该可以进行比较。

1996年3月,英国环境、交通和区域部(DETR)公布了英国可持续发展指标体系,将可持续发展按照压力—状态—响应(PSR)的模式分成了120个指标。该指标体系以英国的可持续发展目标为基础,采取目标分解的方式设计。大目标共有四个,在大目标之下设置了21个专题,在每个专题之下又分为若干关键目标和关键问题并进一步设置具体指标。指标中突出了环境和生态指标,约占总指标的70%以上,资源能源指标占15%,经济、贸易和旅游指标占15%。该指标体系是第一个将对可持续发展的衡量从定性到定量,从研究到实践的尝试。但是,这套指标体系也存在一些问题,例如初级指标过多,没有复合指标,社会方面的指标严重缺乏等。

三、可持续发展战略的实施机构

在可持续发展政策制定方面,英国采用三个机构层次。第一个层次是1994年初成立的隶属于首相的英国政府顾问委员会,负责提出可持续发展政策建议;第二个层次是1994年底成立的隶属于英国环境、交通和区域部的可持续发展圆桌会议,它每年组织一次年会,其目的是建立学术界、企业界、非政府机构与政府部门的意见沟通渠道,广泛听取社会各界对可持续发展的建议;第三个层次是成立了"走向绿色"(Going for Green)机构,负责可持续发展的公众宣传和教育等活动,动员社会各阶层参与到环保和可持续发展行动中来。

为了具体实施可持续发展战略,英国在环境、交通和区域部管辖下成立了可持续发展办公室(the Sustainable Development Unit, SDU)。该办公室的主要职责是加强各部门在可持续发展战略实施过程中的联系。此外,英国制定了一个"绿色政府"计划,涉及18个部门,如农渔食品部、内务部、国防部、教育与就业部等。"绿色政府"的各部门每年要发表一个关于可持续发展的报告,汇报其将环境保护纳入决策体系的进展与实施成果。

四、可持续发展战略的实施行动和主要措施

1997年,英国出版了名为《我们共同的遗产(Our Common Inhabitance)》的年度报告,对1996~1997年中英国实施可持续发展战略的主要行动、优先项目以及主要措施进行了总结。

(一) 主要行动

为了保证可持续发展战略的实施,英国政府在以下几方面采取了行动,主要包括:(1)成立了英格兰环境局、威尔士环境局和苏格兰环境保护局,它们分别制定了各自的1997年至2000年的工作计划;(2)建立可持续发展政府工作组,负责监督可持续发展战略的实施进展并及时发现新问题;(3)筹备下一届英国可持续发展圆桌会议;(4)开展商业界与政府之间的环境政策对话;(5)开展绿

色行动,在公众教育方面起到关键作用;(6)在英格兰开展各种政府组织论坛,以促进可持续发展战略的实施。此外,英国还建立了包括统计报告在内的评价系统,对可持续发展战略的实施进展适时作出科学评价。

(二)可持续发展的优先发展项目

1. 环境与资源可持续发展方面:(1)积极履行《联合国气候变化框架公约》,出版并实施《国家大气质量战略》;(2)出版《水资源管理与供给:行动议程》,为供水公司和执法部门提供水资源管理和供给方面的战略框架,并致力于改善欧洲水政策;(3)加强海洋管理,改善海洋和海岸带环境保护;(4)推动402个物种和38个栖息地计划,加快物种研究与确认,保护生物多样性;(5)制定土地利用和保护战略。

2. 经济与社会可持续发展方面:(1)制定能源使用优先项目框架,鼓励在出售能源的同时,提供节能服务;(2)在消费者中推行生态标志和能源标志,以及绿色需求标记,鼓励生产和使用绿色及高效的能源产品;(3)在包装业、造纸业以及相关产业部门推行"污染者付费"原则;(4)制定有关交通环境问题的白皮书,支持地方政府、企业和公众的环境保护行动,推行可持续的交通系统。

(三)主要措施

1. 经济手段:1993年3月,北爱尔兰环境部和经济发展部联合发布了一个名为《发展绿色经济》的报告,指出:"环境与经济发展战略应紧密结合并相辅相成",即认为应将可持续发展的思想融入政府税收和开支控制过程中。1999年的政府调查组报告也表明政府已经注意利用控制赤字、税收豁免以及政府基建开支来对环境施加影响,尤其是在农业、能源和交通领域,政府已经接受了调查组的建议,对财政赤字制定了使用目标和原则,并将其写入《综合开支回顾》中,成为除由国际组织和欧盟参与决定之外的所有政策和计划的执行依据。

2. 政策手段:英国政府认为政策手段可以为达到政治目的提供平衡的解决途径。为实施可持续发展战略,英国制定了一系列的政策文件,如出版了《英国国家环境健康行动计划》,对水污染处理设施和水处理过程提出了管理办法。政府也给企业制定了一些规定,要求他们建立环境管理系统,积极改进环境质量。英国最先颁布了BS7750环境管理体系标准,希望所有雇员超过250人的企业都公布其环境政策并向股东汇报进展。1997年12月,DETR消费者绿色向导要求505个雇员超过200人的公司必须在1999年底之前建立环境管理系统。

3. 教育与宣传手段:英国政府非常重视可持续发展的宣传教育工作。DETR曾制定了一系列计划,旨在促进公众对可持续发展的理解,鼓励公众改变生活消费模式。这包括用广告手段宣传政府的有关信息以及对政府政策进行咨询;通过环境行动基金会大力支持自愿者项目;此外,还利用直接的经济鼓励形式,如对购买能源节约产品的用户免费提供汽车尾气测试装备等。1997至1998年DETR在这些项目上的开支达到了730万英镑,还有1960万英镑用于能源节约方面的信托贷款。

五、可持续发展战略的实施进展

(一) 大气环境保护

1992年里约环发大会以后,英国政府制定和修改了有关气候变化、预防重大危险事故、保护动植物、控制危险品进出口等重要环保问题的一系列政策和目标。

英国政府于1996年8月制订的《国家大气质量战略(草案)》为今后的大气质量改善提供了明确可行的框架。这个战略要求根据大气质量目标制订针对各种大气污染物的质量标准,并审计与该目标相应的政策,以确定进一步采取的行动。实现这些目标需要主要部门(特别是工业、交通部门以及国家和地方政府)采取多项行动。1996年的政府预算就引入了促进大气质量目标实现的经济措施:(1)利用燃料税差鼓励使用低硫排放的燃料;(2)通过减少公路燃气税,鼓励使用更清洁的燃气动力;(3)对严格执行排放标准的货车减少汽车税;(4)进一步提高汽油和柴油税。虽然通过实行严格的燃料、新型汽车和工业控制政策,预计在未来10年内大气污染程度将大幅度降低,但是英国政府和公众仍须做出许多努力。

在1997年日本京都会议之前,英国制定的大气保护目标是在2000年前将温室气体排放降低到1990年的水平,二氧化碳排放将比1990年减少4~8%,2010年温室气体排放量要比1990年低5~10%。为此,一个评价小组分析了英国气候变化对海平面高度、自然环境、农业、水资源、能源、交通、健康及其他主要工业部门未来 30~50 年的潜在影响,完成了《英国气候变化潜在影响评价》报告。在 1997 年京都会议上欧盟的温室气体限排目标是:2008~2012 年温室气体排放量需削减到 1990 年水平的 92% 左右。因此,英国的温室气体排放目标将在欧盟成员国内部协商后确定。

(二) 经济和社会发展

农业可持续发展是欧盟第五个环境行动计划的主要优先领域。近年来,疯牛病给英国的农业造成了巨大的经济损失,为了防止疯牛病的扩散,政府大力进行干预,屠宰了 100 多万头牛并进行了清洁处理。在农村可持续发展方面,1995 年公布的英格兰农村白皮书是农村发展的总体框架。在《英格兰农村 1996》中,政府计划 1997 年在农村可持续发展方面再追加 500 万投资,并修订《乡村计划指南》,出版关于提高森林覆盖率的文章,对制定保护重要树篱的法规进行讨论。

在废弃物管理方面,英国政府正通过制定土地占用税,来促进废弃物的回收再利用和循环使用;通过制定生产者包装负责制,加强废弃物的回收再利用;通过制定并推广可持续废弃物政策,力争 2000 年前家庭垃圾的 80% 得到回收利用。此外,英国政府还督促地方政府在实现可持续废弃物管理上发挥更大作用,以加强城市垃圾管理,减少经济消耗,扩大环境收益。英国坚持自行解决其废弃物的原则,现在所有的废弃物出口和进口都受到禁止。

在乡镇发展方面,政府出版了《家庭增长:我们住往哪里?》的绿皮书,认为将所有住房安置到绿地的做法是不可持续的,应优先考虑充分利用现有的城镇空间。在交通运输方面,1996年出版了《运输:前方的路》绿皮书,力图实现更加可持续的运输系统,并采用经济和法律手段来降低汽车尾气排放、控制交通增长速度,并提高现有交通网络的利用效率。在卫生与健康方面,1996年7月,英国制定欧洲第一个国家环境卫生行动计划。

(三) 英国地方可持续发展

英国政府充分理解联合国关于开展地方可持续发展行动的重要性,自1992年底开始,英国各地方政府便采取行动制定地方21世纪议程,并将实施可持续发展纳入决策体系。目前,已经有50%以上的地方政府制定了地方21世纪议程,有近50%的政府机构建立或引进了环境管理系统。

英国地方政府对于地方的管理、财政和环保具有权威性。一般来说地方的环保政策和措施都走在了联邦政府的前面,一些新的措施往往先在地方实施后才被联邦政府采纳。英国地区发展局(Regional Development Agency,简称RDA)制定了《地方21世纪议程指南》来指导地方政府制定并实施可持续发展战略。它的口号是"为了更美好的生活质量",目的是提高人的素质,不断改善现有的生活质量来吸引广大公众的参与。此外,还出版了名为《地方可持续框架研究》的报告,作为制定《地方21世纪议程》的步骤指导。许多交叉学科的圆桌会议也已经召开,来帮助制定不同优先领域的指导方针。

(四) 国际合作

英国作为一个老牌的资本主义国家,工业革命后近两百年的经济发展,使其尝到了环境破坏的后果,因此英国积极参与环境保护运动。同时,英国认为自己资格老重,在联合国和欧盟中占有常任理事国或主席国的地位,在国际环保事务中应该发挥重要的作用。1998年,英国就利用其欧盟主席国和西方七国主席国的地位,积极推动环境方面(尤其是在淡水管理与海洋管理)的动议。英国还积极参与了国际间的协商与政策的制定,并希望在可持续发展方面作出一定的表率作用,如英国环境、交通和区域部在1999年的报告中便提出未来几年内的目标是:

• 将环境保护作为其公众政策领域的核心内容,并同意在环境质量方面达到欧盟的标准(如《京都议定书》中欧盟的温室气体减排目标、大气质量、溶剂标准等)。

• 在对待国际气候公约方面,提出:"鉴于英国作为本界欧盟的主席国,英国应积极参与 CO_2 减排限排活动,并针对《京都议定书》制定具体实施细则"。

英国积极推动其海外项目资助计划,并已帮助东欧和前苏联各国制定和实施了可持续发展政策和项目,帮助贫穷国家解决环境问题,其中包括:①投入6900万美元,帮助发展中国家分期清除臭氧层损耗物质;②同意出资1.3亿英镑,帮助发展中国家履行《联合国生物多样性保护公约》和《联合国气候变化框架公约》。英国政府对贸易中的多边环境协议、环境控制、最不发达国家的市场介入、反对非法贸易等方面都作出积极反应,并已着手研究如何提高国际环境协定下的贸易限制,这些协定包括《国际濒危物种贸易条约》、《蒙特利尔议定书》和《巴塞尔公约》等。

由于国家的高福利和缺乏外在激励,英国也面临着一定的窘境,在国际合作中开辟新的和额外的资金渠道方面显得囊中羞涩。最近英国政府调整了对外援助政策,在总资金额度不变的前提下缩小了援助国家名单,更集中于英联邦国家和南非、印度和巴基斯坦等国。同时,英国政府正积极鼓励和推进企业的介入,强调技术转让,以从中谋取实际利益。因此政府对吸引企业界参与可持续发展一直持积极态度。

六、英国可持续发展存在的问题

有人用"雨点大雷声小"来形容英国的可持续发展状况。"雨点大"是指英国在可持续发展方面作出了许多实际工作,"雷声小"是指英国的媒体和社会对可持续发展反映不强烈,新闻、报纸、电台、电视对可持续发展行动的介入并不多。总体讲,英国的可持续发展存在以下几点不足:

首先,国家可持续发展战略内容空洞,缺乏具体行动。英国一些非政府组织认为:政府颁布的国家可持续发展战略缺乏具体的行动目标和行动机制,只是罗列了许多努力方向,显得苍白无力。例如英国地球之友于1993年10月出版了《没有耕耘,就没有收获》的报告,在肯定政府工作所取得的一定成绩后,指出《可持续发展:英国的战略选择》报告只是对现行一些包含少数具体目标法令的重申,没有对下世纪提出远景规划,对目前政策的影响以及趋势也没有做太多的分析。

其次，政府的可持续发展协调能力不够。英国政府在可持续发展方面缺乏有效的协调机制。尽管英国的环境部具有超出保护环境职能本身的权利，例如对交通、能源等领域的环境污染问题都有发言权，但毕竟只是内阁中的一个部，缺乏对其他部门的协调力度。一直到1996年，在国家可持续发展战略上只有13个部签字同意，其他的部仍然各行其是，各部门的工作并没有得到很好的协调。

第三，公众的可持续发展意识薄弱。虽然政府倡导公众积极参与可持续发展行动，认为可持续发展不仅仅是政府部门的职责，而且是全社会、全体国民的职责。但是一般人认为英国经过多年努力，环境已经大为好转，环境破坏已不是英国发展的主要威胁，所以人们对可持续发展的关心程度还不如疯牛病，对转变现有的发展模式和消费模式不屑一顾，认为这不是可持续发展的一个主要问题。这种错误的态度和认识也在一定程度上阻碍了英国的可持续发展。

第十八节 美国

美国作为冷战后世界上唯一的超级大国，面对生态环境问题全球化和严重化的趋势，以维护本国利益为出发点，制定了一系列的可持续发展和环境外交方面的政策，这些政策及其实施的行动将会对世界产生重要影响。美国可持续发展战略的产生及实施前奏，同其他发达工业化国家一样表现为对环境保护的关注，可持续发展战略的内容和实施对策与环境保护也密切相关。在环境战略的基础上,美国制定了其可持续发展战略,同时,在可持续发展战略的框架下,加紧了其环境外交的推动步伐。

一、美国可持续发展战略的前奏——环境保护战略及其管理机制

美国政府对环境保护十分重视,许多部门都建立了涉及环保问题的机构。90年代以来,美国的环境保护政策不断变革,一方面加强政府的行政干预,另一方面充分利用市场机制和经济刺激手段,扩大成果推广应用,进行"排污权交易"。同时增加环境保护的投入,积极推行环境科技发展战略,试图树立领导世界环保运动的形象。

美国环境保护战略主要有两方面内容。

政府的干预措施是美国推行环境保护战略的第一个主要方面,它包括:①实施源头控制。②要求停止消耗臭氧层化学物质的生产。对1990年《清洁大气法修正案》进行补充规定,要求环保局为联邦政府提出限制使用消耗臭氧层的化学物质的指标,并于1994年底正式执行该法规。③使用以化石燃料替代品为燃料的车辆。1992年《能源政策法》要求联邦政府购买以化石燃料替代品为燃料的车辆。④增加政府部门对可循环及可再生商品的使用。⑤使用节能的计算机。要求联邦政府部门购买节能计算机,这项计划将每年为美国公民节省4亿美元的开支,同时减少空气污染。

采取征税的经济手段是美国推行环境保护战略的另一个重要方面。美国依据燃料中碳含量及燃料燃烧后释放的二氧化碳量征收碳税，以此鼓励使用最经济的含碳能源。美国采取征收交通税的方式来减少城市交通堵塞造成的经济和环境损失。美国还征收固体废弃物处理税，刺激家庭垃圾处理业的发展，并降低各地区居民废弃物处理的费用。

美国的环保投资战略随之发生了相应转变。太阳能与可再生能源的开发和利用经费将增加 30%，表明政府鼓励开发对环境无害的能源。对提高经济各部门能效的投资比 1993 年财政年度增加 35%，这有助于家庭、建筑业、工业、运输系统及公共事业开展节能。环境恢复与废物管理经费比 1993 年财政年度增加 18%。1994 年，美国政府用于水质净化方面的投资高达 18 亿美元。

在对环保领域增加投入的基础上，美国也注重加强环保的科研工作。美国环保研发(R&D)的主要方向，在 20 世纪 70、80 年代注意力集中在研究危害问题上，即各种化学物质对人类健康和环境的影响。目前的发展倾向是，就一系列专门的环境问题，形成各种独立的、解决具体问题的研究计划，例如湖泊和河流的污染问题、城市烟雾问题等。首先形成的计划是针对那些短期内能见效的、紧急的问题，着重缓解危害公众健康和环境的危害。近期内，美国环境科研的侧重点主要为：污染对人体健康的影响；污染对生态系统的影响；污染防治技术；环境数据采集与处理；污染处理技术；探索环境综合治理的方法。美国大约有 700 个联邦实验室，每年花费近 206 亿美元，来对专门的环境问题进行研究。同时，根据环境问题研究的进展，对机构及经费也不断地进行调整。

美国每年用于环保的 R&D 经费已超过 1000 亿美元,约占年 GDP 的 2% 以上,并且还呈上升趋势,估计到 2006 年,将占到 GDP 的 2.6%。联邦政府和各州政府对环保 R&D 的投入约占总数的 25%,其他大部分费用(约占 75%)则由各基金会和大公司提供。

在美国,环保科研立项、经费来源与环保立法之间有着密切的关系。美国环境法规的制定,主要是来自民间的压力。因此,早期的法规并非建立在严格的科学研究基础上。例如,1972 年颁布了《清洁水法》,制定了恢复和维护国际水体系的物理、化学和生物学的完整性的总目标。两个具体目标是:1983 年所有水体达到垂钓和游泳的要求;1985 年禁止向用于航运的河流直接排放污染物。《清洁水法》在 1977、1981、1987 年又作了相应的修订,对向所有水体的污染物排放,均作了具体规定,使法规更加完善。在法规制定过程中,各种可能会受到影响的大公司,例如有大量废水排放的各供水公司,则会积极开展国会的游说工作,以便将规定定得尽可能的低一些。当法规颁布后,受法规管制者则被动地发展一些环境技术,以满足法规要求,以免受到法律的严惩。随着《清洁水法》的颁布,大批与污水(生活及工业)处理技术、供水处理技术有关的科研项目应运而生。有关的公司为此而投入大量的科研经费。这就是所谓的"科研应付法规"效应。同时,随着科研的深入进行,环境法规的合理性也不断受到挑战。这样又反过来促进各项法规的不断完善。

美国有着较为健全的环境保护的行政管理及科研机构。总统直接领导的涉及环保的管理机构有:环境质量顾问委员会,总统科技顾问下设的"科技政策办公室","管理与预算办公室"和"经济顾问委员会";可持续发展顾问委员会,国家科技顾问委员会下设的"跨部门的环境技术办公室"等。设有环境科技机构并有环保R&D经费的联邦政府部门共有 13 个:环境保护局,国家海洋和大气管理局,国家自然科学基金会,健康与民众服务部,内务部,农业部,能源部,国防部,交通部,航空航天局,斯密司索尼亚协会,国际发展局,田纳西领域管理局。每年联邦政府直接投入的环保R&D的费用超过 50 亿美元。此外,还有大量的民间环境科研机构。由于联邦政府对环境科研的支持,提供较为充足的经费来源,因此,几乎所有大学都设立了环境研究机构,其目的为培养人才和科学研究。各大公司,特别是化工公司,也从事环境的研究工作。还有一些专业公司则联合起来,成立机构或设立基金等,例如,各类供水和排水公司联合组织了"美国水加工联合研究基金会",支持有关的科学研究计划。目前总的发展趋势是促使转向"清洁"的制造技术,即开发新的制造技术,使在生产过程中少产生、甚至不产生污染环境的物质。

二、美国的可持续发展战略

(一) 美国可持续发展战略实施机构

美国为贯彻里约环发大会精神,执行联合国环发大会《21 世纪议程》,1993 年 6 月克林顿总统宣布成立"总统可持续发展理事会"(President's Council on Sustainable Development,以下简称

PCSD)。PCSD 的成员组成大致是：1/3 来自政府部门，1/3 来自工业部门，1/3 来自环境、民权、劳工及土著居民组织。PCSD 经过3 年的调查研究和审议后，于 1996 年 2 月出台了《可持续发展的美国——新的共识》的战略报告。克林顿总统批复这份战略报告的同时，宣布由两个机构负责牵头实施战略计划：一是总统可持续发展理事会；二是可持续社区联合中心。

总统可持续发展理事会成立了八个工作小组，分别为：原则、目标和定义组；公共联系、对话和教育组；可持续社区组；国内能源组；生态效率组；自然资源管理和保护组；示范项目选择标准制定组；总统奖励计划组。这八个工作组的具体分工和任务分别为：

原则、目标和定义小组。该小组负责给出可持续发展的定义，提出有关原则和指导思想，使 PCSD 可据此为美国的可持续发展提出政策建议。

公共联系、对话和教育小组。确定哪些组织机构及个人能帮助或促进可持续发展原则和思想的贯彻实施，并针对这些组织机构或个人制定出扩大公共联系和进行对话的战略，提高他们对可持续发展的认识，以促进经济增长和自然资源的有效利用。组织全国范围内的"城镇会议"，讨论如何将地方所关心的问题反映到国家可持续发展进程中去。制定全国范围内实施的切实可行的宣传活动计划，通过电视、广播、报纸等各种新闻媒介来宣传可持续发展的信息和必要性，建立全国"可持续发展公共关系网"及信息反馈系统。

可持续社区小组。探索和研究社区的可持续发展问题，如促进可持续的环境领域就业机会的增长；促进地区银行等金融机构在贷款抵押方面为可持续发展的建筑、农业、制造和商业提供方便;制定区域的居民、商业和工业用地总体规划;重建或修复旧的基础设施;调查税收政策、环境规章、城区规划法、财政借贷及保险业务对市区和郊区发展土地利用决策的影响;促进重新利用工业废弃场地、已关闭的军事场地和其他政府用地;鼓励在建筑设计和施工上采取节能的方针,最大限度地利用再生材料,尽量少使用有害建材和高耗能建材。

国内能源小组。制定综合能源战略,对美国在本世纪末到下世纪解决能源问题起指导作用。具体计划是:在工业界开展自愿减少能源消耗的计划;对实施节能计划带来的实效和利益进行大力宣传、教育;对节能作出特殊贡献的给予总统奖;推广能促进开展节能技术、应用替代能源的一揽子计划。

生态效率小组。向 PCSD 推荐关于污染防治和可持续制造加工方面的政策;与联邦、州、地方政府部门、社区组织以及工业界一起规划生态工业园区;在最大限度地取得经济效益和社会发展的同时,将环境影响减少到最低限度。用示范项目来改进美国所有行业的生态效率,特别是污染防治和可持续的加工制造。

自然资源管理和保护小组。就流域、湿地、生物多样性、渔业、可持续农业、食品安全、沿海资源和森林开发提出行动指南。从可持续发展的角度来研究流域的安全,对流域的自然资源利用进行清理汇总,提出资源开发、利用的模式;评估地方、州和联邦政府对流域制定的政策或计划,如公共基础设施计划、税收政策和经济发展计划;在广义的可持续发展的基础上,制定流域可持续发展的规划指导方针。

示范项目选择标准制定小组。为示范项目的选择制定标准。

奖励计划小组。负责制定总统奖励计划和实施方案。奖励计划的目的是唤起和鼓励公众的可持续发展意识,奖励在可持续发展方面作出卓越贡献的组织和个人。

可持续社区联合中心由美国市长大会和美国县联盟共同创建的,主要任务是帮助各社区达到自给自足和实现可持续发展。该中心通过实施可持续社区发展计划(包括赠款和奖励手段)、提供技术援助(包括领导培训、信息交换和制定实施行动计划的方法和技术等)和开展有关社区政策分析和教育论坛活动(包括政策分析和全国性的教育等)向地方官员提供咨询、信息和财政支持,促进各社区的可持续发展。

(二) 美国的可持续发展战略——《可持续发展的美国——新的共识》

1996年2月,美国出台了名为《可持续发展的美国——新的共识》战略报告,分别介绍了:美国对可持续发展的理解,可持续发展的国家目标,新世纪的新框架,信息和教育,社区建设,自然资源管理,人口与可持续发展以及美国的国际领导地位八部分内容。

1. 美国对可持续发展的理解

总统可持续发展理事会(PCSD)认为,一个可持续发展的美国应该是经济不断增长,进而为当今美国人民及其子孙后代提供平等机会,确保他们拥有一个安全、健康、高质量和令人满意的生活。为此,美国将致力于保护其生命赖以生存的环境、自然资源以及自然系统的机能和活力。

美国对可持续发展的理解可以概括为:(1)要达到可持续发展的目标,必需增加人们获得就业、生产能力、薪水、资信、知识和教育的机会,同时减少环境污染和消除贫困。(2)为了人类的未来,改革是不可避免和必然的。要选择一种发展方式,使之在经济增长、环境保护和社会公正三大目标上相互协调。(3)不断减少在教育、就业和环境风险方面的不平等是达到经济增长、环境舒适和社会公平的关键。(4)在过去二十五年中,美国在环境保护方面取得了很大成就,在未来二十五年内,必须继续努力。美国能够改善环境,市场的激烈竞争和消费者的影响力还能迅速地带动环境事业的发展。(5)通过科技创新提高效率和扩充市场的经济增长,是通向繁荣、公平和优质环境的必要条件。(6)环境保护的法律已日趋完善,这些法律要保障继续提高美国人民的生活水平。现行的环境管理体系还需加强其灵活性,以实现更好的环境效益。(7)环境改善需要个人、社会机构之间的合作以及共同承担责任和义务并参与管理。(8)需要一个新的、相互合作的决策程序,以更好地判断、改变和更有理性地利用人力、自然资源和财政资源,实现共同的目标。(9)必须加强社会各阶层、团体在自然环境、社会平等、资源保护和经济增长中的主导地位,带动全社会参与决策过程。(10)经济增长、环境保护和社会公正三者是息息相关的,需要完善综合政策以实现这些目标。(11)美国应该制定政策和计划,稳定全球人口的总数,这是保证未来人口能有高质量生活的关键。(12)即使对于目前科学上还存在不确定性的问题,我们也要采取合理措施,尽量避免对环境和人体健康造成严重的不可补救的伤害和威胁。(13)科学技术的不断创新,是提高经济效率、保护和恢复自然系统、改善消费模式的前提。(14)一个增长的经济和健康的环境是国家和世界性安全的必要条件。(15)理性的公众、自由的信息和充满机遇这三个要素对于公开、公平和有效的决策十分重要。(16)公民必须接受高质量的正规和非正规的教育,并持之以恒,这样才能认识经济繁荣、环境优美和社会平等之间是相辅相成的,才会从实际行动上支持这三个目标。

2. 美国可持续发展国家目标

PCSD就美国的可持续发展提出了十个相互依存的、对美国的经济繁荣、环境保护和社会平等至关重要的目标,并就如何衡量每个目标提出了相应的指标。

(1)健康与环境。确保每个公民在家里、工作和娱乐场所享有清洁的空气、水和健康的环境。衡量其进展的指标有:空气(居住在空气质量不合标准地区的人口数);饮用水(饮用未达到国家饮用水安全标准的饮水的人口数);有毒物质排放(有毒物质排放量);疾病和死亡率(由于环境因素而导致的疾病和死亡人口数)。

(2)经济繁荣。保持美国经济的健康和充分发展,创造就业机会,减少贫困,在日趋激烈的世界竞争中向所有的美国公民提供通往高质量生活的机会。衡量其进展的指标为:经济发展水平(人均GDP和GNP的增长率);就业率;贫困程度(生活在贫困线以下的人口数目);人均存款和投资率;自然资源和环境价值(发展和应用新的测量指标或卫星数据,以反映资源耗竭与耗竭状况);生产率。

(3)平等。确保所有的美国公民得到公平对待,能够实现经济、环境和社会平等的目标。衡量其进展的指标为:收入变化(占美国人口20%的下层人口的人均收入);环境平等(不同的社会阶层所承受的环境负担,如受空气、水及有毒物质污染影响的程度);社会平等(不同社会阶层的公民获得必要的社会服务的情况,如教育、健康保障、参与决策等)。

(4)自然保护。采用有益于社会、经济和环境长远利益的方法,恢复、保护和利用自然资源(土地、空气、水和生物)。衡量其进展的指标有:生态系统状况(各种生态系统包括森林、草地、湿地、地表水和滩涂地区的改善情况);栖息地(栖息地的保护措施、保护范围等);濒危物种(濒危物种的数目);富营养化物质与有毒物质(导致自然系统毒化和富营养化的污染物排放量);外来物种(外来物种的引入和传播对生态系统的不良影响);全球环境变化(温室气体排放和破坏臭氧层的化学物质排放量)。

(5)服务管理。广泛树立一种能够激励个人、社会公共机构和私人公司就其行为对经济、环境和社会造成的后果全面负责的服务管理道德。衡量其进展的指标有:材料消耗(材料利用率,如人均或单位产量的材料消耗量);废物减少量(废品源数量和资源重新利用、恢复和循环利用率);能量效率(单位产量的能量消耗);再生资源利用(渔场、森林、土壤、水体等可再生资源的利用率和再生率)。

(6)可持续发展的社区。鼓励人们携手合作,共同创建健康的社区,包括保护社区的自然和历史资源、创造就业机会、控制社区无计划的扩展、保护社区安全。衡量其进展的指标为:人的生存力(当地人均收入和城镇、郊区、农村就业率);睦邻关系(犯罪率)。公园建设(城镇绿地、公园空间和娱乐场所数量);未来投资(社会和私人用于健康保障、母方关怀、童年发展、教育和培训方面的投资);交通结构(交通拥挤率,可供公众利用和选择的交通工具的数量);信息获取途径(图书馆的利用率及学校、图书馆进入 Internet 网和国家信息网的百分率);住宅建设(无家可归人口的数目);城市收入结构(城市和郊区间的人均收入差距)。婴幼儿死亡率。

(7)市民参与。创造机会,鼓励市民、工商企业和社区参与有关自然资源、环境和经济的决策活动。衡量其进展的指标为:公众参与(选民参加国家、州和当地选举投票的百分率);社会资本(公众参与、社会信任及为了相互的利益而合作的意愿);市民参与(在以下活动中市民的参与程度:职业和服务组织、父母—教师联盟、体育社团以及志愿工作等)。

(8)人口。促使美国的人口趋向稳定。衡量其进展的指标为:人口增长(美国人口增长率);妇女地位(妇女接受教育的机会,争取同工同酬的能力);计划外怀孕(美国计划外怀孕的数目);青少年怀孕(美国青少年怀孕的数目);移民(非法移民的数目)。

(9)国际义务。美国在制定和执行有关全球可持续发展政策、行为标准以及贸易和对外政策方面应起表率作用。衡量其进展的指标为:国际援助(美国所提供的实现可持续发展的国际援助情况);环境援助(美国对全球环保机构所作贡献、其他以环境为目标的发展援助的情况);环境技术输出(美国向发展中国家输出或转让节省成本并有利于环境保护的技术情况);科研领先作用(在全球问题上科学研究的水平)。

(10)教育。确保所有的美国公民在教育方面机会均等,并且终生能够获得学习的机会,从而为参加有意义的工作、提高生活质量和了解有关可持续发展的概念做好准备。衡量其进展的指标包括信息获取、课程设计、公众参与、学生毕业率及标准化考试趋势等。

3. 新世纪的新框架

PCSD认为,为了促进未来的进步与发展,美国必须就环境保护和可持续发展的基本组成部分(环境健康、经济繁荣、社会平等与幸福)承担更多的义务,这要求根据目前的实际情况改革税收和补贴政策,采用市场激励手段等因素改革目前的环境管理体制,并确立新的、有效的政策框架。为此,PCSD提出了七项政策建议:

(1)提高现行管理体制的效率,在环境投入较少的情况下,实现各项环境目标。

(2)为进一步促进环境保护和经济发展,必须制定切实可行的环保标准,大胆探索和创建新的、非传统式的环境管理体制。通过共同参与有关决策的制定过程,增加环境管理实际操作的灵活性。

(3)扩大产品生产和使用的责任范围。采取非官方自愿参与的形式,要求同产品生命周期有关的所有人员就产品对环境的影响承担责任。其目的在于促使那些同整个商业链相关的人员(包括产品的设计者、供应商、制造商、销售商、产品用户和产品废物处理者)共同承担责任。

(4)改变税收政策。改变税收政策是一个长期的过程,必须在不增加总税收负担的情况下逐步改变税收政策;在不允许制定有损于环境的生产和消费政策的同时,鼓励创造就业机会和促进经济发展。

(5)改革补贴政策。政府不再给那些同可持续发展的经济、环境和社会目标不协调的生产活动予以补贴。为此,PCSD建议成立一个国家委员会,就美国联邦税收和补贴政策对可持续发展目标产生的影响进行审议,提出具体的政府补贴标准。

(6)利用市场激励手段。市场激励手段是环境管理体系的一个组成部分,必须充分使用这种手段,实现环境和自然资源的有效管理。这一环境管理体系必须能够解释、核实和提供有关手段,以确保有关活动符合国家的环保标准。

(7)政府间合作关系。建立和发展政府间的合作关系,全面追求经济繁荣、环境保护和社会平等。

4. 信息和教育

该项战略的关键是加强信息管理,增强综合决策能力,增加民众参与决策过程的机会,提高信息共享的能力,制定可持续发展的指标体系,为经济、社会、环境和自然资源的基础状况提供综合的度量方法;尝试性地使用将环境成本内在化的成本核算方法;改革教育体制,使所有的学生、教育工作者、教育行政管理人员学习和了解同环境质量、经济繁荣和社会平等有关的学科;拓展其他教育形式,如通过博物馆、动物园、图书馆、新闻媒介和各种社区组织宣传有关可持续发展概念。为此,PCSD提出了以下政策建议,并就实施各项政策提出应采取的相关行动。

(1)加强信息管理。加强对信息的收集、整理和传播,向决策制定者提供有关可持续发展的经济、环境和社会平等的信息,同时,减少重复,提高信息传播和报道的效率。

(2)拓展科学知识,加强决策制定。实现可持续发展的能力,取决于人们对地球自然系统及影响这些系统的人类活动方式的科学认识。因此,必须加强和拓展有关的科学知识,并促使决策者和普通大众广泛应用这些知识。

(3)加强"信息准入"。为让人们有更多的机会获得信息,必须采取开放的信息政策;同时,鼓励私营部门参与全国信息基础结构的建设,以各种方式提高人们获得信息的机会。

(4)发展有关可持续生活方式的信息。鼓励收集有关可持续生活方式的信息和数据,宣传可持续性的做法,鼓励地方政府、工商企业和社会团体雇佣更多的人员,从事宣传可持续发展生活方式的做法。

(5)制定指标。简单明了的指标是衡量可持续发展实施进展的有力工具。为此,必须依据美国的可持续发展目标建立一系列指标并定期向社会公布这些指标值的变化。

(6)编制国家收入补充报告。国内生产总值(GDP)是衡量国家收入,反映经济状况的最常用指标,但就实现可持续发展的目标而言,用 GDP 衡量一个国家富裕与否并不完善。譬如,GDP 并未反映环境质量及文化和社会资源状况,简单地将自然资源看成是用来生产其他经济商品和服务的原材料。这既不能衡量一个国家的文化和精神财富,又不能说明经济财富在社会各个成员中的分配情况。因此,必须使用更为妥善的度量手段,编制一个反映国家收入的补充报告,综合地度量经济、环境和自然资源情况。

(7)实施环境会计制度。为提高美国在世界市场中的竞争力和解决公众关心的环境问题,要求公司把有关环境事务结合到其各项业务工作活动中,并为达到有关环境目标自愿地或强制性地投入资金。目前的标准商业会计做法不利于公司制定明智的、有利于环境保护的商业决定。为此,PCSD建议采纳能够将环境花费同导致这些花费的有关活动相结合的会计方法,即"环境会计"。它旨在为工商企业制定商业决定提供信息,帮助各公司提高环境管理效率,在减少生产成本的同时,缓解潜在的环境威胁。

(8)正规教育改革。60和70年代,环境教育主要集中在自然资源保护方面,80年代又增加了生态学和污染防治方面的内容,如今环境教育则朝着可持续发展的方向发展。因此,必须鼓励正规教育体制的改革,以便帮助所有的学生(从幼儿教育到高等教育)、教育工作者、教育界行政、管理人员学习和了解环境质量、经济繁荣和社会平等之间的相互关系。

(9)拓展其他教育形式。博物馆、动物园、图书馆、教育推广项目、新闻媒介和各种社区组织等教育设施,是向各阶层人员宣传有关可持续发展概念的良好途径。这些教育形式可以有效地弥补正规教育在某些领域的不足之处。

(10)加强可持续发展方面的教育。在联邦、州和地方水平上对有关政策进行改革,以促进可持续发展方面的教育。在现有的教育机构和设施中,开发和使用信息技术,鼓励人们了解如何将地方问题同有关国际、国家和州的问题相协调。

5. 社区建设

鼓励制定社区规划,明确社区发展的目标和优先领域,鼓励社区间加强合作,共同处理有关跨地区的管理问题。对社区进行合理布局和综合管理,发展多元化的地方经济,整治受污染的或未充分利用的"褐色"场地,将可持续发展同人们的日常生活紧密地联系起来,建立清洁、美丽、安全和富裕的社区。

(1)社区战略。由社区自身制定促进社区发展的战略规划。

(2)地区合作。鼓励各个社区之间加强合作,共同处理跨地区的环境管理问题。

(3)建筑设计与翻新。设计和修复有关建筑,提高对能源和自然资源的使用效率,加强公共卫生建设和美化环境,保护历史和自然建筑与文物,增强人们的社区特色意识。

(4)社区规划。通过规划新社区和改进现有社区,提高社区对土地等自然资源的使用效率,促进自然资源的综合利用,促进家庭收入多样化,保护公有空地并提供多种交通运输方式。

(5)社区管理。对现有的和新建社区进行合理布局与管理,减少社区漫无边际的扩展,保护空地,重视大自然的承载力,保护社区免受自然灾害的影响。

(6)发展强有力的和多元化的地方经济。根据各地方的独特优势,制订多元化的地方经济发展战略,通过实施这些经济发展战略,进一步开辟市场和促进技术革新。

(7)培训及终身教育。不断地协调和发展政府及私营部门的培训计划,促使人们提高各种技能以适应社区未来发展的要求。

(8)环境的经济开发。利用各行各业在环境技术、回收利用和污染防治方面的经济活动创造就业机会。

(9)开发"褐色场地"。"褐色场地"是指受污染的、被抛弃的或未充分利用的土地。此项政策旨在鼓励人们重新开发和恢复"褐色场地"。

6. 自然资源管理

丰富的自然资源是美国保持强大和充满生机的经济的基础。

开发利用的核心是自然资源的管理工作。做好这项工作有助于解释和确定人类同自然之间合理的相互作用关系。这种"管理工作"的基础是相互协作、保持生态系统的完整、鼓励农业资源管理、促进林业和渔业的可持续发展、恢复和保护生物多样性。这个过程要求每个社会成员对保护自然资源的完整和保护有关生态系统承担责任。自然资源管理机制主要包括：

(1)通过合作途径，保护、恢复和监测自然资源，解决自然资源的利用和保护之间的矛盾。

(2)利用有关生态、社会和经济方面的信息，妥善管理自然资源，提高、恢复和保持陆地和水生生态系统的健康、生产率和多样性。

(3)建立奖励制度，支持和鼓励各公司、财产拥有者、资源使用者以及各级政府适当地参与有关个人和集体的自然资源管理工作。

(4)保护和管理农业资源，保持和提高农业生产率，增强人类健康，改善环境质量。

(5)为实现2000年林业可持续发展的管理目标，PCSD认为，必须建立一种井然有序的程序，以便促进政府和私营部门就2000年实现美国的森林可持续管理目标共同努力。

(6)恢复水生环境，防止过度捕捞，恢复和保持美国水域中锐减的野生鱼类资源。

(7)自然资源现状和未来趋势的信息是衡量国家和地方在可持续发展方面是否取得进展的重要手段。为了加强有关自然资源信息的管理，PCSD建议通过制订一致的标准和方法，使国际上现存的有关自然资源的数据库同美国联邦、州和部落现存的有关数据库一致起来。

(8)各政府部门必须通过提供信息等手段保护生物多样性,鼓励和支持各地的私人土地拥有者之间发展志愿合作关系,共同促进对环境的管理和生物多样性的保护。

7. 人口与可持续发展

美国目前的人口达 2.61 亿,居全世界第三位。美国的人口年增长率为 1%,即每年约增加 300 万人口。只有通过改变生活方式和技术进步(减少人均资源使用量和降低人均废物的产生量),才有可能在人口增长的情况下减少对环境的影响。一个可持续发展的美国是指所有的美国人能够获得有关生育卫生方面的服务、妇女能够获得更多的教育和就业机会以及继续执行移民政策。为实现该项战略,PCSD 提出了三项政策措施:(1)提供更多的服务。即加强有关计划生育和生育卫生与健康方面的服务,并确保人们有更多的机会获得这方面的服务,防止意外怀孕并使所有的美国公民能够就生儿育女的密度和个数作出自由和负责的决定。(2)为妇女提供更多的机会。美国贫穷的成年人中妇女约占三分之二,超过半数的美国贫穷家庭是单身母亲家庭。在美国,贫穷是导致意外怀孕和青少年怀孕的主要原因之一,而这些非计划的怀孕反过来又导致人口的增长并增加社会负担。因此,必须鼓励政府部门和私营部门进行合作,向妇女提供更多的机会,尤其要重视解决那些导致社会贫困比例增高的意外怀孕和青少年怀孕问题。(3)改进移民政策。鼓励移民改革委员会继续致力于有关移民政策的改革工作,支持开展有关研究,更加有效地执行移民政策。

8. 美国的国际领导地位

PCSD认为,一方面,美国未来的安全、繁荣和环境状况同整个世界有着不可分割的联系,美国人民的生活愈来愈受到全球环境变化的影响。另一方面,无论美国是否选择充当世界领袖,历史和现实实力已决定了美国在解决有关环境与发展的国际问题方面必然充当世界领袖的角色。因此,美国有责任制定和促进可持续发展的全球政策。为此,PCSD建议美国采取扮演国际领袖的政策,即通过积极参与和领导旨在鼓励民主、支持科学研究、促进经济发展、保护环境与人类健康方面的国际合作,促进美国的经济发展和保障国家安全。

三、美国的环境外交政策

全球气候变化、生物多样性、土地荒漠化、臭氧层破坏、水资源紧张等生态环境问题影响范围广,并且遍及全球。生态环境问题的严重化和全球化一定程度上影响到各国的政治、经济、科技甚至生活方式等各个方面。1992年里约环发大会以来,在气候变化公约的谈判、贸易与环境条款的争论等方面都折射出发达国家与发展中国家之间、各国和各利益集团之间存在矛盾与冲突。生态环境问题已经由一般的环境问题上升为政治问题,并成为各利益集团和国家间的政治、经济、科技和外交实力较量的焦点。

1996年4月9日美国前国务卿沃伦·克里斯托弗在斯坦福大学发表了题为《美国外交与21世纪全球环境的挑战》的讲话。全面阐述环境与美国全球战略的关系,认为:"美国全球战略目标同美国如何处理地球的自然资源问题方面开始紧密地联系在一起"。1997年,美国国务院发表了美国历史上第一个年度环境外交报告,报告中称环境外交已经成为美国外交中的一个长期重要的工作。美国由此加紧了推进其环境外交的步伐。联邦政府将环境保护问题作为重要的外交政策来处理,包括总统在内的政府官员都积极关注环境外交问题;联邦政府通常把环境问题列入与外国政府首脑磋商的内容。美国已在许多国家的驻外大使馆设立了环境中心,以便加强推动环保外交政策。在近年中美政府间的各级会谈中,环境问题始终是重要的讨论议题。

(一) 美国环境外交政策

从美国国务卿沃伦·克里斯托弗在斯坦福大学发表的关于《美国外交与21世纪全球环境的挑战》报告中可以看出美国环境外交政策的主要方面。

第一,美国政府以经济力量为后盾,充分利用各种国际组织来对付生态环境的威胁。里约会议以来,美国加强了与国际组织的合作,在促进一些全球环境问题的解决方面作了一定的努力。例如逐步淘汰尚存的破坏臭氧层的物质,禁止向海洋倾倒放射性废品等。美国也力图改革和加强联合国在环境保护和可持续发展方面的计划。美国和欧盟制定的跨大西洋新计划将使全球在解决诸如气候变化和有毒化学品等问题上起到一定的影响。

第二,在对待各种生态环境问题方面,美国首先把本国利益放在首位。例如,将有利于本国利益的环境政策纳入世界银行贷款计划;通过全球环保机构资助有利于美国的环保项目;通过世界贸易组织来寻求对其有利的解决贸易和保护环境之间复杂关系的途径。在温室气体排放问题方面,美国一直要求发展中国家与美国等发达国家在保护生态环境方面承担共同的义务。1997年京都会议之前,美国参议院以95对0票决定:"除非主要发展中国家也介入,否则不支持签署任何限排公约"。1997年10月6日,克林顿又表示了四条原则:(1)相信气候变化的科学性,(2)美国准备承担"现实的"减排义务;(3)这种限制减排要以不阻碍经济发展为前提,(4)世界各国都要参与。这些看法遭到发展中国家的一致反对,与此同时,欧盟也指责美国在会前提出的"各国都要介入减排义务"违背了"柏林授权"、破坏了已进行了两年半的谈判与磋商结果。1998年全球代表4200多人在阿根廷的布伊诺斯艾利斯召开联合国气候变化公约第四次缔约国会议。在这次会议上美国认为,气候的人为改变来自发展中国家对森林的乱砍滥伐和植被的各种破坏,必须采取措施制止发展中国家的经济发展趋势。

第三,通过环境手段来扩大美国在中东以及拉美等具有重大战略意义的地区性利益。这些地区生存环境的恶化和人口的迅速膨胀加剧国家内部和国家之间的紧张关系。如中东干旱地区的争水斗争对地区安全和稳定就有直接的影响。正如希蒙·佩雷斯曾经说过的:"约旦河的争水史比历史还长。"美国正在试图使中东和平进程的各方协调该地区的水资源分配问题,以便减少因水资源问题而引发的各种冲突,以保护自己在中东地区的战略和石油利益。在前苏联和东欧,美国则希望通过国际组织来改变那里充满烟雾的天空和严重污染的河流。在拉丁美洲和加勒比海,美国在迈阿密举行了34个国家参加的美洲国家首脑会议，通过组织这次会议来推行其在美洲的可持续发展计划，包括遏止滥伐森林及人口迅速增长、保护亚马逊热带雨林的生物多样性以及协助危地马拉发展可持续的农业等。美国在这些地区的环境外交活动客观上有利于维护世界生态环境系统的稳定。

综上所述，美国的环境外交战略有其两面性，一方面由于美国未来的安全、繁荣和环境状况同世界有着不可分割的联系，美国人民的生活受到全球环境变化的影响也愈来愈明显。作为经济大国，美国迫于形势和压力，积极参与支持科学研究、促进经济发展、保护环境与人类健康等方面的国际合作，以促进美国的经济发展和保障国家安全，客观上也推动了人类的可持续发展和防止地球生态环境的进一步恶化；另一方面，美国的环境外交政策始终是为其本国的国家利益服务的，美国一直认为其历史和实力已决定了美国必然充当"世界领袖"的角色。为此美国在环境合作方面，采取积极扮演国际领袖的政策以支持其全球总体战略的实现，并利用生态环境问题来遏制某些发展中国家的经济发展，并试图控制那些他们认为具有战略价值的地区。

（二）美国在气候变化问题上的立场

1997年3月1日，包括8名诺贝尔奖获得者在内的共2509名美国经济学家联名签署了一份《经济学家关于气候变化的声明》，表明对全球气候变化采取措施行动的态度。其内容有三条。第一、政府间气候变化工作委员会组织的国际科学家小组对全球气候变化的研究已经得出了"已有的来自各方面证据表明，人类活动已对全球气候变化造成了可以察觉(可识别的)到的影响"的结论。作为经济学家,我们相信全球气候变化本身有着很显著的环境、经济、社会和地缘政治风险,因此,采取防范的措施是必要的。第二、经济学的研究发现有许多潜在的减少 GHG 排放的政策,而且其实施带来的效益是大于其成本的,特别地,对于美国的情况来看,合理的经济分析表明,有很多政策方案可以在不影响美国生活方式的前提下减缓气候变化的进程。而且从长远角度来看,这些政策的实施可以改善美国的生产力。第三、最有效的减缓气候变化的方法是通过基于市场的政策,为了使全球能以最小的成本实现控制气候变化的目标,有必要加强各国之间的合作,如通过全球排放贸易协议等。美国和一些其他国家可以通过市场机制来最有效地实施有关改善气候变化的政策,如碳税或排放权出售拍卖等。这类政策带来的收入可以有效地用于减少赤字和降低现有的一些税收。

由于京都会议和布伊诺斯艾利斯会议存在着许多问题尚未解决,并且用含糊其词的语言来修饰争论较大的一些分歧,美国政府对履行气候变化公约的态度表现在:

第一,显然美国迄今没有最终使它所称之为的"主要发展中国家"作出任何形式的承诺。由于所有的参议员(民主党和共和党)都反对任何不包括中国、印度、巴西、墨西哥和韩国的公约,认为对美国的排放限制将毫无疑问地促使企业将资金、生产、就业机会等转到这些不受限制的国家中去,副总统戈尔也代表政府明确表示在主要发展中国家未被介入之前,公约将不会提交参议院表决。

第二,美国大力提倡排放贸易(ET)和联合覆约(JI),排放贸易是指低于排放目标的国家可以向超过目标值的国家或该国企业出售排放额度。联合覆约(JI)意指如果一个美国公司超过的排放量可以通过在另一国有关投资中减少排放量来抵消。要实现这种做法必须是双方国家都属于公约限制的国家成员,否则无法制定衡量排放数量增减的基本标准;显然,能以最廉价投入进行减排的最大机会在第三世界,这就是为何美国坚持将主要发展中国家拉入公约的目的。美国为了推动排放贸易,以本国治理 SO_2 防止酸雨的例子,说明排放贸易可以使减排效益最大化,当时美国以比工业界担心的成本低得多的代价实现了削减目标,因此美国认为从经济学角度来说,这项做法可以推广到全球范围。

第三,公约中明确提出,发达国家应向发展中国家提供资金援助以帮助其建立排放计算方法及推动技术转让。但是,没有资金数量上的明确表态,只是笼统地称为"新的额外的资金";这个提法曾有过长时间的争论,它只不过是从气候变化公约中照搬过来罢了。1992年,在里约达成气候变化公约时,规定这项资金将由公约缔约方,也就是所有加入公约国家的政府来管理。该机构成立之前,作为过渡阶段的一项措施是暂由世界银行设立的 GEF 来运行。但是五年后,当各国再度在京都开谈判时,这个机构仍然没有出现并仍由 GEF 管理着。许多发展中国家普遍有一种被欺骗的感觉。这里有一个明显关于表决权问题的考虑,因为发展中国家占缔约国的大多数,而 GEF 作为世界银行本身的操作机制,其控制权却在捐助国手里。另外,发展中国家对目前援助资金数量远远低于当时达成协议的数量表示非常不满。京都会议提出建立清洁发展机制(CDM)来规范 JI,并提出 CDM 将在 COP 管理下实施并对 JI 实施的效益分摊进行评价，当然它指出这种 JI 是针对"对最容易受气候变化带来的不利影响的国家"而开展的。其实,实际效果就是将来按照 COP 最终设立税率之后对 JI 项目所进行的"税收"交易。

第四,对未达到目标及未实现承诺国家的惩罚问题挪到下一次 COP 会议去谈,实际上,京都会议解决不了这类复杂问题。这个问题不明确,各国很难批复同意签署该公约。京都会议讨论过惩罚问题,只是提案都不具备吸引力,因而没有形成任何决议。发展中国家怀疑罚款的方式不能起到本质上的作用,因为担心富裕国家可能用钱来买这种排污权；另一种方案是,如果一个国家的排放在前一个阶段超标,可以允许其在后一个阶段来弥补。但是,这种排放限制的条件太弱,会造成各国对承诺的忽视。第三种方案是将排放限制与贸易制裁结合起来,但这种方案的后果比较危险,它不仅可能威胁到被制裁国家的经济发展,而且可能很快造成政治关系的紧张化。

第五,没有任何国家出台了如何达到减排目标而覆行该公约的政策具体措施。克林顿政府更如此。美国政府在 1997 年 10 月 22 日提出了 2008 年前志愿减排的倡议。但按照官方的计算,如果按照目前美国温室气体仍在不断增加的发展趋势,美国实际承诺为,到 2010 年要减排 30%。在 12 年的时间内削减 30% 的排放意味着生产与消费行为的重大改变。如果政府不打算使用税收及提高能源价格来控制,很难想像到时能够实现这个目标。在美国,这种规模的减排和能源利用政策需要公众辩论和参与。目前还很难预测这场辩论的激烈程度,因此认为要制定明确的政策,还为时尚早。克林顿1997年10月在美国地理学会上曾表示,"把一个美好的家园交给下一代是我们的神圣职责,这既需要有远见卓识,又要勇取果断",即美国应该积极参与减缓气候变化的行动,美国未来资源研究所的学者则评价说:"但是由于人类无休止的富有创造性的日常活动,使我们的子孙得到的将肯定是一个与现在大为不同的地球家园。气候变化可能就是这些不同之一。"可见对美国参与全球气候变化的积极影响并不抱信心。

上述分析从侧面反映了美国对《联合国气候变化公约》的立场和基本态度:

1. 为实施气候变化公约在京都进行的谈判中,美国虽然承诺了7%的减排额,但在美国国内如何实施尚无任何政策出台,而且国会几乎不可能批复加入此项公约,除非主要发展中国家也有介入减排的可能。

2. JI是实现减排的有效途径,但是与发展中国家开展JI有很大困难,作为JI的前期阶段的AIJ效果很不令人满意,京都会议上提出的CDM也看不出什么前景,未来CDM如何实施还很模糊。

3. 由于参议院的坚决反对,美国政府目前没有经费支持与发展中国家开展JI的试验阶段项目,而来自私营企业部门的资金则需要用在能为他们带来好处的项目上,如果没有获得"信用额(credit)"的可能性,就很难说服企业界慷慨解囊。

(三)美国环境外交政策的动因

美国现实主义学派大师汉斯·摩根索指出"国家利益是判断国

家行为体唯一永恒的标准"。美国的环境外交政策正是为其本国的国家利益和国际战略服务的。

首先,国家利益是指"一切满足民族国家全体人民物质和精神需要的东西。"美国作为发达国家,公众对较高生活水准要求和生态环境的威胁呈现严重矛盾的趋势。这种矛盾和冲突已经严重影响到美国的国家利益,美国大量的环保报道显示,如今在美国国内,美国公民的人身、经济和社会安全正在受到臭氧层破坏、物种消失、资源过度开发、各类辐射及化学品污染、气候变化等环境问题的威胁。美国制定环境外交政策其主要作用在于维护本国的国家利益。因此,美国前国务卿克里斯托弗认为,美国要把推进美国全球利益的能力同处理地球自然资源紧密联系在一起。

其次,美国也正在利用环境外交政策来推动其全球战略的实施。由于地球自然资源的匮乏和自然环境的恶化将会使中东以及东亚、中亚和南亚等对美国具有重大战略意义的地区产生环境恶化、人口膨胀、饥荒以及地区冲突。例如,埃及、苏丹和埃塞俄比亚的供水争执,土耳其、伊拉克、叙利亚也可能为争夺幼发拉底河、底格里斯河而爆发冲突。对以色列来说,占领约旦河西岸,利用约旦河水保障其农用灌溉和其他方面的淡水也是至关重要的。当这些生态环境问题引发地区冲突和紧张局势时,美国的全球战略利益将会受到威胁,使得美国有时只得动用政治军事手段加以干涉以维护其全球战略利益。因此,美国前国务卿克里斯托弗曾指出:"自然环境资源问题的解决对取得政治和经济稳定、争取美国全球战略目标的实现关系重大。"

第三,美国可以通过环境外交政策来协调与别国的关系。生态环境问题会影响到美国与其他国家特别是发展中国家的关系。因为污染不受边界的限制,而世界任何地区对有限资源的需求增加必然会给其他地区的资源造成压力,也会引发与美国的国际纠纷。最近30年来,美国使加拿大东部上空污染的浓度增加了50多倍,"酸雨"每年给加拿大造成经济损失达50亿美元。1986年,以美国为主的发达国家将365.6万吨以上的废物运往第三世界,引起了许多拉丁美洲国家和加勒比海国家的愤怒。在美国国内经常视发展中国家的土地和海洋为垃圾倾倒场所,在发展中国家已造成一种"毒物恐怖主义"和"生态种族歧视"的极坏影响。因此,美国政府制定了相应的外交政策以协调与发展中国家和发达国家之间的关系。

(四) 美国环境外交对中国的影响

美国对中国环境外交战略也有其两面性。

一方面,出于中美两国共同利益,美国与中国在生态环境领域的许多方面进行了合作。美国前国务卿克里斯托弗指出:"中国面临的环境问题的确日益严峻。中国人口占世界的22%,但是人均淡水拥有量只占世界平均水平的1/4,耕地只占世界耕地面积的7%,并且面临着巨大城市化的压力,环境问题日益加剧。这就是我们与中国接触的政策把环境包括在内的诸多原因之一。应扩大美中两国在可持续发展方面的合作,其中包括能源政策和农业等方面。因为中国对世界有深远影响。"1997年江泽民主席访问美国期间,中美两国签署了《中美两国能源和环境合作倡议书》和《中美关于和平利用核技术合作的意向性协议》。同年中美两国召开了"中美减灾研讨会",共同探讨了减灾领域的科学技术发展和政策措施。1999年朱镕基总理访美期间中美双方召开了环境与发展研讨会,就可持续科学技术、能源、环境政策和商业的合作进行了讨论。中美两国还在农业可持续发展、臭氧层保护等方面进行了深入的合作。这些合作有力地推动了中美两国关系的发展。美国有专家从美国的角度指出,"美中在能源和环境这样一些价值观相对来说比较中立的领域进行对话与合作,可以为当前在两国关系中占主导地位的人权与知识产权、台湾、西藏、武器扩散和贸易领域的争端中起到一种令人欢迎的缓解作用。"

另一方面,美国又企图通过环境手段牵制中国的经济发展。由于中国的政治稳定、经济持续发展,在亚洲金融危机期间又极大的提高了自己的国际地位,树立了中国负责任的大国形象,使美国认为中国有可能对美国在亚洲的地位形成挑战。因此美国首先从舆论上希望将中国描绘成"世界污染大国","环境和粮食危机的制造者"。美国在1997年的环境外交报告中就重笔渲染:中国1995年煤炭、粮食和肉类的消费量已经超过美国,其温室气体排放量已经名列世界第二。前几年曾热闹一时的美国世界观察所莱斯特·布朗的报告《谁来养活中国》中的观点就是:中国21世纪的粮食需求量将与世界粮食市场的供应能力产生激烈矛盾。在具体外交政策上,美国一直试图说服或压迫我国在气候变化和排放贸易上接受美国的立场,这突出反映在1997年京都会议和1998年的布伊诺斯艾丽斯会议中关于联合国气候变化公约会议的谈判和争论中。

因此,针对美国外交战略的现实特点,中国应该坚持作为发展中国家的原则立场,在积极开展合作,推进建立健康稳定的中美两国关系的基础上,切实维护本国的国家的主权和利益。

第 三 章

发展中国家和经济转轨国家的可持续发展战略

第一节 玻利维亚

玻利维亚共和国,位于南美洲中部,是个内陆国家,面积109.8万平方公里。人口720多万,大多集中于中部谷地,农业人口占全国人口的50%。玻利维亚东部和中部为热带草原气候,向西部山地过渡到亚热带森林气候,内陆高原属山地气候。玻利维亚矿产资源丰富,主要有锡、锑、钨、铅、锌、铜、铁、石油和天然气,森林面积占全国面积45%。玻利维亚是一个矿物原料输出国,锡和钨的生产在世界上占重要地位。

世界范围内的生态危机和全球环境的不断恶化,对各国的经济与社会发展产生了显著的影响,玻利维亚也不得不迅速采取措施,不断创造有利于国家发展的条件,实施可持续发展战略。

一、面临的主要挑战

随着社会的发展以及全球化的趋势,玻利维亚的政治、经济和社会各方面都面临新的挑战。主要存在的问题包括以下几方面：贫困和不平等，"可可"生产问题，对官方发展援助的过分依赖，思想观念和生产方式落后，自然资源和环境保护问题突出等。

（一）贫困和不平等

玻利维亚是一个比较贫困的国家，目前面临的贫困问题已成为可持续发展的主要障碍，其原因是多方面的。生产设备陈旧、运输基础设施缺乏、生产性投资少等因素直接导致了社会经济的落后。根据1992年统计数字，70%的玻利维亚家庭处于贫穷状态，其中38%的家庭处于极度贫困状态；90%的农村居民和一半的城市居民的基本生活需求得不到满足；儿童、妇女和土著民族受到贫困的严重威胁，75%的贫困人口属于土著居民；婴儿死亡率达75‰，儿童慢性营养不良达3～28%，母亲死亡率达39‰；20%的妇女根本没有受教育的机会。

社会不公正是另一种贫困的表现。大部分人口得不到良好的卫生保健、教育等基本社会服务，缺少就业和技术培训等机会；国家社会投资缺乏优先考虑，以及社会对土著居民、妇女、儿童和老人的歧视等等因素都导致经济、社会和政治之间的相互排斥。大众社会购买力低下，也限制了国内市场和对生产的刺激作用。贫民——作为贫困的表现形式，也引起了人力资源的恶化。贫困、失业等现象不可能造就有利于保持社会稳定和有利于产生良好行为的宽松环境，相反，却常常导致暴力、吸毒和不良行为的产生。

收入的过分集中和大部分人口处于贫困状态，导致另一种必须克服的挑战，即不平等的问题。这种不平等主要表现在三个方面:① 经济不平等:由于贫困人口收入水平低,因而消费能力低下,被排除在消费群体之外。加之缺少教育和培训,难以进入劳动力市场;② 政治不平等:由于参与机制和立法的代表性所限制,很多穷人不能直接参与重大决策,也没有正式的代表渠道,因此,其民主代表制度没有得到体现;③ 社会不平等:主要表现是社会服务的受益人口较少。在农村,教育普及率很低,卫生设施不完善。社会安全体制在城市也不健全,而在农村就更弱了。

(二) 古柯(Coca)生产问题

古柯是80年代兴起的一种作物,其高额的利润导致越来越多的古柯种植。玻利维亚是拉丁美洲第二大生产古柯作物的国家,占世界古柯生产总量的30%左右。这种作物的扩种和生产的过剩,主要由两个原因引起,一是玻利维亚经济的内部推动,二是外界因素的影响。内部因素主要由于农业经济的日益恶化和农村贫困的增加,锡矿危机、干旱和严寒的加剧,经济和社会基础设施建设方面缺乏公众投资,所有这些问题致使生产都向古柯作物种植转移。外部原因主要由于国际上对可卡因需求的增加,以及价格的增长。

古柯的种植导致了大量的森林被砍伐,引起土壤侵蚀、河流污染。玻利维亚政府为了解决古柯生产过剩的问题,采取了一些限制或禁止生产的措施,如1988年,玻利维亚通过了相当严厉的麻醉品法令,但古柯生产仍没有得到控制,反而增加了20%。对古柯生产的限制,也导致社会的不稳定,对就业和古柯生产者的经济收入也产生了一些负面的影响。

(三) 对官方发展援助的依赖

玻利维亚在经济上主要依赖外国的援助,这种经济状况要保证投资计划的顺利实施是困难的。克服经济上的困难,获得自主的经济发展,这是玻利维亚面临的主要挑战之一。当前,玻利维亚的主要任务是通过增加公共投资,吸引国内外的私人直接投资,大量增加国内存款,改善投资结构,使玻利维亚在经济上从依赖于外来资金的困境中解放出来,支持玻利维亚的可持续发展。

(四) 变革传统观念

由于玻利维亚国家长期受殖民统治,人们习惯于传统的思想观念,缺乏改革意识。这种现象已经深深扎根于经济、政治和社会各个方面。因此,转变观念,改变态度,吸收革新思想,营造玻利维亚的自我形象,适应可持续发展的战略要求,也是玻利维亚面临的一项新的挑战。

(五) 自然资源和环境保护

为了追求最大的经济利润,造成了对自然资源过度使用,导致了一系列的环境问题。例如,农业生产中对土地的不适当使用,减少了植被覆盖率,造成土地侵蚀,土壤盐碱化,土壤肥力下降。在林业生产中,对森林资源过分开采,没有考虑森林作为生态系统的作用也引起生物多样性的减少。

二、可持续发展总体战略

玻利维亚为了执行可持续发展战略制定了本国的 21 世纪议程。在制定本国的 21 世纪议程时，玻利维亚主要基于两个目的：第一是为 1993 年后国家的规划过程提供一个可供参考的纲领性文件，同时制定国家整体规划和部门发展规划，阐明玻利维亚国家面向可持续发展所采取的重要改革行动。第二是对国家各个部门实行可持续发展的投资计划进行必要的资金评估。

根据全球《21 世纪议程》，玻利维亚调整了国家发展战略，提出经济增长和社会公正同步发展，人类发展与自然资源合理利用相协调的国家可持续发展战略，并加强共同参与的民主制度建设。

玻利维亚在国家社会经济发展整体规划中，制定了新的政策，并执行了一系列的改革。1994 年，通过了本国的社会经济发展整体规划，它体现了玻利维亚的可持续发展总体战略。通过经济增长、社会公正、自然资源合理利用和良好的政府管理四个方面的系统综合，实行新的计划体制，并出台了新的改革方案。主要包括：转变国家职能、增强公众参与、加强自然资源合理利用等。

长远的战略眼光和新的规划设计是玻利维亚关于可持续发展概念的两大支柱。新的规划设计强调采取经济增长、社会公正、自然资源合理利用和良好的政府管理四个主要方面相统一的综合性政策措施，注重确立基于国家潜力的目标和政策，确定公共投资的可选方案和规划过程中的公众参与。

玻利维亚为了实施可持续发展战略，在经济建设、资源保护和行政管理等方面采取了一系列措施：①在经济方面，充分合理利用自然资源，加强国家对生产的资金支持，改变商品出口结构，增强在国际市场上的贸易额。②在社会公正平等方面，创造全民参与决策的机会，承认文化多样性，克服各种种族歧视。③在自然资源保护和管理方面，通过建立环境标准，采用各种环境管理准则，来加强能源的有效利用和自然资源的保护与管理。④在政府管理方面，通过增强国家立法，改善决策的社会过程，实现良好的社会管理。

三、实施可持续发展战略的手段

为了消灭贫困和不平等，克服国家面临的困难和应对出现的挑战，实现可持续发展，玻利维亚推行了一系列必要的改革手段。

（一）进行国家机构重组

为了使可持续发展充满活力，玻利维亚根据有效管理的政府原则，要求对政府机构重新改组。使政治和行政分开，建立公众参与的管理模式。政府认为克服中央集权下的经济统治是进行国家机构重组的重要部分。为保证改革的实施，玻利维亚颁布了一系列的法律。进行宪法改革，通过颁布行政权力分散法、公众参与法、资本法和行政改革等手段，对国家机构进行了全面的重组。

宪法改革确定了行政管理部门的功能和权力，提出加强地方管理，把它作为政治和行政分开的一种机制。机构改革减少了部门设置，设置了人类发展部、经济发展部和可持续发展部三个综合部门。机构重组以后,改变了过去国家权力高度集中的状况和官僚主义作风。通过实施机构改革,推动了国家经济体制改革,发挥了国家的调控管理作用,并促进了具有公众参与特征的公共管理模式的形成。

(二) 支持社会公正,优化人力资本

由于贫困,导致人力资源的恶化和社会不平等。公众参与法的颁布保证了国家收入得到合理的分配,有助于建立男女之间和城乡之间的平等关系,也保证公共资源的分配有利于贫困集中的农村地区。教育改革法规定优先考虑初级教育,以便根除文盲,获得基本的技术技能,增加就业机会。为了减少母婴死亡率,玻利维亚政府实行母亲儿童健康保障制度。同时,实行营养计划,改善人群的营养状况。

(三) 加强民主

玻利维亚推行的各种改革计划,目的在于加强民主化进程,克服存在的各种问题。如社会不稳定,忽视道德文化的多样性,农村边远地区的贫困,公众参与决策机制的缺乏等。

宪法改革明确了玻利维亚在道德和文化方面的多元性,需要考虑土著民族在社会、经济和文化上的需求。同时,根据目前玻利维亚的人口年龄结构,降低了选民的年龄,增加了公民参与选举的机会。

（四）加强主要团体的参与

过去 20 年，玻利维亚人民的生活条件有相当大的改善，城市中大部分男人从这些变化中获得利益。但是，在妇女和男人之间以及国内不同地区之间仍然存在不平等，农村人口和妇女仍受到日益增加的贫困的困扰。尤其土著民族受到贫困的威胁日益严重，他们被排除在各种参与活动之外，在各种组织和政府机构中经常受到排挤。玻利维亚通过制定有关的政策，推动妇女的自治，并加强政治、社会改革和家庭民主，致力于消灭贫困、寻求男女平等，消灭种族歧视。

（五）刺激投资

生产性投资缺乏，生产力低下和高成本，是造成贫困恶性循环的原因之一。由于国内存款和外来贷款不能满足资金需求，玻利维亚需要强大的投资来刺激经济增长。为了促进投资，玻利维亚实行了国有公司私有化计划，促进投资增加。同时颁布了部门管理制度法，调整电力、通信、化工、交通和水利各部门的政策和管理，并保护消费者的利益，妥善处理国家、私人企业和消费者之间的矛盾，纠正市场出现的垄断倾向。

（六）建立合理利用自然资源的管理体系

为了合理地利用自然资源，除了实行上述改革外，玻利维亚政府建立了合理利用自然资源、保护环境的管理制度，并颁布了森林法以保证森林资源的合理使用，划定了森林利用地带，明确了财产权和砍伐条件,禁止滥砍滥伐,鼓励植树绿化,推动了森林资源的可持续管理;玻利维亚还颁布了一系列环境法以保护环境;针对土地问题,政府尽最大的努力与农业生产者和农业企业保持一致,目的在于调节土地的管理,解决矛盾冲突,确认土地拥有者的社会作用。另外,生物多样性保护法和水法也正在制定之中。这一系列的改革和法律的颁布,为自然资源的保护和可持续利用创造了条件。

第二节 巴西

巴西是一个大国,就其面积和人口而言,在世界上排名第5位,国民生产总值(GNP)也位居世界第11位。巴西是拉美最大的发展中国家,主要工农业产量均居拉美之冠,科技水平居发展中国家前列,钢铁、汽车、船舶、飞机工业等已打入世界市场。巴西社会经济发展数次经历徘徊,起伏不定,其原因较多,其中一些大项目盲目上马、负债过多、缺乏长期稳定的可持续发展战略、基础科学薄弱等是主要原因。近些年来,巴西政府一直比较重视基础设施建设和确保农业的可持续发展。

一、巴西可持续发展战略的实施情况

1992年里约环发大会之后,巴西政府从本国近30年的发展历程中悟出:社会经济发展应首先着眼于人,注重人类赖以生存的土地、环境、资源和世界经济发展之间密不可分的关系。巴西从此

开始着手制定可持续发展战略,并把社会稳定发展与自然供需平衡作为该战略的基石。巴西的国家级可持续发展协调机构为国家可持续发展部际委员会(CIDES),其作用是在联邦一级对各种活动予以协调,从而将可持续性纳入有关经济发展的决策中。CIDES囊括了所有联邦部门,主持部门为计划和预算部,协调部门为外交部、科技部、环境部、水资源和亚马孙河部,涉及到的主要公共研究机构有:巴西环境和可再生资源研究所(IBAMA)和总统府自然资源政策研究室。

巴西的不同地区之间存在相当大的社会和经济条件的不均衡,包括城乡差别,尤其是在城乡居民收入和所能获得的基础服务方面。因此,1992至1997年间,巴西的重大变化是发生在经济和社会领域,以及对公共政策(包括环境政策)有重大影响的机构改革。例如,在公共管理方面,最大的成就是1994年7月起动的Real计划(Plano Real),这是稳定金融货币的一次行动,直接针对持续了30年的高通货膨胀率(1993年曾达到2708%)。到1996年,年通货膨胀率被降至10%。由于存在不稳定因素,1995年联合国开发计划署(UNDP)的人类发展报告把巴西排在全球第63的位置上,并要求它在贫困、教育、卫生健康、城市基础设施等方面采取一些新的行动。由此,机构改革成为不可避免的一项措施。在各部门管理的逐步改善中,环境领域有了更好的表现。

下面将从8个方面具体介绍在国家一级上巴西可持续发展战略实施的主要行动。

第二节　巴西

(一) 逐步消除贫困

贫困是阻碍巴西可持续发展的重要问题之一。反贫困是巴西21世纪议程中最具优先的国家行动。在巴西,城乡之间和地区之间的家庭收入水平、购买力、最低工资以及商品和服务费用等方面存在相当大的差异和严重的不平衡现象。例如,1990年农村的贫困人口占农村总人数的53%;城市的贫困人口则只有18%。另外,东北部地区拥有巴西总人数的30%,却集中了55%的贫困人口。

为了与贫困作斗争,巴西政府对社会组织机构和发展计划均作了相应改革,使分配的天平向贫困阶层倾斜,同时加强政府管理职能,力求打破地域界限,使人尽其力,物尽其用。1994年7月开始的 Real 计划已使得贫困现象有所改善。一项研究表明,6个共拥有全国1/3城市居民且贫困人口比例高于全国平均值的地区,其贫困总人数已由1994年的1480万降至1995年12月的1070万。从1995年起,巴西联邦政府发起了一项全国范围内的计划"Comunidade Solidaria",旨在协调各公共部门之间的工作,优化政府行为,推动由各级政府承担的项目,并且在实施中吸引全社会的广泛参与,动员全社会向饥饿和贫困挑战。该计划把工作重点放在脆弱人群上,诸如儿童、青年和失业人员,优先考虑食品保障、基础教育、就业与收入、婴儿死亡率、家庭畜牧和城市改善等问题。

(二) 保护生物多样性

巴西拥有世界上最大的自然遗传资源宝库,在其21世纪议程中,生物多样性保护也具有很高的优先级。在联邦一级,对生物多样性和遗传资源负责的主要有环境部、水资源和亚马孙河部。二者还同时参与制定有关自然资源开发与利用的国家级规划和决策。

在巴西,威胁生物多样性的因素主要是居民破坏、过度收获、单一经营以及污染问题。从 1992 年起,为了保护生物多样性,巴西采取了以下行动:签署了《生物多样性公约》、《濒危野生动植物国际贸易公约》,颁布了《生物多样性协议》、《国家生物多样性计划》、《亚马孙河地区国家集成策略》,制定了《国家生态旅游政策》和《生物安全法》,还成立了亚马孙河地区国家委员会、总统府自然资源政策研究室。

巴西在保护生物多样性上取得了不少进展。被保护的土地面积占总面积的百分数由 1991 年的 2.5% 增加到 1997 年的 4.5%。到目前为止,巴西已有大约 500 个公共保护区,其中有 34 个国家级自然保护区,23 个联邦生物保护区,30 个生态站和 6 个生态特别保护区(不包括印第安人的土地)。农作物遗传资源保存在 70 个公共基因库中。

为了使这一战略领域现代化,巴西政府已认识到加强科研能力建设以及国际合作的重要性。90 年代初期,巴西已有约 5 万科技人员从事生物多样性研究。巴西在生物多样性评价、系统观测估算、增强保护等方面都进行了人员技能培养。在国际合作方面,巴西所开展的多边行动包括与 IBRD、IDB、UNDP 和 GEF 的协议,以及分别与德国、美国、日本、英国开展的双边合作。

(三) 保护和改善人类健康状况

参与国民健康问题决策的主要部门有卫生部、社会安全与福利部和健康统筹体系(Sus)。Sus 系统集中了联邦、州、60%的市政府以及社区的参与。它在 1995 年提供了大约 1260 万的实习医生和 12 亿次的门诊咨询。目前约每 300 人能拥有一张病房床位，其中 1/3 为公共设施。每个医生或注册护士 1990 年的服务人口平均数分别为 847 和 3448。

在巴西，人们的健康状况仍是一个大问题，尤其是低收入人群。公众健康数据反映出基本卫生服务和设施的不稳定以及地方性疾病的存在。年死亡率约为 0.6%，死亡的主要原因为循环系统疾病、肿瘤和一些外界因素（如事故、谋杀等）。不同地区、不同教育和收入水平人群的致死原因均有不同。北部常见水生疾病，东北部常见寄生物引起的疾病，而大部分由外界因素引起的死亡发生在东南部。疟疾在亚马孙地区始终是危害健康的难题。从 1992 年起，得肺结核和艾滋病的病例也在不断增多。5 岁以下儿童有 7%体重不足，30%营养不良。其他一些健康问题则包括：15%成年男子和 9%成年女子酗酒，9～18%的人神经紊乱，只有不到 10%的人能受到正规牙科保健等。

(四) 居民住宅区的可持续开发与改善

1991 年，巴西大约有 1 万个城市住宅区，分布在 26 个州的 5131 个城市中。25.5%的城市中居民不超过 1 万人，3.6%的城市中居民人口超过了 10 万。9 个大城市地区占有全国总人数的近30%。1995年,巴西大约有3980万个家庭,其中3210万为城市家庭,770万居于农村。据估计,居所不足的家庭(指临时性住所和过于拥挤两种情况)在600万到800万户之间。而缺少常规基本服务设施,如供水、排水、废物收集等的家庭,则大约有740万到1060万户。巴西有14%的城市人口生活在低于标准的居所(即贫民窟)中,其中75%在9个大城市地区,尤其是里约热内卢和圣保罗。目前,对城市居所的需求正以每年130万套的速度递增。农村住房不足主要发生在东北部地区;如果不考虑基础设施缺乏的话,住所不足的数字基本稳定在160万到200万。

为了在三级政府之间以一种协调化的方式解决城市规划、住房、卫生设施、交通、土地利用和其他一些城市问题,一项有关国家城市政策的修改法案被提交给国会,建议成立国家城市政策委员会(CNPU)。CNPU的成员应包括联邦、州、市政府代表以及居民代表。CNPU将下属4个常设议室,分别研究城市管理、住房、卫生和城市环境、城市交通问题,最终以一种系统化方法解决居所问题,其主要目标是提高城市区域,尤其是大城市的生活质量,并且在全国范围内获得一种更佳的人口分布。另外,还有其他几个项目正在进行,包括抵押贷款或向低收入人群提供贷款,力争在1999年底之前提供200万新住宅单元。

总之,在改善居住条件、发展可持续的人类居所方面,巴西政府面临的主要问题包括:脆弱人群和低收入家庭的问题,就业机会的创造,提高基础服务效率,刺激低成本住房兴建技术的发展,抑制房地产闲置。

(五)推进可持续农业和农村的发展

巴西农业与食品供应部是负责农业问题决策的主要联邦机构,它的下属部门——巴西农业研究公司则主要开展科研、农业技术推广以及信息网络工作,中央银行和巴西银行负责农村信贷。目前巴西正在组建国家农业论坛,该论坛将吸引联邦和州级政府部门、农民和农村工人组织、贸易公司、交易市场、金融机构、研究中心、农村扩展部门等的参与。

据统计,巴西1990年营养不良者占总人口的2/3,主要由近20年农业政策和分配不当所致。1996年,农业与食品供应部提交了对农村政策的综合评述和修改建议。巴西政府提出今后的战略是:调节农村人口合理分布,改进耕作和田间管理,正确利用水资源,采用因地适宜的技术。为了确保食品多样化并增加出口,还将发展农业科研,扩大遗传种质基地,加强保护并丰富种质库和各类植物园。巴西农业正经历着从一个受保护的封闭部门向开放的市场和参与竞争方向的转变。

尽管农业产量在提高,但缺乏耕作经验、化肥与化学品的广泛使用、机械化、森林砍伐等问题仍需为它们对土地、水和生命资源的影响负相当的责任。很多地区的土壤侵蚀已远远超过了10吨/公顷·年的允许值。不过,在农业部的协调下,在增加稻米、大豆、玉米、蚕豆、棉花和小麦的产量和安全性方面,南部和东南部地区的农业生态区研究已经取得了成果。而且从农业用地选择的角度看,对土地资源和生命资源的影响也在减少。另外,还有这样一种趋势:部分非政府组织、一些政府代表和科研人员认为应该把家庭畜牧业和有机农业看作是农业和家畜养殖活动的重要组成部分,使它们能实现可持续发展。

(六) 建立生态经济发展区

在巴西的可持续发展战略中,建立生态经济发展区是重要内容之一。巴西的生态经济区可以根据地区特点分为以下几类发展方式:

1. 亚马孙地区:矿产和水资源丰富(拥有 10^8 KW 发电能力),应使捕鱼、农业、木材开发有机结合。

2. 半干旱地区:保护和恢复环境,研究和防止土壤沙漠化,扩大原始速生林,加速植树造林,合理利用土地资源,推广先进的公共灌溉技术,防止土地盐表化;建立气象中心,及时提供适时播种的信息和合理利用水资源的资料;建立地下管道滴灌系统。

3. 稀树草原地区:中短期内,农业发展继续向该地区倾斜,发展地区工业和采矿业。考虑到城市发展和建立新城镇时将面临毁林、水土流失、水污染和失去某些物种的问题,必须加强开发和采用新技术,扩大保护区,严禁大面积毁林,增加再生能力。

4. 大西洋丛林区:加强科研,努力保护原始林和再生林;改良土壤,减少水土流失。

5. 南部草原区:确立保护区,研究农牧发展途径。

6. 南美杉树地区:保护原始林,发展人造林。

7. 沼泽地区:法律确定了 12 个保护区,规定至少保留 20% 的原始林。除牧场外,在非水淹地区开发多种经营,保证该地区的水系大循环。

(七) 保护大气,履行相关国际公约

下表列出了巴西大气污染的一些统计数据。

表 3—1 巴西大气污染概况

大气污染物排放量及主要污染源	1980	1990	1995
CO_2 排放量(百万吨)—森林砍伐	1400	969	850
SO_X 排放量(百万吨)—工业	1.5	2.5	3.0
NO_X 排放量(百万吨)—车辆	5.0	6.0	6.5
CH_4 排放量(百万吨)—有机物质	25	26	28
臭氧消耗物质的消费量(吨)	0.018	0.016	0.020

在巴西的联邦政府一级,负责保护大气的主要部门有环境部、水资源和亚马孙河部、科技部、工业部、贸易和旅游部。目前巴西正在对 1981 年建立的排污许可证体系进行综合评价和修正。已有 8 个城市地区设立了大气质量监测网络。巴西对越境大气污染的评价、观测、研究、信息和培训能力也很不错。为了改善现有的国家监测系统并提高观测和评估能力,1995 年在圣保罗成立了泛美天气污染和气候研究中心。巴西保护大气的国家立法具有综合性,同时还有相应的州和市级法规予以补充。例如,近些年来制定了大气质量控制规划、空气质量标准、排尘标准、污染源监控和管理清单、车辆的大气污染物排放限值等,还确立了臭氧消耗物质强制性注册登记制度。

能源利用是与大气环境保护相关的问题之一。为此巴西规定:不能过分利用自然资源和化石能源,要充分利用新技术,增加

生物能源的使用；大力进行技术革新，发展节能低耗工业；开展生物技术，处理和深化利用垃圾废物。

另一个与保护大气环境密切相关的资源管理措施就是控制森林砍伐和运用森林火灾预防系统。在该领域，环境部、科技部和州级环保机构不断开展合作。亚马孙丛林约 550 万平方公里，60% 在巴西。研究证明亚马孙地区气候变化与该地区植被变化有密切关系。到 1990 年巴西热带雨林已被砍伐约 41.5 万平方公里，如继续大量砍伐，必将引起亚马逊地区的气候变化并波及生物群。巴西的温室效应主要由砍伐丛林和燃木造成，由于巴西是个农牧大国，仅牛就有 1.5 亿头，向空中排放的甲烷和其他气体对本国气候和全球变暖也有一定影响。为了降低砍伐森林引起的 CO_2 排放，巴西强化了 1976 年的森林法，补充规定了一系列有关土地开发、不同地区丛林覆盖率、森林砍伐以及林业资源利用的具体要求。近 40 年来，巴西年平均造林 1 万平方公里，如按成林持续 40 年至 60 年计，到 2030 年，人工林每年平均可从大气中吸收 100MtC(即 10^8 吨碳素)的 CO_2，占巴西目前 CO_2 排放量的 25~50%。

巴西在保护大气环境方面还积极履行相关的国际公约，包括《蒙特利尔条约》、《伦敦修正案》和《联合国气候变化公约》。为保护亚马孙热带雨林和履行气候变化公约，巴西 1994 年制定了亚马孙保护系统规划和与之配套的亚马孙监视系统规划。为了密切跟踪世界气候变化的科研工作，1994 年在巴西建立了全球气候变化世界研究所。

（八）强化可持续发展的手段——重视教育、增加科技投入

巴西把培养人才、扩大受教育面当作社会头等大事，并且不断增加科技投入。巴西在拉美国家中科技投入最大，1993年投入30亿美元。过去几年中，巴西在信息、数字处理技术和通讯方面取得了不少成就，优先考虑发展的学科主要涉及生物与计算机科学、自动化和化学，将来还要涉及海洋和土地资源、卫生健康和社会科学。从1992年起，巴西的一个重要举措就是成立了国家科技委员会（CCT），该委员会以国家总统为主席，吸收著名的科学家和有成就的商业人士参加，以便同时考虑科研和市场两个方面。委员会领导着来自不同层次和级别的科研、教育、开发机构和组织，包括巴西的CNP、FINEP、CAPES以及一百多所高校和几十个研究机构。虽然目前能明确面向可持续发展的教育行动还不多，但可以看出对可持续发展的教育兴趣在明显增大，例如各个层次的学校都涉及到了环境教育。巴西还积极加强与国际科研机构和人员的交流。巴西正在为造就一大批有才能的科学家、社会活动家，培养大批工程设计、制造人员，建立一支具有独立科研、试验和生产能力的技术队伍而努力。

二、社会团体和地方政府在推行可持续发展战略中的行动

(一) 妇女和青年的参与

1995年巴西人口为1.524亿,其中50.9%为妇女。巴西国会已提出了156条与妇女权利有关的法案,主要是针对妇女工作条件、暴力、健康和公民权问题。巴西妇女的健康状况和受教育情况正在得到改善。妇女参与决策的比例也在不断提高。各政党在比例制选举中至少要包括20%的妇女代表。1996年,经济领域中表现活跃的总人数为7410万,40.4%为妇女。巴西正在制订和实施一系列政策、方针、策略和计划来保证妇女在社会各个方面中的公平地位,让妇女参与到可持续发展中来。

在巴西,青年人可以参与的团体主要有国家学联(UNE)和巴西中等学校学生联合会(UBES),它们分别包括了州和地方一级的所有大学生和高中生组织。巴西目前正致力于建立一种机制以改善青年人与各级政府之间的对话和交流,并允许青年人获得各种信息和机会来发表他们对21世纪议程实施状况的看法。在可持续发展战略实施当中,针对青年这一特定群体,巴西主要做了以下两件事:降低青年人的失业率和改善他们的受教育情况。15到24岁的青年失业人数已从1992年的247万(约占27%)降至1995年的162.6万(约占17%)。1995年,巴西20岁以上的人中有20%接受过中等教育。巴西职业教育计划1999年的目标是要

让经济领域中活跃人群的20%,约1500万(包括青年和成年人在内)受到培训。巴西还保证到2000年,超过50%的青年能受到适当的中等教育和职业培训。

(二) 认识和强化土著居民的作用

巴西的印第安居民数,1995年约为32.57万,其中54%居住在亚马孙地区。他们分布在554个印第安保留地和区域上,占据了946.452km^2,占国土面积的11.1%。在他们的保留地上,印第安人对自然资源具有排他性的占有权和开发权。无论是在国家一级还是地方一级,根据居住地情况和参与意识的强弱,土著居民们都部分地参与了资源的管理和相关项目。例如,在保护亚马孙地区印第安人土地的国家级项目以及保护热带森林的示范工程中,都有印第安人的代表参加。

(三) 地方政府采取的行动

巴西通过联邦环境部和一些州级政府来支持地方的21世纪议程行动。目前至少有10个地方政府起草和制订了自己的地方级21世纪议程,而且全都涉及到了妇女和青年的参与。巴西有相当数量的城市联合起来成立了国家城市环境协会(ANAMA),并从1996年起在国家环境委员会中占有一个席位。在某些城市,环境部已经与ANAMA达成协议,帮助开展地方21世纪议程的实际运作,并且还与Kurita的环境大学一起开发了有关地方可持续发展典范实例的数据库。"Communized Solidaria"计划则聘请巴西城市研究所来研究解决如何将城市服务设施提供给穷人的问题。

第三节 匈牙利

一、实施可持续发展战略的概况

匈牙利共和国位于欧洲东南部,是一个内陆国家,西邻奥地利,东接罗马尼亚,南连南斯拉夫,北与捷克和斯洛伐克接壤。其国土面积93030平方公里,人口约1000万。匈牙利正经历着政治和经济体制的变革,整个经济结构正在进行调整并且实行私有化。由于匈牙利处在经济改革初期,失业率增大,通货膨胀严重,贫富差距加大,大部分居民的生活水平有所降低。经过一段时间的调整,现在情况已基本得到了控制。

面对仍然严峻的经济形势,匈牙利在确定生态和环境可持续发展原则和实施国家可持续发展战略方面处于两难境地:是把经济稳定作为首要任务呢,还是把长期的可持续发展战略放在首位? 1996年9月,匈牙利政府通过了《全国环境保护计划》。该计划强调了联合国《21世纪议程》中的基本内容,以及欧盟和经济合作与发展组织(OECD)的一些相关规定。该计划的重点是:确定匈牙利可持续发展的原则;在经济政策中加入对环境的考虑;发展环境无害化技术和产品以及转变消费模式等。

在确定可持续发展的原则方面,匈牙利认为,一个清洁和健康的环境是公众福利的重要因素和经济发展的先决条件。环境质量改善和新的增长策略相结合能够更加促进经济增长。在匈牙利现今的发展水平下,经济增长是匈牙利环境质量改善的先决条件和手段。根据匈牙利的现状,可持续增长代表的不是对增长和消费的限制,而是对自然资源实行高效率的管理。如果充分利用经济、法律、法规和社会舆论等手段,那么匈牙利将在实现经济增长的同时,资源和能源消耗也将伴随着污染物排放量的减少而降低。此外,环境政策不是孤立的,而是与经济发展密切相关的。为此,匈牙利制定了一系列的环境法律和法规,以及区域性的环境政策和《全国环境方案》。

在培养有利于环境的生产和消费习惯方面,匈牙利政府计划完善现有的税收系统,使之支持那些能节约能源和有可能被广泛使用的生产活动。同时,采用相对降低税收和社会保险税的方式,减轻这些部门的经济负担,但这不意味着通过提高税收来减少个人收入。

在改善国民的健康状况方面,由于认识到环境对人的健康状况有着明确的影响,匈牙利政府将环境政策与健康政策联系了起来。这类联合政策的方向和重点已经基本明确,不仅针对于短期发展计划,而且针对于长期发展战略,并打算在各个经济部门的发展战略中把可持续发展的原则吸收进去。

匈牙利的自然条件有利于农业的发展,人均可耕地面积明显高于欧洲其他国家,土壤肥力也非常适宜农作物的生长。因此,匈牙利将农业的长期发展目标确定为:不仅要最大程度地开发其生态农业潜力,而且要在满足本国消费的前提下大量出口本国消费剩余的农产品。在农业经济采用可持续发展的原则下,匈牙利政府鼓励采用那些对环境压力较小的农业耕作技术和牲畜饲养技术，从而节约更多的资源，并生产更多的绿色食品。由于地理条件类似于盆地，匈牙利特别关注由于全球气候变化可能带来的长期干旱问题。因此，匈牙利政府加大了对土壤和水资源管理的力度。

此外，欧洲的联合过程给匈牙利的环境管理也带来了特殊的挑战。一方面，欧盟的法规已经明确规定了匈牙利环境法规应该达到的要求，它们的实施毫无疑问地将给那些本来就遭受资金短缺困扰的企业和部门增加费用方面的负担。另一方面，欧盟提供的政策和技术范例也为匈牙利提供了某些发展的机遇和优势。但是，匈牙利毕竟还处在一个经济转型时期，而欧盟的环境规定是以一个稳固的市场经济环境为基础的，因此，匈牙利要适应新的市场经济体制尚需一定的时间，而且在实施欧盟的环境规定方面只能循序渐进。1993年，欧盟召开了第五次环保大会，所确定的环保项目之一就是帮助匈牙利制定环境保护规划和开展环保研究。在这一项目中，匈牙利的主要任务就是制订一个完整的关于协调环境指南、标准和政策的实施草案，协调匈牙利环境统计信息系统与欧盟成员国和OECD的信息体系，以及参与欧洲环境机构的研究工作。

匈牙利政府已经签署了一些环境和自然保护方面的国际协议和公约。此外，匈牙利也很重视与周围邻国的环境合作。这些合作既涉及生态保护，又涉及政治和经济等方面。例如，在Carpathian盆地的联合环境保护将优先重视区域性合作，因为这个区域是一个边界地区，具有多种地貌(大陆、海洋、地中海、亚高山等)。对它的保护也代表了匈牙利政府对区域安全政策重新思考的新动向。

二、可持续发展重点领域的具体进展

(一) 消除贫困和提高国民健康水平

据统计,由于严重的经济衰退,匈牙利目前大约30~50%的人生活在贫困线以下。随着经济改革、社会分化的加快,贫富差距进一步加大。其中,受贫困影响最大的是失业者、低收入者、妇女等。对此,匈牙利政府正在努力建立一个可持续的福利体系,其中的一个重要步骤就是重组保险体系,增加对贫困人口的援助工作。匈牙利政府还重新构筑了社会福利系统、决策体系和财政系统,并且建立了针对特困户的紧急救济基金。

目前,匈牙利医生和医护人员的数量虽然一直在增加,但仍不能满足需要,特别是在农村地区,医疗设施的条件在近几年并没有多大的改善。全国大约有11.2%的地区和44.3%的人口受空气污染的影响,10%的城市中的环境质量不能令人满意。为了改善国民健康水平,匈牙利参加了联合国的"2000年人人享有健康"计划,并且相应地制定了名为"为了一个更健康的国家"的计划,目的在于提高全国人民的健康水平,并为地方政府的相关计划提供指导性建议。该计划的主要内容包括:减少可以避免的疾病(如心血管疾病和某些癌症)的死亡率,对一些主要疾病制定预防计划;加强传染病防疫能力,广泛接种疫苗;加强卫生教育等。目前,在实施该计划时遇到的最大的障碍是缺少专家、资金和必要的基础设施。

(二) 转变生产和消费模式

由于经济衰退和市场化,匈牙利的生产和消费模式发生了变化。从1990年起,工业产值迅速下滑,直至跌至70年代的水平。工业结构也发生了变化,如冶金、建材和机器制造工业的地位有所下降。面对这些情况,匈牙利意识到尽管工业生产普遍下滑,工业污染物的排放量也减少了,相应的一些地区的环境压力有所缓解,但是在经济开始复苏之后,环境污染的问题又会随之而来。对此,匈牙利政府决定运用经济手段来推行环保措施。

首先,匈牙利政府制定了环境税收制度。从1990年开始,从事环境保护的公司可以享受减税和减少上缴利润的优惠政策。从1991年起,匈牙利政府20%的环境投资都是从税收中抽取的。1995年,匈牙利政府还制定了关于对违反土地保护、污水处理、自然保护等方面法规行为的惩罚措施。

其次,匈牙利建立了中央环境基金,将从燃料、轮胎、冰箱、包装材料征收而来的特殊产品税纳入该基金,并利用基金对一些环保项目进行资助。在具有类似国情的国家里,匈牙利第一个制定并实施了生态标志政策,即对符合环境无害化标准的产品给予奖励,并且允许该产品在两年内使用环境无害化的生态标志。实践已经证明,实行这项政策对鼓励人们使用环境无害化的产品和转变消费模式产生了积极作用。

(三) 促进人口的适量增长

1992年,预测结果表明匈牙利的人口减少速度将加快。到2020年,匈牙利全国人口将比1993年的人口减少8%,比人口开始出现负增长的1980年减少11.5%。此外,全国人口将进一步老龄化。对此,匈牙利人口政策的主要目标是如何遏制人口的负增长,通过提高出生率,减少婴儿死亡率,争取保持人口稳定增长的态势。匈牙利政府已经制定了未来十年的人口政策。其中,为提高人口出生率将采取以下措施:创造鼓励生育的社会环境,创造良好的居住条件,保证抚养儿童的财政支出和慈善机构的正常运作。

(四) 保护大气层

在匈牙利的《全国环境保护计划》中,保护大气层,改善空气质量,减少有害气体的排放均被列为重点内容。1993年12月,匈牙利议会通过了一项决议,旨在于2000年以前首先将二氧化碳的排放量减少到1985~1987年的水平。匈牙利本国不生产臭氧消耗性物质(ODS),所需的ODS全部依靠进口。根据《全国环境保护计划》,匈牙利政府作出了逐步减少对臭氧消耗性物质使用的具体规定。从1995年起,匈牙利开始对进口CFC制冷剂和使用CFC的制冷设备征收产品税。由于政府的规定及经济结构的调整,匈牙利对臭氧消耗性物质的使用量正呈减少趋势。此外,在1997年的日本京都会议上,匈牙利政府承诺在2008~2012年期间将其温室气体的排放量控制在1990年排放水平的94%以内。

在匈牙利,二氧化硫、氮氧化物以及其他污染物的排放已经造成了严重的空气污染。目前,匈牙利约29%的人口居住在空气污染严重的地区,国民的健康状况受到了严重影响,如患肺癌、过敏,以及呼吸道疾病的人数显著增多。1993年,匈牙利开始实施了《空气污染控制计划》,以加强大气监测和改善空气质量。

1994年初,议会又通过了《能源节约计划》,并于1995年1月开始由匈牙利的能源署负责实施具体节约能源的行动方案,并协调有关节能项目的实施。该计划的主要内容有:关于建筑节能的强制性规定;家用设备的节能规定;为消费者和地方政府提供有关节能信息;对工程人员和管理人员进行节能培训;实施能源审计等。

(五) 加强土地资源管理

在匈牙利,由于经济体制的转轨和私有化,土地的利用方式也发生了变化。匈牙利国土面积的70%为农业用地,其中73%是耕地,20%是草地和牧场,7%是花园和葡萄园。匈牙利全国的森林覆盖率为18%,在农业耕作方面有良好的地理条件和气候条件。大部分的耕地种植了谷物(主要是小麦和玉米)和经济作物(向日葵、甘蔗等)。在过去的20年里,大规模的使用化肥和密集的耕种虽然带来了高产量,但也对土地和水资源造成了许多负面影响。对此,匈牙利政府颁布的全国环境政策十分重视对土地资源的保护和土地的可持续利用。匈牙利政府还资助环境无害化技术的使用,并对使用环境无害化技术的农民减少50%的税收。

（六）保护森林资源

匈牙利的森林大部分是阔叶林,并且是多层混交林。为了使森林有一个稳定的产量,匈牙利政府颁布了一系列森林砍伐规定,使森林的树龄结构得到了一定的优化。为了保护原始森林,1991年匈牙利开始建立森林保护区,到1995年已经建成的森林保护区有71个。同时,相关的科学研究已经在这些保护区中展开。通过加强森林资源管理的一系列措施,已有20%的森林得到了不同程度的保护。

在匈牙利,有20万~100万英亩不再适合农业耕种的土地必须改作它用。根据林业专家的意见,这些土地可以用于植树造林。在匈牙利政治和经济的转型期之后,私人拥有的森林将会越来越多。匈牙利议会在考虑了森林的所有权变更,以及经济结构的变化和生态环境的要求之后,制定了新的林业法案,以实现可持续的森林资源管理。该法案要求:对森林的管理必须同农业部的产业计划保持一致;森林所有者不应该擅自处理自有森林;全国林业监察局负责对森林所有者进行监督等。

（七）保护生物多样性

1994年,匈牙利在有关环境保护和自然保护的全国性框架中规定了生物物种保护的目标和原则。匈牙利政府还制订了一些自然保护法案,以进一步强调保护生物多样性的重要性和落实生物物种保护的目标和原则。基于有关的法案和规定,匈牙利政府于1996年底起草了实施生物物种保护的基本计划。根据该计划,匈牙利将在不同物种结构层次(如数量层次、物种层次和群落层次)上保护生物多样性。

匈牙利还开发了一个可以提供生物资源状况的监测系统,其监测的重点主要放在濒危物种及其生存环境方面。建立这样的生物监测系统是为了明确各种人类活动和自然因素对生物的影响,以及考察人为的保护对改善生物多样性的效果。该系统主要由生物多样性记录系统、信息网络和主要生物类型的观测系统组成。

尽管设立保护区是保护野生生物的主要办法,但由于匈牙利政府对这些保护区只拥有大约10%的土地所有权,所以此类保护在很大程度上还得依赖于土地所有者的自愿合作。因此,对那些刚刚私有化的土地,在自然和生物多样性保护与开发之间必然存在各种利益上的冲突。为了解决此类问题,匈牙利政府对有关规定作了有利于自然环境和生物物种保护的修改。

(八) 保护水资源

匈牙利大部分的河流是从外部流入的,人均过流量是世界上最高的。可以说,匈牙利是一个巨大的"输水管道"。但由于一些重要的农业发达地区处于干旱和半干旱地区,对于水的需求量越来越大。在匈牙利,90%的饮用水是由地表水供给。在一些地区,已经出现了水资源过度开采的迹象。此外,匈牙利公共供水设施的水质虽然符合本国的卫生标准,但仍未达到欧盟的相关标准。

保护水资源最关键问题是污水处理问题,但匈牙利城市污水处理系统目前还远远不能满足需要。1994年以前,全国有53%的城市人口生活在没有地下污水排放系统的地方,总共只有43%的家庭有下水道,城市污水有54%流入污水处理厂,而污水处理厂的处理效率却只有33%。对此,匈牙利政府通过了一个提高水质的管理法案,目的在于尽快建立污水处理和排污系统,改进监测系统以达到欧盟的标准。但由于缺乏足够的资金,污水处理系统的改善进展很缓慢。在通过的《全国环境保护计划》中,一些管理地表水和地下水资源的规定和措施也被列为主要计划内容。这些规定和措施主要包括:通过制定政策鼓励节约用水;进一步改善主要河流的水质;在2002年以前使65%的人能够使用下水道;所有的管道污水都应经过处理等。

(九) 加强有毒废弃物和固体废弃物的管理

匈牙利政府已经规定,在国内使用的化学品必须经过卫生评价,并且必须具备由国家公共卫生中心签发的许可证明。但是,匈牙利有关化学品安全性的法令与欧盟和经济合作与发展组织(OECD)之间还存在一定的差距。为了加入OECD,匈牙利已经采取了必要的措施进一步改善对化学品安全的管理工作。在《全国环境保护计划》中,匈牙利政府明确规定要加强对有毒化学品的管理,并且要使有关化学品的标准向欧盟看齐。匈牙利政府还准备在2002年以前制定一个关于如何减少在化学品生产、运输和储存过程中减少环境危害的计划。

匈牙利每年大约产生110万吨的固体废弃物。在1985至1994年期间,由于生产和消费的下滑,固体废弃物的产生量减少了20%。目前,83%的城市固体废弃物能够得到系统的收集和处理。

第四节　印度

一、基本国情

东方古国印度具有 5000 年灿烂辉煌的历史,它位于南亚次大陆,与巴基斯坦、中国、尼泊尔、锡金、不丹、缅甸和孟加拉国为邻,濒临孟加拉湾和阿拉伯海。面积 297.4 万平方公里,以热带季风气候为主。90 年代印度人口超过 9 亿人,仅次于中国。印度的矿产十分丰富,煤炭、硌矿、镁砂矿产产量均居世界前列,切割钻石出口量居世界之首,80 年代时印度的钻石产量就占据世界市场的 35%。

印度是"神牛与拖拉机"、进步与落后长期并存的复杂而奇特的社会,经济主要以农业为主,农业人口占全国人口的 80% 左右,农业产值占国民生产总值的一半,农产品出口占出口总值的 1/3,主要农作物有大米、大麦、棉花等。印度的粮食产量一直居世界前五位,并且是世界小麦、蔬菜、花卉种子的主要出口国与著名的茶叶生产大国。此外,印度的牛、虾产量也居世界前列。

印度已经形成相对完整的工业体系,工业产值比独立前增长了 9 倍,成为世界第九大工业国,主要工业部门有机械、冶金、化肥以及高技术产业等,80 年代印度电子工业产值就已经超过了 100 亿美元,而且以每年 30% 的速度递增。印度也是世界重要的软件生产大国,专家认为,21 世纪的印度将在微电子、硅技术、光学技术和电脑软件方面居世界前列。

印度包括商用和非商用的能源总供应量已经从1950~1951年间的约8270万吨汽油当量增加到1990~1991年间的29100万吨左右,其中非商用燃料部分由74%下降到41%。印度的煤炭地质储量占世界总储量的0.8%,已经证实的储量占5.7%,目前估算地质储量为1960亿吨。印度的水电资源目前估计为6000亿千瓦小时。印度核技术发达,到本世纪末核电总装机容量达1000万千瓦,占全国发电总量的10%左右。但印度的石油产量较低,只能满足国内需要的3/5。

二、面临的困境

(一) 失衡的生态环境

环境问题是印度面临的一个重要问题。据官方调查,全国70%以上的地表水遭到污染,80%的居民得不到安全的饮用水,与饮水污染有关的疾病使印度每年损失7300多万人工作日。大气污染问题也同样严重。印度60%的商业能源来自灰份很大的低质煤和褐煤,燃烧时排出大量的有害气体。化学、机械等工业很少有排污设备,导致地区性癌症、肺病、皮肤病和肢体畸形的发病率居高不下。水土流失是另一个严重的生态环境问题,由于长期的过度采伐林木、毁林开荒和采集药材,森林面积不断缩小。从独立初期到90年代,印度的森林覆盖率从35~40%缩减到19.5%。森林的蓄水作用日益减少,因水土流失而造成9000万公顷土地受损,相当于国土面积的1/3。仅在喜马拉雅山地区,水土流失每年使4900万公顷土地受涝,地表土损失达60亿吨。印度的地下水位也在不断下降,根据国际水资源管理研究所估计,印度抽取地下水的速度是补充地下水速度的一倍,到下个世纪初,印度的地下储水层的水枯竭将最终导致可抽取的地下水减少一半。森林面积缩小引起的气候条件恶化和雨量减少,造成沙漠和干旱地区面积的扩大。目前印度干旱和半干旱地区已占耕地总面积的70%以上。60年代中期开始的绿色革命,由于大量使用化肥和农药,过量开采地下水,农田土壤受到污染,土地质量下降,地下水位在不断下降,从而使农村生态环境恶化。

(二) 严峻的"人口困境"

印度的人口日益膨胀,已经将近10亿,对印度的经济社会发展形成了巨大挑战。1999年纽约时报载文指出,由于落后的人口政策,印度在推动基本的经济和社会改革方面均落后于中国,只有不到53%的印度人能读能写,印度有将近1/3的女童无法入学,五岁以下的印度儿童中有一半以上营养不良、体重不足。印度人口中约有一半左右的人每天的生活费用不足1美元。

印度的人口膨胀已经超过了其自然资源的承受能力,这对印度经济社会可持续发展构成了严重威胁,在粮食生产方面这点尤为突出。目前印度粮食产量已经无法跟上人口的增长速度,进入90年代后,印度的粮食产量增幅日趋减缓。人均耕地的继续减少已经威胁到印度的粮食安全,1960年印度人均耕地为0.21公顷,到1999年为0.10公顷。预计到2050年,印度的人均耕地将只有

0.07公顷。由于印度53%的儿童营养不良,印度粮食生产的相对减少将直接威胁到大批儿童的生命。

三、可持续发展的主要方面

印度并没有制定出明确的可持续发展国家战略,但是,可持续发展的思想却贯穿于国家各项政策的制定与实施之中。1999年8月,印度科技部在班加罗尔召开的科学大会上,通过了《印度新世纪科学行动议程》,并指出,科学技术的发展应满足国家的基本需要和可持续发展的需要。报告要求:"通过对计划、筹资和管理的综合研究,制定出可持续发展战略,使计划项目不仅能满足人民的基本生活需要,而且能提供就业机会和生计。"此外,还提出"所有有关基本需要的计划项目,都必须有明确的环境、社会和经济可持续性指标。在国家的每一个生态区域,有必要形成一些机构联盟,制定区域规划。区域规划中最重要的是优先发展饮用水供应;通过将现代技术与传统技术相结合的办法,提高资源利用效率,增加农业单位产出。为了能集中、有力地推动可持续发展战略的实施,有必要成立一个由有关科技机构参与的'可持续技术委员会';该委员会对正在进行的环境、社会、经济发展有关的项目起重要的协调作用"。

印度可持续发展的思想与行动主要体现在以下四个方面:

(一) 环境保护

从70年代起,印度政府开始采取立法手段控制生态环境的恶化。1974年,印度政府公布了《水(预防和控制污染)法》,接着于1981年公布了《大气(预防和控制污染)法》。但是,这些立法在实际执行过程中,存在着不少漏洞。据印度中央污染控制局1984年所做的一项调查表明,在所调查的48家工厂中,只有6家拥有适当的污染控制设备,31家工厂根本没有这种设备。

1984年12月3日发生的中央邦鲍帕尔联合炭化物厂毒气泄漏事件,当场死亡3000多人,并造成无数人终生残废。这一事件唤醒了印度公众的环境意识,促使政府进一步改善环保立法管理工作。1985年,印度联邦政府成立了环境和森林部,大多数邦政府成立了环保和相关机构。1986年11月,印度政府在颁布《环境保护法》后,随即开始执行一项保护环境的5点方案,其主要内容为:①调查环境现状;②评估环境污染所造成的影响;③控制污染和弥补环境所遭到的损害;④在若干个大学内设置有关环保问题的研究机构;⑤动员千万民众参与《1986年环境保护法》的实施。

1992年2月,印度政府为了协调发展与环境的关系,颁布了一项政策声明,要求各制造业单位每年公布一项文件,说明其排泄或放射的物质对环境所产生的影响,该文件必须送交各邦污染控制局进行审查。此外,政府鼓励各工厂采取无损于环境的技术措施和设备,规定每一家制造业单位在设厂前必须经过政府的环保审查。印度政府最近还规定,某些类商品在出厂前必须印上是否有损于环境的标志(Eco—Mark)。这些类商品包括农药、化肥、肥皂、塑料、饮料、药品等。政府还对农药生产和使用规定一项长期政策,其中包括大量引进、生产和使用生物杀虫剂和无残留的农药。政府还大力推广生物肥料,借以取代和减少化肥的使用量。

印度的环境治理措施带有很大的发展中国家的特点：措施简单,制度设计不够严谨和周密,有令不行的现象也较普遍。印度的环境污染问题虽引起了印度市民和民间组织的广泛重视,官方机构也下了决心,要解决印度环境污染问题,但印度环境保护的主要困难在于城市人口密度太大、人口素质参差不齐、公众的环境意识薄弱、政府的措施执行力度不强,而且印度存在大量贫民窟且贫民窟人数不断增长,这些都增加了印度进行环境保护工作的难度。

(二) 农业可持续发展

印度农业可持续发展一直令世人瞩目。印度通过"绿色革命",使80年代粮食生产突破1.5亿吨,解决了人民的吃饭问题;通过"白色革命",印度牛奶产量在80年代就超过了4000万吨,成为仅次于前苏联、美国的第三产奶大国;印度又通过"蓝色革命"使印度产鱼量达400万吨,并使印度挤身于世界10大产鱼国。从80年代开始印度政府又通过几个方面的努力,进一步推动农业可持续发展。

1. 研制和推广生物肥料。从1980~1981年度到1990~1991年度,印度化肥施用量从410万吨增至800万吨。化肥施用量的大幅度增长,不仅提高了农业生产成本,而且还造成土地质量下降。印度农业科研机构经过将近20年的研究,已开发出能够从大气中固定氮素的多种生物肥料,其中最常用的有根瘤菌和固氮菌两类以及蓝绿藻。

2. 推广使用生物农药。由于绿色革命后大量使用农药,印度几乎每一种农产品都遇到了含有农药残毒的问题。使用农药还带来其他一些问题,如害虫抗药力增强、杀死害虫天敌和伤害人畜等。目前印度每年进口农药达 8.5 万吨,耗费了大量外汇。为了保护环境和节约外汇,印度正在实行一项全国性的生物农药推广计划。

除此之外,印度还采取了成立小农工商企业集团、推广现代农业技术的"模范村"、喜马拉雅山地区生态保护计划和持续农业的能源计划等措施来推动农业的可持续发展。

(三) 控制人口、消除贫困

1. 控制人口

人口稳定是实行可持续发展战略的前提条件,为了降低人口出生率,印度从 1952 年就开始制定计划生育政策。但是由于医疗水平的提高和人口政策的失误,印度人口死亡率由 1951 年的 27‰降至 1991 年的 9.6‰,而出生率仅由 1951 年的 40‰降至 1991 年的 29.5‰,因此人口的增长率大大超过了死亡率。近 50 年中印度人口激增,成为国家发展的严重阻碍。另一方面,印度人口素质也亟待提高,为此印度政府制定了"生育与少儿健康计划",这个计划的目标是为少儿提供全方位的免疫和医疗保障。

2. 消除贫困

消除贫困一直是印度政府发展计划中的重点,第八个五年计划则把"提高人民福利水平"作为发展过程中的终极目标,印度政府通过控制人口、扫盲、技术培训、提供清洁水等措施来减少贫困人口。1996 年,印度政府制定了未来 5 年的脱贫目标:农村中清洁水使用率和公众卫生服务设施达 100%、普及公民基本教育、增加财政补贴等。

(四) 政府行为和公民参与

1. 政府行为

早在1950年的宪法制定中,印度政府就已经对环保问题寄予了高度重视,印度宪法规定保护自然环境是每一个公民的责任和义务。从近年的发展规划中可以看出,印度可持续发展的总体战略目标是经济与社会福利共同发展。印度政府一向认为可持续发展不仅仅意味着防治污染、保护自然资源,而应将环境保护和经济发展作为一个整体,不能割裂开来;可持续发展战略目标中必须包括促进经济发展、满足人民生活基本要求(包括健康、教育、住房等)和消除贫困。因此,政府决策应该充分考虑到经济发展和环境保护两个方面的要求。印度实施可持续发展战略必须首先考虑保护印度未来发展所需自然资源。1994年开始,印度环境委员会出台法令规定,所有各项经济发展活动都必须由环境森林部进行环境影响评估。

作为不结盟运动创始国与和平共处五项基本原则倡导国之一,在国际环境合作问题上,印度认为,发达国家的不合理的消费结构和工业高能耗结构,以及通过殖民地体系和不平等的世界贸易体系对发展中国家的掠夺性开发,才是造成南北差距和全球环境恶化的原因。印度政府认为发达国家应对全球可持续发展承担责任,增加援助,改造旧的国际秩序,放弃在国际社会中的支配型模式,建立机会均等、权利平等、规则公平的国际社会民主机制。

2. 公众参与

印度政府一直强调公众参与对于实施可持续发展的重要性。在第八个五年计划中,政府认为,在卫生、教育、土地改善、植树造林、畜牧等方面应强调公众的参与作用。印度现有1万多个涉及可持续发展的非政府组织(NGO)。这些非政府组织对于印度实施可持续发展战略起着非常积极的作用,如渔民合作社在发展和主动实行沿海地区渔业可持续发展管理措施方面起了特别重大的作用。

四、可持续发展的城市案例——新德里城市的综合发展

印度首都新德里是印度重要的商业、工业和教育中心。工业发展迅速,机动车拥有量迅速增加。根据1991年人口普查的结果,新德里市人口942万,2001年将达到1320万人。新德里是世界上空气污染最严重的十大城市之一。因而实施可持续发展成为印度城市发展的重中之重。1997年以来,新德里市政当局针对发展中国家的民情特点,因地制宜,部署实施了全面城市综合治理计划,并取得了显著的效果。新德里的城市综合可持续发展,是发展中国家特大城市,环境管理和污染控制措施的典型案例,因此具有普遍意义。

(一)城市建设方面

新德里市综合建设主要从以下几个方面着手:
1. 兴建环线公路、铁路旅客运输系统。

2. 兴建停车场。

3. 倡导公众使用垃圾袋,分类袋装,定点堆放,以便回收处理,循环利用,对随意堆放者加以处罚。

4. 在各商业区和旅游景点设置足够的垃圾筒,避免乱丢废物。

5. 采取有效措施,清除街头漫游的狗群。

6. 国家机关、公有企业不得在市区内修建和租用宾馆,以缓解市区的拥挤状况。

7. 鼓励私营企业修建停车场和投资参与城市废弃物的生物处理。

8. 确保居民饮用水不受危险污染物的污染。

9. 清除街头障碍物,确保车辆畅通,增加自行车道。

(二) 环境保护方面

1. 空气污染防护:新德里市的主要污染源是机动车尾气排放,政府的主要大气污染控制措施也集中在对机动车的控制方面。主要措施有:法律规定机动车报废年限;禁止政府和军队的报废车辆重新注册使用;禁止改装车辆;推广无铅汽油。

2. 水污染防护:新德里市的环境治理重点放在水污染防护方面。亚穆纳河是流经新德里的最大河流,亚穆纳河80%的污染归咎于新德里,每天排放到河里的污水达22.2亿升,其中19亿升为生活用水,另外为工业用水。印度新德里政府从以下几个方面来防治水污染:①调控亚穆纳河上游向新德里注水的流量,通过增加上游地区的注水量以增强河水的自净能力,同时控制该河上游地区的污水排放量,并在上游河段建立污物处理厂;②控制地下水,对地下水源进行强制性调控,限制开采地下水。

3. 固体废弃物的污染治理:新德里市每天垃圾产生量为5000吨,垃圾堆肥和垃圾焚烧处理方式还刚刚起步,目前主要还是以新建垃圾堆放厂方式为主。新德里市政府计划新建7个新的垃圾堆放厂,占地228公顷。

4. 工业污染的处理方式:新德里的工业污染问题,同样是市政府的一大难题。根据市政府的总体规划,现有12万家工厂中,有近1万需要搬迁,搬迁要比常规的污染处理费用低廉。印度的环境监管权主要由最高法院行使和强制执行,印度最高法院于1996年先后五次下令,责成工厂关闭和命令限期搬迁。

第五节 印度尼西亚

一、实施可持续发展战略的概况

印度尼西亚,是世界上最大的群岛国家,具有丰富的生态物种资源。印尼是一个中低收入国家,从1989年开始,随着其第五个"五年发展计划"的实施,印尼的工业化进程发展迅速。从1983年到1993年,制造业在国民经济中的比例由12.7%增长到22.3%,同时农业所占比例由22.9%下降到17.9%。以1993年不变价格计算,在1994年印尼的GDP增长率达到7.34%。

印尼的经济发展很大程度上都是建立在自然资源消耗基础上

的。尤其是在经济发展最初的 25 年中,耗费了大量的自然资源(包括可再生资源和不可再生资源)。为了满足初期经济发展的需求,大面积的天然林区遭到破坏,原始森林被辟为农田,改建成城市、风景区。矿山开采、自然资源开发过程中造成极大环境污染,使得环境质量大大下降。同时为了追求经济发展,印尼政府的外债增加到了 689 亿美元。从某种意义上说,繁重的债务也导致了以增大自然资源消耗来换取还债能力。随着自然资源的急剧减少,印尼政府逐步意识到未来经济发展应依赖于可持续的自然资源利用发展模式。因此,近年来印尼政府制定了大量的相应法规、政策来实施可持续发展战略。

印尼是全球最早提出可持续发展战略的国家之一。早在 1982 年,印尼环境保护国务部制定的《环境管理原则》,要求把环境管理和资源的适度利用作为经济发展的一部分来考虑。尤其值得一提的是,印尼首先提出了人口、经济发展与环境保护三者之间关系的概念,此概念被 1992 年里约环发大会所采纳。印尼还是最早签署《生物多样性公约(CBD)》、《气候变化框架公约(FCCC)》的几个国家之一。

在印尼,可持续发展的概念最早出现在 1993 年印尼国家政策规定中。该规定指出"自然资源的利用应采取有计划、按比例、优化合理、负责任的方式,应考虑到环境的承载能力,力求使人民获得最大利益,达成同环境之间的平衡协调关系,从而达到可持续发展的目的。"也就是说,"国家的发展必须处理好人与人之间,人与社会之间,人与环境之间的关系。"为了具体执行 21 世纪议程,实施可持续发展战略,印尼制定了本国的 21 世纪议程。

在完善机构设施方面,印尼于 1990 年成立了环境影响管理署,主要作用是推行环境影响控制管理。1994 年又成立了地方环境影响管理署;目前正在考虑建立专门的国际可持续发展委员会,完成可持续发展相应规划工作,评估监督可持续发展战略的实施情况。此外,在本国的 21 世纪议程中对各部门提出了可持续发展的具体战略与对策。另外,印尼在可持续发展战略实施过程中重视人力资源的培养以及同国际组织和其他国家的合作。目前,印尼主要由环境保护国务部负责制定环保政策及有关法律、法规,协调各部委开展全国范围内的环保工作,协同不同部门的可持续发展战略实施工作。全国范围内的发展规划工作则由国家发展规划董事会(BAPPENAS)负责协调。现在,政府部门正在讨论酝酿建立国家可持续发展管理委员会。

二、实施国家可持续发展战略的具体行动

在实施国家可持续发展战略的过程中,印尼着重做了四方面的工作:促进社会人文状况的改善、开展污染防治与废弃物管理、加强土地资源和其他自然资源管理。

(一)促进社会人文状况的改善

为了消除贫困,印尼依据国情预测出未来的贫困现象将较多地出现在城市地区。但同时乡村地区特别是农民和渔民的贫困问题也不容忽视。对于城市地区的贫困问题,应采取加强教育,提高人口素质的政策。这一政策的具体实施则需依靠政府、商界和社

会团体以及社会服务分支机构尤其是医疗卫生等机构的共同合作。为解决乡村地区贫困问题,则必须采取保护人类赖以生存的自然资源与环境的政策。为此,印尼针对处于"完全贫困"生活水平的占总人口6%的居民推行了扶贫计划。计划的主要发展目标是通过多方正式、非正式合作,充分发展小规模农、工、商业,尤其是农业。另外,广泛开展了其他合作,如小规模投资合作、小规模商业合作、长期资本合作以及乡村信贷合作等。由印尼的21世纪议程可知,印尼对消除贫困工作制定了长期发展目标:即根除贫困,创造人民收入的持续增长,保持生活水平的持续提高。在推行以上扶贫计划的同时,印尼还将大力发展健康卫生事业(尤其是清洁饮用水和环境卫生事业),并推行务实的可持续的自然资源利用方式(重点为农用耕地资源)。

印尼将转变消费模式作为可持续发展战略的一个重要组成部分。印尼政府计划从食品、能源、水资源等方面的管理中,逐步转变传统的生产和消费模式。例如,根据印尼的粮食消费、能源消耗管理尚很薄弱,同时由于能源利用率低造成了较大的大气环境污染的特点,印尼政府积极加强宣传教育、提高社会各阶层合理、高效、环境无害的能源消费意识,依靠提高人民素质来改变不合理的能源消费模式。另外,印尼政府还通过开展能源价格等政策或经济手段的研究推行消费模式管理。

在实行扶贫计划和转变消费模式的同时,印尼政府还实行了人口统计管理。印尼政府对于施行人口统计管理采取以下三个步骤:首先,分析研究人口、环境与可持续发展之间的联系。然后,制定国家、地区、市、县各级相应的人口、环境、发展政策。最后,实施人口、环境、可持续发展计划。

改善人民健康状况是印尼实施可持续发展战略的一个重要组成部分。为了改善居民健康状况,印尼经过长期的努力,使印尼成人寿命不断延长,婴幼儿死亡率不断下降,人民健康状况已经得到一定程度的改善。但各地区的健康改善情况差别很大。针对这一状况,印尼目前的短期发展目标是在全国范围内实施基本健康计划。计划的主要目标是控制接触性传染疾病,包括在全国范围内完全消灭寄生虫疾病,减少腹泻、结核及其他呼吸道传染疾病的发病率等。从长远观点来看,要彻底消除多种严重疾病。印尼政府认为仍有必要增建卫生服务机构,提高从业人员素质,为进一步改善居民健康状况做准备。为此,印尼政府主要从实施初级健康服务计划,控制传染性疾病,控制城市污染,以及保护城市居民健康等方面入手。

为了改善居住条件,印尼政府将过去"改善住房条件"的观念转变为"改善居住条件",强调社会与自然环境的协调统一,创造一种环境来引导居民改善自身的居住条件。自1974年以来,印尼的乡村发展计划不仅在努力为人们找到居所,同时还努力在更大范围内改善人居条件。近来,印尼主要推行了聚居地发展计划,强调了完善社区建设的重要性。但是,在人居管理中还有待于充分体现环保管理和可持续发展的重要性。

随着国际社会广泛推行ISO14000环境管理体系,印尼与其他发展中国家一样感受到了尽快建立清洁生产工业体系的紧迫性和压力。为了迎接建立环境无害化工业体系所提出的挑战,印尼制定了较为完备的政策和计划,并采用合理经济手段推行环境和自然资源管理,建立自然资源和环境审计体系。其中,第一步便是努力将经济机构(包括税收机关)同环境、自然资源管理以及决策过程联系起来,并加强自然资源和环境的审计管理工作。同时,依据法律、法规、标准推行环境审计工作。

(二) 开展污染防治与废弃物管理

在印尼,主要环境污染是大气污染。造成大气污染的主要原因是使用低质量的燃料,如乡村地区燃烧废秸秆及废木料是一个重要的污染源。合计起来,印尼气体排放量的增长速度远远超过了经济增长的速度。在过去的 20 多年时间里,其增长速度达到大约 9.5%。为了控制大气污染,印尼政府要求各部门和各私有者应加深对大气环境只能吸纳有限污染物总量的认识,以及对空气污染危害人类健康、降低经济发展速度,以致最终阻碍经济和社会发展等问题的了解。并且,印尼政府还制定了防止臭氧层进一步破坏,缓解气候变化,以及控制空气污染物的潜在危害等计划。此外,印尼政府于 1992 年签署了《蒙特利尔议定书》,并从 1997 年开始全面禁止所有破坏臭氧层气体的排放。在有关大气环境控制的机构建设方面,建立了气候环境管理委员会。为了满足可持续发展的需要,印尼在大气污染方面制定的短期发展计划是控制烟气排放,减少汽油中的含铅量,在城市入口处供应无铅汽油。长期发展目标是全面禁止含铅汽油。另外,印尼政府还期望大大提高工业能耗效率,并建议居住区使用天然气和电力代替低质量燃料。

在有毒化学品管理方面,印尼采取了多种手段。其中主要的一项发展计划是实施"社区教育"计划。通过大力开展宣传教育,使各级部门管理人员具备有毒化学品的管理知识,并积极建立同国际有毒化学品登记处之间的联系以便于尽快了解有关信息。对于危险废物(B-3),印尼自1987年起开始采用"从摇篮到坟墓"的全过程管理原则,即实施危险废物从产生、储存、运输、处理、处置以及进出口的全过程管理。印尼对于危险废物管理制定的远景目标是到2020年,实现危险废物减少50%,并酝酿到2003年全面禁止进口危险废物。对于放射性废物管理主要是建议发展放射性废物储存及处置技术。可以看出,印尼政府主要是从提高国家管理有毒化学品的容量和能力、对有毒化学品实行分类标识、加强有毒化学品的风险宣传、防止有毒和危险化学品的非法国内运输和越境转移等方面开展管理工作。

为了实现危险及有毒废物减量化,印尼政府致力于改革和完善原有废物管理体系,即改变原有的"末端治理"管理办法,推行"清洁生产",对危险废物实行"从摇篮到坟墓"的全过程管理原则。管理工作覆盖以下几个方面:对危险废物施行环境无害化管理,重点在于废物减量化;开展国际合作,防止危险废物的越境转移;强化危险废物管理机构。所有有关放射性废物的管理都必须遵循放射性越低越合理的原则(ALARA)。为了满足可持续发展的要求,对于放射性废物应该采取技术上、经济上都合理的技术最大限度地保护环境,实现放射性废物的环境无害化管理。

在印尼,固体废弃物产生量不断增大。1993年,全国仅有52%的家庭中具有良好的卫生条件,仅有40%的城市居民固体废弃物得到收集管理。在乡村地区,人们甚至对正常的废物收集体系一无所知。低水平的废弃物收集管理程度将造成严重的社会环境影响。预计到 2020 年生活垃圾产生量将增长 500%,工业固体废弃物将增加 1000%。同时期人口稠密的中心地带水源污染将增加 80%。水质严重下降将引起居民健康状况的破坏,尤其是城区贫困居民的健康状况将受到很大影响。同样,较差的管理方式将会造成环境的二次污染,如排放有害气体,污染地下水,并传播疾病等。对此,印尼在其 21 世纪议程中提出了对废物管理实行政策转变,即是将中央政府的废水处理资助地位逐步转变为同其他服务组织结成合作伙伴的关系,从而扩大废物管理范围。印尼在废水与固体废弃物的管理中,已经充分认识到废弃物如果累积起来,将破坏良性的物质循环,废物处置应不超过环境吸纳废物的承载能力。因此,印尼政府强调最大限度地进行封闭体系内的材料再利用,如循环利用、堆肥处理等。基于以上这些原则,印尼政府决定采取相应的措施:如,实行废物减量化;最大限度地推行环境无害化再生利用、堆肥利用;扩大废物管理的范围;鼓励提倡利用环境无害化的废物处理、处置措施;在综合考虑以上四个方面的同时运用合理的经济手段等。

目前,印尼对于整个废弃物管理已开始实施减量化管理计划。在第六个"五年发展计划"执行时期,整个国家废弃物回收及堆肥处理率达到 8.1%。未来几年发展中,印尼将逐步把废弃物管理推广到管理中小城市生活垃圾总量的 60%,大型城市生活垃圾的 80%。废物管理的首要目标是实行废物防治和废物减量化。印尼预计将投入整个国民经济 2% 的资金用于实现减量化废物管理。同时,还将逐步推行对家庭生活垃圾按量收费的手段,刺激家用生活垃圾减量。废物管理其次采取的措施是鼓励回收处置。

(三) 土地资源管理

1992年,印尼政府制定了土地空间规划法,力图解决土地使用中的矛盾冲突,避免长期的负面环境影响。1996年,受世界银行资助,印尼土地部制定了主要的有关土地管理法律、法规及决策数据库,以便对土地资源实施系统管理。印尼在其21世纪议程中提出要建立一个有关土地使用规划的决策支持框架体系,增加决策的透明度,提倡公众参与决策过程。另外,印尼提出在城乡交界地区开展全面土地税和土地使用许可检查。对于土地质量下降问题,政府建议界定质量低下土地的实际状况和具体位置,采取系统有效的措施实施土地回复管理。为了实现对土地资源的合理规划,印尼还尝试利用先进的空间摄像技术,数字化绘图技术、遥感技术与卫星成像技术等高科技建立起全国土地管理信息系统。目前,印尼已将实行土地资源管理作为印尼可持续发展战略中一个重要的组成部分,其内容主要包括:制定公平、高效的可持续土地资源管理战略;实施土地管理和空间规划;建立一个高效的土地行政管理系统;完善土地管理机构与建立土地管理信息系统等方面。

(四) 自然资源管理

对于自然资源管理,印尼采取了很多措施。到1995年为止,印尼共建立了368个保护区,覆盖面积达4910万公顷。然而,建立保护区并不能完全保证其中的生物多样性不遭受破坏。针对大多数保护区缺乏足够的管理人员和切实可行的管理条例等问题,印尼在加强人员培训,提高从业人员素质,加强管理等方面作了一定的努力。同时,印尼也着手改革现有的一些运行机制。此外,印尼农业部还建立了种质遗传公园及冷藏设施来保护特种物种;建立植物园来保护植物,等等。另外,还将对于被赶出原栖息地的动物进行栖息地恢复重建工作。

印尼认为自然资源的有效管理同样需要先进的现代生物技术来支持。生物技术如遗传工程等的合理运用可以提高生物多样性的潜在价值。印尼正计划开发农业、医药、环境管理方面的生物技术。在开发技术的同时,印尼还研究生物技术潜在的环境影响。为了这个目的,印尼正积极呼吁在《联合国生物多样性公约》前提下签署《国际生物技术安全议定书》,以大力发展安全生物技术和支持自然资源有效管理。

另外,沿海及海洋地区资源管理是印尼自然资源管理的一个重要部分。印尼的第五个"五年计划"中有多个行动方案是针对沿海地区的。由于海洋污染日益严重,每天有大量的工业和农业废弃物被排放到海水中,海水水质下降严重。印尼有116个小岛,小岛上拥有许多特有珍稀物种,具有很高的物种保护价值。但小岛上生物多样性的数量和质量都极易遭到破坏。另外,印尼的水域经常有国内外船只航行,产生了危险废物海洋处置、非法船只驶入禁入区等问题。因此,印尼特别加强了海洋及沿海地区管理,机构规划,以及提高机构管理能力。具体包括:整体规划沿海地区资源开发过程;保护沿海地区和海洋的环境;可持续地利用海洋资源;加强沿海地区管理机构的建设;持续发展小岛屿地区;维护经济独立区的安全;控制气候变化及潮汐波的影响。此外,印尼作为东亚海洋管理计划实施成员国之一,大力开展了地区性海洋科学研究、政策研究、海洋知识普及。这项工作受到国家政府、多边援助机构、高等院校与科研部门以及国际国内非政府组织的多方支持。

印尼在水资源管理方面的主要行动是从1989年开始推行的清洁河水计划。1992年4月,清洁用水计划(PROKASIH)获得美国环境保护工程会的奖励,并被建议作为其他国家控制河水污染的典范。目前,这一计划已进入最后扩充阶段。1994年,印尼矿产能源部开展了国家水源调查研究。1995年,印尼公共事业部全面细致地分析了印尼现有水资源的利用情况。印尼认为水资源的管理政策转变应该从水消耗量最大的农业用水管理入手。在人口密集地区,经济发展要同时考虑到水资源的承载能力。水资源使用以及水质下降所造成的不良后果应由使用者负责。因此,印尼政府主张对于水源污染管理控制应该采用污染者付费的原则。

三、对一些全球性重大环境问题的国家对策

(一) 保护生物多样性

印尼是世界上拥有众多物种的国家之一,在印尼可以找到全球物种的17%之多。生物物种多样性也使其具有丰富的遗传多样性,而传统的农林系统进一步促进了遗传多样性的发展。在印尼,人们的日常生活与多种物种息息相关。这使得生物多样性的破坏问题引起了全社会的广泛关注。对此,印尼制定了一系列法规、政策来推进保护生物多样性工作,还签署了一些国际协议,如1989年签署了《世界遗产公约》,1994年签署了《联合国生物多样

性保护公约》。在1993年,印尼还制定了保护生物多样性的国家战略与生物多样性管理行动计划。

现在,印尼在湿地管理方面已经取得了很大进展,已成功地完成了某些省级、地级湿地的整体规划工作。1987年,印尼政府公布了国家湿地名录,成为第一个公布湿地名录的亚洲国家。同时,英国—印尼的热带雨林管理项目正在开发地理信息系统以便于对于森林、湿地等区域进行地图描绘、监管、数据分析;同时,还在建立地理信息系统同湿地信息数据库存之间的联系。目前,印尼建立了六个国际生物保护区、34个国家公园,占地大约1010万公顷,并且顺利完成了12种稀有濒危物种的繁衍工作。

印尼还建立了一个保护区体系,其中包括自然保护区和保护林区。保护区规划目标是在保护当地生态系统的同时,保护大部分的本土特有的动植物群落。从某种意义上来看,这个目标已基本实现。但从长远发展的角度来看,现有保护区体系还不能满足印尼政府保护所有生态资源的要求。印尼政府已经认识到其不足之处,目前正在制定有关生物多样性的行动计划。为了进一步了解国家生物多样性资源情况,1994年印尼便着手建立生物多样性名录,开发咨询信息系统。同年,印尼成立了生物多样性基金会。作为一个非政府组织(NGO),该基金会为生物多样性研究与技术开发提供了资助。

(二)缓解气候变化

由于印尼政府认识到了气候变化问题对于全球、区域以及本国发展的重要性,因此在参与有关气候变化的政府间合作工作、政府间谈判联合会等工作方面比较积极,并于 1994 年签署了《全球气候变化框架公约》。印尼认为签署该公约在国内可作为实施气候变化可持续发展环境战略的一个法律依据,在国际上有利于促进印尼同其他国家和国际组织之间的进一步合作与交流。

为了推进印尼在气候变化方面的研究与管理工作,在国家环境管理委员会下设了国家气候变化与环境管理工作组,并开展了多方研究。如,分析研究印尼海平面升高状况、研究热带海洋体系管理、研究全球气候变化对策、研究陆地固定 CO_2 生物战略、研究印尼气候变化状况等等。

(三) 实施森林管理

印尼于 1992 年开始制定实施森林管理行动计划,组建了咨询团来协调森林管理中的双边、多边关系问题。印尼政府为了确保在经济发展过程中把对森林的破坏维持在最低限度,要求所有有关森林的行动规划都需首先进行环境影响评价,且在各项目实施过程中都应接受环境保护管理部门的监督。

印尼森林管理委员会制定了一系列法律、法规以实施可持续的森林管理。为了响应世界贸易组织的有关林产品生产在 2000 年后都应满足可持续发展的要求,印尼开展了林产品生产的生态标志工程,并于 1994 年建立了印尼生态标志研究所。印尼政府还开展了改善开采权管理、提供审查服务的研究工作,并已在三个省建立起了审查体系,将过去的选择性砍伐体系逐步取代为经济林管理体系。另外,通过"标准和标志"措施改善了许可权管理。同时,印尼政府设立了一个国家森林火灾控制工作组管理森林火灾防治工作,开展了一年一度的"森林防火意识宣传活动"、"绿化国家、保护环境运动"、"种植百万树木运动",等等。

除此之外,印尼在森林管理方面开展了广泛的国际合作。在世贸组织的支持下,印尼于1994年同马来西亚政府合作建立了一个边界联合保护区;同法国合作实施低影响伐木计划;同德国合作进行公众参与保护林区利用管理的模式研究;在世界银行资助下开发森林资源数据库等。

第六节 菲律宾

一、实施国家可持续发展战略的概况

菲律宾共和国位于亚洲东南部的菲律宾群岛上,居民6860万人,人口密度为每平方公里239.66人。民族主要构成为马来族,占人口的85%以上,其中包括他加禄人、伊洛戈人、邦班牙人、比萨亚人等。

在1992年环发会议之后,菲律宾就向UNCED承诺把《21世纪议程》的原则与国家、区域、地方政府的预算、项目和发展计划相结合。为了推动国内的可持续发展,菲律宾在1992年的9月1日发布了"第15号行政令",成立了菲律宾可持续发展理事会(the Philippine Council for Sustainable Development,PCSD)。

参与PCSD的组织主要来自三个方面:(1)菲律宾的国家部委和机构,包括国家经济和发展局、农业耕地改革部、预算和管理部、

教育、文化和体育部、能源部、环境和自然资源部、金融部、外贸部、卫生部、内政部和地方政府、国防部、市政工程和交通工程部、科学技术部、社会福利和发展部、旅游部、贸易和工业部、交通和通信部。(2)研究所、院校和私人企业,包括菲律宾管理协会、菲律宾商业和工业协会、菲律宾贸易联合会、劳工顾问和咨询协会。(3)一些非政府组织(NGOs),约有47个之多。

PCSD的组织结构由理事会、执行委员会、委员会和分属委员会和理事会秘书处构成。理事会由18个政府机构的代表,9个市政社会成员和2个来自商业和劳工组织的成员组成。执行委员会负责处理紧急事物。它的代表来自政府、社会、商业和劳工团体。委员会和分属委员会具体执行理事会的工作。它们分别是社会和经济方面的委员会、资源管理和保护委员会、组织管理的委员会、关于实施方法的委员会,以致力于《菲律宾21世纪议程》(PA21)所涵盖的四个主要战略内容。每个委员会下又有一些分属委员会。这些委员会的职责是审议与环境有关的具体政策、问题和项目。(1)社会经济委员会:处理与贫穷、消费模式、人类健康和居住以及决策方面的问题;(2)资源保护和管理委员会:主要处理生态和环境方面的问题。该委员会有分成4个分属委员会,有大气分属委员会、生物多样性分属委员会、水资源分属委员会和土地资源委员会;(3)主要组织职能强化委员会:这个委员会解决不同组织在可持续发展中发挥职能的需要;(4)实施方法委员会:负责与国际组织建立联系,申请国际资助。它的分属委员会有资金安排员会、科学和技术委员会、信息和教育委员会和法律制度委员会。此外,PCSD的理事会秘书处负责协调与非政府组织的关系,帮助各委员会行使职能,在委员会和 PCSD 之间建立联系。

PCSD 的职责和任务是监督和指导菲律宾各级政府遵从 UNCED 制订的可持续发展原则和 PA21。建立能够实施体现在里约宣言和 PA21 中的原则的指导路线和机制,把它溶入到政府和地方的中期发展计划中。指导政策改革、计划和法律的制订和形成。协调国家与联合国各机构和国际组织在可持续发展上的合作。监督可持续发展计划、政策和项目的执行,推荐高效的执行机制和策略。建立网络系统,保持与地方和国际组织的联系。

菲律宾政府支持在环境领域的信息和知识共享,并建立了亚洲太平洋的中小型企业清洁生产和清洁技术交流和培训中心。亚太经合组织(APEC)的成员国都可参与该中心,获得有助于经济发展的环境友好技术。菲律宾更是为 APEC 成员国积极服务,鼓励经济合作活动,传播和更广泛应用清洁生产和清洁技术。菲律宾环境商会管理的清洁技术和环境管理信息中心也是一个关于清洁生产和清洁技术的信息中心。它的目标是推广清洁技术和环境管理,提高效率,减少污染;提供关于具体工业技术和管理的相关信息,能使企业获得环境竞争优势,降低成本和提高生产效率。

为了提高生态效率,菲律宾对那些进口新设备和采用工业废物处理系统的企业进行免税。在国家贸易和工业部投资委员会的帮助下,对安装污染处理设备的企业进行经济刺激。该投资委员会还与日本国际贸易和工业部的绿色援助项目合作,转让关于污染控制和能源利用的技术。

此外,联合国开发计划署(UNDP)的"21 世纪议程能力建设"计划(Capacity 21)帮助菲律宾实施了 21 世纪能力建设项目。该项目旨在帮助 PCSD 成员和其他组织提高制订计划和执行项目的能力,主要内容包括:制订和实施《菲律宾 21 世纪议程》(the Philippine Agenda 21, PA21);关于 PA21 的教育、交流和信息传达;PCSD 的人员和机构建设;试点示范项目等。

PA21 于 1996 年 9 月 1 日编制完成并正式开始实施。同年,拉莫斯总统又发布了"第 370 号令",赋予了 PCSD 一些新的职能,扩展了 PCSD 吸纳成员的范围,把商业和劳动部门的代表也包含了进去,并且加强了 PCSD 的权利。

PA21 是菲律宾 21 世纪可持续发展的行动指南,描绘了国家未来的发展蓝图。PA21 经历了菲律宾政府和社会各界多方协商、共同决策的过程,使得 PA21 无论是在内容深度和范围方面,还是在制订的原则方面,均较为全面地反映了菲律宾政府的政策取向和广大公民的意愿。PA21 优先考虑了那些对菲律宾可持续发展极为重要的活动,同时又建立了一个内容全面的监测、评价和报告系统,在菲律宾今后的社会、经济和环境的发展过程中,该系统将被用来评估菲律宾自然、环境、资源等要素的整体水平,以及指导所有人参与可持续发展的活动。

近年来,PCSD 一直参与菲律宾政府的中、长期发展计划的协调工作,并认为非政府组织,以及妇女、年轻人、土著人和社会各阶层都是发展计划和项目的平等参与者。目前,PCSD 正致力于制定一个在 21 世纪的长期可持续发展计划的系统发展方式和框架。同时,PCSD 还在开展多项关于如何在决策中综合考虑环境和发展需求的研究计划,例如,面向可持续发展的环境管理计划(IEMSD)和 PCSD 的能力建设项目。

二、实施国家可持续发展战略的具体行动

(一) 消除贫困

尽管菲律宾在社会发展方面取得了显著的进步,但仍存在许多亟待解决的问题,尤其是贫困问题。从1993年开始,每年大约有250万工人失业。1/5的工人(超过600万)处于不充分就业状态,其中44%的劳动力所受的教育不足10年,这限制了他们从低收入、低生产率的农业和城市非正规岗位转移到高收入、高生产率的就业机会。另外,在1994年400多万个家庭的生活水平低于贫困线,并大都分布在偏远的农村。

人口和家庭增长对有限的资源造成巨大的压力。尽管在过去的30年里,菲律宾的人口增长率有明显的降低,但是,以现在的2.32%的年人口增长率计算,到2025年国家的总人口还将翻倍到1.37亿。人口不仅有量的增长,而且还有结构的变化,生育率的降低和期望寿命的增长正加速导致社会老龄化。这就需要社会服务和保障系统随之作出调整。对此,菲律宾政府将社会发展的中心目标确定为改善人民的福利和生活质量。如,菲律宾在1995年6月4日开始了社会改革议程(the Social Reform Agenda, SRA)。目标是能使人民的基本需要得到满足并过上舒适的生活,增加人民赖以维生的资源拥有量,能使人民更多参与那些影响他们利益和福利的决策。SRA已实施了两年,强调对改革有巨大影响的四个方面,即:社会平等,为贫穷人提供最基本的生活服务;经济繁

荣，保证基本部门拥有足够的生产资料，对国家增长做出最大贡献；生态安全，把可持续发展指标与自然资源利用和管理相结合；自发性管理，加强民主结构和过程，允许关键人士参与政策的决定。

SRA担负了PA21框架中的反贫困任务，在1996年3月的国家反贫穷最高会议上肯定了SRA的执行，并把它作为国家综合的反贫穷行动议程。如果要达到国家反贫穷最高会议制订的贫穷削减目标：1998年达到30%的目标，需要扩大SRA的覆盖面，从最初集中于20个省扩展到另外57个省和65个城市。

到1996年6月，20个省的大多数都已经在城市和农村落实了SRA。这意味着：(1)SRA已成为地方发展的要求和重点，地方有了明确的贫穷削减目标；(2)最小基本需求的方法已经开始实施，它的结果是对地方贫穷问题和反应机制进行状况分析、计划、实施和监督评价的基础；(3)建立了地方的结构，明确了职能责任。

另一方面，政府对社会方面的资源投入稳定增长，1993年社会部门获得的经费为总预算的20%，1996年增长到26%。失业率从1993年的9.3%降低到1996年的8.6%。同时，基础服务也得到极大改善。在1996/1997学年，小学入学率达到94.3%，同期中学入学率增加到62.6%。此外，菲律宾政府通过多种途径实施健康、营养和家庭计划，仅1993年至1994年期间，儿童免疫接种率从90%提高到95%。

(二) 保护自然资源和生态环境

菲律宾主要有以下五类生态系统。高地和森林生态系统占据了全国 45% 的土地，居住大约 30% 的人口；沿海和海洋生态系统为全国 70% 的城市提供生活来源；城市生态系统容纳了大约全国一半的人口；农业生态系统占据了大约全国土地的 34%；淡水生态系统面积为 5696 平方公里，其中包括 384 条大型河流系统和 59 个湖泊。在菲律宾的各类生态系统中，生长着 1.3 万种植物，栖息着 2400 种鱼类和 500 种已知珊瑚中的 488 种。除了它们的医药、科学和美学价值外，这些生物资源构成了菲律宾传统收入的主要来源，在国家的经济发展中发挥着重要作用。然而，在经济发展取得进步的同时，资源的误用和滥用削弱了经济取得的成绩。

在过去的 20 年里，菲律宾的高地和森林生态系统严重退化。从 1990 年到 1995 年，年退化率为 2.9%。现有森林覆盖率约为 18.9%。对此，菲律宾政府进行了砍伐费改革。针对菲律宾以前实行的砍伐补偿金较低的问题，菲律宾在 1990 年颁布的《民法》的有关条款中规定，将每立方米的砍伐费从只有木材市场价格的 1% 提高到 25%。这项规定使得森林的补偿金从 11% 提高到了 50%。仅在 1989 年至 1991 年期间，国家的伐木收费便从 9200 万比索（占政府收入的 0.06%）增加到 8.06 亿比索（占政府收入的 0.37%）。由于砍伐补偿金的大幅度提高，较为有效地遏制了一些企业对森林乱砍乱伐的势头。

在菲律宾，穿过城市的河流都受到不同程度的污染。马尼拉的四条河流都因为污染而造成生物绝迹。1990～1995年的水质监测表明 BOD 浓度已经达到 C 类水体标准。主要的污染来源是生活污水、工业排水和含有化肥和杀虫剂的农田水。针对这些问题，从1997年开始，菲律宾实行了收取排污水费计划和环境使用费制度，对第一批的企业已按评估的污染负荷收费，并将所征收的环境使用费用于水质管理规划和加强管理者现有的监测和执法能力。

为了全面改善菲律宾自然资源和生态环境的状况，菲律宾还从经济、政策、文化、环境和制度等多个方面制订了生态和环境可持续发展战略的近期与长期规划，以希望国家能从此走上可持续发展的道路。在经济方面，菲律宾计划通过加速引进对环境有利的技术，建立可持续性的生产和分配模式，提高生产效率，使工业生态学的原理和实践得到更广泛地运用。在经济和环境管理中采用预先警戒的原则，强调预防而不是先污染后治理的被动策略。在环境管理中扩展经济手段的运用，具体来说就是综合运用市场手段、命令手段促进资金投向环境恢复，形成有利于资源可持续管理的生产和消费模式。在政策方面，增加人口发展和生态规划的投资，为妇女创造更多的机会，从而维持人口符合可持续发展所要求的水平、结构和分布。利用适当的经济、社会和规章等手段，培养出一种可持续的消费模式。最重要地是确保菲律宾的各项政策、计划和项目都与其21世纪议程相一致，同时也要保证菲律宾的国际协议、贸易和外交都是以促进菲律宾的可持续发展为目标。在文化方面，一方面，宣传可持续发展，通过环境教育，提高社会各部门的环境意识，促进可持续消费模式在社会中形成。另一方面,保护地方文化,使其为可持续发展服务。在环境方面,菲律宾认为,管理部门的执行能力是制订国家自然资源社会使用的政策基础。在管理方法上,菲律宾强调运用各种方法管理自然资源,例如生态—社会系统方法、综合区域体系方法、可持续发展评估方法、预警原则和预先通知许可草案方法等。在协调农业可持续发展、工业扩张和城市化之间的不同需要时,菲律宾优先考虑水、空气、森林和渔业。在制度方面,建立可持续发展特别风险评估、社会效益—成本分析、可持续发展指标、环境影响评价、生命周期评价和土地利用计划等环境管理制度,同时完善生态系统管理的制度建设。赋予社区、社会和劳动者更多的作为可持续发展成员的权利。

(三) 保证经济可持续发展趋势

菲律宾的农林渔业在1993~1996年期间基本呈现适度的总体增长趋势。农业、渔业和森林业的总附加值(Gross Value Added,GVA)以每年2.1%的速度增长,1996年达到最高增长速度3.1%。但是,由于实施了严格的森林保护手段,森林业产值连年呈现下降趋势。渔业增长较慢,这段期间增长率低于1%,主要原因是国内渔业资源减少。

菲律宾实行的更加开放的贸易和投资政策促进了经济的发展,工业部门从1993年到1996年以年平均6.4%的增长率发展。菲律宾还积极参加世界贸易组织(WTO)、东盟(ASEAN)和亚太经合组织(APEC)的活动。公共事业和建筑业构成工业部门GVA的25%,增长速度最快分别为11.5%和8.8%。制造业是工业

GVA 的 70%,以平均每年 5.8% 的速度增长。但是,由于环境恶化,迫使菲律宾政府关闭了一些矿山、油田,因此,菲律宾的采矿业和原油生产均以 3.1% 的速度萎缩。

为了在保护环境的同时继续促进经济的可持续发展,菲律宾政府实施了经济可持续发展战略,主要包括:工农业结构调整战略(AIR)和"撑竿跳"战略(the Pole Vaulting Strategy)。

AIR 战略的目标是提高生产部门的增长速度、产量和国际竞争力。AIR 战略包括三个方面的内容:(1)建设一个指导性的政策环境。加强国家宏观基础,保证宏观稳定和促进可持续发展;继续改善国家工业保护体系;改善投资环境;提高农业产量,稳定农产品价格。(2)实施工业群发展模式,加速 AIR 进程。建立工业群;加深工业垂直关系网和供销关系;促进工业群的地理集中;实施微观干预。(3)强化政府的政策和基础设施的支持,扩展政府与私人之间的协调关系;加强政府的支持和服务作用,为中小型企业提供充分和适宜的政策和基础设施支持等。

"撑竿跳"战略的实施是为了促进服务业的发展,维持它快速增长的地位,使其高效率地为现代化工农业服务。对于未来的五年至十年,菲律宾提出了雄心勃勃的计划,希望把国家建设成为亚洲的知识中心、东亚的购物天堂、亚洲太平洋地区的通信运输和旅游中心、东亚的医疗中心、东亚的食品基地、东亚的金融中心、亚洲的海运中心。

(四)实施生态监督计划

里约会议之后,一些发展中国家已采用生态标志,其中包括菲律宾的生态监督计划的实施。1996年12月7日,拉莫斯总统同23个工业协会(代表约2000家公司)签署了一份协议备忘录,正式启动了一场生态标志行动:《工业生态监督计划》。具体办法是根据企业的环境表现,对企业进行环境分级,分别用金色、蓝色、绿色、褐色和黑色代表,颜色越深说明环境表现越差。分级的结果将通过报纸、电视和广播等各种媒体公布,用社会舆论监督企业行为。

(五)鼓励非政府组织参与生态保护区的管理

1994年,菲律宾接受全球环境融资(GEF)的2080万美元援助,计划用7年时间开展保护菲律宾生物多样性的活动。政府从一开始便意识到单靠一家的力量是不够的,于是从计划开始就安排政府与民间环保组织结成合作关系,在不同层次上对保护区进行管理。

政府组织成立了一个综合保护区非政府组织公司,由全国性环保、NGOs组织组成的,负责接受贷款,提供技术援助,监督项目的系统实施,其中还有为保护区附近的农村提供经济支持,减轻对保护区的压力。

这个项目已在10个优先保护区实施,其中9个都建立好了保护区管理委员会(当地政府、NGOs、居民代表组成)。然而,NGOs的参与也不能完全解决以前保护区管理中的问题,初步结果显示,多重结构和多重管理有时会妨碍项目执行,延缓决策。

第七节 南非

一、概况

南非共和国位于非洲的最南部,濒临印度洋和大西洋,海岸线长约 2500 公里。地形除东南沿海为平原外,大部分地区为高原。南非属全年温暖的亚热带气候,气候差异大,又极富变化。南非人口为 4300 万,居非洲第五位,人口密度为每平方公里 27.8 人。城市人口占人口总数的 56%。1990 年人口出生率为 35‰。人口自然增长率为 22‰。1991 年人均国民生产总值 2771 美元。

南非矿产资源丰富,是世界上 24 种重要矿产品的五大生产国之一。除石油和铝土外,其他工业用的矿物几乎都有。黄金、铂族金属锰、钒、铬、硅铝酸盐、萤石的储量都居世界首位。钻石、蛭石居第二位,锆居石、磷酸盐居第三位,煤、钛、石棉、锑居第四位。采矿业是南非的重要支柱产业。其产品主要面向国际市场,出口所得约占外汇收入的 2/3。南非还是世界主要钢铁生产国之一,钢产量占非洲钢铁总产量的 90%。80 年代中期,南非已拥有 24 个钢铁企业,其中规模较大的钢铁联合企业有 6 个。南非有耕地 1317 万公顷,占国土面积的 10.8%,牧场和割草地为 8138 万公顷,占国土面积的 66.6%,近几年一直是世界上粮食净出口国。

二、国家可持续发展战略的行动与进展

南非虽然没有参加 1992 年的联合国环发大会,但是南非政府积极响应环发大会对环境问题的倡议,在一篇题为《建立南非的可持续发展基础》的政府报告中表明了政府对可持续发展的立场以及采取的行动。1996 年南非又发表了有关文件,介绍了南非的环境状况与管理体系。

南非可持续发展委员会负责 21 世纪议程的实施,并得到联合国开发计划署(UNDP)的协助。南非可持续发展委员会的职能是:根据 21 世纪议程,推广、负责可持续发展行动的执行。此外,按照《环境保护法案》第 12 条,南非成立了环境协调委员会,负责协调各个政府部门的行动以及对环境保护和资源利用具有重要影响的社会行动,并加强部门之间的合作,从环境保护和资源可持续利用的角度对那些给环境造成影响的部门提出忠告。此外,环境协调委员会每两年对环境状况进行一次调查。

南非于 1995 年 4 月参加了联合国可持续发展委员会(UNCSD)的第三次会议。会议代表团由外交部、环境事务和旅游部的代表组成。参加 1996 年 UNCSD 第四次会议的代表团规模更大,这也表明南非政府越来越重视可持续发展的工作。

联合国环发大会之后,南非政府承认了两项国际公约,《巴塞尔公约》(1994 年 5 月)和联合国《生物多样性公约》(1995 年 9 月)。1995 年 1 月签署了《荒漠化国际公约》。《联合国气候变化框架公约》和《世界遗产公约》也即将得到南非的认可。

环境事务和旅游部在国际地方环境动议理事会(ICLEI)和美国国际开发署(USAID)的协助下,于1995年组织了一次非洲地区研讨会,主题是"走向城市重建和发展"。研讨会主要讨论了非洲以及其他国家执行地方21世纪议程的经验和非洲国家所面临的困难和挑战。南非的三个城市,开普敦、德班和约翰内斯堡在会上交流了他们在这方面的观点和经验。

作为地方21世纪议程的一部分,中央政府制定了一系列行动指南,指导地方当局制定地方21世纪议程并从财政上给予资助。实践证明,地方21世纪议程的实施,首先需要建立具有生命力的发展模式并对其进行监督,以此来定义和衡量社会生活中什么是可持续的,什么是不可持续的,特别是对那些从"重建和发展"行动纲领中获得利益的组织进行衡量。"重建和发展"行动纲领为未来国际、国家和地方发展策略的决策提供了有价值的参考。

南非还积极响应可持续发展委员会关于建立一项衡量可持续发展的指标体系的倡议,正在与芬兰合作开展这项工作。

南非政府根据本国国情,在21世纪议程中确定了11项最优先发展计划、9项优先发展计划和5项其他发展计划。下面着重介绍其最优先发展计划。

(一)最优先发展计划

1. 向贫困宣战

作为一个发展中国家,贫困是南非人民面临的最大挑战。贫困折磨着数百万的人民,其中大部分是妇女和农村居民。根据1993年的统计数据,生活处于绝对贫困状况的人口占总人口的

53%。南非的失业率也相当高,1993年底达到40%。由于人口不断增长,而GDP不断减少或停滞不前,预计失业率还将不断增大。

为了解决贫困和失业问题,南非政府综合社会各方意见,制定了一项《重建和发展计划》,其目标是提高生产力和生产效率,促进生产,增加收入;改善就业条件,为更多的人创造就业机会;改善基础服务、卫生保健设施与服务、教育和培训计划,提高人民生活水平;建立社会保障体系和其他安全网络,保护贫困人群、残疾人、老人和其他需要帮助的人。为此,政府采取的策略所涉及的领域有:土地改革,水源及卫生,电信,环境,社会保障和社会福利,房屋,能源和电力,交通,卫生保健和教育。

《重建和发展计划》的实施由南非副总统主要负责,此外,所有政府职能大臣都参与计划的实施,并有一个内阁委员专门监督计划的实施进程。各部财政预算优先考虑《重建和发展计划》,财政部设有中央《重建和发展计划》基金,可供非政府组织、社会团体和职能部门用于优先执行《重建和发展计划》。

在实施《重建和发展计划》、摆脱贫困的过程中,政府为保护环境而制定了一系列响应计划,包括综合营养计划和电力计划等。

2. 人口与可持续发展

1994年,南非的人口增长率为2.17%,预计2000年至2010年将下降到1.99%。自从1994年联合国人口和发展国际会议之后,南非制定了新的人口政策,目的是改变现行人口发展趋势,以适应可持续的人类发展趋势。人口、发展和环境之间的互惠关系与人口政策密切相关。新的人口政策顺应了国际发展潮流,即将

人口问题放在发展的中心位置,使之成为发展的动力并最终成为受益者,主要体现在:

• 国家政策的构想、制定、实施、监督和评价都要参考最新的有关人口和发展状况的可靠资料,建立一个国家级统计库和信息系统,汇集各部门的相关数据和信息,为规划部门和公众提供可用信息,提高信息的共享和交换;

• 把人口因素体现在政府及其各个部门的所有政策、计划和策略中,提高全体人民的生活水平,通过人口、生产和消费以及它们相互作用的综合战略,保证环境的可持续性;

• 在关系到大多数人民利益的计划制定和执行过程,要求各部门、各阶层相互沟通,综合协调地发展。

设在福利部的国家人口小组负责人口政策的总体实施,其他部门,如教育部、环境事务和旅游部、卫生部、家庭事务部等参与政策的实施。除了中央政府部门外,地方政府、非政府组织、社会组织以及人民团体在人口政策的实施过程中也起着重要作用。

3. 促进可持续的人居环境发展

根据1995年的统计数据,南非人口为4300万,城市人口占人口总数的56%,城市化以4~5%的速率增长。为了发展可持续的人居环境,南非政府制定了一套"城市和农村发展框架",其中包括了一系列指导性文件:如"城市一体化与城市管理"、"投资城市发展"、"建设可居住和安全的社会"、"促进城市经济发展"、"城市复兴总统特别计划"、"城市基础设施投资"、"市政服务的恢复和扩展"等,指导各省和地方政府发展可持续的人居环境,而"重建和发展计划"则是"城市和农村发展框架"的政策保证。

以上规划和计划由中央政府各职能部门协调,各地方级政府依据"重建和发展计划"的7条原则负责实施和管理,这7条原则是:一体化和可持续性;人民需求;和平与安全;国家建设;满足基本需求和建设基础设施;民主化;可评估和可说明性。

4. 在决策过程中综合考虑环境和发展

南非1989年发表了第一版"整体的环境管理",大力推动可持续发展和资源的合理利用,为环境管理和决策过程提出了总体框架。这一总体框架公开面向全体公众,欢迎所有关心有关发展计划(包括受发展计划影响)的团体与个人共同参与计划的制定和实施,力求达到社会和环境所付出的代价与决策所带来的利益之间的平衡。总体框架要求任何决策要具有包容性,即对社会和环境负责任,在发展过程中要消除不利影响、提高正面效果;同时要充分考虑个人与社会的民主权利和义务。

"整体的环境管理"已被包括工业部门在内的广大民众所接受。1992年南非发表了实施行动指南,要求发展计划的开发者在项目的规划和实施过程中自觉地运用"整体的环境管理"。但是,"整体的环境管理"的实施情况并不令人满意。越来越严格的环保标准,尤其是近年来国际上对环境影响进行控制的趋势,给"整体的环境管理"的实施带来了越来越大的压力。鉴于这种情况,根据1989年颁布的"环境保护法令",1994年3月南非在政府公告上讨论一项法规,为全面、统一的环境影响管理提供依据。1997年这项法规开始实施。这项法规规定,对那些尚未自觉实行环境影响控制的开发行为,环保部门有权强制执行,从而与国际发展趋势接轨。

南非在土地开发、矿产开发等过程中充分考虑发展与环境的关系,将可持续发展的概念作为相关政策的一部分。例如通过"矿产法令(1991)"的实施,力求在矿产开发过程中,在政策、规划和管理层面上达到环境和发展的综合统一,通过环境管理报告,矿产和能源部努力与其他部门的要求达成一致。"发展促进法令(1995)"则体现了环境可持续的土地开发原则。根据这项法令,土地开发要进行环境评估,即开发项目对环境潜在影响的评价。

5. 管理脆弱的生态系统:防治沙漠化和干旱

由于所处地理位置的制约,南非一直被沙漠化的问题所困扰。1995年非洲国家签署了《防治沙漠化国际公约》,南非环境事务和旅游部负责这一公约在南非的实施,并制定了"国家行动计划"。

通过各个部门的努力,政府已经形成了提高公众认识的战略计划,其中环境事务和旅游部积极寻求国际社会的帮助,为"国家行动计划"、沙漠化调查和提高公众认识计划筹集资金,并且向所有的省级政府和国家部门通告了《防治沙漠化的国际公约》的执行情况,明确了他们在执行公约过程中的地位和作用,编写了《沙漠化白皮书》;水务和森林部大力发展森林业,减少自然森林资源的压力。另外,矿产法规定,开采矿产需要综合考虑当地的气候条件、土地容量和对沙漠化的影响等因素。

6. 生物多样性的保护

南非1993年签定了《生物多样性公约》,1995年签定了《保护濒临灭绝野生动物和植物的国际贸易公约》,1995年呈交了最新进展报告。南非参与签定的其他保护生物多样性的公约有《波恩公约》和《Ramsar 公约》。

南非政府对生物多样性保护和可持续利用给予了相当的重视,环境协调委员会成立了一个生物多样性分会,1996年9月开始运作。环境事务和旅游部是处理有关生物多样性和生物安全性的政府关键部门,国家公园董事会和各省自然保护当局则负责有关保护生物和其他自然环境资源的政策的执行。1997年各地方当局在对所在地区自然资源进行评估的基础上,集中编写了现状报告,还制定了生物多样性保护和可持续利用的国家战略。

1996年,纳塔尔公园董事会在夸祖卢/纳塔尔省进行了一项调查,在对现行政策、计划和行动与《生物多样性公约》要求的符合程度进行评估的基础上,制定了《省级生物多样性保护战略》。

7. 保护海洋、沿海地区和保护区,合理开发利用海洋资源

1984年南非签订了《联合国海洋法公约》,并制定了有关环境、渔业、生物多样性、沿海地区管理和海洋保护地区的政策。

目前,由于有关决策体系尚不健全,一些组织、团体之间缺乏沟通,周边国家进入南非海域从事渔业活动缺乏明确的政策限定。因此,南非在保护海洋和沿海地区方面存在不少困难。为了解决这一问题,政府打算在制定政策的过程中,成立一个协调机构,综合各方意见。

在南非,除了探矿、采矿、土地开发外,环境影响评价尚未以法律形式运用于建设项目开发之中,但有关决策当局有权要求执行环境影响评价。公众的压力和对决策过程透明度的期望使得大多数项目都在开发之前执行环境影响评价,但是还缺乏系统的监督。一旦有关环境和生物多样性保护的国家政策制定并得到广泛接受之后,这种状况将得到改变。"矿产法令"规范了海洋天然气和海

底珍贵矿产的开采,海洋开采同时受到环境管理计划的制约。经过不懈的努力,排放到沿海水域的油类物已由1990年的400吨减少到1995年的13吨。

8. 保护水资源

南非的水资源保护主要从七个方面入手。首先,提出要综合考虑水、社会和经济发展的相互作用,并制定了"综合水源地管理计划";其次,利用"世界银行/联合国开发署撒哈拉非洲水利评估计划"对南非的地面水水利测量系统进行评估;第三,政府实施一系列措施,保护水资源、水质和水生态系统。这些措施包括:确定水体无害化目标,制定有害物质防护办法,制定城市、农业和娱乐用水水质标准,加强地下水保护,鼓励有效利用水源,提高公众认识,在水资源管理中引入经济手段,对水资源开发执行环境影响评价等;第四,保证饮用水的供应和卫生;第五,保障城市供水;第六,实现可持续的粮食生产和农村发展;第七,研究气候变化对水资源的影响。

9. 有毒废弃物的管理

1994年南非签订了《巴塞尔公约》。环境事务和旅游部在咨询各方意见的基础上制定了一些有毒废物管理的政策、法规。南非目前尚无综合性的有毒废物污染防治法规,只有"垃圾填埋最低要求"、"有毒废物管理最低要求"、"废物管理设施监控最低要求"等一系列立法草案和指南,对有毒废物循环的全过程,即从废物的产生、运输、处理到最终的弃置加以控制。这些立法草案和指南把重点放在加强预防,支持开发清洁生产技术,实行污染付费政策,对有毒废物从产生到弃置实行全程监控。此外,根据职业健康和安全法令,在有毒废物的作业地点,要采取强制措施,保证环境的卫生和安全。

10. 提高人民健康水平

提供丰富健康的食品是保证人民基本健康水平的重要因素。政府通过对消费者、执法人员以及食品加工企业实行健康、食品安全教育来达到改善健康条件的目的,政府制定了相应的法律和法规保护消费者利益,并有一套行之有效的食品检测系统。

政府还相当重视对传染病的控制,重点放在肺结核病的防治上。另外,政府对艾滋病的教育工作也相当重视,并启动了一项HIV/AIDS紧急计划,该计划是卫生部的四项重点计划之一。

通过实施大气污染防治法,恢复由于石棉矿的开采而遭受破坏的人居环境,降低了环境污染对城市和乡村居民健康造成的危害。1996年颁布的"新矿山卫生和安全法令"有效地保护了矿工和矿区其他居民的健康安全环境。

除此之外,政府还实施了以下计划来保护人民的健康安全:(1)推广使用低烟煤,缓解呼吸系统疾病;(2)加强对废气排放的管理;(3)加强对易燃、有毒物的安全管理。

政府积极支持在地方、私人企业内推广环境管理系统,提高公众认识,通过经济手段鼓励他们的自律行为。

11. 生物工程的环境管理

1996年"基因工程生物体法令"的颁布,标志着南非将基因技术的安全应用和处置纳入了国家的法律轨道。该法令规范基因技术的应用,利用基因技术变异的生物体的应用以及基因治疗,为有效保护生物安全提供了法律依据。

(二) 优先发展计划

除以上最优先发展计划外,南非政府把以下问题列为优先发展计划:① 保护大气环境;② 土地资源的综合规划和管理;③ 推行可持续的农业和农村发展;④ 有毒化学物质、固体废物和废水以及放射性废弃物的安全问题和环境管理;⑤ 加强教育、培训,提高公众认识;⑥ 加强与发展中国家的国际合作。

此外,南非政府还制定了其他一些发展计划,以图改变消费模式、减少森林采伐、加强对生态系统的管理、并进行更广泛的国际合作等。

三、南非的地方可持续发展状况

按照国家可持续发展的战略思想,南非主要大城市根据地方的具体情况,制订了地方21世纪议程。这里介绍开普敦、德班和约翰内斯堡三大城市地方21世纪议程的主要内容和实施进展情况。

(一) 开普敦

开普敦是南非的立法首都,全国第二大城市,开普省首府。位于好望角北端的狭长地带,濒大西洋特布尔湾,人口340万。开普敦是南非金融和工商业的中心,城市交通发达,海运方面是从欧洲沿非洲西海岸通往远东、太平洋的必经之路。天然良港特布尔湾可同时停泊深水海轮40多艘,年吞吐量约800~1000万吨。

开普敦市实施可持续发展的《重建和发展计划》的主要内容有：

- 满足人民生活的基本需求；
- 促进经济的可持续发展；
- 保护环境，最大程度地减少污染对人类健康与环境的影响；
- 提高土地的利用效率，加速城市建设；
- 对地方政府的结构实行改革，以便更好地实施城市《重建和发展计划》；
- 把 21 世纪议程纳入城市《重建和发展计划》。

1995 年，市政议会正式批准了开普敦的现代化城市发展计划，同时批准把地方 21 世纪议程纳入城市的《重建和发展计划》及环境管理系统。开普敦在推进地方 21 世纪议程的过程中，首先选择 1~2 个议题，以增加民众的认识，而后研究在新的市政机构体制下如何将有关各方的合作关系制度化，最后于 1996 年开始全面实施《重建和发展计划》。

（二）约翰内斯堡

约翰内斯堡，南非最大城市，世界最大的产金中心，人口 450 多万。四周有绵延 240 公里含几个矿点的金矿带，与周围的城镇及矿山城构成南非的经济中枢，其工业产值约占南非工业总产值一半左右。

1995 年，约翰内斯堡对市政议会进行了彻底的改革，合并了 7 个市政分支机构，建立了大约翰内斯堡过渡市政议会。为解决面临的人口以及都市化和工业化发展带来的挑战和压力，成立了大约翰内斯堡环境管理委员会。大约翰内斯堡环境管理委员会在实施地方 21 世纪议程的进程中发挥了重要作用,它不仅促使政治家、政府官员和普通市民共同考虑城市的环境问题,还主持协调了大约翰内斯堡地方 21 世纪议程的工作。在实施地方 21 世纪议程的初始阶段,集中致力于以下问题:

- 制定地方 21 世纪议程项目报告书和实施期限;
- 落实项目的实施机构和合作者;
- 对项目合作者进行审定;
- 扩大项目的支持机构,明确项目合作者的作用和责任;
- 将项目介绍给更多的人,供他们讨论和争取他们的参与;
- 制定实施项目和合理利用资源的行动计划。

(三) 德 班

德班,南非最大港口之一,全国第三大城市。位于南非东南岸,濒临印度洋纳塔尔湾,人口 350 万,面积 245 平方公里。主要工业有化学、纺织、制糖、食品、橡胶、炼油、船舶修造、汽车装配等。这里港区水深 10~12 米,货物吞吐量仅次于开普敦,居全国第二位,是南非的重要捕鲸基地。

1994 年 8 月,市政议会决定开始实施地方 21 世纪议程。联合各方力量处理好城市环境问题是德班市地方 21 世纪议程的主要目标之一。1994 年 11 月德班市政议会通过了德班城市环境报告,报告的中心是环境与发展的统一关系。同时,德班还成立了一个指导委员会,其成员来自政界、工商界、民众团体和环境组织,负责监督环境报告的执行。

总之,南非共和国是一个经济相对落后的发展中国家。因此,国家可持续发展总体战略的前提是帮助人民摆脱贫困,重点放在提高人民健康水平、解决人民居住问题以及满足居民基本生活需求等方面。根据其地理特点和气候条件,南非将防治沙漠化和干旱,保护水资源,保护海洋和合理开发海洋资源作为最优先发展领域。此外,由于采矿业是南非的重要支柱产业,因此政府相当重视土地开发、矿产开采过程中的环境保护和生态平衡,在其他项目尚无法令、法规约束执行环境影响评价的情况下,优先制定了"矿产法令",强制执行环境影响评价,体现了政府的高度重视。此外,南非还充分考虑了城市的可持续发展。

正如前面所讲到的,南非政府积极响应并签署了一系列国际公约,并制定了相应的政策,明确了负责公约实施的部门和机构。例如,制定"国家行动计划"以响应《防治沙漠化的国际公约》,制定"国家森林计划"为《生物多样性公约》的实施提供国家战略和具体方案。

我们注意到,在制定可持续发展战略和相应计划的过程中,南非政府采取的是集思广义的政策,咨询对象包括政府部门、社会组织和团体以及个人。另外,政府特别注重提高公众认识,尤其是提高贫困人群对可持续发展政策和计划的认识,加强教育培训,这一系列工作贯穿在计划的整个实施过程中。

从南非的可持续发展战略和国家 21 世纪议程及其执行进展来看,政府制定政策和计划的原则是:任何国家和城市的发展都要综合考虑其生存环境所具备的承受能力,任何超自然承受能力的发展将给环境和社会带来巨大的损害,其发展是不可持续的。只有坚定不移地执行可持续发展战略,妥善处理好人口、资源、环境和发展的关系,走长期、稳定的可持续发展道路,才是人类社会生存的唯一选择。

第八节　泰国

一、国家概况

泰国是位于亚洲南部的一颗璀璨的明珠,分别与柬埔寨、老挝、缅甸和马来西亚四个国家相邻。它是一个热带资源型国家,大部分地区都属于热带季风性气候,拥有丰富的热带生物资源,蕴藏着富饶矿产资源。得天独厚的地理和气候优势,为泰国可持续发展创造了优越的天然条件。泰国的总体地势是由北向南倾斜的,可分为北部和西部内陆山区、东北部的高原地区、中部湄南河流域平原地区和东南沿海地区。各个地区的自然条件不同,社会背景和文化传统也有区别,经济基础和结构更因与自然条件相适应而不同。

适宜的气候、肥沃的土地和丰富的资源,为泰国的经济发展奠定了基础。经过30多年的努力,泰国经济取得了突飞猛进的发展,年均GDP增长率都在6~7%之间。现在,泰国已跻身于世界中等发达的发展中国家之列,被认为是继"亚洲四小龙"之后的又一条经济小龙。随着经济的发展,泰国的经济结构也由农业为主转向以工业为主,制造业和第三产业正成为主导产业。

1997年3月泰国发生了有史以来最严重的金融危机,其结果波及整个亚洲,造成亚洲经济全面倒退,东南亚经济一蹶不振,并由此威胁到本国的可持续发展。

泰国目前的环境问题主要是大气污染、水质污染与固体废弃物污染。1992年泰国矿物燃料燃烧产生的CO_2比1980年增长了一倍,对臭氧层具有破坏作用的物质消耗量占世界总消耗量的0.68%。环境问题已成为制约泰国经济发展的一个重要因素。

二、泰国的可持续发展

1992年的联合国环境与发展大会之后,泰国就积极制定了自己的可持续发展战略规划,即《泰国21世纪议程》。同时明确了专门负责全国可持续发展事务的机构。过去经济落后的历史与工业化带来的环境问题始终困绕着泰国的社会和经济发展,因而泰国非常重视可持续发展战略的实施,并在其相关的国民经济与社会发展计划中,明确提出了可持续发展的具体策略。

在经济可持续发展方面,政府主要侧重于农业和农村的可持续发展,提出要加强农业基础设施的建设、制定土地利用计划,并改进农业生产系统,保护农业生态环境。此外,针对农村居民生活质量较低的问题,政府提出要加强农村经济发展,改善农村居民生活质量,增强农村居民的环境意识,提高农业资源的使用效率。

在社会可持续发展方面,政府主要侧重于通过加强健康服务设施与健康项目的实施建设,控制人口数量,提高人口素质,以加速贫困问题的解决。

在资源的可持续利用方面,政府主要侧重于森林、土地、水的可持续利用以及生物多样性的保护。针对日益严重的大气污染与水污染问题,制定并颁布了一系列法规与环境标准。

泰国国家可持续发展的协调工作主要由两个机构全面负责,这两个机构分别为国家经济与社会发展委员会和国家环境委员会。国家经济和社会发展委员会(NESDB)的主席通常是由一位资历深、名望高的政治家担任。该委员会的成员包括五个前政府官员,九名来自私营部门的代表(其中许多人同时担任政府的高级职务)。40年来,国家经济和社会发展委员会(NESDB)一直向政府提供关于社会和经济方面的数据资料,准备和草定内容广泛的国家经济和社会发展计划,并提交内阁和国会讨论通过。该委员会还要负责评价计划实施进展的工作,不时地针对问题从事一些具体的分析研究。国家环境委员会(NEB)的主席由总理担任,科学技术和环境部(MOSTE)的现任部长出任副主席,其他20个成员分别来自国防、金融、农业、交通通信、内务、教育、公众健康和工业等部,NESDB和投资委员会的常务秘书长以及预算局的局长也都参与NEB的工作;成员中还有8名具备环境管理资格的个人。国家环境委员会(NEB)的职责着重于在可持续发展框架内改善环境管理;向内阁提交改善和保护环境质量的政策和计划;制定环境标准;审议和批准省级行动计划;批准减轻污染危害的环境项目;协调各政府机构对环境保护的意见,向内阁提交关于环境状况的定期报告。

泰国的可持续发展活动也有一些非政府组织(NGOs)的积极参加。NGOs的活动主要涉及社会和经济事务、团体组织、公众健康、政策分析和管理等方面。虽然它们没有正式代表参加 NESDB 和 NEB,但政府在关于环境发展政策问题上经常征求他们的意见。

三、金融危机对可持续发展的影响以及相应的战略调整

金融危机几乎造成泰国经济崩溃,险些吞噬掉泰国过去 30 年的经济高增长带来的成果。1999 年虽然泰国经济出现好转迹象,但目前泰国经济仍面临股市低迷、失业严重、资金短缺等难题,对社会各方面产生广泛的影响。大量劳动力失业,职工工资下降,导致社会秩序较为混乱;家庭收入的减少影响到居民对教育和健康的投入;此外,危机也对环境造成影响。危机造成国家经济实力下降,许多环境和生态保护政策和措施将难以实施。经济危机造成通货膨胀,许多高科技产品价格超过购买水平,经济效益降低,使得许多高技术、低消耗、轻污染的生产行业生产能力下降或者破产;而那些消耗资源多的低技术、生产密集型的行业受到的影响较小,甚至于为其创造了高速发展的空间,因此对资源环境造成更大的压力。对于社会来说,经济危机造成基础性社会服务能力的下降,也对环境造成极大的冲击。另一方面,经济危机也可能对环境有积极的影响,例如造成企业的生产能力下降,经济发展减缓,对资源的需求量随之降低,对生态的压力减少。

因此,金融危机以后,从可持续发展角度分析,泰国在经济、社会、资源管理与环境保护方面进行了调整。

(一) 经济可持续发展战略

针对出现的紧急情况,政府采取了一些应急行动,例如允许合并、解散效益不好的金融机构,并允许国际和国内金融机构接管;进一步开放国内市场;监督所有外汇交易和投资;政府监督预算开销;完善综合经济管理体制的决策过程,提高透明度和清晰度;促进出口和大力发展旅游业。仅仅这些手段还做不到根本上挽救泰国的经济危机,特别是恢复经济繁荣,还必须调整长期的经济发展政策。泰国的下一步改革重点是调整经济结构,为经济恢复打好基础。它的政策包括:

(1) 调整投资方向,让资金流向需要重点发展的地方;促进私有化,发挥私有企业的作用。有效利用世行和亚洲发展银行的贷款。

(2) 根据市场规律,调整农业生产结构;扩展投资机会,促进农产品出口。在可持续利用自然资源的基础上发展农业生产,把对生态系统和环境的影响降到最低。

(3) 鼓励银行支持出口导向型生产活动。扩展外资投入,完善工业生产体系。

(4) 改善旅游业服务质量,促进国际旅游。加强社会和非政府组织(NGO_S)在保护、恢复和发展地方旅游景观上的作用。

(5) 发掘特别经济带的潜力,把特别经济带变成国家主要的工业生产基地,以刺激国际和国内的投资。

(6) 促进国内和国外的能源开发和发展,保证满足需要和稳定供应。提倡节约能源,提高能源的利用效率。鼓励能源工业的竞争。

以上的发展政策较为笼统,但是仍能看出一些趋势。首先,泰国的出口导向型发展政策没有改变,没有强调内需;发展政策的重点是促进私有化和贸易经济自由化;其中一个重要手段就是实施行政权利分散和下放,加大地方的作用;以旅游业带动经济复苏;在泰国经济实力下降的情况下,为保证发展的能源需求,进口能源的比重必然下降,相应地也必然加大对国内资源的开发。正如前面所分析的那样,国内资源的进一步开发将有可能加重对环境和生态的压力。

(二) 社会可持续发展战略

政府采取许多手段削弱危机的影响,其中最主要的一个政策就是利用服务行业创造更多的就业机会。其他还有采取各种手段保证和支持大型企业照常运转、对职工进行新的技能培训,并实施了食物、燃料和社会服务补助、分发食物和提供贷款等维持收入的政策。

为了保持人口的可持续性,泰国在第八个五年计划中已考虑了人口发展趋势。该计划包括降低人口增长率和协调抵御分配政策,主要措施有评价人口增长对可持续发展的影响,如年龄结构对健康医疗的影响评价项目,并实施了以生育保健为中心的一系列预防性保健项目。

为保证教育质量,政府加快实施第八个五年发展计划中的教育发展政策,提供免费和高质量的基础教育机会、修改教育法,调整教育系统以适应经济和社会的改变,并支持私人部门和当地政府参与教育管理;制订教育标准和评估体系,保证教育质量;创造更高的教育机会等。

在健康保健方面,泰国政府实施了基本健康关怀和健康教育项目。针对金融危机以来居民家庭收入降低的状况,政府为低收入者扩展健康保险,使其享受广泛的健康服务。此外,改善和提高所有健康服务设施的质量和效率,并积极控制传染性疾病,努力解决一些疾病趋势以及职业和环境带来的失调;加强脆弱人群的健康保护。有效利用有限资源,改善健康管理,促进适当医疗和公众健康技术的使用;对环境进行监测和质量检查;为农村提供可饮用水。

在生活方式的改变方面,泰国认为高消费的生活方式,容易造成资源的过度消耗,这是与可持续发展的原则相违背的。因此,政府采取一些措施,包括对于奢侈品和会对环境有潜在危害的物质征收高额税款;要求生产者、地方政府、家庭和中央政府制订具体的目标,实现提高能源效率、废物减少和再利用再循环;并强调满足穷人的基本需求,保证适当比例的低收入家庭能享受到饮用水和卫生保健等基本要求,这些费用中部分来自于商业和高收入家庭的高额税收。

由此可见,泰国把经融危机看作是一个加速社会改革的机会,社会改革的主要内容是强调发展地方的能力,依靠自我能力解决长期问题;其核心政策就是把行政权利分散到地方社会。

(三) 环境可持续发展战略

在环境管理方面,泰国政府制定了的"国家环保促进法"和"节能法",以此为依据,国家环境委员会和科学技术环境部制定了环境管理计划、环境标准、以及环境监控系统、工厂法规、机动车对策、建筑下水道和节能政策。

对于大气污染的三个主要环境问题,泰国制定了一个逐步取消臭氧层有害物质的国家性纲要,同时鼓励企业积极合作。国家对这些物质的进口采取限制政策,工业企业部(DIW)每年为这些物质下达定额以防 ODSs 进入泰国。1994~1995 年泰国进口的 CFCs 量下降大约 1800 吨,HALON 量减少 60 吨。而且泰国早在 1989 年 7 月 7 日就批准通过了蒙特利尔议定书(Montreal Protocol and its Amendments),1992 年批准了伦敦修订案(The London Amendment(1990)),1995 年批准了哥本哈根修订案(The Copenhagen Amendment(1992))。

在水质管理方面,泰国颁布了水质环境标准和排水处理法规,并禁止在曼谷新建有害排水和产生废弃物的工厂。通过制定标准,将湄南河、达信河、运河的 BOD 保持在 4 毫克/升以下。

对于废弃物的管理,泰国政府制订了有毒物质安全管理法(1992)与环境质量提高法(1992),鼓励市府建设废物管理行动计划,对被宣布为环境保护区或污染控制带的地方必须加强管理。泰国正在改善现成的固体废物管理系统,并且鼓励私人企业参与固体废物的管理,固体废物的管理效率已得到提高。

(四)资源管理和可持续利用的行动

1. 土地资源的综合管理和计划

在以前的发展计划中,泰国就采取了许多的土地管理措施,可持续性地利用和保护土地,减少化肥的使用,并于1988年完成了对土地进行分类调查。现在,针对农业耕地,泰国农业部的土地发展处实施了一些可持续性土地管理的活动,其中包括:

• 利用土壤信息系统确定土地的最佳使用,这个信息系统包括图片和数字系统;

• 在农业区制定土地利用计划和建立土地利用带;

• 在第八个五年国家经济和社会发展计划期间,将对土地、水体保护区和水资源进行可持续发展管理;

• 向乡村委派土地保护志愿者,指导农民如何管理土地。

2. 森林资源的保护

泰国的森林覆盖率从1961年的53.3%(27.4万平方公里)下降到1993年的26%(13.4万平方公里)。为此,从1994年起,皇家森林部实施了3个大型工程,即森林恢复工程、私人森林农场建设和推广快速生长的树种。泰国政府认为,森林保护不仅仅是制定法律和开展绿化工程,还要和偏远地区的经济发展相联系;不仅要改善当地社会的环境质量,还要帮助农民增加收入和提高生活水平。中国应该借鉴这种森林保护的思想和方法。事实上,泰国的经验表明,农民只有寻找到另外一条经济发展的道路和替代能源,才能减轻对森林的压力。

泰国还采取立法和加强执法的手段来保护森林。例如,为了保护红树林,农业合作部宣布禁止损害红树林,为此修改了相关的法律。国家将建立一些红树林保护机关和检查点,实施重新植树计划。

3. 生物多样性保护

泰国的濒危物种中哺乳动物有22种,鸟类达到915种,高级植物也高达382种,所以保护生物多样性的工作还很艰巨。泰国正采取法律手段保护森林和自然资源。为了保护生物多样性,许多大型森林地区被划归为自然保护区,其面积覆盖了大约13.4万平方公里,相当于国土面积的26.19%。此外,泰国成立了生物多样性公约国家委员会,该委员会系属于国家环境委员会下的生物多样性管理团体。但是泰国还没有批准1992年签定的国际《联合国生物多样性保护公约》。

4. 淡水资源的利用、管理和综合开发措施

泰国虽然是一个雨水充沛的国家,但降雨量全年分配不均匀,加之水污染和过度开发,使得泰国面临着水资源短缺的问题。因此,泰国采取了保护淡水资源质量和供应的许多措施。这些措施包括从增加淡水的供应到季节性水资源的利用和分配。具体有如下一些:

• 调查了解既可兴建水库又不损害当地生态环境和居民生活模式的地区;

• 疏通河道和沼泽,增加蓄水能力;

• 在干旱期间,遇到合适天气,采取人工降雨;

• 支持农民建设社区或个人农场水池;

• 绿化水流域,保护生活用水资源;

• 维护和防止污染水资源:控制所有河流和其他水体生长的水草和水藻;禁止垃圾、工业和生活污水排入水体中;

• 优先考虑利用水库等水资源的活动,明确水资源分配比例;

• 建立社会组织,鼓励它们参与本地区的水资源利用管理;

• 教育水使用者,使他们了解水短缺问题的严重性,特别是在干旱地区;

• 开展节约用水和反对浪费的运动;

• 鼓励农民种植短期作物,取代干旱季节的稻米种植。

可看出,水资源保护不仅需要一些具体的措施,更需要从整体和全局方面对水域进行管理,要建立整个水域的管理机构,制订水流域管理的法律法规。

四、可持续发展的国际合作

泰国积极参加许多国际机构的可持续发展活动,特别是积极参与有关环境与发展及和平问题的讨论。泰国现今是联合国各机构的活跃成员之一,很长时间被联合国设为联合国区域办公室的驻地。在区域经济合作方面,泰国是东盟(ASEAN)的创始国之一,为这些组织输送了许多高级官员。泰国长期倡导开放的国际贸易体制,并认为发展中国家应该拥有平等的竞争和发展的机会。

在环境监测系统方面,泰国与联合国开发计划署(UNDP)进行合作。还与世界卫生组织(WHO)一起实施环境健康计划和健康城市项目。

为了促进全球和地区范围的国际合作,作为东盟成员国的泰国提出和参与东盟自由贸易区(AFTA)的建立,加强与东盟内部国家之间在经济、技术、工程、投资、金融等方面的合作,并对东盟内部的一系列环境政策与计划作出响应。

泰国积极参与经济合作的国际论坛。泰国支持亚太经合组织成员国之间的经济和社会合作。在全球范围,泰国也积极加强与欧盟和北美国家的经济合作。在1996年3月,泰国有机会在本国组织了亚欧首脑的第一次会议,即亚欧会议(the Asia-Europe Meeting, AEM)。在这个历史性的会议上,25个国家和欧洲委员会的领导人就许多问题进行了广泛的交流,增进了亚欧之间的联系。这次会议是加强亚洲、欧洲和北美之间紧密联系的重要一步。之后的许多活动进一步增进了各国之间的经济和社会合作,例如1997年的东盟和欧洲的经济和金融部长会议(the Meeting of ASEAN and Europe Economic and Financial Ministers)、亚欧商业论坛(the Asia-Europe Business Forum)和亚欧基金会(the Asia-Europe Foundation)的建立。

第九节 越南

越南全称越南社会主义共和国,地处东南亚的中南半岛,北面和中国云南、广西相邻。国土面积约为33万平方公里,蕴藏有丰富的矿物、能源、森林等自然资源。

越南是一个发展中的国家,并遭受多年内外战争的影响,这些都使得越南面临着许多严峻的环境和社会问题,诸如环境恶化、贫困、疾病、营养不良等。要解决这些环境问题,实现经济和环境的协调发展,越南有必要走可持续发展之路。

目前,越南仍处于经济不发达国家的行列。1986年,越共"六大"提出了"把工作重心转向经济建设,实行改革开放的总方针"。

第三章 发展中国家和经济转轨国家的可持续发展战略

1991年,越共"七大"提出"以经济建设为中心,坚持党的领导,深化改革,全面开放,建设符合越南国情的社会主义总路线",并通过了《2000年经济社会稳定方针策略》。主要目标是摘掉"世界最穷和最不发达国家"的帽子,为21世纪的经济起飞打下基础。从几年来的发展情况来看,越南经济的发展速度年均都在8%以上,此外,越南的成人识字率为88%,高于发展中国家的印度、巴基斯坦、斯里兰卡;更高于其他经济不发达国家。医生人数也多于一些发展中国家和经济不发达国家。

一、可持续发展的总体战略

里约会议后,越南政府加强了国家级的环境管理。1992年,越南政府将原国家科学技术委员会改为科学技术与环境部,这个部门下属一个专门的环境管理办公室,负责管理全国的环境保护工作,并努力使科学与技术的研究开发工作与环境保护的目标相一致。目前,越南已成立了一套上至中央、下至地方各级政府的环境管理体系。

(一) 实施《21世纪议程》的方针政策

以可持续发展的基本观点和里约会议原则为指导,越南政府在实施《21世纪议程》方面制定了一系列方针和政策:

1. 通过对自然资源实施公平管理来满足当代和后代人物质、精神和文化生活的基本需要;
2. 为了确保自然资源的可持续利用,并使社会经济在与自然

和环境相一致的条件下得到发展,越南政府需要制订和实施一整套适合本国国情的政策制度、行为规划以及法律框架;

3. 对国家各部门以及各级地方政府发展规划中的经济、社会和环境目标进行协调,以寻求一种合理的解决方法,协调它们之间的内部关系;

4. 迅速改善国家的国民核算体系,使它能够准确地反映自然资源的实际价值以及环境成本。同时,采取各种适当的刺激手段,使得自然资源和能源得以更有效地利用,并促使良好的环境技术能够得到推广;

5. 对大、中、小城市的中心地区以及与农村建设工程相结合的工业区进行合理规划,维持城市和农村之间的平衡发展。所谓的农村建设工程,其目的是为了使农村经济多样化,改善农村生产、服务和生活的基础设施,限制贫富差距加大;

6. 采取一系列必要的措施保护土地、森林和海洋生态系统以及野生和家养动植物的多样性;

7. 采用合理经济的农业生产方式,控制农药以及各种化学药品的使用,采用合理的灌溉和排水系统,防止土壤退化、水体污染,并确保食物的安全与卫生;

8. 越南政府认为,现行的工业化应尽可能地使工业活动减少对环境的影响,防止对土壤、水体和大气的污染,并采用各种清洁生产技术、废物处理技术以及循环利用等技术来达到上述目的;

9. 由于越南经常遭受台风、洪水和干旱等自然灾害的威胁,因此应把防止并控制自然灾害作为保护人民生命和生产设施安全的一项重要任务来抓;

10. 注重对全社会进行环境保护方面的教育和培训,提高公众的环境意识,并使他们关注与环境保护有关的各种活动。

(二) 行动计划

为了实现可持续发展的目的,越南承诺将努力实施《21世纪议程》。依据《21世纪议程》的有关精神,越南准备实施以下行动计划:

- 工业和城市污染控制计划;
- 生物多样性保护行动计划;
- 改变消费结构,使其有利于国家的环境保护与经济发展;
- 将采取有效措施,加强环境保护教育和培训,提高公众的环境意识;
- 农村地区清洁水供给和环境卫生计划;
- 消除贫困计划;
- 人口的控制计划。

(三) 环境政策

对于越南政府来说,当前的一项紧要任务就是制定有关的法规制度,作为环境保护和环境管理的法律基础。越南在1993年12月27日由国会通过了《环境保护法》,同时还颁布和修订了《土地法》、《森林保护法》和《矿产资源法》等法律法规。

为了确保《环境保护法》的有效实施,越南在过去的三年里颁布了一系列的规章制度,形成了一套由中央到各级地方政府的法律体系,并要求国家的各种政策都必须与《环境保护法》相一致。

为确保《环境保护法》的实施,结合国家环境和可持续发展规划,越南政府计划在1991~2000年将努力完成以下任务:
- 制订2000~2020年环境保护战略;
- 制订2000~2020年的环境保护行动计划;
- 颁布关于生物多样性保护的国家计划;
- 确保越南1995年的环境标准体系得到贯彻执行,并采取适当的措施制订与ISO 9000和ISO 14000相一致的国家标准;
- 制订和实施减少温室气体排放的国家计划;
- 制订和实施《热带森林策略》,尤其要重视森林保护和植树造林;
- 采取有效措施减少贫困,消除饥饿;
- 控制人口年增长率,将其限制在1.7%以下;
- 向国家立法委员会报告当前的环境状况。这些报告内容包括当前环境状况的信息和数据以及他们预期的变化。

二、可持续发展行动和进展

(一) 森林生态系统的保护

在过去半个世纪中,由于战争、过度开垦和火灾的影响,越南的森林面积下降了将近一半。1993年,全国的森林覆盖率仅为26~27%,并且质量有所下降。为此,越南政府制定政策,表示要更好地管理和保护现有的原始森林,恢复和扩展保护林和专用林的面积,并把森林分配给家庭和团体管理,努力把森林的覆盖率提高到40%。

(二) 淡水生态系统的保护

越南水资源丰富,有15条主要河流,流域面积超过3000平方公里,但降水的时空分布极不均匀,全国各地每年都经常有洪水或旱灾等自然灾害发生。

在综合水域管理框架中,越南政府对水资源管理政策进行了详细的阐述,提出了在不同部门和不同省份之间解决水资源纠纷问题的一些措施,并认为在水资源建设工程中应采用环境影响评价制度,在水资源利用方面,应该充分考虑水资源利用的经济效益问题。

环境管理者和政策制定者们的当务之急就是制定合适的水污染标准、控制工业废水排放、配置废水处理设施、控制化学药品的使用以及制定在不同目标下的水质标准等。

(三) 近海和河口生态系统的保护

越南拥有长达3260公里的海岸线、10万公顷的浅水湖和封闭式海湾、29万公顷的浅海区以及100个河口区。越南大约有100多种具有较高经济价值的海洋生物。但是,由于近年来的过度捕捞和毁灭性捕捞工具的使用,海洋生物资源不断减少,海水产品的产量不断下降,并导致了70多种具有较高经济价值的海洋生物处于灭绝的边缘。此外,城市垃圾、工业废弃物以及农业化肥等由河流直接排入海洋,过往船只产生的废弃物以及油船的漏油事件等都造成了海洋环境和海洋生态系统的破坏。

目前,越南政府正采取一系列的国家级政策以解决有关海洋环境和海洋生态系统的问题:

• 防止各种对海洋生态系统造成不利影响的行为,以及制定符合国家政策的各种预防措施;

• 在可持续生产的前提下进行浅海捕捞,尽量避免使用毁灭性的捕捞工具;

• 在未来的几年里鼓励远洋捕捞等。

(四) 生物资源的保护

越南是世界上拥有生物物种较多的国家之一,有着丰富的生物资源,并且拥有大批濒危物种。目前各种生物资源都遭受着不同程度的威胁。动物栖息地的逐步丧失,以及野生动物的非法贸易等是越南生物多样性遭到威胁的主要原因。

为保护自然环境和生物多样性,越南政府采取了许多方法,特别是制定了森林的恢复计划和并建立了保护区。现在,越南的保护区有 87 个,总面积达 116.9 万公顷(相当于森林面积的 5.7%、国土总面积的 3.3%),其中有 58 个国家公园或自然保护区、29 个历史和文化遗迹。

越南在其保护生物多样性的国家计划中,指出今后的主要工作是:

• 制定一套完整的政策体系作为实施《环境保护法》和有关生物多样性保护的法律基础,确保在可持续发展的基础上对生物资源进行长期利用,避免生态系统的恶化和破坏;

• 建设和管理好保护区,并加强珍稀物种保护中心的筹建工作；

- 对社会各界进行环境教育，提高民众的生物多样性保护意识；
- 提高工作人员的技术水平和管理水平、建立起有关生物多样性基础数据的国家网络；
- 进行科学研究以提高技术水平，为生物资源的可持续利用服务；
- 把国家生物多样性保护计划纳入到社会经济的发展规划中；
- 加强生物多样性保护领域的国际和区域合作。

(五) 工业和城市污染的控制

在经济快速发展的同时，越南也面临着一系列的环境问题，例如大气污染、城市废弃物、工业废水、粉尘污染和交通拥挤等。现在的挑战就是如何在可持续发展的前提下处理好工业发展和环境保护之间的矛盾。为了达到这个目的，越南政府一边推进工业化的进程，一边又把减少工业污染作为实施可持续发展战略的一部分并采取了以下行动：

- 加强环境监测、数据收集和分析体系的建立；
- 继续应用经济手段来进行环境管理和环境保护；
- 在区域规划中进行环境影响评价，尤其是在主要的经济三角区的规划中；
- 减少工业污染和废弃物的排放，进行经济效益评价以及采用清洁技术等。

(六) 人口的控制

越南的人口增长率一直很高。1996年越南的人口数量是7600万,居东南亚第二位,在亚太地区42个国家中居第七位。越南政府把控制人口增长作为一项主要的社会经济任务和国家发展策略的一个重要组成部分。在采取一些措施之后,人口增长速率得到减慢。1990年,越南的人口增长率降为2.2%,1996年降为1.9%。越南政府期望到2000年,人口增长率降到1.7%。

(七) 重视环境教育,努力提高公众的环境意识

越南政府认为环境保护是全民族的事情。因此,政府非常重视对全体国民进行环境教育以及提高民众的环境意识,并把它们作为国家的一项主要任务。自从《环境保护法》颁布以来,人们参与环境保护的活动日益广泛。到目前为止,青年团、妇女团体以及其他非政府组织已经举办过上百次有关环境教育的培训及环境保护会议等。政府制作了许多有关环境保护问题的电视节目,为儿童们制作了有关环境保护的宣传画,还举行了多种多样的集体运动,比如环境卫生、植树造林、绿化环境、清洁和美化村庄和家园等。实践表明,上述的种种活动都可以提高当地群众的环境保护意识并积极地参与环境保护的各种活动。

(八) 在环境保护领域积极推进国际合作

越南政府已经意识到,不可能脱离其他国家独立进行环境保护,国家的各种防御和保护措施都与全球的环境相联系。到目前

为止,越南政府已经签署并参与了许多与环境有关的国际协议的制定,如《濒危野生动植物物种国际贸易公约》(CITES)、《臭氧层保护公约》、《生物多样性保护公约》以及《全球气候变化公约》等。在过去几年中,越南政府在实施可持续发展战略方面与许多国际组织有着密切的合作,其中主要包括联合国环境规划署(UNEP)、联合国开发计划署(UNDP)、世界自然基金(WNF)、世界自然保护联盟(IUNC)、世界银行(WB)与亚洲开发银行(ADB)等。越南目前已经是世界自然保护联盟的成员国,并以观察员的身份参加世界可持续发展工商理事会(WBCSD)的活动。

越南希望能获得其他国家的资金援助和高新技术的支持,尤其希望能在有关有毒废弃物的处理、生物资源的利用、全球贸易政策等领域方面进行合作。越南政府认为,发达国家和国际组织应该为发展中国家在可持续发展方面提供资金援助和技术支持,越南政府将借鉴发达国家相关的管理经验,推动本国可持续发展的全面进步。

第四章

国际组织的可持续发展战略

第一节 世界银行

一、简介

世界银行成立于1944年，正值第二次世界大战行将结束，全球经济体系初步形成之时。在其成立后的五十多年中，世界银行以消除全球贫困为最高宗旨，对全球特别是对发展中国家的政治、经济、文化及社会都产生了重大而深远的影响。1992年里约首脑会议之后，世界银行同其他国际组织一道，不仅积极参与世界银行各成员国的国家可持续发展战略的制定和技术支持工作，而且在制订全球可持续发展战略的过程中，也发挥着举足轻重的作用。

世界银行集团(The World Bank Group)包括5个组成部分，分别是重建与开发国际银行(International Bank for Reconstruction and Development,简称 IBRD)、国际发展协会(International Development Association,简称 IDA)、国际金融集团(International Finance Cooperation,简称 IFC)、多边投资担保机构(Multilateral Investment Guarantee Agency,简称 MIGA)、国际投资争议仲裁中心(the International Center for Settlement of Investment Dispute,简称 ICSID)。世界银行共有 180 多个成员国,实行执行董事会领导下的行长负责制,世界银行的各项决策由各国执行董事投票决定,但各国执行董事的投票权有所不同。

二、世界银行支持可持续发展的指导思想

世界银行是全球实施 21 世纪议程的主要金融支持机构,为此,在里约会议之后,为了贯彻可持续发展战略,世界银行对其贷款项目进行了全面调整,这种调整主要根据以下 6 条指导思想。

(一) 重视开发项目的环境可持续性

在里约会议之后,世界银行为提高其成员国的环境管理及保护水平,准备并实施了大量的直接针对环境问题的项目。截止到 1997 年底,世界银行已通过 IBRD 向 70 多个国家的环境项目提供贷款资助,总投资额近 120 亿美元,其中 80 亿美元是在里约会议之后进行的。另外,做为全球环境融资(GEF)的三个执行机构之一,世界银行自 1991 年起还向 50 多个国家的 70 多个环境项目赠款总额达 6.7 亿美元。IBRD 和 IDA 的项目主要针对污染防治、生态保护以及环境管理能力建设;GEF 的项目主要针对生物多样性保护、温室气体减排、跨国水域保护以及取缔氟里昂等破坏臭氧

层的化学物质。

除开发和资助新一代环境项目外,世界银行还着手加强其传统投资项目的环境可持续性。这主要通过两方面实现,一方面是进行投资项目的环境评价(Environmental Assessment,简称 EA),另一方面,根据环境评价的结果,将环境保护与各投资领域以及各成员国国家支持战略(Country Assistance Strategy,简称 CAS)结合成为一个有机整体。世行的传统投资领域主要包括能源与电力、交通、农业以及基础设施建设。自 1992 年起,已有近 107 个项目进行全面的环境评价,总投资近 620 亿美元。

(二) 结合社会文化因素制定可持续发展战略

社会发展的可持续性与环境的可持续性同等重要,因此世行正采取措施制定相应政策,以解决社会资本及人文社会的可持续发展问题。沃尔芬森行长建议社会发展局(Department of Social Development)制定一个行动计划,使得世界银行在工作过程中充分考虑社会因素的影响,并对投资项目进行社会评价(Social Assessment,简称 SA),在国家支持战略(CAS)中也要明确提出对社会的影响。

(三) 加强合作伙伴关系的建设

《21 世纪议程》要求全社会各个方面都积极参与到可持续发展的进程中。如何建立有效的合作伙伴关系,对解决人类所面对的全球问题至关重要。为此,世界银行积极同其他组织建立了合作伙伴关系。这些组织包括美洲开发银行(Inter-American Development Bank)、亚洲开发银行(Asian Development Bank)、非洲开发银行(African Development Bank)、欧洲重建与开发银行(European Bank for Reconstruction and Development Bank)以及欧洲投资银行(European Investment Bank)等金融组织以及联合国可持续发展委员会(UNCSD)、联合国开发计划署(UNDP)等联合国相关机构。世界银行的合作伙伴关系还包括一些非政府组织，如世界保护联盟(IUCN)、地球理事会(EC)以及世界野生动物基金会(WWF)。世界银行也同一些私人机构如世界可持续发展工商理事会(WBCSD)建立了合作伙伴关系。这种合作伙伴关系使世界银行可以取长补短充分发挥自身和合作伙伴的优势，有效解决全球可持续发展问题。

（四）建立高效地知识共享机制

环境可持续发展的知识日新月异，但一些新方法尚不成熟，学习交流一些成功的经验可以非常有效地避免重复的错误。可是世界银行目前还没有建立起一个有效的可持续发展知识创新和分享的机构，一些有关可持续发展的研究报告与实际情况不太一致。为此，在今后几年中世界银行计划要投资开发一套知识信息管理体制，使所有人能够通过信息高速公路共享可持续发展的知识和经验。

（五）利用新的指标来衡量可持续发展的进展

目前主要靠经验支撑的可持续发展决策机构工作力度薄弱，难尽人意，因此，评价环境质量好坏以及衡量政策与其他管理措施效果的指标对正确决策至关重要。但目前却缺乏这样的指标,以更好地衡量可持续发展的进展。

1. 环境质量衡量指标。在过去的几年中,世界银行同其他国际组织一道,在制定衡量局部和全球环境问题相关政策的指标体系方面,无论在概念上还是在经验上都取得了很大进展。在世界银行的一篇题为《扩展财富的衡量:环境可持续发展的指标体系》中,对土地质量、再生资源与"真实"储备的指标以及新的政策指标体系做了重点阐述,并且分析了贫困与环境的关系,其中一个重要的创新就是将人力资源资本包含在真实储蓄之中。

2. 与环境相关的政策效果评价指标。这个指标体系的目的便是对发展中国家的政策改革及环境保护活动的效果进行评价。例如:取消能源补贴对经济发展与改善环境都有益处,是一个环境保护与经济效益双赢的最典型的例子。世界银行在《里约后五年——环境政策的创新》报告中,便对里约会议之后的一系列环境政策进行效果评价,并对取得的经验教训作出总结。

3. 贫困标准的评价指标体系。有关贫困标准的评价指标体系包括家庭收入,支出及日摄取热量值等指标。这一指标体系使人们认识到贫困在很大程度上取决于贫困人口对贫困的看法。对贫困人口,特别是贫困妇女来讲,贫困不仅仅意味着收入减少,更意味着信贷服务的缺乏以及经济发展与外界社会相隔离。里约会议以来,世界银行已资助72个国家对贫困进行评估,使之成为世界银行制定扶贫项目的标准。

(六) 增强可持续发展资金的融资力度

《21世纪议程》明确指出实现可持续发展需要进一步的资金支持,世界银行做为世界上最大的国际金融机构,在可持续发展的资金支持方面发挥着重要而独特的作用,这些作用体现在以下三个方面。

1. 提高融资水平

在里约会议举行之时,很多讨论都是围绕着新的开发援助项目的资金需求进行,几乎所有的工业化国家都重申要将其资金援助份额提高到其国民生产总值的 0.7%。但实际情况却是:投资捐赠国的投资占其国民生产总值的份额下降到 0.27%,是 45 年来的最低水平。由于外国投资对消除欠发达国家贫困以及保护生态环境十分重要,因此这一趋势需要立即扭转。

IDA 是世界银行向欠发达国家提供无息贷款的主要部门,因为这些国家根本负担不起世界银行正常的贷款利息,对于这些国家来讲,IDA 投资的 1/11 和 1/12 将分别用在其 1996 至 1998 年财政年度和 1999 至 2001 年财政年度的支出上。1999 年全球环境融资(GEF)也拿出 20 亿美元用以解决全球面对的气候变化、生物多样性、臭氧层消失以及跨国流域问题。为提高全球环境融资的投资效率,世界银行对自身执行的全球环境融资项目进行评估。这一评估使得世界银行在制定计划、提高效率以及将全球环境问题纳入到常规贷款等方面取得很大的进展。

一些可能促进经济可持续发展的私人投资也比较重要。自1992 年起,对发展中国家的私人投资增加了两倍,1996 年达到了

2300亿美元。但是值得注意的是私人投资的地区分布非常不平衡,仅12个发展中国家就占去这些私人投资的3/4。过去的几年中,整个非洲地区除南非以外,所得到的私人投资仅占全球私人投资的1%。

发展中国家的自我投资也非常重要。吸引外资的优惠政策在发展中国家带来了储蓄率的提高,虽然这一情况也因国家和地区而异。在东亚,储蓄率已上升到占国民生产总值的38%,相对而言,南亚只占到20%,拉丁美洲为19%,非洲为16%。

取消价格补贴也是一个增加资金来源的重要渠道。它可以增强资金的流动性,同时又可以改善环境质量。最典型的例子是能源补贴,里约会议后,世界银行估计在发展中国家及经济转型国家能源补贴已从2000亿美元减少到一半的水平,取消能源补贴使得政府更有能力进行投资,同时由于能源效率的提高使得能源污染程度显著下降。

2. 改变融资形式

世行认为:仅仅提高投资水平还是不够的,还要改变融资形式,特别是对私人投资方向进行引导。由于私人投资对可持续发展具有正反两方面的影响,必须加以政策引导使其促进可持续发展。每年全球私人投资达40000亿美元,其中发展中国家约占15000亿美元,在全球范围内私人投资是政府投资的6倍。为了使私人投资促进而不是破坏全球的可持续发展,世界银行正努力促使私人投资变"绿",向许多发展中国家提供技术援助,以改变其环境政策。一些私人投资者也已经认识到提高环境标准对商业及生态保护都有益处,但是在个别情况下,由于认识上的缺陷、市场机制不完善,私人投资对环境保护的责任有所消弱。在这种情况下,非常有必要对政府提供相关技术支持以帮助他们减少环境风险并形成可持续的私人投资机制。例如,世界银行通过国际融资集团(IFC),同全球环境融资(GEF)一道,筹集建立有关生物多样性和可再生能源的私人企业基金,这一机制使得1美元的政府投资可产生出大约20美元的私人环境投资。

此外,使私人企业自身制定更严格的环境标准以引导其投资方向也非常重要。这一举措既可以回应本国股东和公众舆论的压力,又可以使企业认识到提高环境标准对获得长期效益的重要性。目前,世界银行与一些私人企业一道为实现此目标而努力。

3. 提高资金利用效率

实现可持续发展需要大量的资金投入,但是提高资金利用效率也很重要。西方国家通过"命令加控制"推广使用环保新技术,在较少资金投入的情况下改善了环境。对于现在的发展中国家,已不必要付出比工业化国家更大的投入来改善环境质量。越来越多的国家,如中国、捷克、墨西哥等,通过效益成本分析而制定的环境投资政策和计划,效果良好,世界银行对这些国家也提供了有效的资金支持。

减少环境改善费用的一个重要内容就是降低企业、家庭及农户等私人行业对环境的破坏,这可以通过市场驱动机制来实现。此机制包括许多方面,如收取排污费、对回收资金进行补偿、发行破坏性债券、实施可贸易交换的许可证制度等等。这些举措在全球范围收到了巨大效益。以气候变化为例,一些专家预测,工业化国家每年需投资2500亿美元来减排温室气体,但是如果他们能同发展中国家进行减排谈判联合履约,其费用将降至 800 亿美元,节余的 1700 亿美元可为工业化国家与发展中国家共享,但这一设想目前在全球还很难达成共识。

三、面临的主要问题

世界银行认为全球面对的挑战主要有以下五个方面:
- 脱贫减困;
- 增加粮食产量;
- 实现能源与环境的协调发展;
- 保护生物多样性及自然生态环境;
- 解决社会资本与社会可持续发展问题。

为了应对这些挑战,使全球实现可持续发展,世界银行必须认真确定其发展目标和方向。世界银行将优先解决以下主要问题:

(一)长远目标问题

由于现存的经济、社会、政治行为通常是短期行为,人们很难进行长远目标规划。例如政府机构通常三到五年就更换一次,决策者很难对国家的可持续发展做长远打算,即使是世界银行的国家支持战略(CAS)也是以两至三年为周期。因此世行认为需要建立一些可以考虑长远目标的机制,通过刺激市场机制以及采用一些非传统经济手段,鼓励各国政府考虑可持续发展的长远性。

（二）决策的开放度与透明度

可持续发展的概念决定了它不应只是单个政府的垄断行为，而需要国家间相互开放，加强交流，同时还要提高决策的透明度以及公众参与度，并鼓励公开辩论。世界银行正在尽最大努力提高可持续发展决策的开放度和透明度。

（三）合作伙伴关系问题

世界银行认为在公共产业和私人产业之间，政府与非政府组织及公众之间建立合作伙伴关系是非常必要的。因此世行为促成这些伙伴关系而不懈努力，以减少企业兼并和私有化过程中的环境代价，同时又鼓励企业对环境与社会承担责任。

（四）可持续发展的相关教育和意识培养

在加强可持续发展知识的相关教育与意识培养，使人们认识到可持续发展与人类发展息息相关方面，世界银行认为自己还有许多工作要做，因此希望各国政府和各个媒体能积极参与并大力协助。同时，世界银行认为，不仅要使各成员国和供款国认识到可持续发展教育和意识的重要性，也要使自己的工作人员认识到这一点。

（五）科学技术问题

世行认为，科学技术的发展在过去一个世纪中对人类生活产生了重大影响，绿色革命在过去二三十年内使农业生产方式发生了根本性的变化,农业要实现可持续发展,对科技发展的依赖性将越来越大。深度耕种技术和生物基因工程是实现农业可持续发展的核心技术,世界银行对此类技术的发展重视还很不够。因而世界银行需要制定相关的科学技术政策,以科技手段改变发展中国家的经济增长模式,增加对科研开发机制和教育的投入力度。

(六)投资分析问题

世界银行认为应当建立一套新的项目投资分析机制,使其充分考虑到可持续发展问题,如社会影响评价、科技影响评价等,并且对一些所谓的"双赢"政策重新评价,不仅要使经济发展与环境保护双赢,还要认识到谁是双赢的赢家,什么时候赢的,谁是今天的赢家,谁是明天的赢家。

(七)自然资源管理问题

最近统计资料表明世界自然资源依旧呈下降趋势,在过去的几十年中,人类损失了一半的热带雨林,水资源虽未变得稀少,但也越来越贵,将很快对人类发展构成危胁。一些国家生产水的成本比生产石油还高,生物种类也以惊人的速度快速消失。人们对生物多样性损失和整个地球生态系统脆弱性的认识还远远不够,渔业发展问题也未给予足够的重视。世界银行认为必须重视自然资源管理问题,目前首先要采取行动制定一个公开透明的森林政策。

(八) 跨国界可持续发展问题

对于全球环境问题的跨国界合作与开发非常频繁,联合履约减排二氧化碳也势在必行。世界银行认为,天然气、电力及水资源的跨国开发对经济与环境均有正面促进作用,这些合作开发将使得一些资源环境问题的国与国界限越来越模糊。此外,过去所谓对"绿色"和"棕色"问题的区分并不准确,实际上他们是相互关联的,并非能严格区分的。

(九) 经济发展的重点行业问题

世界银行认为必须对内部各个行业确立具有可行性的可持续发展战略,明确可持续发展对各个行业到底意味着什么,明确我们今天做些什么。为此,世界银行将选择能源、城市发展和基础设施做为试点,编制各行业的可持续发展战略,明确气候变化、森林资源、土壤和水资源的相互关系及其对生物多样性的影响。

(十) 社会组织结构问题

了解社会结构、社会团体组织、文化价值观和文化遗产对可持续发展的影响是至关重要的。世界银行认为加深理解社会结构、社会组织团体对可持续发展的作用非常必要。为此,世行成立了一个新部门,专门处理社会资本和社会政策问题,其中专门设立有处理非政府组织问题、冲突后社会问题、文化遗产问题、土著居民等问题的机构。

世界银行所面对的问题远远不止以上所提到的。即使解决上述的有限几个问题,也需要世界银行付出巨大的努力,因此实施可持续发展战略依然任重而道远。

四、世界银行的主要支持战略

(一)国家支持战略

世界银行努力将有关环境、社会和农业的可持续发展问题贯彻到各成员国国家发展战略之中。同时,世行编写了"社会发展与国家支持战略"的相关网页,以供浏览。这些网页包括国家支持战略的十大特性,社会发展与国家支持战略等报告的主要内容等。

(二)行业战略

为在各主要行业实施可持续发展战略,世行对能源产业、全球环境发展、人口发展、城市发展、交通发展、农业发展等方面编写了可持续发展战略报告,分别反映在世行《燃料的设想:能源行业的新环境策略》、《全球公约》、《人口与发展:对世界银行意味什么》、《21世纪适宜居住的城市》、《可持续的交通:行业改革政策的优先领域》、《农业发展:从认识到行动》等报告中。

(三)区域与国家战略

除行业可持续发展战略以外,世界银行对非洲地区、东亚及太平洋地区、欧洲与中亚地区、拉丁美洲及加勒比地区、中东与北非地区和南亚地区制定了区域与国家战略。

(四) 其他战略

此外,世界银行还针对一些核心问题制定了相关的可持续发展战略。其中包括为保护生物多样性制定的《世界银行对履行生物多样性国际公约的支持战略》;为应对气候变化而编制的《全球相关性》报告;在社会发展方面,组织人员编写了《更全面有效的发展》报告。

五、在可持续发展主要领域的实施和进展

近年来,世行的活动涉及了可持续发展的各个领域,都取得了一些进展,但同时也获得了一些经验教训,总结如下表 4—1。

表 4—1 世界银行可持续发展战略的实施和进展

领域	进展	经验教训	未来挑战
脱贫解困	• 投资 140 亿美元用于经济改革,100 亿美元用于教育,60 亿美元用于城市发展,50 亿美元用于供水卫生; • 增加信贷和土地使用权限; • 提高贫困人员的生产效率; • 创建市场机制; • 取消歧视政策; • 加强儿童早期教育与基础教育、女童教育; • 建立社会保障体制;	• 经济增长对脱贫至关重要; • 针对不同国家需要进行不同的贫困评价,使脱贫措施更加有效; • 要将脱贫与世界银行国家支持战略,贫困评价、贷款计划以及政府计划结合起来; • 加强扶贫项目的监督管理; • 调动各方面的积极性;	• 没有一个发展中国家最终消除所有贫困人口; • 对贫困原因的研究还很不深入; • 将扶贫与世行的国家支持战略、贫困评价、社会评价更有效的结合起来;

人口	• 每年投资 23 亿美元用于健康、营养与人口项目； • 出版《人口与发展：世行的作用》； • 制定区域人口发展战略； • 制定国家人口发展战略，出版了一系列政策研究报告；	• 一些国家虽然实施了计划生育政策，但人口绝对数仍持续增加； • 人口与可持续发展的关系非常复杂；	• 需对人口战略做长远规划； • 实现人口控制与人权问题的协调； • 最大限度调动人力物力解决人口增长与可持续发展的矛盾；
健康卫生	• 出版关于健康的半年刊杂志以及 1993 年《世界银行发展报告：健康投资》； • 进行国家之间与行业之间的协调对话，对智利、中国、印度、约旦、吉尔吉斯斯坦等国家的财政、公共卫生部门、健康教育部门进行技术援助并提供人员培训； • 1996 年在南非举办 10 个南部非洲国家参与的区域健康政策制定研讨会，1997 年举办医疗改革与财政课程培训班； • 与世界卫生组织合作举办了 1997 年医疗财政国际会议；	• 医疗卫生的发展很不平衡； • 进一步加深了对一些全球性传染病的认识，并制定相关对策； • 调动了各方面特别是一些非政府组织的积极性；	• 关注贫困人口的脱贫和健康； • 有效协调人、财、物，改善医疗财政状况； • 加强对医疗改革政策及其他行业改革政策的支持力度；
住房	• 开发出一系列有关人居工程及其相关服务的高效、长期的财政政策，包括在一些金融机制比较健全的国家开发分期付款和住房信贷制度； • 加强与一些人居工程有关的部门联系，如 UNCH, UNHCR, UNICEF, UNAID, EU 等； • 增加战后、灾后贫困人口的人居工程建设投资，如印度、土耳其和巴西； • 保护人居工程文化遗产；	• 鼓励建立和改革各国政府的土地、住房使用市场机制； • 加强能力建设，消除市场扭曲，提高物业管理水平； • 基础设施建设对住房发展至关重要； • 鼓励私人投资住房建设； • 加强土地开发的评价力度；	• 公共与私人行业对住房建设的责任分担； • 设计有偿付能力但具有透明性的住房补贴计划，并降低对金融系统的冲击； • 注重政府的作用；

全球大气环境保护	第一部分：臭氧层保护 • 蒙特利尔协议：世行批准对460个项目投资2.1亿美元，每年可减排7800吨消耗臭氧层物质(ODS)； • 全球环境融资(GEF)：世行通过GEF对一些经济转型国家投资0.85亿美元，用于取缔ODS； • 建立相应市场机制； 第二部分：气候变化 • 改善能源消费结构，提高能效，减少温室气体排放； • GEF投资2.2亿美元用于可再生能源项目，投资0.92亿美元用于提高能效项目； • 鼓励共同执行活动(AIJ)；	• 改变发展中国家大气污染防治的优先次序； • 加强私人投资的参与；	• 双赢政策的具体落实； • 对替代物的投资与政策分析研究；
土地资源	• 印度湿地平原保护项目； • 马里自然资源管理项目； • 中国黄土高原水土保护项目；	• 各方积极参与土地使用决策，将提高土地使用效率； • 资源保护管理必须深入基层单位； • 土地所有制形式对土地利用可发挥积极作用；	• 理顺影响土地可持续利用的相关因素； • 建立土地利用信息系统； • 城乡结合综合利用城市有机废物；
森林资源	• 出版《森林行业：世界银行的政策研究报告》； • 投资31亿美元用于60多个森林资源保护项目； • 自1992年起通过GEF又向土地项目投资17亿美元； • 1994年，重新规划森林投资项目；	• 世行虽然对森林减少的因素认识逐加深，但制止森林减少的措施收效甚微； • 缺乏可持续利用森林资源的动力； • 建立自然保护区是实现森林资源可持续利用的有效手段；	• 将森林保护列入优先项目； • 调动各方面特别是非政府组织和私人企业的积极性，保护森林资源； • 世行要有一个适应森林保护政策变化的机制； • 森林保护要充分顾及政府及其他相关部门的作用； • 世行应加强对森林保护项目的干预；

沙漠化与干旱	• 1996年12月建立旱地资源保护机制; • 1990到1995年,世行共投资于108个项目以改善一些旱地的自然资源管理,总投资约68亿美元; • 目前世行有57个投资项目针对沙漠化,投资金额达13亿美元。	经验: • 重视扶贫工作,实现经济效益与环境保护的结合; • 与受益者利益共享; • 将自然资源与环境的规划与管理统一到国家行动计划中。教训: • 不能定量投资效益; • 缺乏对旱地项目投资管理的经验;	• 协调旱地管理同健康、教育、发展之间的关系; • 认识"雨季"及"旱季"对旱地管理的影响; • 区分受益者与受害者;
农业	• 制定农业可持续发展行业政策; • 投资摩洛哥、赞比亚的农业项目; • 小型农业信贷项目; • 土地政策与土地改革;	• 支持农户的基层组织; • 加强公共参与; • 调动政府以外的积极因素;	• 解决全球温饱问题; • 农业科技与信息交流; • 农业信息技术; • 调动积极性; • 促进公众参与;
生物多样性	• 加大保护投资力度:在56个国家的101个项目投资9.56亿美元进行生物多样性保护; • 注意环境投资项目中对生物多样性的保护; • 在主要行业投资项目中加入生物多样性保护内容; • 建立生物多样性保护合作伙伴关系;	• 调动基层群众的积极性; • 注意项目的监督与管理; • 消除保护机构的不稳定因素; • 建立定量评估指标体系;	• 突破传统投资项目对生物多样性保护的限制; • 在社会与经验框架下保护生物多样性; • 加强合作伙伴关系;
生物技术	• 进行知识评价; • 加强能力建设; • 进行农业科技研究; • 建立合作伙伴关系; • 进行全球环境问题研究; • 进行政策改革; • 加强农作物基因保护;	• 生物技术的发展很少考虑在发展中国家的应用推广; • 要注重知识产权问题; • 生物技术开发需要对基础科研项目进行大量投资;	• 进一步建立知识管理体制; • 缩小工业化国家与发展中国家在生物技术上的差距;

海洋及沿海地区	·加强海洋管理能力建设; ·投资3.2亿美元,用于沿海区域的资源保护; ·建立合作伙伴关系;	·统筹规划; ·政府支持; ·资金支持; ·基层群众的支持; ·公众意识; ·合作伙伴关系;	·将沿海资源保护项目同其他投资项目结合起来; ·建立项目评价指标体系;
水资源	·建立综合框架结构; ·制定整体保护战略; ·鼓励私人投资供水项目; ·使灌溉受益者参与决策;	·世行内部各部门的协调; ·水资源管理机构的不健全;	·中东及北非地区的水资源危机; ·10亿人口无安全饮用水; ·17亿人无卫生设备; ·用水效率低下;
有毒有害废物	·实现清洁生产并实行ISO14000管理标准; ·取缔含铅汽油; ·跨国界有害废物处理;	·政策与资金扶持至关重要; ·世行在此领域作用有限;	·公众意识教育; ·合作伙伴关系;
固体废物与城市污水	·准备新一代固体废弃物与城市污水处理项目,并综合考虑空间、技术、财政、机构等因素; ·政策框架; ·综合利用公共与私人管理提高投资效率;	·重视"软"贷款项目,如培训项目; ·合作伙伴关系;	·项目的可重复性和可持续性; ·公众参与、提高项目的透明度; ·根据需要确定可行的处理方案; ·能力建设;
妇女问题	·直接投资与妇女问题研究; ·加强妇女问题研究与分析; ·建立合作伙伴关系;	·政策框架的建立至关重要; ·性别问题是跨行业的问题; ·缺乏数据指标;	·政府缺乏重视; ·妇女投资项目也要做成本效益分析; ·大型基础设施及能源项目建设对性别问题的影响; ·加强合作伙伴关系;

儿童与青年问题	・加强早期儿童教育； ・注重艾滋病的防护； ・加强女童教育；	・要注重项目评价与监督； ・儿童普及教育与贫困问题的矛盾突出； ・合作伙伴关系很重要；	・信息交流； ・农村的儿童教育； ・合作伙伴关系的建立；
土著居民	・制订世界银行工作指导准则，保护土著居民利益； ・贷款项目充分考虑土著居民；	・项目准备阶段就要考虑土著居民问题； ・提高项目社会评价水平；	・拉美地区与加勒比地区投资项目的土著居民问题； ・经济全球化与大型基建项目对土著居民的冲击；
非政府组织	・参与世行投资项目的非政府组织(NGOs)逐年增加； ・建立与NGOs的合作伙伴关系； ・项目咨询重视NGOs的意见； ・通过GEF，扶持NGOs；	・改变一些国家对NGOs的政策； ・世行信息公开制度有利于NGOs的发展；	・加强当地NGOs的建设； ・协调政府与NGOs的利益关系；
公众参与与能力建设	・能力建设和公众参与已成世行投资项目重要组成部分； ・项目环境评价报告要包括公众参与能力建设内容； ・能力建设是世行研究院的主要任务； ・建立世界发展链接进行远程教育； ・与GLOBE，NOAA，NASA，NSF密切合作；	・提高参与及教育质量； ・制订100多个国家环境保护的国家战略及行动计划，提高了公众意识； ・加强信息交流；	・充分利用环境评价的作用；

第二节 亚洲开发银行

一、简介

亚洲开发银行（以下简称亚行）成立于1966年12月，最初由47个成员国组成，其中32个成员国来自亚洲和太平洋地区，另15个成员国则来自欧洲和北美洲。随着90年代前苏联的解体，位于中亚的哈萨克斯坦、吉尔吉斯斯坦和乌兹别克斯坦也成为亚行的新成员。亚行总部设在菲律宾首都马尼拉。

亚行的宗旨是促进亚洲和太平洋地区的发展中国家社会和经济的进步。经过20多年的运行和发展，亚行已经成为促进亚太地区发展的重要力量。人口众多的亚太地区已成为当今世界上发展最快的区域，亚行在其中的作用不可低估。

在促进区域发展方面，亚行的作用主要为：

• 为发展中成员国的社会和经济进步提供贷款和均衡投资；

• 为开发项目的设计、程序制定及相关的咨询服务的准备和实施提供技术援助；

• 在区域内的发展项目上，促进公共和私有资金的投入；

• 对成员国在开发政策与贷款之间的协调方面提出的请求做出答复。

此外，亚行也对小的或欠发达国家的需要给予特别关注，对区域、局部区域或国家中的能够促进整个亚太地区发展的项目予以优先考虑。

亚行资金来源包括:(1)普通资金:包括成员国缴费、通过借款筹集的储备和基金;(2)特别基金:包括成员国提供的资金和应缴费以外的部分。在亚行的资金构成上,美国和日本各拥有16%的资金比例。历任亚行的董事长均由日本代表出任。

亚行贷款主要有两种:(1)普通贷款(普通基金),在亚行贷款中约占68%,这部分款项主要贷给有一定经济发展水平的成员国;(2)亚洲发展基金贷款(特别基金),这部分款项则以非常宽松的条件贷给区域内最贫困的借款国。中国已不再满足申请这一种贷款的条件。

亚行的运作涵盖整个经济发展领域,并对农业和农村发展、能源、社会和基础设施等方面予以特别的关注。除大多数的亚行资金是用于支持特定计划以外,亚行也对项目、行业和多用途计划提供贷款。

二、可持续发展战略

(一) 环境政策

在70年代后期,与其他大多数多边和双边组织机构一样,亚行开始接受一个观念:即经济发展时常会对自然环境产生不利影响,并认识到亚行有责任通过对环境和自然资源的规划和管理以减缓这种不利影响。

亚行对环境和自然资源的关注体现在1978年出版的《环境保

护与亚行资助的发展项目》报告中。这份报告描述和总结了亚行发展中成员国（Developing Member Countries, DMCs）环境问题的性质,讨论了国家与国际社会在缓解这些环境问题时所作的努力,并得出结论:亚行应该对缓解环境问题的方法和步骤进行系统化,并将对环境的考虑贯彻到发展项目周期的每一个阶段。

1979年12月,亚行董事会发表了一份《银行运行中的环境考虑》的报告。报告对如何使用系统化的方法将环境因素纳入银行的运行过程提出了针对性的建议,并指出有必要雇用环境专家来协助银行项目官员决定以何种合适的方式提出对环境问题的考虑。这份董事会报告也强调指出:银行对环境的考虑和措施不应仅局限于环境项目,所有的亚行发展项目都应该包括环境保护,部分或提供环境法规方面的保障,以确实做到发展项目能够避免对自然环境造成危害或将这种危害减少到最低程度。在优先安排发展中成员国发展项目方面,报告指出:尽管发展中成员国的环境意识正在不断提高,但是这种改变并没有反映在这些国家发展项目的优先安排上。由于银行在环境方面的工作常常受发展中成员国项目优先安排上的限制以及来自成员国政府方面的压力,报告建议银行应该通过一些特殊的项目去逐渐影响和改变发展中成员国的环境观念,以更好地发挥银行的作用。报告最后也指出了国际合作及国际经验交流的重要性。

1980年初,亚行董事长代表亚洲开发银行签署了《经济发展中的环境政策和程序宣言》。国际上主要的金融组织如世界银行、非洲开发银行、加勒比开发银行、阿拉伯非洲经济发展银行以及泛美开发银行等,还有欧盟（当时为欧共体）、美洲国家组织、联合国开发计划署等国际组织均先后签署了这个宣言。宣言的签署意味着亚行在促进经济发展的同时也承担了保护环境的义务和责任。为此，亚行提出其管理运行的指导方针：

• 建立规范的步骤来系统地检查银行的所有开发活动，包括制定方针、确定程序和实施项目等，以确保有适当的措施将对环境的不利影响控制在最低程度；

• 与成员国政府和其他机构合作，确保将有关环境措施融于经济发展活动的设计和实施；

• 对专为保护、恢复、管理或改善人类环境和生活质量方面的项目建议书予以关注；

• 倡导合作开展对改进项目评估方法的研究，编写有关的文件材料，为经济发展中的环境保护工作提供指南。

1986年1月，亚行董事会讨论通过了题为《银行环境政策和程序回顾》的工作报告。报告指出，促进亚行发展中成员国加强环境问题考虑的最理想的方法是，增强从事环境计划和管理研究机构的力量，并结合专门部门加强对环境保护法规实施的监督。报告同时建议，亚行应以技术援助的方式帮助成员国建立或完善环境立法工作，颁布环境保护条例和环境质量标准，建立环境监测体系，完善环境保护条例的实施程序。报告还提出了增强发展中成员国可持续发展和环境保护意识的对策，如在发展中成员国定期举办有关重要环境问题的研讨会，与发展中成员国相关的政府部门和立法机构保持定期的接触等。

亚行要求环境专家对银行的项目进行审查，以确认项目是否存在对环境的不利影响。如发现有可能造成不利影响，则要求环境专家提出相应的缓解方案和措施。

作为环境政策的一部分,亚行对所有银行职员开展了环境教育和培训。这种教育和培训的主要形式有:环境专家和各相关部门的职员就具体项目进行接触和讨论,银行内部的环境研讨会以及实例研究等。银行职员通过各种形式的培训,对银行开发项目中环境计划和管理的重要性、项目周期中各阶段的环境考虑、生态系统特征与开发活动的影响、自然资源容量与发展前景之间的关系、发展中成员国的环境政策及实践,环境质量标准、环境经济分析、环境影响分类以及环境保护对策等内容有了充分的了解。这些教育和培训为提高银行在环境保护方面的整体水平提供了基本保障。

自从1980年亚行的环境方针形成以来,亚行的环境计划和管理已经从探索阶段发展到建立起一整套框架结构体系,使对环境的考虑整合到社会经济发展的所有目标和政策中。亚行认为,随着环境和自然资源对社会经济发展的重要性的不断提高,对环境和资源保护的注意力应该放在一些长期的目标上,如制定长期环境和资源利用政策、强化和实施环境法规和标准、协调多领域的目标、在部分项目中进一步增加非政府机构的参与程度和信息管理系统的使用等。

1987年4月,亚行设立了由3名环境专家组成的环境科(Environmental Unit)。1990年,环境科升格成为环境办公室(Office of Environment)。环境办公室的职责为:协助银行内部其他部门准备针对成员国状况的国家贷款实施方针和实施项目书,帮助项目官员确定项目分类及其对环境的影响,参与项目运行周期的各阶段管理,以确保必要的环境保护措施得以实施并有效地避免或减少项目可能带来的不利环境影响。

(二) 社会政策

开发项目对社会的影响评价和对策是亚行可持续发展政策的另一个重要组成部分。近年来,亚行认识到尽管区域内的一些国家已取得相对高速而持续的经济增长,但是许多发展中成员国仍然存在贫困现象。从数量上讲,约50%的世界贫困人口生活在亚洲。因此,贫困是导致本地区环境恶化的主要原因之一。而全体公众的广泛参与是保持和加快本区域经济中长期发展的基础。为此,亚行将其开发项目的社会影响方面的政策集中在以下四个方面:

- 减少贫困;
- 加强妇女在发展中的作用;
- 促进人力资源的改善;
- 保护易受影响人群,避免和减少开发项目对他们的不利影响。

自1985年以来,为加强开发项目的社会影响评价工作,亚行制定和颁布了一系列的政策和指导性文件,如:妇女在发展中的作用的政策,与非政府机构合作的政策,减少贫困特别工作组建议书,人力资源发展报告,开发项目的社会分析指南,效益监测和评价手册等。为有效开展社会影响评价工作,亚行还专门设立了社会科(Social Dimension Unit),负责银行运行过程中尤其是项目周期管理中的有关社会问题。

三、开发项目中的环境对策与措施

（一）开发项目的分类

亚行按照对环境影响的程度，将开发项目分为 A、B、C、D 四类。

A 类项目：几乎没有明显的不利环境影响的项目。如教育项目，人口与健康项目，信用机构及制度项目，资本市场项目和康复项目等。

B 类项目：存在明显的环境不利影响，但缓解措施已得到充分论证的项目。如农作物密植，农用化学品的引用，家畜养殖，渔场养殖和渔业设施，能源规划，小型灌溉系统，供水与卫生，住宅开发，现有道路的修复与改进，通讯，小型工厂与工业用地，地下采矿，输电线路，小型水电规划和工业发展财经制度等项目。环境专家对这类项目的意见依项目本身的性质而定。在大多数情况下，环境专家会检查项目中环境缓解措施的技术特征和指标。贷款文件中相应的条款将提供一种保障以避免或限制项目实施中的不利环境影响。环境专家使用项目文件、清单或其他合适的分析技术为银行项目官员提供参考意见。

C 类项目：存在明显的不利环境影响并需要详尽的环境评价的项目。包括大型灌溉和水资源管理，流域开发，抽水工程，城市和农村发展用地开发，大规模使用农药的农业和卫生项目，病媒昆虫的天敌群落的人工迁移项目，新道路建设特别是穿过森林或其他环境敏感地区的项目,新机场建设,大型港口和码头建设,大型供水项目,卫生填埋场项目,中大型发电和工厂建设项目,大型贮水项目,露天采矿项目等。在这些项目的规划、设计和实施阶段,环境专家和银行项目官员将密切合作以将开发项目对环境的不利影响降低到最低程度。

D类项目:环境保护项目。如森林保护项目(造林和森林恢复,流域规划和管理,林地发展和社区绿化),水土管理项目(荒芜土地的重新利用,土壤流失和泥沙淤积,牧区和农田的环境管理),环境质量控制和减少排污项目(空气和水质量规划和管理,工业污染控制),自然资源和农业系统管理项目,海岸地区环境管理,渔业和水产养殖管理,虫害综合管理,野生动植物管理及自然保护区和国家公园建设,环境卫生及疾病控制(工作环境的控制,病媒体的生物和综合防治项目如疟疾的蚊虫控制),环境保护的综合项目(自然资源存量研究,自然资源立法,环境质量监测,环境法规的实施与改进,环境影响评价和土地利用规划,环境科学和技术研究,环境教育和培训)等。在这些项目的规划、设计和实施阶段,环境专家将充分发挥作用。

(二) 开发项目各周期中的环境对策与措施

在银行开发项目周期的每一阶段均考虑环境和资源保护问题,这是亚行环境政策的重要组成部分。亚行开发项目有6个连续的阶段:

- 项目挑选阶段 (Project Identification)
- 项目描述和准备阶段 (Fact-Finding/Preparation)

- 预评估和评估阶段（Pre-Appraisal/Appraisal）
- 谈判阶段（Negotiation）
- 实施和监督阶段（Implementation and Supervision）
- 完成和评价阶段（Completion and Evaluation）

亚行开发项目运行周期的各阶段都有不同的环境要求和工作内容：

1. 项目挑选阶段

所有开发项目的立项由亚行和成员国共同确定，银行依据其标准判断项目的可行性，而借款国则主要考虑项目的技术可能性及其社会和经济效益。每一个银行成员国的所有已挑选确定的项目汇总在一起编成国家项目计划书（Country Program Papers, CPP）。

本阶段主要的环境活动要求是：提交银行评估国家项目计划书，其中的环境内容应包括：

- 国家主要环境和自然资源限制因素及其对发展的影响评价；
- 制定环境计划政策的需要；
- 银行经济合同代表团从成员国处获得详尽信息，与政府官员讨论制定含有清晰的环境和自然状态的发展规划和项目机会。

重要的环境文件包括：

- 国家环境和自然资源状态报告；
- 为国家项目代表团准备的环境和自然资源状态的简要报告；
- 贷款和技术援助项目的初次环境筛选报告；

- 贷款和技术援助项目的二次环境审查报告;
- 贷款和技术援助项目中环境专家联络与参与情况报告。

2. 项目描述和准备阶段

银行和借款国将从技术、组织、经济和财政等方面检查已提出的项目。银行将给出指导性意见并在需要时提供项目准备阶段的技术帮助,支持或协助借款国从其他渠道获得此类帮助。

本阶段主要的环境活动要求是:

- 银行环境专家应检查项目状态报告(Position Papers)、项目简介、代表团职责范围、银行给项目办公室的报告。
- 通过审查初始环境检查报告(Initial Environmental Examination(IEE)),说明潜在的主要环境影响,建立必要的环境缓解措施并将其融于项目的规划和设计中。
- 如果初始环境报告指出的潜在环境影响很严重的话,则需通过银行环境专家或聘用的环境咨询专家的现场研究来找到适合项目的环境缓解方案。现场研究的结果将在管理评审会(Management Review Meeting, MRM)上讨论。

重要的环境文件:

- 基础设施项目,工业和电力发展项目,农业和自然资源开发项目的环境指导书;
- 包括如下内容的建议书:开发项目的安全和健康影响,经济开发项目的社会和文化影响评价,自然资源开发规划的环境评价,整体区域发展规划。

3. 预评估和评估阶段

银行官员将系统全面地认真审查项目的技术、组织、经济和财经方面的内容。在评估阶段，银行官员会与借款国讨论保障项目成功的必要措施。所有已经达成的共识将被列入贷款文件。银行代表团返回总部后将提交一份供管理层讨论和审查的评估报告。

主要的环境活动要求：

• 审查项目的具体设计，包括对潜在环境影响的缓解措施以及技术、组织、经济和财经的标准，判定项目是否具有可持续性；

• 银行的环境专家或聘用的环境咨询专家可能需要进行现场考察；

• 在评估阶段就环境保护的计划和管理达成的一致意见和安排将被列入贷款文件而形成相应的条款；

• 所有这些内容均会提交到职员审核委员会（Staff Review Committee, SRC）讨论。

重要的环境文件：

• 开发项目环境影响的经济分析；

• 贷款项目建议书的附件1——"项目概述"中应描述开发项目对环境的主要正面和负面影响；

• 发展中成员国的环境立法和行政管理概述。

4. 谈判阶段

银行和借款国将进行一系列的会谈，以明确在评估阶段提出的事宜和为使项目成功实施而必须采取的措施和安排。达成一致的内容将写入贷款文件或贷款谈判备忘录。对贷款条款的确认和一致的解释将被记录在贷款谈判备忘录中。然后,项目将呈报亚行董事会等待批准。

主要的环境活动要求:

在评估阶段未能确定的环境相关事宜和准备在谈判阶段讨论的事宜均必须在贷款谈判阶段解决。

重要的环境文件:

• 银行贷款协议、环境保护措施;

• 亚行法律总顾问办公室(Office of General Counsel)准备的环境保护标准条款(Standard Provisions on Environmental Practices)。

5. 实施和监督阶段

借款国有责任按已与银行达成的协议实施项目。银行通过借款国的项目进度报告和银行项目官员的定期现场巡视来监督项目的实施。

主要的环境活动要求:

• 督促项目建设过程中实施环境保护和改善措施;

• 监督确保环保措施的效果;

• 如果有必要,银行环境专家或聘用的环境咨询专家将到现场考察。

重要的环境文件:

• 环境指南;

• 建议文件。

6. 完成和评价阶段

银行的项目评价办公室（Post-Evaluation Office）将检查项目官员准备的项目结题报告（Project Completion Report, PCR），并通过检查提交总部的资料或者现场巡访，完成项目审核报告（Post-Project Audit Report, PPAR）。项目审核报告可以为以后的项目识别、准备和评估工作提供参考。

主要的环境活动要求：

· 鉴别和评价开发项目建成后运行阶段发生的环境问题；

· 评价环保措施的有效性；

· 将所获得的经验用于改进今后的项目；

· 审查项目是否满足了以前提出的环境要求，是否有未能预见到的、在实施过程中带来的不利环境影响；

· 如果有必要，银行环境专家或聘用的环境咨询专家将到现场考察。

重要的环境文件：

· 项目结题报告的环境影响部分；

· 项目执行审核报告准备指南；

· 项目后评估中需要的环境分析报告。

从亚行开发项目各周期的环境对策与措施中不难看出，亚行为落实环境保护和可持续发展的方针政策所作出的努力：通过贷款项目的管理过程中每一个环节来减少和消除开发活动中对环境的不利影响。亚行在项目管理中对环境的考虑是值得我们借鉴的。由此可以得出的一个结论是：任何好的环境和可持续发展的战略和方针政策,均需要落实在可操作的工作程序和具体要求当中。

四、亚行的环境项目

(一) 亚太地区的环境问题和原因分析

为有效地确定和实施亚洲开发银行的环境项目,首先应找出区域内存在的主要环境问题及主要原因。然后,银行才能有针对性地设计和实施环境项目以解决区域内的环境问题。

亚行认为亚太地区所面临的环境问题主要有:
- 森林破坏;
- 土壤质量衰退;
- 用水困难和水质下降;
- 生物多样性的破坏;
- 非清洁能源的使用;
- 空气污染;
- 温室气体排放。

而导致亚太地区主要环境问题的重要原因有:
- 政策和市场失误。由于对环境问题本质的理解错误导致环境措施只治标不治本,市场的作用未得到发挥,如资源回收利用能带来环境和经济效益时市场机制却存在不足。
- 人口和贫困。约50%的世界贫困人口生活在亚太地区,而且大多数处于贫困状态。这就对区域内的土地和资源造成了极大的压力,进而导致环境状况的恶化。

• 较为失控的城市化过程。据估计到 2020 年,在亚太地区的城市人口将达到人口总数的 50%。尽管与欧洲和美洲的现在的 70% 城市人口比例相比仍然是相对较低的,但相对落后的社会和经济发展程度却容易导致环境和社会问题。

• 规划不当的工业化。工业污染如空气、水污染和危险废物的不安全处置等随区域内的工业化过程而不断变的严重。

• 资金缺乏。当成员国的环境意识的增强而欲增加环境和资源整治项目的投资时,世界范围内的经济不景气却限制了资金的投入。成员国自己增加投入是一个显而易见的措施,但大多数的发展中成员国对环境项目都未予以相当的优先考虑。

(二) 环境项目的目的

亚行环境项目的目的在于:改善环境状态和生活水平,以减少因人类活动而导致的环境质量的恶化。现在,亚行的发展中成员国政府非常重视环境资源的规划和管理项目。而这些项目也越来越多地得到亚行资金的支持,以帮助发展中成员国政府实现其有效管理环境和资源的目标。如 80 年代的韩国汉江环境总体规划项目,泰国宋卡湖流域规划项目、萨木普拉坎工业污染控制项目和马来西亚的克琅谷地环境改善项目等。

(三) 亚行环境项目

亚行环境项目可以分为两类:环境贷款项目和环境技术援助项目。自 1990 年以来,亚行环境贷款和技术援助项目的金额逐年增加。如1993年，亚行环境贷款项目总额约15亿美元，占总贷款额的25%；环境技术援助项目的款项也达到2300万美元。

1. 环境贷款项目

亚行环境贷款项目分为三类：

• 以环境为重点的项目（Environmental Oriented Projects），如森林项目、城市环境改善项目、土地利用规划项目等。

• 环境项目（Environmental Projects），如脱贫和环境改善项目、生物多样性保护、环境人才培养和机构建设、工业和能源领域的污染控制项目等。

• 其他包含环境内容的项目（Projects with Environmental Components）。

环境贷款的重点领域包括：热带森林管理和生物多样性保护、工业和能源领域的污染控制、城市环境改善、以环境保护为目的脱贫项目、环境机构建设和人才培养、农业项目和自然资源管理项目等。表4—2列出了环境贷款在各领域的分布及时间变化。

表4—2 环境贷款的领域分布及时间变化

贷款领域	1970~1991	1992~1993	变化
城市环境改善	54.32%	9.37%	↓
能源有效利用和环境改善	—	59.07%	↑
海洋、水产、渔业发展	14.26%	5.29%	↓
洪水控制和灌溉	4.06%	2.55%	↓

森林管理	13.56%	7.7%	↓
土地使用规划	3.57%	—	↓
以环境保护为目的的脱贫	1%	3.94%	↑
其他环境项目	9.22%	12.06%	↑

从表4—2可看出"能源有效利用和环境改善项目"和"以环境保护为目的的脱贫项目"是增长明显的两类项目。同时,"城市环境改善项目"有明显的减少。

亚行环境贷款项目的受援国主要是亚行发展中成员国,在1970至1991年期间,印度尼西亚和菲律宾是亚行环境类贷款的主要接受国。近些年,中国和印度则成为主要受益国。表4—3反映了亚行环境贷款受益国的变化情况。

表4—3 亚行环境贷款在发展中成员国中的分布和时间变化

贷款国	1970~1991	1992~1993	变化
印度尼西亚	27.75%	4.83%	↓
菲律宾	25.12%	2.32%	↓
马来西亚	7.55%	—	↓
缅甸	3.36%	—	↓
斯里兰卡	2.27%	1.74%	↓
巴基斯坦	14.44%	9.7%	↓
尼泊尔	3.83%	1.48%	↓

中国	—	34.11%	↑
印度	—	20.74%	↑
老挝	—	1.11%	↑
孟加拉	6.66%	8.49%	↑
泰国	6.75%	12.09%	↑
其他	2.27%	3.39%	↑

2. 环境技术援助项目

亚行通过实施环境技术援助项目来提高成员国保护环境和可持续利用资源的能力,如提高人员水平,加强组织机构建设及资源环境管理等。截止到1994年,亚行已经在22个成员国中完成了160个环境技术援助项目以及50个地区性项目(即项目的参加者来自几个国家)。此外,亚行也与其他国际金融机构一起共同资助一些区域内的环境技术援助项目。环境技术援助项目的实施提高了成员国在环境管理方面的能力,这是亚行将环境因素纳入银行开发项目的有效途径之一。

亚行环境技术援助项目的领域包括:

- 环境影响评价(EIA)培训;
- 成员国环境管理结构的改进;
- 环境管理技术和手段的改进(如专家系统在环境影响评价中的应用);
- 环境评价和规划指南和手册的制定;
- 经济和环境规划的培训和试点;
- 环境管理信息系统的开发;

- 环境和节能研究；
- 环境立法和贷款中环境保护条款的制定；
- 自然资源的评估和规划；
- 国家对全球气候变化对策的制定；
- 政府和非政府机构的关系的改进；
- 所有层次上的环境教育。

亚行环境技术援助项目的重点为环境影响评价（EIA）及相关领域、帮助成员国制定可持续发展战略、地理信息系统（GIS）在环境和自然资源保护方面的应用等。

五、可持续发展战略行动的回顾和展望

自可持续发展思想的提出以来，亚行作出了极大的努力以改善和提高银行在实施可持续发展战略和环境管理方面的能力，包括政策制定、程序化管理、机构建立、人员培训等。

1987年，亚行对1981年5月和1987年4月期间的3429个银行项目进行了针对可持续发展和环境影响的评估，专家们对其中的1102个项目提出了正式意见。评估报告建议项目官员注意项目对环境的潜在的不利影响，并强调在规划和设计阶段进行环境评价的重要性。随后，亚行从环境和资源的角度出发，对所有开发项目实行分类管理即分为A,B,C和D类。同时，亚行针对亚太地区整体发展水平相对落后的特点，将环境和资源保护项目分为贷款和技术援助的方式实施。当然，亚行实施可持续发展战略也面临着来自外部和内部的挑战。

外部挑战主要有：

• 优劣并存的全球经济形势，如工业化国家的长期缓慢发展，世界贸易的增长比工业化国家的增长快，长期的高实际利率，非石油商品的价格稳定等；

• 亚洲金融危机及可能发生的全球经济危机；

• 发展中国家对官方发展援助需求的增长和发达国家可提供的官方发展援助资源的减少之间的矛盾；

• 全球环境保护意识的增加和环境保护的要求越来越高；

• 跨国环境问题的出现如酸雨、温室气体排放、臭氧层损耗、有毒有害废物问题等；

• 可持续发展的额外资金需要的增加；

• 区域经济的加速发展对银行发展中成员国的环境和自然资源的压力；

• 区域内的大量贫困人口；

• 在需要大量投资去改善基础设施和环境状况时，银行的发展中成员国在实施改革和采用新体制和技术方面能力的不确定性。

内部挑战主要包括：

• 采用将环境考虑融合于项目整体规划的方法，并把环境保护和自然资源的可持续利用作为发展项目的目标之一；

• 将以环境和社会为目的的项目的比例提高到项目总数的50%；

• 逐步和有意识地将项目管理的重点由传统的"蓝图规划"过渡到"项目进程管理"以更好地处理项目实施中的环境和社会

问题；

  • 银行对成员国的需求的反应有待改进；

  • 银行有待提高项目质量和促进成员国在经济、环境和自然资源管理方面的能力；

  • 银行应增加对地区发展需要的理解，并支持地区内国家之间的合作。

为迎接内外两个方面的挑战，亚行首先建立和发展了环境对策框架，在此基础上将银行的环境项目分为环境核心项目和环境支持项目。

环境核心项目包括：

• 项目环境审查；

• 环境贷款的提高；

• 国家执行工作；

• 银行官员环境能力的内部培训；

• 发展中成员国的机构建设。

环境支持项目包括：

• 环境政策的检查和制定；

• 更多的环境工具和指南及其他支持系统的开发；

• 资金来源的寻求；

• 促进地区和国际的合作；

• 促进与非政府机构的合作；

• 实施联合国环境和发展大会的各项决议。

第三节 联合国可持续发展委员会

联合国可持续发展委员会(United Nations Commission on Sustainable Development, UNCSD)是联合国经社理事会(United Nations Economic and Social Council)的一个职能委员会,成立于1993年。它是应1992年召开的联合国环境与发展大会的建议设立的。其宗旨是保证联合国环发大会后续工作的有效实施,增进国际合作,促进政府间决策过程的合理化,使其有能力兼顾环境与发展问题,并有效地监督管理《21世纪议程》在国家、地区和国际各个层面上实施的进展情况。

一、联合国可持续发展委员会的组织机构

UNCSD是一个政府间机构,其成员由经社理事会从联合国及其下属机构的成员国选举产生。根据理事会1993/207号决定,委员会由53个有投票权的成员国组成,其中非洲国家13个,亚洲国家11个,东欧国家6个,拉丁美洲及加勒比海地区国家10个,西欧及其他国家13个。非成员国、联合国组织以及其他经批准的国际组织和非政府组织可以列席UNCSD的会议。

UNCSD特设了3个不限成员名额的工作组,负责处理工作方案内的各项具体问题。一般在委员会每届会议前举行工作组会议,向委员会报告工作。其中2个会议间工作组(Inter-sessional Working Group)是在UNCSD的第一次会议上成立的,这2个工

作组主要由各所在国政府提名的财政与技术专家组成,为下次会议提出实质性建议。另外1个是根据 UNCSD 第三次会议的建议,于1995年6月1日成立的政府间森林问题工作组(Intergovernment Panel on Forest, IPF),其目的是对为防止滥伐森林和森林退化所采取的各项行动进行评估,并评估在促进所有类型森林的管理、保存和可持续开发方面已采取的各项行动,并提出进一步行动的备选方案。委员会每年召开一次全体会议,会期一般为2~3个星期。委员会所有的行动都在全体会议上以协商一致方式作出。委员会经常就议程中的有关项目组织小组讨论,邀请各国高级官员、私营部门人士、联合国各组织及非政府组织的代表参加。

委员会负责向经社理事会提交报告,并通过经社理事会向联合国大会提出适当的建议,联合国秘书处经济与社会事务部可持续发展司为委员会提供日常的秘书处服务。

二、联合国可持续发展委员会的职能与主要工作

从广泛的意义上来说,UNCSD 有三个主要职能。

• 是各国《21世纪议程》实施的监督机构,各国应当在每年的 UNCSD 会议上报告本国《21世纪议程》的执行情况。它负责评估国际、国家、地区各级组织实施联合国环发大会提出的各项政策、建议与承诺的进展情况。

• 调整对环发大会后续行动的政策导向,推动可持续发展监督程序的完善及提供对可持续发展优先项目的支持。另外,它还

监督与认定可持续发展的财政来源,建立可推动可持续发展的组织结构并提高工作效率。

- 促进政府及国际组织之间在可持续发展方面的对话,并建立合作伙伴关系。通过促进妇女、青年、土著人、非政府组织、地方政府、工会、工商企业、科学界、农民等各主要团体的合作,推动社会各阶层向可持续的生产和生活方式的转变。

UNCSD的活动一直受到了广泛关注,每年有50多位部长出席可持续发展特别会议,有1000多个非政府组织参与了UNCSD的有关活动。UNCSD的活动推动了联合国组织可持续发展相关议题的交流讨论和实施,帮助联合国更好地协调环境与发展之间关系。UNCSD积极鼓励政府和国际组织召开关于各项环境议题及跨部门可持续发展议题的研讨会,这种专家级的会议推动了委员会的工作,促进了委员会更好地与各国政府和非政府机构共同合作推动全球可持续发展。

几年来,UNCSD充分发挥了它的职能,在以下方面做了大量的工作。

- 评估了国际、区域、国家各级的《21世纪议程》实施状况,包括实施方式、实施进展及相关环境公约的实施情况等内容。监督联合国组织的《21世纪议程》的实施进展和旨在统筹环境与发展目标的活动,审议各国就实施《21世纪议程》的情况所提供的资料,审查《21世纪议程》所列各项承诺的实施进度,包括资金来源和技术转让的有关承诺。

- 研讨资金来源与机制、能力建设和其他跨部门议题。定期审查和监督发达国家承诺将其国民生产总值的0.7%用于官方发展援助这一指标的执行情况,定期审查资金供给情况和机制,接受并考察有关非政府组织(包括科学界和私营部门)在全面实施《21世纪议程》方面的投入,监督并促进向有关国家,特别是发展中国家,转让环境无害化技术。

• 召开部长级高层会议,达成对可持续发展实施情况的共识,并探讨正在出现的各种政策问题,为实施环发大会的决议和承诺提供必要的政策驱动。

三、可持续发展委员会成立以来的主要活动

UNCSD自1993年成立以来,到目前已举行了七次实质性会议,每次都就一些有关可持续发展的问题进行讨论并达成不同程度的协议。

(一)第一次会议

UNCSD在1993年6月14～25日在纽约召开了第一次实质性会议。40多位部长级官员参加了此次会议,他们讨论了较为棘手的南北议题,即如何为发展中国家筹集支持可持续发展的资金和提供环境无害化技术。认为UNCSD应当立足于较高的政治高度并采取实际行动,否则来自里约会议的动力可能会逐渐丧失。许多环境部长在报告中指出,按照里约会议的建议,各自国家的政府都制定了基于《21世纪议程》的有关战略和计划,并建立了专门的机构来促进环境保护与经济发展之间的平衡。根据联合国开发计划署(UNDP)的报告,截止到该次会议,已有100多个国家采取

了类似的行动。

UNCSD 在此次会议上通过了一项未来若干年的议程计划，就是在后来的三年里对健康、人居与淡水(1994)、有毒化学品和有害废弃物(1994)、土地、荒漠化、森林与生物多样性(1995)、大气、海洋与近海(1996)等环境议题分别进行了讨论，并规定在每年的实质性会议上都将对诸如贫困、消费模式、资金与技术转让等跨部门议题也进行讨论。计划在 1997 年联合国大会对《21 世纪议程》做总体评价时讨论所有的议题。委员会为各国自愿提交的关于推进可持续发展的国家报告制定了指导原则。这些计划在后来都得以实施。UNCSD 主席 Razali 先生称此为"建立信心"的过程，以此来消除一些发展中国家对 UNCSD 的担忧，即担心它会变成一个不考虑各国经济与政治的具体国情和限制因素，而只关注环境问题，并把援助计划与该国的环境计划相联系的组织。UNCSD 在讨论中提出了几个新的财政动议，保证从国际社会每年筹集 1250 亿美元用于发展中国家将《21 世纪议程》付诸于行动。约有 350 个非政府组织(NGOs)参与了此次会议，他们代表了来自公众的声音，非政府组织提出了一些重要的报告，并表明了各自立场。

（二）第二次会议

第二次实质性会议于 1994 年 5 月 16~27 日在纽约召开。就消费与生产模式、资金、贸易与技术、进一步推进《21 世纪议程》的实施、环发大会上通过的行动计划等方面议题进行了讨论，并作出了 14 项决议。在转变生产和消费模式的决议中，UNCSD 敦促政府及私营部门更有效地利用能源和资源，减少废物排放，树立可持续生产和消费观念。鼓励政府运用价格手段实现环境风险和环境损害内部化。虽然发达国家承担了特殊责任，带头改变生产和消费模式，但实际上所有国家都会从建立和保持可持续的生产和消费模式当中受益。由于促进金融资本流动在可持续发展的各领域有很重要的作用，UNCSD 特别强调在全球、各地区和国家可持续发展战略框架中有明确的资金供给内容，并且委员会敦促国际金融机构加大资助《21 世纪议程》实施的力度。

委员会再次重申了它监督各国可持续发展进展的职责，同意每年对贸易、发展和环境领域的进展进行评估，发现可能存在的问题，并促进相互间合作与协调。本届主席 Klaus Topfer 先生强调了具有高度政治能力的重要性，他在报告摘要中指出："只有(UNCSD)显示出政治领导能力，才能有效地充当可持续发展的催化剂"。会议认为 UNCSD 应当进一步推动始于环发大会的全球合作精神。UNCSD 将寻求与所有伙伴接触的机会，并与各国际组织的主管团体进行直接交流，解决可持续发展的许多跨部门问题。UNCSD 将致力于与世界银行（WB）和世界贸易组织（WTO）进行更有成效地合作，通过宏观经济政策以及创造更有利的国际经济环境来促进可持续发展。它将加强并扩大与各主要团体在实现向可持续发展转变过程中的伙伴关系。成员国强调 UNCSD 应当表现出与众不同的特色，应最有能力推进《21 世纪议程》的跨部门议题（如贸易与环境问题）的落实，保证各专门团体与国际贸易组织有效合作。

为了使环境与贸易相互促进以实现可持续发展战略，需要建立一个平等的无歧视的多边贸易体系，改进对发展中国家产品的市场准入,进行更有效的环境保护。委员会呼吁政府及私营部门采取措施,提高能源及资源的利用效率,减少废弃物排放,培养个人、家庭和政府的有利于环境保护的购买意向,建立有利于环境的价格体系,推进生产与消费观念的改变。它建议政府及相关国际组织开展国家级、地区级的研究,预测环境、社会和经济发展趋势,评估现行的消费与生产模式所造成的损害,从而正确分析这些问题对发展的可持续性以及对其他国家和世界经济的影响。

(三)第三次会议

第三次会议于 1995 年 4 月 11~28 日召开。本次会议重点讨论了可持续发展的财政来源与机制,讨论了教育、科学、环境无害化技术转移、合作与能力建设等议题,对土地、荒漠化、森林及生物多样性等几个议题进行了重点回顾。委员会审议了秘书长关于决策信息和全球监督的报告,报告注意到各国政府在使政府决策者更容易地获取信息以及促进政府部门将这些信息用于可持续发展方面作出了很大努力,并希望这项工作能继续进行下去。委员会希望对联合国开发计划署(UNDP)所作的为 35 个小岛屿国家提供信息获取手段的可行性研究能够引起进一步的重视。会议强调了对建立一个有关可持续发展指标体系的工作计划的重视,鼓励各级政府根据各自特殊国情,进行可持续发展指标体系的研究。

(四)第四次会议

在 1996 年 4 月 18 日至 5 月 3 日期间,UNCSD 召开了第四次会议。"保护海洋环境不受陆地活动影响的全球行动计划"在这次会议上得到讨论和通过。会议所讨论的议题主要包括贸易、环境与可持续发展，消除贫困，人口动态变化与可持续发展，决策中综合考虑环境与发展问题，国际立法措施与机制，国际组织设置，主要环境保护团体，环境无害化技术转移、合作与能力建设，促进教育、公众参与与培训，发展中国家能力建设方面的国家机制与国际合作，转变生产与消费模式，财政资源与机制，大气保护与海洋保护，小岛屿发展中国家可持续发展行动计划的实施回顾等。

1996年，由UNCSD组织，在"经济、社会、环境和机构四大系统"的概念模型和"驱动力—状态—响应"模型（DSR）的基础上，提出了一套包含了大约140个指标的可持续发展指标体系，用于国家的可持续发展评价。其中驱动力指标反映的是对可持续发展有影响的人类活动、过程和方式，状态指标描述可持续发展的状况，响应指标是对可持续发展状况变化所做的政策选择和其他反应。这套指标体系主要是从《21世纪议程》各个领域所要实现的目标出发，把所选取的指标与《议程》中的各有关章节相对应，希望利用建立指标体系来监督和推进《议程》的实施。这一指标体系为有兴趣建立本国可持续发展指标体系的国家提供了指导。UNCSD承认这一指标体系尚不完善，委员会希望各国能够结合各自的具体国情，在此基础上建立自己的可持续发展指标体系。

1996年2月，UNCSD确定并提出了组织实施的1995至2000年关于可持续发展指标的工作方案。该方案的主要内容是：

- 加强牵头组织之间的信息交流；
- 提供指标设计方法表的格式供各国政府参考；

- 国家和地区的可持续发展的有关培训和能力建设；
- 对指标体系进行必要的试算，密切关注有关国家试用本国指标体系所取得的经验；
- 对指标进行评估和调整；
- 对可持续发展的社会、经济、环境、制度各因素之间的联系进行研究和评估；
- 高度综合性指标的设置；
- 可持续发展指标框架的设置。

(五) 第五次会议

在1997年4月7~25日，UNCSD召开了第五次实质性会议。作为即将召开的特别联大的主要筹备会议，第五次会议对国际社会在环境与发展领域执行《21世纪议程》及环发大会有关决议的情况进行了全面审议，并对即将在特别联大通过的"最后文件"进行了实质性谈判。UNCSD特设工作组两主席向本次会议提交了"最后文件"的框架，内容包括承诺声明、对里约大会后取得进展的评价、1997年后执行《议程》的优先领域及国际机构等四部分。会议展示了里约会议以及各国各地区及国际组织举行的有关会议所取得的成果，并就儿童与青年问题、科技发展问题与各主要团体进行了对话。会议讨论了小岛屿发展中国家可持续发展行动计划，并且听取了政府间森林问题工作组第四次会议的报告。

(六) 第六次会议

在1998年4月20日至5月1日期间,UNCSD召开了第六次会议。会议通过了消费者可持续消费保护条例,并讨论了淡水管理的战略措施、工业与可持续发展、环境无害化技术转移与能力建设、教育、公众意识与可持续发展科学等议题。

会议审议了秘书长所作的关于淡水资源管理战略措施及联合国所属机构在淡水资源领域所做工作的报告,再次重申了水资源对于满足基本人权需要、人类健康、粮食生产、能源生产、生态系统的恢复和保持以及整体的社会经济发展的重要意义,指出水资源的开发、管理、保护、利用对于促进消除贫困和食品安全极端重要,并提出必须对淡水资源的开发、利用、管理和保护进行统一规划,考虑短期和长期的需要。自1992年以来,由于采取了措施,一些流域以及地下水蓄水层的水质已经明显改善,但是这些进步仍不足以改变淡水短缺、水质恶化、以及对淡水生态系统和自然水循环的压力增大等状况。有限的水资源越来越需要在农业、工业、农村地区、城市地区、环境保护等多种用途间进行合理分配。因此,只有制定和实施关于淡水资源管理利用的国家政策,通过各部门的全面参与来进行流域管理,最终才能实现可持续发展的经济、社会和环境目标。

在工业与可持续发展的关系方面,会议再次强调了政府应当扩大与工业界、工会及其他相关团体的合作,必须认识到工业政策与企业家对于可持续发展战略至关重要。为了刺激私营企业的发展,提高经济竞争力,吸引国际直接投资,各国应当创造更为有利的政策环境,鼓励中小企业的发展。只有更有效地发展经济,才能最终推动各国特别是发展中国家的可持续发展。

(七)第七次会议

1999年4月7～25日,UNCSD召开了第七次会议。会议听取了会议间特别工作组关于海洋、小岛屿发展中国家可持续发展、生产与消费模式以及旅游问题的报告,并进行了旅游利益相关方之间的对话,讨论了发展可持续旅游业的行业驱动因素以及如何改变旅游消费模式,探讨了既保护生态环境和地方文化的完整性,又通过旅游促进地区整体可持续发展的途径。会议还深入讨论了在可持续发展过程中保护海洋的问题,为特别联大审议通过小岛屿发展中国家可持续发展行动计划作了充分的准备。

四、联合国可持续发展委员会 1998～2000 年的跨年度工作计划

贫困及生产与消费模式问题是 UNCSD 在 1998～2000 年的跨年度工作计划的主要议题,每年都将进行讨论。其他各部门议题及跨部门议题将按照跨年度工作计划在每年的实质性会议上进行讨论和评估。到 2002 年将对《21 世纪议程》实施 10 年来的进展进行全面回顾(1998～2002 年 UNCSD 的讨论议题见表 4—4)。

表 4—4 1998～2002 年 UNCSD 的讨论议题

年份	部门议题	跨部门议题	经济部门/主要团体
1998	淡水管理战略措施	技术转移/能力建设/教育/科学/公众意识	工业
1999（全面评价小岛屿发展中国家可持续发展行动计划）	海洋	生产与消费模式	旅游
2000	土地资源的综合规划与管理	财政资源/贸易与投资/经济发展	农业与森林,包括政府间森林问题工作组(IPF)的成果
2001	大气与能源	决策与参与信息/为创造更有利的国际环境进行的国际合作	能源与交通
2002（对《21世纪议程》实施10年来的全面回顾）			

五、中国参与联合国可持续发展委员会活动的情况

UNCSD 是联合国讨论、审议国际环境与发展合作重要的组

织之一。UNCSD 在动员各方力量保持合作势头,敦促实施环发大会各项决定方面发挥了积极的作用。

中国一贯以积极和建设性的态度参与联合国环境与发展领域中的重大活动。中国肯定了环发大会以来 UNCSD 在推动国际可持续发展进程中所起的作用,肯定国际社会和各国政府在全面落实《里约宣言》和《21 世纪议程》方面所作的努力。同时指出,在《21 世纪议程的》实施过程中,领域问题和跨领域问题进展不平衡,跨领域问题中的资金和技术问题没有实质性进展;新的全球合作伙伴关系尚未形成;发展中国家仍面临着贫困、债务、不平等贸易条件等巨大压力和不利的国际经济环境,发展中国家与发达国家的总体差距进一步拉大,这些问题仍将严重制约发展中国家的可持续发展进程。此外,中国认为一部分发达国家对资金和技术等发展中国家关心的问题采取忽视的态度,片面强调"全球环境融资"(GEF)已取得的进展,要求发展中国家通过寻求所谓的"创新性筹资渠道"自行解决资金与技术问题。要使发达国家与发展中国家在相关问题上达成共识,还需要 UNCSD 作出进一步的努力。

中国为 UNCSD 成员国之一,一直本着"积极参与、发挥作用、坚持原则、推动合作"的方针参加了 UNCSD 召开的历次会议,并与七十七国集团合作,在环境与发展问题上发挥了独特作用,维护了广大发展中国家的利益。中国对 1997 年召开的全面审议和评估 1992 年环发大会以来各国执行《21 世纪议程》进展情况的第 19 届特别联大非常重视,由国务委员宋健率团参加了此次会议,并向此次特别联大提交了《中华人民共和国可持续发展国家报告》。该《国家报告》在回顾 1992~1996 年中国实施可持续发展战略进展的基础上,对中国实施可持续发展战略所取得的成就进行了总结,并表明了中国对一系列全球环境问题的态度和立场。

第四节 联合国开发计划署

一、基本情况介绍

联合国开发计划署(United Nations Development Programme,UNDP)成立于1965年,是目前世界上最大的、为人类可持续发展提供技术援助的多边援助机构,同时也是世界范围内协调联合国各种发展活动的重要机构,其总部设在美国纽约。

UNDP作为联合国的一个下属机构,其决策机构为36个成员国组成的执行董事会。该执行董事会代表了各主要地区、捐助国以及项目执行国。UNDP有制定政策、批准项目并决定资金分配的职能。UNDP在136个发展中国家设有代表处,其首席执行官员为驻该国的总代表,总代表通常亦被联合国秘书长任命为联合国系统驻该国的总协调员。

UNDP通过由136个国别办事处组成的独特网络,与175个国家和地区的政府、非政府组织、个人以及大约40个联合国其他机构进行合作,以提供技术援助资金的形式来提高发展中国家的可持续发展能力。UNDP共有约5300名工作人员,其中82%的人员派驻在各地代表处中工作。作为联合国驻各国的总协调人(即UNDP驻各国办事处总代表),可以通过UNDP署长向联合国秘书处提交报告;在紧急状态下,他们还可以作为人道主义官员,组织联合国各机构应付各种紧急事件。UNDP拥有一个全球性的网络系统,并在联合国大会的指导下对其进行管理。该网络的主要目标是消除贫困,促进人类可持续发展。

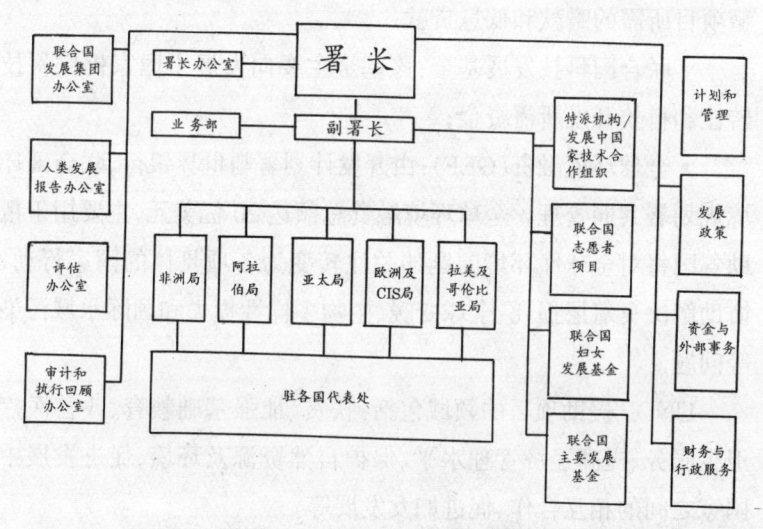

图4—1 UNDP机构设置

开发计划署作为援助机构负责管理各捐助国自愿提供的捐款,并将之用于对发展中国家的援助。1997年,向开发计划署提供的核心和非核心捐款及认捐总数约22亿美元。开发计划署将87%的核心方案资金用于援助人均国民生产总值低于750美元的国家,这些国家中的赤贫者占全世界赤贫者的90%。

开发计划署还负责管理若干专用基金及项目计划,包括:

• 联合国志愿者项目:该项目通过从发达国家和发展中国家

向发展中国家派遣技术人员的方式帮助发展中国家获得所需技术;

• 联合国妇女发展基金;
• 联合国苏丹撒哈拉办公室,即联合国防治荒漠化办公室;
• 联合国资本发展基金:该基金主要向最不发达国家提供小型项目所需的赠款和低息贷款;
• 联合国科技发展基金:该基金主要向发展中国家提供科技转让和科技开发所需资金;
• 全球环境融资(GEF):由开发计划署与世界银行、联合国环境规划署共同管理。全球环境融资总额达20亿美元,主要用于帮助各国将对全球性环境问题的关注转变为各项具体的国家行动,协助解决臭氧层损耗、全球变暖、生物多样性损失和国际水域污染等问题。

UNDP援助项目的领域包括:扶贫、加强基础教育、改善医疗卫生服务、提高经济管理水平、保护自然资源及环境、促进发展中国家之间的相互合作、促进妇女发展等。

UNDP在项目的立项、设计、实施、监督以及评估过程中均遵守以下原则:

• 加强项目参与国的人类可持续发展能力建设,特别是在消除贫困、确保发展目标、制定相关战略、政策以及计划和维护国家主权等方面。UNDP还特别强调在国家和地方两个层面开展实施工作;
• 在决策过程中促进参与、对话和政策选择,促进整个社会和公众的广泛参与,特别强调妇女的参与;

• 根据各国的需要，UNDP 为其提供战略制定方面的服务，这种服务通常是即时的并具有较强灵活性；

• 注重援助的协调工作，包括对受援国进行援助管理方面的能力建设。加强与联合国各机构间的合作，并鼓励开展各机构间的项目合作；

• 利用每个项目的实施，使项目获得最大的收益；

• 建立经验交流和典型范例推广应用机制，使所取得的经验在未来的项目中得到运用。

二、支持全球范围可持续发展战略的实施

（一）UNDP 关于可持续发展的基本思想

联合国在全球范围倡导和促进可持续发展方面起着重要的作用。1972 年，在瑞典斯德哥尔摩召开的联合国人类环境大会上发表了《人类环境宣言》，联合国环境与发展委员会在 1987 年提交了名为《我们的共同未来》的报告，提出了著名的关于可持续发展的布伦特兰定义。1992 年，在巴西里约热内卢召开的联合国环境与发展大会上通过了《里约环境与发展宣言》和《21 世纪议程》两个纲领性文件以及《关于森林问题的原则声明》等文件，另外还开放签署了《气候变化框架公约》和《生物多样性公约》。

UNDP 认为可持续发展并不是单纯的关于或侧重资源与环境方面的理论与战略。它是一整套全球性的、综合的、长期的关于人类现在与未来的发展思想与发展战略，它反映了人类社会为了

维护生存与发展的基本条件、解决各种全球性危机所作出的不懈努力。可持续发展的思想与战略涉及人类生活的各个方面,贯穿于人类社会的经济体系、社会体系以及自然的生态环境体系。UNDP将可持续发展的基本思想概括为以下几个方面:

1. 可持续发展是以人为中心的发展

《里约宣言》的第一条原则即是:"人类处于备受关注的可持续发展问题的中心。他们应享有以与自然相和谐的方式过健康而富有生产成果的生活的权利。"可持续发展中的人,既是指人类整体,又是指每一个人;既是指当代人,又是指后代人。可持续发展不仅针对发展中国家,而且包含了发达国家。可持续发展从人出发,把满足人的需要放在首位,即它是在不损害后代人满足其需要的能力的条件下满足当代人需要的发展。

2. 可持续发展要求实现发展的权利

发展是一项基本人权,对发展中国家的人民来说,发展的权利尤其重要。"为了公平地满足今世后代在发展与环境方面的需要,求取发展的权利必须要实现。"(《里约宣言》原则 3)这里的发展,是指人的经济社会的全面发展,除了一般经济增长即产值和收入的增长之外,还包含了基本生活必用品如食品、住房、保健以及安全保障等的产品与服务质量的提高和供给的增加,进而还包含了工作机会、受教育机会以及各种经济、社会选择机会的增加。

3. 可持续发展要求将生态环境的保护作为发展过程的一个重要和必要的组成部分

可持续发展承认在一定的技术条件、社会组织和经济制度状况下,生态环境为人类发展规定了限度,人类的发展不可能摆脱生态环境的制约而单独进行。"为了实现可持续发展,环境保护工作应是发展进程整体的一个组成部分。不应脱离这一进程来考虑。"(《里约宣言》原则4)可持续发展认为生态环境对发展的限制是相对的,通过科技进步以及对经济政策和社会组织进行调整,人类应该而且也可以找到能够保护和改善生态环境的可持续发展的道路。可持续发展要求在人类发展活动的各个环节和各个领域,都贯穿保护生态环境的原则,相信良好的生态环境会有助于各项发展目标的实现。

4. 可持续发展要求实现社会公正

可持续发展要求实现的社会公正可分为两个方面。第一,要在当代人与后代人之间贯彻社会公正的原则。可持续发展认为,虽然后代人不能干预或影响当代人的行为,但当代人对后代人却会造成巨大影响,当代人与后代人享有同等的发展权利和通过发展来满足自己的需要的权力。第二,可持续发展要求在当代人之间也贯彻社会公正的原则,在当代人之间,即人与人之间、国与国之间以及发展中国家与发达国家之间,都应实行社会公正的原则。在每一个国家内,可持续发展要求缩小社会的贫富差距,消除贫困,扶助各类易受损害的社会群体成员,促进资源、产品与服务在社会成员之间的公平分配。在国与国之间,可持续发展确认"根据《联合国宪章》和国际法的原则,各国拥有按照其本国的环境与发展政策开发本国自然资源的主权,并负有确保在其管辖范围内或在其控制下的活动不致损害其他国家或在各国管辖范围以外地区的环境的责任。"(《里约宣言》原则2)从南北关系的角度看,虽然每一个国家都应对环境保护承担责任,但由于南北各方对环境所造成的破坏不同,它们所拥有的技术和经济力量不同,所以它们在环境保护方面所应承担的责任也不同。一般来说发达国家负有特别的责任去改变其传统的高投入、高消费、对生态环境危害很大的生产模式与消费模式,并且有责任在环境保护方面向发展中国家提供技术和输出资金。

5. 实现可持续发展要求全民参与

保护和改善生态环境,走可持续发展的道路,要求各个阶层、各类群体的社会成员积极参与。每一个社会成员,不论其身份、地位和职业如何,都是同可持续发展相关的,都应以适当的方式致力于可待续发展。"实现可持续发展的一个基本的先决条件,是公众广泛地参与决策。"(《21世纪议程》)公民有权获得与环境和发展有关的各种信息;并应有机会参与各种有关的决策过程,联合国体系特别关注妇女、青少年、土著居民和最贫困人口等特殊社会群体在可持续发展中的作用。这些社会群体在世界人口中占了相当大的比重,他们的状况如何以及它们的潜力的发挥直接关系到可持续发展的实现。为了促进全民参与,需要创造新的形式,以使个人、各社会团体和组织能真正有机会同政府合作,共同致力于可持续发展。

6. 各国政府对实现可持续发展负有特别重要的责任

国家拥有开发和利用本国资源的主权,也掌握着本国社会经济发展战略和政策的决定权。因此,各国政府要积极发挥作用,在制定各项政策时应将环境与发展作为一个整体来考虑。在国际上,各国政府应本着全球性伙伴的精神进行广泛的合作,致力于保护和改善地球的生态体系,为建立有利于实现可持续发展的开放的国际经济秩序和国际法体系而努力,通过国际合作解决各种跨国界的环境与发展问题。在各国国内,政府应致力于转变以往那种不可持续的高投入、高消耗和高污染的生产模式与消费模式,通过各种媒介的宣传方式提高公众的可持续发展认识,鼓励和支持广大公众参与可持续发展活动。国家应制订与实施有效的关于可持续发展的法律,为协调发展与环境保护制定相应的规章制度、标准规范以及管理目标,采取经济、行政以及法律等手段保护环境和支持不损害环境的经济发展。

(二) 21世纪议程能力建设(Capacity 21)

1992年联合国环境与发展大会之后,UNDP制定了"21世纪议程能力建设计划"(简称Capacity 21)。由开发计划署可持续能源与环境处负责管理。

Capacity 21认为,在发展过程中,发展中国家需要一种增强自身管理发展的能力。没有这种能力,就不能最大限度地从投资中获益,也不能保证增长的公平性。在这种意义上,能力通常被定义为个体的才能、机构以及国家政府制定发展计划并以最有效的方式进行实施的能力。能力的提高是一个过程,这个过程就是能力建设,也就是开发、增强和运用个人和机构实现可持续发展的能力。

Capacity 21计划的目的在于加强发展中国家将《21世纪议程》的原则纳入国家计划和发展过程的能力。Capacity 21利用由各国捐助的资金,帮助发展中国家制定和实施国家能力建设计划。通过UNDP驻各国代表处选择一些国家作为Capacity 21资金的优先使用者,帮助这些国家开展能力建设项目。到目前为止,Capacity 21 已为近 70 个发展中国家提供了技术援助,内容包括:协调各国编制《21 世纪议程》、将《21 世纪议程》纳入计划、制定管理战略、增强公众的参与以及加强他们在决策过程中的作用、开展可持续发展实践等。

Capacity 21 项目的一个特点是要求每一个项目都针对各国的不同国情,适合不同国家在能力建议方面的不同需要。Capacity 21 项目的总体目标是通过对当地情况的认识和了解,达到加强现有能力的目的。Capacity 21 所选择的重点领域如下:

• 将可持续发展原则纳入国家发展计划和项目中;

• 在发展计划和环境管理过程中考虑所有利益相关者的意见;

• 在可持续发展能力建设领域创建一种经验积累机制,对这些经验进行总结,以便为发展中国家、有关政府组织、非政府和包括 UNDP 在内的有关国际组织提供参考。

Capacity 21 认为,为了实现可持续发展,各国都应该采取措施,建立有效的社会管理机制:

• 对现行的国家发展计划进行回顾,制定国家可持续发展政策和战略;

• 对现行的环境战略进行回顾,了解它们和资源管理部门的联系;

• 对现行的立法框架进行回顾;

• 对现有的机构设置重新考虑,以可持续发展的原则为标准,改进旧的机构程序及工作方法;

• 对现行的管理系统进行评价,采用必要的新方法,特别是要确保将环境问题全面纳入到经济、社会活动中去;

• 建立一种更有效的跨部门协调合作机制;

• 建立一种使中央政府、地方政府、社会群体以及私营部门都能参与决策过程的机制;

• 建立一种使社会各阶层都能及时获取信息的机制。

UNDP 的 Capacity 21 计划认为要实现可持续发展必须进行各项计划的整合(Integration),促进公众的参与(Participation)和加强信息的共享(Information),并把这三个方面的内容列为可持续发展的三项基本要素。

1. 整合的思想

《21世纪议程》强调将过去以各部门为中心的工作方式转变为跨部门协调合作的工作方式,并努力将环境管理纳入到发展计划的制定与实施等政府工作以及整个社会生活之中,Capacity 21 对各国的援助也旨在将可持续发展原则纳入到各国的政策计划中去。Capacity 21 试图帮助各国建立一种全新的、综合的跨部门合作方式。Capacity 21 努力通过以下各种手段来实现这一目标:

(1)制定国家可持续发展战略——国家 21 世纪议程。《21世纪议程》强调发展模式的转变,从一种各部门间相互独立的状况,转变为各部门间相互协调运作。UNDP 希望 Capacity 21 成为一项帮助各国协调其各个机构和部门的计划,并且帮助各国协调使用外来的捐助。

(2)将可持续发展原则纳入国家计划和项目。可持续发展不可能由单个组织来推行,它要求社会中所有部门都参与负责;国家政策将主要指导能源、水资源、农业、教育、健康、交通、通讯和财政等部门的长期目标。在许多国家,导致环境不可持续的根本原因在于没有正确地对土地、水、清洁的空气等环境因素进行估价。Capacity 21 在一些国家进行了这方面的尝试。例如在印度、冈比亚和哥斯达黎加实施的国家 Capacity 21 项目中均包含了将"绿色会计"方式纳入国家政策制定过程的内容。通过 Capacity 21,越南政府建立了一个由环境管理者、政府高级经济发展专家以及学者组成的国家网络系统。这个系统的主要目的是利用环境经济政策和有效的市场机制来促进越南的环境管理,并对不同宏观经济政策所带来的环境影响进行综合分析。

(3)制定针对全球性环境问题(如全球气候变化和荒漠化等)的国家战略。近些年来,针对全球气候变化、荒漠化、生物多样性保护和臭氧层破坏等全球问题,越来越多的国家制定了相应的策略,并且签署了一系列的国际公约,如《气候变化框架公约》、《生物多样性公约》等。Capacity 21 努力通过其项目的执行使国际社会的援助在发展中国家得到最佳的使用。如 Capacity 21 支持哥斯达黎加制定了应对气候变化和保护生物多样性的国家战略。

(4)开展可持续发展的培训和教育,将可持续发展思想更好的纳入到各级决策过程中去。可持续发展要求在思想方式和行为方式上产生根本的转变,这就需要开展大量的培训、宣传和教育。在这方面 Capacity 21 资助莫桑比克国家教育和发展研究院开发环境教育教师培训课程;在苏丹,Capacity 21 在两个国立大学进行课程修订试点,将可持续发展原则纳入农业、工程、经济和教育等课程中;在 Capacity 21 的资助下,保加利亚也针对初级和中级学校制定了将可持续发展内容纳入到教学计划的教育战略。

2. 参与的方式

实现可持续发展,其首要条件之一是公众广泛地参与。Capacity 21 鼓励政府、非政府组织、社会团体、大学、研究所等机构积极参与各项决策的制定过程。在决策中考虑到所有受到影响的人的利益,并给他们充分表达自己意见的机会,才能确保这些决策能在将来实施过程中,收到良好的效果,使政府决策更贴近最终用户。在一些加勒比小国,Capacity 21 通过由政府、非政府和私营部门组成的可持续发展委员会的工作,促进公众广泛参与国家可持续发展政策的制定和实施。在坦桑尼亚,Capacity 21 项目的重点是加强农村和地方政府的能力,以确保他们有能力将可持续发展内容融入到地方和农村发展计划的制定和决策过程中去。Capacity 21 的许多项目都涉及社区的可持续发展,这些项目以社区的需要为出发点,使可持续发展更接近社会个人的需要。通过这些项目向人们说明了什么是可持续发展,它对整个社区意味着什么,使广大公众乐于接受可持续发展的观念。在较贫穷的国家开展这种社区试点项目尤为重要,它表明可持续发展原则的贯彻将会改善贫穷地区的社会经济发展状况。

3. 信息的共享

《21 世纪议程》中强调每个人既是信息的使用者又是信息的提供者。从国际社会到国家的高层决策者以及一般民众,每个群体都对信息有着强烈地需求。通过 Capacity 21 计划的执行,将帮助各国更好的获取信息,并在决策过程中充分利用这些信息。Capacity 21 还对各国在实施《21 世纪议程》过程中所取得的经验进行分析总结,并通过各种渠道进行传播。Capacity 21 的工作和 UNDP 可持续发展网络计划(SDNP)紧密联系。SDNP 旨在帮助各国建立信息网络,并帮助他们通过互联网(Internet)获取信息。

Capacity 21 认为,公众对可持续发展概念的理解和对可持续发展的支持对一个国家实现可持续发展是至关重要的。信息的获取与共享对于提高公众意识有着重要的支持作用,Capacity 21 项目特别注重这方面的工作。

对 Capacity 21 项目来说,有效的监督和报告机制是保证项目成功和今后推广的重要方面。监督和报告能确保每一个参与项目的人都能将通过实施项目所学到的东西运用到日常工作中去。定期的监督是一种重要的质量控制工具,它能够为项目的执行过程提供必要的校正。Capacity 21 要求每个项目将在可持续发展原则纳入国家计划和项目方面所取得的成果每年进行汇报。这一要求的目的是确保有效地利用监督和报告机制,并将之作为一个管理工具,以加强所有国家级 Capacity 21 项目的质量控制。同时,在不限制其创造性的前提下,分析评估这些项目的成果和影响。

在项目实施过程中,Capacity 21 要求利用计算机网络和通过各种活动使各国所取得的经验和教训在其他国家中得到广泛分享。Capacity 21 的监督和报告工作过程中重要的一种方法是,建立各国的可持续发展指标体系,以便使各国能够定量地评估通过 Capacity 21 项目所能达到的目标。

(三) 人类发展报告

90年代以来,可持续发展问题在全球性范围内引起了广泛的讨论。这些讨论都涉及了同一个重点,即人类发展。UNDP认为人类发展的概念与可持续发展是不可分割的,它有助于使可持续发展免受那种只涉及环境因素的关于发展的错误概念的误导。目前关于人类发展所展开的讨论主要有:①公平性。人类发展观点侧重公平问题,强调所有人的基本能力和机会的公平,即公平享受教育、保健和政治的权利;②可持续性。可持续性是指既能满足现代人的需要,又不损害后代人的能力和机会。因此,它所表明的是同代人内部与两代人之间的平衡;③集体福利。人类发展需要有牢固的社会凝聚力,并需要平等分配发展的利益。在谋求实现人类发展的过程中,集体力量是一股不可缺少的促动力;④人权。人类可持续发展强调实现人在经济、社会、文化、公民和政治方面的基本权利。人类可持续发展强调综合的人权观,而不是只专注公民权利和政治权利,它提供了一种将促进人类发展与实现人权等同起来的框架。

上述这些要点都强调发展必须以人为本,并对人力资源、参与机会、性别平等、均衡增长、减轻贫困和长期可持续性表示关注。自1990年以来,UNDP每年都委托一个独立的专家小组编写《人类发展报告》,探讨全球关注的重大问题,报告不仅把人均收入作为衡量人类进步的尺度指标,同时也把预期寿命、文化水平、医疗服务和获得安全饮用水等可持续发展的各重要要素也作为评估人类发展的因素。

报告公布的人类发展指数(HDI)是 UNDP 衡量人类发展的指标。HDI 用于衡量一个国家在人类发展的三个方面,即寿命、知识和温饱生活水平的状况。这种衡量以预期寿命、教育程度(成人识字率及小学、中学和大学入学率)和调整后收入为依据。UNDP 还用人类贫困指数(HPI),反映人类发展利益的分配情况,并衡量仍在日益加重的贫困现象。HPI—1 是衡量发展中国家的贫困程度的指标,所采用的变量有:40 岁以前死亡的人数百分比、成人文盲和在整个经济供给,即公共和私人供给中得不到好处的人(如享受不到健康服务和安全饮用水的人数)的百分比,以及五岁以下不足标准体重儿童的百分比。HPI—2 用于衡量工业化国家人类贫困程度。该指数与 HPI—1 一样,侧重三个方面的贫困情况,另外还增加了"社会排斥"指标。这些变量包括:有可能在 60 岁以前死亡的人数百分比、读写能力很差的人数百分比、可支配收入不到中等收入 50% 的人的比例,以及长期(12 个月或更长时间)失业的人的比例。性别发展指数(GDI)侧重衡量男女之间的不平等情况,在人的基本发展中,性别差距越大,一个国家的 GDI 与其 HDI 相比就越低。衡量赋予两性权力的尺度(GEM)表明妇女是否能够参与经济和政治生活,重点在参与上,并衡量在经济活动、政治参与以及决策机制等主要方面存在的性别不平等现象。

根据开发计划署 1998 年出版的《人类发展报告》,人类发展指数(HDI)排列在前 10 位的国家分别是加拿大、法国、挪威、美国、冰岛、芬兰、荷兰、日本、新西兰、瑞典。而加拿大仅就收入而言,它在各国中只列在第 12 位,但就人类发展指数而言却高居榜首。这更进一步证实,不能把人均收入作为衡量人类进步的唯一尺度,而应同时把预期寿命、文化水平、医疗服务和获得安全饮用水等也作为评估发展的因素。1998 年中国的人类发展指数(HDI)在 174 个国家中排在第 106 位,比 1997 年上升了 2 位。由 UNDP 与中国国家计委合作出版的《中国人类发展报告 1999——经济转轨与政府的作用》,对中国各省市区(不包括港澳台)1997 年人类发展指数进行了排序(见表 4—5)。

表 4—5 1997 年各省市人类发展指数进行排序

省份	平均预期寿命指数	教育指数	国内生产总值指数	人类发展指数(HDI)	人类发展指数排名	国内生产总值排名
上海	0.832	0.824	0.975	0.877	1	1
北京	0.798	0.840	0.963	0.867	2	2
天津	0.789	0.810	0.957	0.852	3	3
广东	0.792	0.789	0.949	0.843	4	4
辽宁	0.754	0.801	0.939	0.831	5	8
浙江	0.780	0.735	0.949	0.821	6	4
江苏	0.773	0.735	0.945	0.817	7	6
福建	0.726	0.737	0.944	0.802	8	7
山东	0.760	0.702	0.849	0.770	9	9
黑龙江	0.700	0.790	0.809	0.766	10	10
河北	0.756	0.759	0.676	0.730	11	11
吉林	0.716	0.804	0.610	0.710	12	15
海南	0.750	0.745	0.632	0.709	13	14

湖北	0.704	0.761	0.655	0.707	14	13
新疆	0.627	0.773	0.656	0.685	15	12
山西	0.733	0.782	0.522	0.679	16	16
湖南	0.699	0.776	0.511	0.662	17	18
河南	0.753	0.745	0.487	0.661	18	19
广西	0.729	0.741	0.478	0.649	19	21
安徽	0.741	0.713	0.482	0.646	20	20
内蒙古	0.678	0.740	0.517	0.645	21	17
重庆	0.689	0.727	0.489	0.635	22	22
江西	0.685	0.764	0.455	0.635	22	22
四川	0.689	0.723	0.441	0.617	24	26
陕西	0.707	0.741	0.404	0.617	25	28
宁夏	0.699	0.669	0.440	0.603	26	27
云南	0.642	0.665	0.442	0.583	27	25
甘肃	0.704	0.667	0.339	0.570	28	30
青海	0.593	0.545	0.445	0.528	29	24
贵州	0.655	0.659	0.233	0.516	30	31
西藏	0.577	0.435	0.345	0.452	31	29

资料来源:《中国人类发展报告1999——经济转轨与政府的作用》。

从上表中可以看出,人类发展指数与其三个组成部分,即预期寿命、受教育程度和国民经济状况密切相关,其中国内生产总值指数和人类发展指数之间的关系最为密切,国内生产总值排名和人类发展指数排名存在一定差别,这说明在经济发展水平一定的情况下,还存在着提高人类发展水平的潜力。中国从总体来讲,经济比较发达的省市区其人类发展水平也较高,经济发展依然被看做是地区人类发展的根本要素;另一方面,经济发展水平排名靠前的地区并不是都在人类发展指数上也占据相同的排名位次。因此,可以说人类发展指数表达了 UNDP 以人为本的可持续发展观,反映了可持续发展不仅强调经济的发展,同时也重视社会全面进步的思想核心。

第五节 欧洲联盟

作为西方发达国家的另一个重要支柱是欧洲联盟,它是由原欧洲共同体更名而来,成员国在过去的四十年里已增加到十五个。这十五个成员国是:法国、德国、比利时、荷兰、意大利、卢森堡(前六国为创始国)、丹麦、爱尔兰、英国、希腊、西班牙、葡萄牙、奥地利、芬兰和瑞典。1992 年 2 月 7 日在荷兰马斯特里赫特签署的欧洲联盟条约赋予欧洲共同体新的意义,由此产生了一个新的名称:欧洲联盟(EUROPEAN UNION,简称欧盟)。

冷战结束后,伴随着两极格局时期东西方对抗的消失,环境问题从地缘政治的边缘逐渐向中心转移,成为世界关注的热点问题。各国政治家都把环境与可持续发展问题摆上了议事日程,环境安全成为各国关注的焦点之一。欧盟作为当今世界上最大的区域性经济政治集团,在世界经济和国际政治中的影响不断增强。同时,欧盟在全球环境与可持续发展问题上的态度和立场以及在环境政策和环境外交方面也试图发挥积极的作用。

一、欧盟可持续发展战略与行动综述

在环境保护政策和可持续发展战略方面,欧盟一直走在世界的前列。欧洲是资本主义工业革命的发祥地,资本主义大工业的发展使欧洲最早走上经济繁荣之路,也最早面对环境问题。

1952年12月初,伦敦出现了震惊一时的烟雾事件。此后,环境问题逐渐在西欧国家引起社会和政府的关注。从50年代到70年代初,欧共体主要成员国(英国于1973年加入欧共体)在环境问题上制定一系列法规,为保护环境、治理污染采取了一系列措施,在世界环境治理和防止环境污染上起了先导作用。从70年代初至80年代,欧共体开始把环境问题纳入议事日程,重视环境立法,直接出面参与解决全球环境问题和有关国际环境法规的制定。在环境保护方面,欧共体的法律法规相继出台,并建立了欧共体的环境机构。

1972年6月,在瑞典首都斯德哥尔摩召开联合国人类环境大会,通过了《人类环境宣言》。1972年10月,欧共体巴黎首脑会议发表公报,明确提出要在地区开发、环境保护、能源政策等方面开辟共同体活动的新领域,并针对环境问题制订一系列基本原则。1973年,欧共体制订了包括反污染、改善环境和参加有关总体解决污染问题的国际会议和国际公约在内的三点行动计划,这也是共同体实行的第一个环境行动计划。

欧共体不仅关注内部成员国的环境问题,还签署了国与国之间《保护莱茵河防止化学污染公约》、保护地中海的《巴塞罗那公约》和防止海洋污染的《巴黎公约》。欧共体同许多国家签订了技术合作协定,并参加国际环境会议和环境保护的研究工作。从1972年巴黎会议之后的15年时间里,共同体尽管已就环境问题通过了100多个文件,但是大部分是指令性的,没有一个涉及环境的法律条文。1987年,"单一欧洲法令"的出台改变了这种状况,该法令对《罗马条约》的重要修订之一就是增加了环境部分。它使共同体在各成员国内部实施共同的环境政策和标准更具有合法性。1989年初,欧共体决定成立欧洲环境保护署,并授权其检验欧共体成员国和企业在环境保护方面的工作。欧共体各成员国在1989年的一次理事会上一致同意尽快制订各类商品的"生态标准",并就使用统一的标志问题制订规范。会上各国环境部长表示"一定要让未来的统一大市场成为一个清洁的市场"。欧共体是世界上第一个在成员国之间就环境问题协调行动、统一规范的区域性组织。在区域组织内解决跨国界环境问题,既提高了各成员国内部在治理污染、保护环境方面的功效,又在很大程度上促进了全球环保事业的发展,同时也为其他区域性组织协调环境政策、共同治理环境提供了有益经验。

80年代末特别是90年代以来,环境问题成为国际政治中的热点问题。欧盟在环境问题上更加积极活跃,开始把环境问题纳入到欧盟的全球战略考虑之中。1990年5月,欧共体部长理事会通过了"关于环境与发展的决定",强调欧共体各种类型的发展合作项目要考虑环境因素。1990年6月,欧洲理事会就环境问题发表了《都柏林宣言》,其中专门强调了在国际事务领域中欧共体及其成员国应担负起特别责任:"共同体必须更加有效地运用其道义的、经济的和政治的权威立场,来加强解决全球性问题和推进可持续发展的国际性努力。"1992年5月,欧共体委员会向部长理事会和欧洲议会递交的题为《走向2000年的发展合作政策》的文件附录中,提出了国际新秩序的"三个支柱",其中第一支柱是尊重国际法,放弃以武力方式解决冲突;第二支柱是南方国家的发展;第三支柱是对世界的环境问题进行管理。这一阶段,欧盟环境政策的视角从本地区扩展到全球,在国际社会环境保护方面表现很活跃,不仅在联合国环境与发展大会的文件起草中发挥了重要作用,而且在落实联合国环发大会决议的后续行动中也表现出了积极的姿态。

(一)环境与可持续发展政策和行动计划

1992年环发大会之后,欧盟又出台和采取了一系列有关政策和行动,推动可持续发展。1993年2月1日欧盟成员国经过反复讨论和协调,由欧盟部长理事会批准通过了一个名为《迈向可持续性》的报告,又叫"第五个环境与可持续发展政策和行动计划",它是欧盟环境与可持续发展的一项新战略。该计划以系统的可持续发展思想为政策设计基础,并在布伦特兰可持续发展定义的基础上对"可持续发展"的含义阐明了欧盟自己的观点:"'可持续'一词意在反映一种以无损于环境及自然资源的持续的经济及社会发展为目的的政策和战略,而持续的人类活动正是以这种环境和自然资源的质量为基础"。这个计划的主要内容包括:

1. 欧盟可持续发展目标。以可持续发展为指导思想,推进欧盟各国经济发展模式的转换为最终目的。欧盟可持续发展的目标主要强调：①人类社会和经济的发展要以保护自然资源和环境质量为基础；②为避免浪费和自然资源储量的耗竭，应在原料加工、消费和使用的各个阶段，推进和鼓励资源再利用的管理模式；③决不能以牺牲任何其他资源为代价，只顾及自己这一代人的利益而危及后代人的安全。从以上几点可以看出，欧盟的可持续发展战略带有比较浓的资源战略色彩。按当今西方世界的发展模式和消费模式，全球性资源危机将是不可避免的。因此，节约资源和能源，转变消费模式应该成为发达国家可持续发展战略的核心。欧盟的第五个环境行动计划提出了可持续发展需要具备的几个条件，即：有效管理资源的开采与利用，鼓励再生利用，避免浪费和自然资源储备的耗损；能源的生产与消费进一步合理化；社会本身的消费及行为方式应予改变。

2. 欧盟可持续发展优先领域。为了实现上述可持续发展目标，欧盟提出了优先发展领域，主要内容是：①自然资源，包括土壤、水、自然保护区及海岸带的可持续管理；②综合污染控制及废物治理；③降低不可更新能源的消费；④改进交通管理，包括合理的交通规划与模式；⑤制定改进城市环境质量的措施；⑥公众健康及安全的改善，特别强调工业风险评估及管理，核安全及辐射保护。

3. 欧盟确定的推进可持续发展管理的重点部门主要是工业、能源、交通、农业及旅游业。欧盟认为这五个行业的发展对环境的影响巨大，并对实现可持续发展起关键作用。这些部门应采取的策略不仅是为了环境保护和公众健康，而且也是为了这些行业自身的可持续发展。第一，工业部门。在工业与环境的关系中欧盟特别关注以下几点：①先进的资源管理,着眼于合理的资源利用和竞争地位的改善；②扩大宣传以促使消费者采取更好的选择,加强公众对工业活动和产品政策的监督；③制定生产过程标准和产品标准。第二,能源部门。欧盟认为要实现可持续发展,能源政策是一个关键因素。经济增长需要一个高效安全的能源供应与清洁的环境。能源战略的关键是提高能源效率,减少煤碳在能源中的比重,采用可再生能源政策。第三,交通部门。交通是商品流通、社会发展、贸易和区域发展中至关重要的环节。欧盟的交通发展策略包括：①先进的土地利用规划；②先进的交通基础设施规划、管理和使用；③发展公共交通,改善竞争地位；④改进机动车及燃料的技术水平,鼓励使用轻污染燃料；⑤合理利用私人轿车,包括改变交通规划和驾驶行为。第四,农业部门。欧盟许多国家的农业生产已发生了根本的变化,农业本身赖以可持续发展的自然资源生态系统的过度开发与退化,是欧盟农业面临的最主要问题。其他在诸如日用品过剩、农村人口减少及农业预算、国际贸易等方面都存在严重问题。因此,欧盟认为,为了使其成员国的农业走上可持续发展道路必须解决：①提高农业效率和机械化水平；②改进交通和市场机制；③加强食品和饲料的安全；④改善国际贸易。第五,旅游业。旅游业在欧洲联盟的社会、经济生活中起重要作用。旅游业是联结经济发展与环境的纽带。如果旅游业能规划、管理好,不但能促进经济发展,还能有效地改善环境质量。因此欧盟认为旅游业是推动其他行业发展的"助推器"。欧盟旅游业可持续发展的策略是：①促进旅游业多样化趋势,包括集团旅游的良好管理,鼓励不同类型旅游业的发展；②提高旅游业服务质量,包括信息、参观访问及设施;③引导旅游者行为,包括新闻宣传、行为准则及交通方式选择。

4. 具体措施。主要包括:①立法措施:特别是完善综合环境管理方面的立法措施;②市场措施:要将外部环境成本内部化,使对环境有利的商品和服务在市场上与那些造成污染的或浪费较大的商品在竞争中处于有利地位;③基础支持措施:包括要完善可持续发展所必须的基本标准、数据统计、科学研究、技术改造、地区规划、公众参与以及宣传教育和职业培训等;④资金支持机制:对于那些把环境目标建立在预防为主,并纳入欧盟总政策中的环境项目,在资金上应给予足够重视和支持。另外,除原有的"生命"基金、结构基金及环境能源基金之外,还建立了新的联合基金。欧盟有关条约规定:在不对欧盟任何措施抱有偏见的前提下,各成员国有责任提供资金以实施该环境政策。

这项计划是欧盟走向可持续发展的一个转折点。欧盟认为其在80年代面临的挑战主要是建立内部市场,到了90年代则是如何协调环境与发展这个人类认识和经济发展发生重大转变的问题了。该计划为欧盟的社会、经济和环境保护提出一个新的框架,它同时号召各成员国政府及社会各阶层积极参与,认为只有这样才能使可持续发展得以实现。

(二) 可持续发展的12项原则

为协助执行欧盟第五个环保行动计划和促进社会、经济和环境的可持续全面发展,欧洲联盟执委会于1993年12月批准成立了欧洲环保咨询论坛(General Consultative Forum on the Environment)。该组织的32名成员分别由成员国的企业、地方政府代表、环保和消费者组织、专家代表等构成。六年来,"论坛"就欧盟在环保方面的政策提出过许多重要建议,受到欧盟高层的重视。1995年1月26日"论坛"向欧盟执委会提交了"关于持续发展的12项原则"。欧盟委员会主席桑特(Santer)先生和环保委员伯叶加德(Bjerreggaard)女士表示,要把这项建议作为评价欧盟制订和执行环保政策的标准之一。这12项原则分为全球目标、限制传统增长模式、权益和代价的平衡、责任分摊、面临的挑战五个部分。

1. 全球目标

(1)欧盟认为,与世隔绝不可能有可持续发展。贸易政策、经济和社会发展政策都应该从全球角度入手,以可持续发展思想为指导来制定。环境保护必须从国际影响的角度,即对欧洲和发展中国家的影响去考虑。

(2)经济发展、生产和消费政策及模式应考虑到人口因素,包括欧洲和世界其他地区的人口,即根据世界人口增长趋势选择可持续发展模式。

2. 限制传统增长模式

(3)应保持和尽可能恢复自然系统如土地、水、空气、生物多样性的完整性。

(4)经济和社会发展必须遵循自然资源开发和再生所要求的物理限度。

3. 利益和代价的平衡

(5)政策所带来的利益和负担应公平地分担到社会的各个阶层。如果严重的不公平不能避免的话,则应考虑用何种方式给予补偿,也就是如何实现环境成本内在化(Internalization)的问题。

(6)所采取的政策必须有明确的目标,要对政策可能造成的影响进行充分的评估。这种评估应建立在有足够科学依据的基础之上,并按所有成本内在化原则使成本效益保持平衡。

(7)经济、社会发展和环境保护是互相依附的,每项政策的评价都必须与其他方面相联系,而不能采取孤立的方式进行评价。

(8)当重大损失或不可逆转的危险发生时,缺少足够的科学依据并不能作为一个理由来延迟采取有效和有益的预防性措施。

4. 责任分担

(9)可持续发展的有关决定涉及到各部门的责任,它应该建立在有关各方的积极参与基础之上,以促进社会各界的责任感和参与意识。因此,应当提高决策的透明度,保证信息通畅,公正地给予各方重新评价和纠正问题的机会。

(10)除制定适当的法规政策外,还应利用多种市场手段,其中包括税收和经济激励措施以及其他各种灵活方式,开发私人资本及其潜能以促进可持续发展。另外,还应鼓励个人和社会的主动贡献精神。

5. 面临的挑战

(11)成功的关键因素之一是有意愿进行尝试。当某些措施能从根本上改变现状和人们已接受的习惯时,所采取的政策应尽可能有步骤地减少受益者和受损失者之间的不平衡。

(12)在走向更加良好的环境、更加可持续经济发展的进程中,如何保持国际竞争能力是欧洲面临的主要挑战。

(三) 欧洲城镇可持续发展行动计划

在欧盟第十一总司等部门的支持下,欧洲各国的地方城镇联合发起了"欧洲城镇可持续发展行动(European Cities and Towns Campaign)",并于 1994 年 5 月 24 至 27 日在丹麦阿尔伯格(Aalborg)召开了"第一次欧洲可持续城镇会议",通过了《欧洲城镇可持续发展宪章》,以支持欧盟的第五个环境计划。此后,又组织召开了一系列会议:1995 年在意大利罗马召开了地中海地区城市地方 21 世纪议程行动会议;1996 年在葡萄牙首都里斯本召开了"第二次欧洲可持续城镇会议";1998 年在芬兰的土尔库(Turku)召开的"波罗地海地方可持续发展会议"发表了《波罗的海地方 21 世纪议程行动宣言》。随后,又在保加利亚的索非亚(Sofia)、西班牙的塞维利(Seville)和荷兰的海牙召开了不同地区的地方可持续发展会议。2000 年还将在德国的汉诺威(Hannover)召开欧洲城镇可持续发展研讨会,回顾与讨论《欧洲城镇可持续发展宪章》六年的实施经验和欧洲可持续城市行动的下一步工作纲领。

《欧洲城镇可持续发展宪章》是欧洲城镇可持续发展的行动准则,其内容分为三个部分:

第一部分:共同宣言——欧洲城镇可持续发展。包括:欧洲城镇的作用,可持续发展的原则,地方可持续发展战略,创造性的、寻求平衡过程的可持续发展,通过外界协商解决问题,城市经济可持续发展,城市可持续的社会平等,可持续发展的土地利用模式,可持续的城市流动模式,全球气候变化的责任,防止生态系统恶化,以市民为主体和社区参与,可持续发展的城镇管理手段与措施。

第二部分:欧洲可持续城镇运动。提出:作为本宪章的签约方,欧洲的城镇将在学习各地方成功经验的过程中朝着可持续的共同未来前进,并将相互协助制订地方的长期行动计划——即地方21世纪议程,从而加强地方机构间的合作,并使各自的行动与欧洲联盟在城镇环境领域的总体行动相一致。该项运动的主要内容包括:①在制定和实施以可持续发展为目标的政策时,鼓励欧洲各城镇之间相互支持与合作;②收集传播有关地方先进模式的信息和经验;③进一步吸收新的签约者加入本宪章;④组织每年一度的"可持续城市奖";⑤向欧洲委员会提供政策性建议;⑥为"城镇环境专家组的可持续城市报告"提供素材;⑦支持地方决策者执行欧洲联盟提出的适宜的建议和方法;⑧编辑活动简讯。

第三部分:参与地方21世纪议程的制定——可持续发展地方行动计划。该部分倡议各国的地方城镇响应《21世纪议程》第28章的要求,就制定地方21世纪议程采取一致的行动。同时,对地方行动计划的准备过程应包括的阶段和步骤提出了建议:①了解现有的各种规划、财政框架和其他项目计划;②通过广泛的公众咨询,系统地认识存在的问题及其成果;③确定解决上述问题的优先次序;④通过社区各部门的共同参与,形成有关可持续的社区的构想;⑤对可选战略加以考虑和评价;⑥制定一个可持续发展的地方长期行动计划,其中应设有可以量化和评价的目标;⑦实施上述计划,包括编制一个时间表和各成员之间责任分工的声明;⑧建立上述计划实施的监督与报告制度。

二、欧盟与发展中国家的可持续发展合作政策

（一）环境与可持续发展合作政策的基本内容

90年代欧盟与发展中国家的可持续发展合作政策是建立在对南北关系的重新认识和对可持续发展观进一步强调的基础上的。1997年4月，欧盟部长理事会发表了一份题为"可持续发展领域中与发展中国家合作的环境措施"的法规性文件，对欧盟与发展中国家的环境和可持续发展合作的范围作了概括性的界定。其要点如下：

1. 帮助发展中国家设计和实施可持续及公平的国家发展战略，包括针对全球性问题及源自国际协定的有关战略。

2. 在生态系统的管理及保护、可再生自然资源的持续利用、以及不可再生自然资源的审慎利用方面，改进和加强相关政策和实践。

3. 保护生物多样性。这涉及三个方面：推动和发展有利于生物多样性资源的可持续及公平利用的各种方法；加强生态系统保护与环境保护，以维护物种多样性和保护濒危物种；辨识与评价生物多样性资源。

4. 通过防止污染、减少污染源以及通过支持各种可持续性管理的创新，来保护承受高度环境压力的区域和跨地区的生态系统，例如海洋生态系统、海岸带、分水岭地带、河流流域、湖泊区域和地下水区域等。

5. 在农业土壤保护和管理、牲畜饲养、林业以及沙漠化防治方面,改进以往的实践。

6. 通过城市发展规划,实施技术上适用的计划,并通过在交通、废弃物、废水、饮用水供应和空气污染方面的优先示范项目,来改进环境规划与区域规划。

7. 应用和转让适用于当地环境条件和需求的有关技术,特别是能源技术,可再生能源技术,在转让和应用过程中应考虑到这些技术的长期环境效果,以及对各个地区传统生活习惯的适应性问题。

8. 避免对大气层造成危害的各种排放。

9. 推动发展中国家生产过程的适应性,使其经济行为的主体和社会管理的人员对那些可能影响贸易的环境约束(如各种标准、标签、证书)有所认识。

10. 特别通过支持信息传播,使当地公众对可持续发展的观点有更多的认识。

11. 支持以保护生态系统、生态环境以及维护生物多样性为目的的各种创新。在开展上述各项活动时,除了要进行审计、评估和监测外,还将包括各种科研、技术支持、教育、培训或其他有关服务工作。

在讨论和界定了欧盟的环境合作活动范围后,该文件提出了适合资助的项目类型:

1. 有助于可持续发展、环境保护以及自然资源的长期性管理的示范方案(pilot schemes)。

2. 制定和建立推动可持续发展和环境整合的指导纲要和运

作手段,特别是以计划和整合的管理规划和经济手段的形式来体现的指导纲要与运作手段。

3. 关于可持续发展计划、规划、战略和政策的环境影响研究,以及针对这些计划、规划、战略和政策对社会与经济发展所造成的影响而进行的评价研究。

4. 对环境数据与指标加以改进的统计与核算工作。

由上述内容可见欧盟的环境与可持续发展合作政策具有系统的考虑,这种政策上的系统性表现在如下几个方面:第一,突出了可持续发展的政策导向;第二,环境合作的范围广阔,包括了各个重要的环境领域;第三,对开展环境保护与可持续发展的示范方案、指导纲要、运作手段、影响评价、信息交流给予了强调,从而比较全面地兼顾了实施过程中的各个环节;第四,注意到各种行为主体在可持续发展与环境保护中的作用,也就是说,除政府外,还要发挥科研机构、公众团体、妇女团体和非政府组织的作用等。

(二) 欧盟的对华合作政策

1995年以来,随着欧盟对华政策的调整,中欧关系进入了一个新阶段。欧盟开始从长期的、面向21世纪的战略角度来思考欧中关系。1995年7月5日,欧盟委员会公布了布里坦副主席主持制定的一份名为《中国欧洲关系长期政策》的文件,主要内容包括四方面:促进政治对话,发展经贸关系,加强全面合作,树立欧盟在华形象。布里坦在为该"政策"文件发布举行的记者招待会上宣布,今后欧中双方的各种关系皆以这个框架文件作为发展指南。

该文件在涉及可持续发展和环境保护问题时指出：中国在许多全球性问题上起着重要作用。中国政府在里约热内卢环境首脑会议之后所采取的一系列改善环境的举措，表明中国政府已经认识到迅速发展的中国所面临的环境挑战。该文件还认为，中国在可持续发展和环境保护方面所面临的问题有管理上的因素和技术上的因素，其中至关重要的是将对环境问题的考虑融入其他政策之中，如经济政策。

欧盟制定对华关系长期政策经历了一个较长的决策过程。对华政策调整是基于以下一些基本考虑：①中国自改革开放以来的迅速崛起已日益显示出一个"政治、经济、军事的全方位强国"，而不是像以前西方舆论所描述的是一个"跛足的大国"。因此，在多极世界日趋成型的今天，欧盟要在亚洲乃至全球维护自身利益，发挥应有作用，就必须进一步改善中、欧关系，加强与华合作。②中欧经济有很强的互补性。欧盟与中国的贸易额在1995年已超过400亿美元，中国已是欧盟第四大贸易伙伴，仅次于美、日、瑞士。欧盟是中国技术设备的最大供应伙伴，又是向中国提供政府贷款最多的国家集团。不断加强和发展中欧的贸易是欧盟经济利益的强大驱动力。③中国潜在的巨大市场是商家必争之地。在世界经济战中，欧盟以美、日为对手，视亚洲市场，尤其是中国市场为与美、日竞争的战场，认为这对于捞取实惠，确保其在未来世界经济中的地位，抗衡美、日，具有长远战略意义。④欧盟对华关系不应完全受控于美国，追随美国在"人权"等问题上一味对中国施压只会遭到中方坚决抵制，其结果是损害欧盟国家自身利益。

这份洋洋万言的政策文件，从中国的改革开放及其在世界格局中的地位到中欧政治、经济和贸易关系，全面阐述了中国在当今世界的地位，并提出了今后中欧合作的主要领域和重点：①全面开展政治对话。"政策"指出，中欧双方都是世界舞台上的重要角色，双方应就共同关心的全球问题，包括在军事、安全等领域开展对话；②加强对华经贸、工业、科技领域的合作。"政策"指出，加强全面合作是对华关系的重点，并表示支持中国加入世贸组织，促进中国与国际经济、贸易、金融体制接轨，进一步开放市场，从而改善欧盟企业到中国投资的环境，提高欧盟企业的国际竞争力。"政策"还提到要与中国地方政府合作，援助贫困地区；③提高欧盟在中国的地位，树立欧盟在华形象。"政策"建议通过在中国建立欧洲商会、欧洲文化之家、欧盟信息中心，以及举办各种类型的研讨会、国际会议，使得更多的欧洲中小企业、机构团体进入中国，并且扩大中欧之间的人员往来，如短期培训留学生、访问学者、大专院校的交流，增强所谓"知欧派"的社会影响力，抗衡美、日在中国的影响。

《中国欧洲关系长期政策》的一个具体措施是将中欧的合作领域从原来的农业扩大到环保、医疗、教育等众多领域，环境保护和可持续发展成为欧盟援华的优先领域。"政策"的第四个附件"合作行动"详细地回顾了中欧自1984年以来的合作，在回顾中欧科学技术方面的合作时，重点例举了双方在生物技术、农业、医药卫生、热核裂变、全球变化、大地观察及监测等领域的成功合作，肯定了中欧科技合作所取得的积极成果。在展望今后的合作时，"政策"指出："中国是个大国，欧盟用于对华合作的资金有限(2000万欧元/年)",并且把印度(9000万欧元/年)和前苏联(4.6亿欧元/年)的情况拿来比较,认为对中国的投资太少。"政策"还确定了三个战略重点合作领域,它们是:①对中国经济至关重要之领域;②对中国融入国际社会有催化效果之领域;③促进中国各个领域的改革。"政策"认为特别具有发展潜力的是中欧之间在环境保护、可持续发展及科学技术方面的合作。"政策"特别谈到中国政府在环发大会后制定了《中国21世纪议程》,并出台了一系列具体的优先项目;欧盟为此专门成立了一个工作小组,研究如何开展与中国在实施21世纪议程方面的合作。

欧盟发表的这个"政策",既是形势所迫,也是受其利益的驱动。欧盟清醒的认识到,中国在当今世界上的地位,潜在的巨大市场越来越明显以及科学技术的不断进步,无论从政治和经济,还是从全球稳定和国际事务,加强与华的关系和合作,是欧盟抗衡美、日的必不可少的长远战略。在可持续发展的国际合作方面,欧盟及其成员国无疑是世界的重要一极。欧盟"对华关系长期政策"的发表,标志着欧盟对华合作的进一步重视,尽管欧盟对华新政策带有很强的政治与经济企图,但也为我们进一步深化和发展中欧在可持续发展各个领域的合作提供了可利用的契机。根据对"政策"文件的分析,今后中欧可持续发展有关领域的合作重点应是高新技术、基础研究、生物技术、能源、环境、信息通信、运输、地区扶贫及中小企业合作等。

《中国欧洲长期关系政策》对环境与可持续发展合作的重要性作了全面阐述,在1996年11月欧盟委员会副主席布里坦率团访问中国时,这种阐述得到了进一步的体现和落实。欧盟委员会为布里坦访华特地准备了一份题为《欧盟对华新战略》的文件,文件中提出了对华合作的方案框架。可持续发展被列为合作目标之一。该文件明确指出:"欧盟的关键目标是维持外交和安全关系的稳定、使中国融入世界贸易体系、支持可持续发展、帮助缓解贫困和促进法治。"

《欧盟对华新战略》明确将可持续发展列为合作目标之一,并把环境保护与可持续发展列为对华新战略的四大战略之一。新战略还对具体合作领域及合作手段进行了阐述。合作领域包括科技发展、能源利用、环境保护、人才开发四大类。其中在开发能源资源、提高能源效率、能源保护、清洁或再生能源供应等方面,欧盟提出将提供技术支持并向中国转让技术;在环保方面,欧盟把注意力集中在有关地区的发展项目,自然资源保护、大气和水质量、废弃物管理、城市城镇污染控制等项目上。在合作手段上,欧盟表示将提供资金与技术支持,在环保与能源方面进行包括投资在内的合作;在可再生自然资源、农业和人民健康等方面开展科研与技术合作;在保护森林等方面与非政府组织合作并给予资助。

1998年3月25日,欧盟委员会又通过了新的对华政策文件——《建立与中国的全面伙伴关系》,进一步调整了对华政策。其中在关于开展欧中合作项目方面提出,欧盟将在1995年欧盟对华长期政策原则基础上继续与中国开展合作项目,包括开发人力资源,制定重点科学技术合作战略,转让能源技术,帮助中国在发展经济时优先考虑环境问题等。

三、中欧可持续发展合作

(一) 中欧环境保护与可持续发展合作概况

欧盟与中国在经济发展和环境保护方面有着密切的合作。改革开放以来,中欧贸易和经济技术合作发展总体呈持续、平稳、快速增长态势。近年来的发展尤为可观。欧盟是中国的第三大贸易与投资合作伙伴。1997年中国同欧盟双边进出口贸易额达430亿美元,同比增长8.3%,其中中国对欧盟出口238亿美元,中国从欧盟进口192亿美元。欧盟是中国第三大出口市场(不包括香港),也是中国进口商品的第二大供应者。据统计,1998年1至11月,中国对欧盟进出口总额达423.3亿美元,同比增长13.9%,其中出口额达248.4亿美元,同比增长17.3%;进口额达174.7亿美元,同比增长9.6%。

中国同欧盟在财政和经济技术领域的合作卓有成效,规模和层次不断扩大和加深。欧盟是中国利用外资的主要来源地区,截止1998年10月底,欧盟十五个成员国对华投资项目已达9147个,协议外资金额355亿美元,实际投入166亿美元,分别占中国利用外资总额的2.85%、6.33%和6.44%。欧盟也是中国利用外国政府贷款最集中的地区,截止1997年底,欧盟成员国及官方金融组织累计向中国提供政府贷款协议金额约128.1亿美元,占中国利用外国政府贷款总额的41.9%。此外,截止1998年6月底,中国自欧盟引进技术已达6953项,合同总金额386亿美元,占中国同期引进技术总额的 44%。

在中欧双边贸易和经济技术合作蓬勃发展的大环境下,也存在诸如欧盟对华数量限制,对中国采取反倾销措施以及利用技术和其他非关税壁垒为中欧贸易关系制造障碍等不和谐的现象。中欧经贸关系发展总的来说还是保持了良好势头。中欧双方均高度重视发展双边贸易及经济技术合作。1998 年东南亚金融危机向全球蔓延,给世界经济带来极大冲击,中国政府在面临巨大压力的情况下,承诺保持人民币不贬值,对世界经济的稳定做出了实质性的贡献。随着欧元启动、欧盟东扩进程及欧盟经济健康稳定发展,欧盟在全球政治和经济中亦将扮演愈来愈重要的角色。中国同欧盟在经济贸易、技术开发和可持续发展方面的广泛合作领域互为重要伙伴。继 1995、1996、1998 年欧盟方面先后提出《中欧关系长期政策》、《对华合作新战略》和《与中国建立全面伙伴关系》三份文件之后,1998 年 4 月,在第二次亚欧首脑会议期间,中欧领导人举行首次会晤,确定建立中欧面向 21 世纪的长期稳定的战略伙伴关系。

欧洲联盟条约的一个主要目标是促进环境保护和可持续发展。目前,对环境的考虑已经反映在欧盟同其全世界的贸易伙伴们建立的双边合作当中。欧盟认为自己有责任帮助发展中国家解决日益严重的环境问题。以往在环境保护和可持续发展领域的合作行动并没有正式成为一个独立方案。在欧委会的技术和经济合作预算计划中,他们只是被作为大多数合作项目中的一项。1995年欧洲委员会对其同中国在环境领域的合作增添了新的内容。在欧委会的 1996~2000 年同中国合作计划中,环境保护被定为五个优先考虑领域之一(其他四个领域为:人才资源开发;对经济和社会改革的支持;商业和工业合作;农村和城市发展)。1995年,欧中联合委员会的欧中环境工作组第一次会议在布鲁塞尔召开后,按照以上提到的优选领域,欧委会扩大了与中国在环境方面的合作,制定了欧盟同中国的环境合作的一个总体战略。

《中国欧洲关系长期政策》中强调,未来欧共体在与中国的合作应当主要致力于:增加参与程度和人才资源开发,从体制上加强和支持改革进程和推动欧中交往。这些总的指导思想同样可适用于环境与可持续发展领域。考虑到欧盟在环境领域的专业技术和经验的范围与多样性,以及以往欧盟对中国援助情况和当前中国政府的优先领域,欧盟确定今后的合作重点将集中在三个方面:①"棕色"环境问题的治理,尤其是总体的空气和水体质量,废弃物管理和城市与城镇的污染;②提高能源效率,更清洁和可再生能源技术以及清洁技术;③在贫穷和有严重环境退化问题的地区开展保护和开发项目。

目前,欧盟对华的环发合作项目正在积极开展。一批环境与可持续发展项目已经落实。例如,双方在1998年签署的"中欧环境管理合作计划"即将由中国21世纪议程管理中心实施,以促进环境可持续发展战略与行业政策和地方发展的融合,增强中国在环境领域和可持续发展方面的计划管理和执法能力,促进中欧环境技术的交流和技术转移。该项目预算总经费1890万欧元,欧盟出资1300万欧元,合作期限为四年。主要内容为四个方面:机构发展与能力建设,地方和城市可持续发展,行业可持续发展,促进信息共享。在中欧可持续发展合作中,还有一个重要方面是把环境保护与扶贫工作结合起来,如:欧盟把云南省元江沿岸 3 个县解决特困和环境恶化的项目及辽宁省治理城乡污染项目列为援助合作重点,在这个领域欧盟投入的资金已达 3700 万欧元。

中欧在环境与可持续发展方面的合作基础来自双方对环境问题的共识。中国近年来十分重视环境问题,采取了一系列的政策措施,不断加大治理环境污染的力度。欧盟在环境保护、治理污染方面已经积累了很多经验,掌握着前沿和先进的技术,因而双方的合作大有潜力。中欧在环境政策法规、清洁生产、可持续农业、绿色产品、环境管理、环保产业、污染治理、新能源与可再生能源开发、环保宣传、教育培训等领域都有大量合作的机会。

勿庸置疑,作为一个发展中大国和一个由发达国家组成的区域性集团,中欧之间在可持续发展和环境保护领域的合作具有广阔的前景。但是,在合作的过程中,双方也肯定会存在很多不同的观点和明显的认识差异。首先是两者的起点不同。欧盟主要成员国早在 50 年代中期就开始在环境治理上制定法律法规,到 70 年代初,不仅主要成员国环境保护法规和机构已经健全,而且欧共体已就环境问题建立了统一法规来协调各国行动。而当时的中国正处在文革期间,对环境问题尚无认识。1972 年在周恩来总理的推动下中国出席了在斯德哥尔摩召开的联合国人类环境大会,次年中国召开了第一次全国环境保护大会,由此中国的环保事业才艰难起步。中国在环保问题上的起步晚带来了另一个不同,即公众环保意识的差异。当欧洲的消费者以全球性视角关注环境,热衷于在超市购买无海豚肉的鱼肉罐头、捐资救助鲸类时,中国的农村、城镇的许多消费者正在为水源受到污染、喝不到干净的水而发愁,为土地、渔场等资源受到破坏、生计无着落而叹息。双方在环境问题上的差异,说到底是社会经济发展水平上的差异。从客观上看,受经济发展水平制约,中国不能照搬西方国家标准来谈环保;主观上来看,公众和管理者环保意识的薄弱,必然会影响环保政策措施的制订和落实。

(二) 几个值得注意的问题

中国的国情决定了其环保战略及其在环境外交中的基本原则,即在环境与发展问题上,把发展放在首位,在发展中解决环境治理问题。关于这方面的观点,中国已经在1992年联合国环境与发展大会上作了明确阐述,即:经济发展必须与环境保护相协调;保护环境是全人类的共同任务,但是经济发达国家负有更大的责任;加强国际合作要以尊重国家主权为基础;保护环境和发展离不开世界的和平与稳定;处理环境问题应兼顾各国现实的实际利益和世界的长远利益。了解中国在环境与发展问题上的原则立场,是欧中开展可持续发展领域合作的关键。若处理不当,将会从政治、经济和社会层面上影响中欧关系。根据目前国际社会在环境与发展问题上的斗争情况来看,以下几个方面的问题值得注意。

第一,资金和技术转让问题。联合国大会1989年在其授权召开"联合国环发大会"的44/228号决议中指出:"注意到目前排放到环境中的污染物,绝大部分源自发达国家,因此认为这些国家负有防治环境污染的主要责任";并且指出:"必须将新的、额外资金引入发展中国家,以保证它们充分参与全球环境保护工作"。据此,环发大会一致通过的《21世纪议程》第33章规定:"对发展中国家而言，官方发展援助是外部资金的一个主要来源，促进可持续发展和实施《21世纪议程》将需要大量新的、额外的资金。发达国家重申其对达到将国民生产总值的0.7%用于官方发展援助这一公认的联合国指标的承诺"。遗憾的是，上述重申的承诺，不仅没有兑现，而且自环境与发展大会以来，"官方发展援助"(ODA)反而呈不断下降的趋势。同时，《21世纪议程》第34章关于"支持和促进技术转让"的(a)至(f)项的措施，即发达国家以优惠价和非赢利的方式向发展中国家转让技术，特别是环境无害化技术，也都进展甚微。发达国家不断以保护知识产权和专利为借口，拒绝兑现其在环发大会上的承诺。这必然使发展中国家的环境与发展在低水平、慢速度上徘徊，这也将给中欧在环境和可持续发展领域的合作带来阻力。中国认为，发达国家应尽快实现其上述关于资金和技术转让的承诺。这不仅是履行其国际承诺的问题，同时也有助于建立环境与发展大会所号召的"新的全球伙伴关系"，共同促进全人类的可持续发展。这是保证《21世纪议程》得以有效实施的关键，也是环境与发展领域落实联合国环境与发展大会全球共识所需要优先解决的问题。

第二，贸易和环境问题。发达国家一直力图掌握世界环发领域的主导权，并倾向于在此基础上对涉及发展中国家主权的资源开采利用、环境生产标准等进行干预，以保护世界环境为名侵害发展中国家的权益，同时借环境保护的名义对发展中国家的经济实行新的限制和设立非关税的贸易壁垒，限制发展中国家的经济发展。环发大会一致通过的《里约宣言》原则12规定："为了更好地处理环境退化问题，各国应该合作促进支持性的和开放的国际经济制度,这将会导致所有国家实现经济增长和可持续发展。为环境目的而采取的贸易政策措施,不应成为国际贸易中的一种任意或无理歧视的手段,或是伪装的限制"。令人遗憾的是,一些发达国家与这一有利于全球的正确主张相背离,一再以"环保"名义在国际贸易中引入所谓"环境条款"或"社会条款"等,借以歧视乃至限制发展中国家的经济发展及其产品的市场准入。这种有害的倾向完全违背环境与发展大会达成的全球共识,应当予以纠正,以利于全球贸易和世界经济关系的健康发展。

第三,生产方式和消费方式问题。联合国大会通过的44/228号决议指出,不可持续的生产方式和消费方式,特别是在发达国家的此种生产方式和消费方式,是造成全球环境持续不断恶化的主要原因。发达国家理应尽快改变其不可持续的生产与消费方式。应当按照环境与发展大会的共识,不仅吸取历史教训,走可持续发展道路,而且应当按照环境与发展大会的要求,向发展中国家提供资金和技术转让,以促进全球向可持续的生产和消费方式转变。与此同时,发展中国家在致力于经济社会发展、满足人民生活基本需要的努力中,应当按照环境与发展大会的共识,"将环境保护视为发展进程的组成部分"。应当避免发达国家那种"先污染,后治理"及浪费型的生产方式和消费方式;应当根据自己的国情,通盘考虑人口、经济、社会、资源以及生产、消费、环境保护诸要素,走可持续发展的道路。但是,目前发达国家不但没有在改变其不可持续的生产方式和生活方式方面取得任何进展,而且仍然通过商业的手段不断向发展中国家推销其不可持续的生产方式和生活方式。这也是发展中国家在与发达国家开展可持续发展领域的合作时应当关注的问题。

在新的世纪和新的千年中,加强中欧之间在可持续发展领域的合作无疑具有重大意义。展望中欧可持续发展领域的未来合作,虽然前景广阔,但也有一些障碍,有许多文化和历史原因造成的认识上的差异和由于经济发展水平决定的行动上的差别,同时也有一些不可知因素的存在。因此,加深了解,求同存异,增进共识,是拓宽和加深双方进一步合作的基础。

第六节　东南亚国家联盟

东南亚国家联盟,即东盟,成立于1967年8月,当时只有五个成员国,即印度尼西亚、马来西亚、菲律宾、新加坡和泰国,他们在泰国曼谷发表了《曼谷宣言》,标志着这一地区性组织的正式成立。后来,文莱、越南、老挝、缅甸和柬埔寨相继加盟。至此,一个包括十个国家的大东盟终于成为现实。

东盟自建立以来,就确定了它是一个区域性的经济政治合作体。经过三十多年的考验,它的地位和作用日趋稳固和重要。90年代后,东盟各国的经济有了飞跃发展,它的经济增长速度常被引证为"东亚奇迹"。新加坡一跃成为"亚洲四小龙"之一,它以最新的工业化经济模式领头,马来西亚、泰国、印度尼西亚、菲律宾等东盟四国以出口导向型工业模式紧随其后。然而在东盟经济迅速发展的同时也出现了严重的环境问题,如何处理好环境保护和经济发展的矛盾,是摆在东盟各国面前的重大难题。

东盟面对自己的实际情况，积极调整了发展策略。从1977年开始，东盟就开展了区域环境合作。近年来，已制订了一系列有关环境、能源、自然资源保护、越境污染、烟雾污染、农林和食品等方面的战略性计划和行动，并设立相应的组织机构加以落实，其中最突出的是《东盟环境战略行动计划》和《关于环境和发展的雅加达宣言》，它们为东盟各国的可持续发展提供了指导性的计划。

一、东盟环境战略行动计划

《东盟环境战略行动计划》是于1994年4月25~26日的东盟第六次环境部长级会议上批准和通过的。东盟环境战略行动计划具体包括十大战略和二十七个为实现预期目标提供保障的支撑行动。其总体目标是：

• 积极响应联合国《21世纪议程》，不懈地履行东盟应承担的义务；

• 制定政策和措施，加强环境保护机构的建设，提高东盟各成员国环境综合治理能力；

• 建立环境质量的长期目标，统一东盟地区内部的环境质量标准；

• 统一方向，采取一致行动，加强技术合作以解决共同的环境问题；

• 研究东盟自由贸易区（AFTA）对环境的影响，采取切实行动，实现贸易优惠政策与环境政策的有机统一。

《东盟环境战略行动计划》的具体内容如下：

1. 支持把环境和发展问题纳入区域框架的决策过程。东盟认为有必要制定一个地区性框架,确保把环境保护和经济发展纳入到各国的决策过程中,在发展经济的过程中重视环境保护工作。该地区性框架包括4个要素:在决策过程中进行全面的、综合性的及富有远见性的探索;与承担任务配套的政策和具体措施;充足的决策技术基础;以及从管理和研究实践中获取准确的信息。实施该战略的有关行动为:①进行"环境影响评价"(EIA);②开展自然资源的可持续利用和环境核算体系的研究和探索;③制定把环境问题纳入东盟各项计划和活动中的具体步骤。

2. 促进政府和私营部门的相互支持和合作。为加强东南亚各国之间的贸易合作而建立的东盟自由贸易区,目的是为了提高自然资源的使用效益,发展规模经济体系,提高国民收入和人民的生活水平。因此,东盟目前的主要挑战是如何采用适宜的环境政策来支持东盟自由贸易区的实现。为此,政府机构和国有企业应在社会经济可持续发展方面起主导地位,同时加强与私营部门的合作,推动相关政策的实施。实施此项战略的具体行动包括:①研究符合可持续发展原则的环境和贸易政策;②建立能促使政府和私营部门采纳有利于经济发展的环境标准的机制;③建立政府与私营部门之间的信息联络网。

3. 加强环境知识信息数据库的建设。在信息化的社会,环境保护和可持续发展离不开可靠且利用价值高的信息资源的有利支持。联合国环境规划署(UNEP)的全球资源信息数据库(GRIP)为世界各地区收集和传播环境信息打开了窗口。东盟应利用这个有利的条件,与 UNEP 合作建立本地区的环境信息库,实现信息资源共享,并帮助各成员国提高收集和加工信息的能力,完善本地区的信息资源建设,更好地促进环境保护工作。支撑此战略的具体行动包括:①在建立基本环境质量标准的基础上,制定地区的协调程度指标;②评比优秀的环境研究开发中心,为建立环境网络中心作准备;③建立定期发表环境状况评估报告的体制。

4. 加强履行国际环境协议的行政机构和法律体系建设。东盟认为环境问题不是个别地区和国家单独的事情,而是有关全人类的生存、超越国界的全球焦点问题。因此,东盟应积极参与国际环境法讨论,并积极履行国际环境协议。这要求建立相应的职能机构和法律保障。为此所需采取的具体行动有:①开展有关环境管理的行政机构和法规的比较研究;②在新的国际协议中协调东盟的立场;③加强与其他国际团体的合作,监督国际合作协议的执行。

5. 建立保护东盟地区生物多样性和可持续利用的机制。东盟自然资源丰富,是世界上生物物种较丰富的地区之一。但长期以出口初级产品来发展地区经济的发展模式,严重地影响了本地区的生物多样性。因此,东盟必须协调各国在全东盟范围内,进行生物多样性的系统调查、研究和评估,充分利用国际合作,进行生态系统就地保护和生物遗传资源迁地保护的活动,并建立一个东盟地区生物多样性的保护中心。为实现此战略目标,采取的具体行动有:①加速建立保护、保存遗传种质资源和珍稀濒危动植物物种的体制;②提高地区生物多样性保护的科学研究与开发能力。

6. 制定保护海洋生物环境、开发东南亚近海海域的行动计划。东南亚海洋资源丰富,有2500多种鱼类和无脊椎动物,渔业产品占全世界的 11%。近年来,东盟各国的海洋捕渔业有了很大的发展,但由于捕获过多,陆源污染和石油泄漏,使得许多主要的近海捕渔区的海域生态环境日趋恶化,海洋生物资源锐减。同时,赤潮频繁发生,红树林资源遭到严重破坏,珊瑚礁的生态系统也受到严重破坏。因此,东盟国家必须加强合作,采取统一行动,健全海洋资源综合管理机制,防止并减少和控制海洋生态环境的退化,以确保海洋资源的可持续利用。为实施此计划所采取的行动有:①健全地区海洋海岸环境协调管理机构;②建立地区近海海域集中管理体制。

7. 加强有毒化学药品和有害垃圾的管理,严格控制有害垃圾的流入。东盟严格管理有毒化学药品和有害垃圾的生产和处理过程,并专门采取行动予以实施,主要包括:①制定东盟地区审定高污染产业和控制有毒化学制品进入的准则;②加强有毒化学制品和有害垃圾越境转移的信息网络建设工作。

8. 建立一个促进环境无害化技术转移的体制。现有的污染控制技术只能停留在把污染物从一种介质转到另一种介质上,使人类避开受到它的直接危害,但没有从根本上消灭污染物,整个地区的环境质量没有得到实质性的改善。而环境无害化技术,在使污染物减少的同时,还可以持续利用资源,对残余物和废物进行循环再利用,实现清洁生产。为实施此战略,采取的行动为:①迅速与环境无害化技术情报所建立联系,使各成员国可以得到适合本国的先进技术;②建立确认研究与开发成果的最终用户以及鼓励私营部门参与的机制;③加强东盟各委员会之间的联系和合作,共同开展有关环境的研究与开发工作;④支持发展本地区自己的技术或适用于本地区需求的外来技术,促进这些技术产品打入区域市场,并得到推广利用。

9. 积极开展地区性合作,提高主管部门在可持续发展中的作用。东盟地区的可持续发展进程取决于广大民众对环境发展的认识和作出最佳选择的能力。研究部门应向民众定期提供不同层次上的环境专业知识和信息,使其树立环境意识,了解环境的承载极限。东盟环境高官会议将通过正式或非正式的途径,把各种计划的实施情况公布于众,并建立相应的机制,加强教育和培训工作,提高 21 世纪议程中主管部门的运作能力,使其发挥更大的作用。实施此战略的具体行动有:①出版地区环境杂志和新闻通讯;②加强区域信息网络的建设和环境教育计划的交流;③制定相应的战略行动计划,加强环境管理、决策部门的参与和作用。

10. 建立实施和管理地区环境计划的协调机制。东盟环境高层组织提出要把环境保护的设想落实到东盟委员会的各个计划和活动中去,对其活动和项目中涉及的环境问题及相应的环保措施进行评估。实施此战略的具体行动有:①在东盟秘书处建立一个规划、监督和推动环境政策实施的运作体系;②制定计划项目的资源和资金需求,并制订一套确定优先领域和项目的准则。

我们不难看出,此战略行动计划包括三个层次:首先,东盟从政策决策的高度,考虑本地区的可持续发展问题,并针对东盟自身是一个地区性组织的特点,重点突出它的协调功能、宏观框架性决策的制订功能、以及履行国际协议的功能。在这个过程中,信息数据库的建立对东盟地区的环境保护无疑是一种必不可少的手段。

其次,在生物多样性保护、海洋生物保护开发和有毒化学药品、有毒垃圾管理等涉及环境保护的具体方面,东盟从可持续发展的立场出发,提出一系列具体的行动计划,包括管理体制、管理机构和研究开发等方面的内容。最后,在实施计划的具体措施上,东盟提出要促进环境无害化技术的转移、环境信息的公开和环境知识的宣传,加强东盟环境高层组织的协调作用。总之,此计划从战略的高度体现了东盟可持续发展的思路,并提出了具体的行动计划,是东盟在环境保护和可持续发展领域的行动纲领。

二、关于环境和发展的雅加达宣言

《关于环境和发展和雅加达宣言》是于1997年9月17日东盟的第七次环境部长会议上通过的。此时的东盟,经过三十年的发展,经济上取得了长足的进步,创造了"东亚奇迹"。但在逐渐走向繁荣的背后,人们似乎忘记了"狼来了"的提醒。1997年7月初,随着泰铢的突然贬值,东盟开始经历了一场严重的"金融危机"。这份宣言便是在这样的社会经济大背景下发表的。

宣言中提到,在未来的一千年中,繁荣、平等和安全健康的环境是人类美好理想中不可分割的整体;经济、环境和社会目标是互相联系的,通过协调处理它们之间的关系,我们的下一代会比我们生活得更美好;持续稳定的经济增长是东盟国家繁荣的基础,是可持续发展的基石。为了提高东盟人民现在和将来的生活质量,更好地应对全球环境挑战,东盟必须认真考虑国家、区域和全球经济增长对生态环境的影响。火灾、洪水和台风所引起的灾害已引起世界的担心,东盟国家亦无法逃避这些自然灾难的威胁。此外,东盟还应更加关注由森林火灾引起的越境污染,以及所造成的生态、经济、健康和政治影响。东盟进一步认识到,快速的经济增长和资源消耗会造成环境的污染和破坏。要解决这些环境问题,东盟各成员国需要采取更具体的联合行动。因此,东盟环境部长们一致同意:

1. 在竞争日益激烈的当今世界,东盟各国必须保持基于效益基础上的健康的经济发展势头,以创造丰富的物质财富、创造平等的工作机会,并努力解决贫困问题,提高所有东盟人民的生活质量和环境质量水平。

2. 生产、使用和出口能可持续利用资源的商品和服务项目,并提高其在全球的竞争力。

3. 阻止国内污染源的扩散,控制易产生越境污染的行为。在必要时刻,各成员国要团结合作,共同行动,并相互提供援助。

4. 欢迎国际合作和援助,以加强东盟可持续发展的能力。

5. 制订一套内容丰富的公众道德规范,鼓励个人、团体、机构和企业在经济、环境和社会方面,对自己的行为负完全的责任。

6. 以尽可能灵活、具有开拓性的及高效的方式,支持、促进个人、团体和企业实现经济效益目标。

7. 在全球环境事务中起到带头作用,确保国际社会对发展中国家采取公平的措施,并提供适当的手段帮助发展中国家履行自己的义务。

8. 支持 UNEP 继续作为促进全球环境发展的重要机构,希望它的改组将会简化政策制订程序,以促进项目的实施并增强它在处理地区事务中的作用。

9. 敦促发达国家履行 UNCSD 中的任务，为有效实施《21世纪议程》，提供额外的资金援助和技术支持。

10. 敦促发达国家根据《柏林授权》，实现减少和限制温室气体排放的目标。

11. 敦促已签署《巴塞尔公约》的所有成员国尽快批准公约修订案，并禁止一些发达国家以各种方式向发展中国家转移有害垃圾。

此宣言对可持续发展进行了全方位的阐述，提出了环境的全球性问题，并且明确了东盟国家所应承担的义务，体现了"发展优先，兼顾环保"的主体思路。发展经济是东盟国家的首要任务，通过良好的环保政策以及资源的节约政策来辅助经济发展是众多发展中国家典型的发展模式。宣言还指出了本地区重点环境污染问题的防治和解决思路。

三、烟雾污染行动计划

印尼的森林火灾是困扰东盟多年的问题，尤其是 1991、1994 和 1997 年，火灾的发生频率和影响范围都有所加剧。1997 年在印尼的苏门达腊和加里曼丹岛上有 80 万到 170 万公顷森林和灌木丛被烧毁。火灾引起的烟雾及特殊污染物不仅影响了印尼，还殃及其他邻国，特别是文莱、马来西亚和新加坡，导致这些地区空气污染指数急剧上升。

对烟雾污染问题,继在第六次东盟环境高官会议(1995年9月20~22日)上通过的"救火特种部队"计划后,又在1997年12月推出了《区域烟雾污染行动计划》。

(一)《区域烟雾行动计划》的目标

- 通过更有效的管理政策和强制措施防止森林火灾的发生;
- 对森林火灾建立切实可行的监测机制;
- 加强区域防灾减灾的能力。

(二) 区域防灾的措施

东盟国家认识到必须加紧制订防止和减轻森林火灾的国家政策和策略。一些成员国在此方面已经作出努力,而另外一些国家正根据自己的发展需要、优先发展项目和关注的焦点等,积极筹划相应的战略计划。区域的防灾减灾策略主要涉及以下内容:

- 制定消除森林火灾隐患和控制静源、动源烟雾排放的策略,如制定空气质量管理法;实施空气质量监测报告制度;建立国家特遣部队或委员会,制订火灾烟雾污染预防治理策略以及相应的计划;应用信息技术,为职能部门提供烟雾污染信息;增强公众关于烟雾污染的意识。
- 对能引起陆地森林火灾的行为予以劝阻和引导。
- 建立一套防止火灾蔓延、及时有效地调动人力物力资源的科学管理系统。
- 培育灾后恢复、生物制品转化(如制造煤砖)以及合理处置农业废弃物的技术市场。

(三)区域烟雾监测机制

为此,东盟提出应进行以下工作:建立区域内火灾早期预警和监控系统,在火灾发生早期作出预警;评估气象条件,预测烟雾的扩散范围;连续追踪火势、烟雾扩散及控制点情况,收集基础数据,以便采取合理的强制措施。

四、东盟越境污染合作计划

1994年10月21日在马来西亚的古晋市召开的关于环境问题的东盟非正式部长级会议上,对越境污染问题进行了讨论,提出东盟国家应积极合作,发挥各国家的专长和实力,来共同解决这个难题,使它的危害减至最小。因此,1995年6月,在吉隆坡召开的东盟越境污染管理会议上正式通过了《东盟越境污染合作计划》。此计划包括三个项目领域:即空气越境污染、有害废弃物的越境转移和航海运输越境污染。合作计划对每个项目领域的目标、策略、行动和制度条例进行了详细规定,还包括了实施计划的步骤和评估计划实施情况的指导方法。此外,合作计划还涉及地域外的资源支持部分,如技术支持和资金援助等。

(一)空气越境污染项目领域

1. 目标
   • 评估当地或地区内烟雾事件的起因、性质和范围;
   • 通过采用合理的环境技术,加强国家和地区评估、缓解和管

理烟雾污染的能力,以控制国家和地区级的大气污染源;

• 制订和实施国家和地区的紧急反应计划。

2. 策略

解决空气越境污染的最好的短期策略是防止人为森林火灾的发生,特别是控制林区、农场和移民区的放火开荒行为。长远战略是通过吸引贷款或投资,在各个经济部门大力推广零燃放技术。

3. 行动

针对于短期策略,有下列措施:

• 通过早期预警系统,定期监测和防止森林火灾;

• 禁止在干旱季节放火毁林;

• 烟雾发生时,将其污染控制在最小范围内,及时启动通讯网络,共享信息,互通情报,并采取相关的联合行动;

• 增加生物制品转化方面的投资。

针对于长期战略,应采取以下行动:

• 在每个国家建立"国家级防火点",并做到统计现有资源,建立目录清单;实现区域信息共享。

• 拓展东盟气象专业中心(ASMC)的业务,构建大气扩散模型,预测烟雾污染区及其扩散速度。

• 为林业及相关部门建立火灾预报(预警)系统。

• 建立区域内火灾危险等级体系。

• 实现防火、防污染和减灾知识和技术的共享。

• 控制其他空气污染源,加强对容易引起火灾的地区进行监控,防止火灾的发生。

• 扩大东盟森林管理机构(AIFM)的作用,使之在普及森林火灾管理知识、增强各国管理能力方面起到一定作用。

(二) 有害废弃物越境转移项目领域

1. 目标:防止和控制有害废弃物的非法越境转移。
2. 策略:所有成员国应当履行《巴塞尔公约》。
3. 行动
- 确定每个东盟成员国的主要污染问题。
- 交流有害废弃物的种类信息和每个国家在处理这些废弃物时采用的污染控制措施。
- 建立工作程序表,评估管理有害废弃物的能力。
- 敦促国家立法,控制境内外的有害废弃物转移。

(三) 航海运输越境污染项目领域

1. 目标:确定共同关心的有关事宜,形成适当的策略,制订控制航运污染的具体计划。
2. 策略:所有东盟成员国应当探求减缓海运污染物的机制和措施。
3. 行动:
- 确认东盟成员国的国家重点污染源;
- 通过实施《石油泄露反应行动计划》(OSRAP)和批准《海洋污染公约》(MARPOL),强化现有管理措施;
- 协作执行强制行动;
- 鼓励私有企业共同合作,减缓海运污染;
- 培训提高有关负责人在减缓海运污染方面的技能;

- 为区域内外机构提供实用的培训教程,以提高其实力水平;
- 为协助执行强制行动,建立消除淤泥的停泊场。

第七节 世界可持续发展工商理事会

一、关于世界可持续发展工商理事会

世界可持续发展工商理事会(WBCSD)是一个由国际工商企业集团组成的联合组织,其120多个成员来自34个国家的20多个主要产业部门。这些成员均为世界著名集团公司,如德国大众汽车、飞利浦电器、壳牌石油、AT&T、通用汽车、施乐、NEC、三菱公司、瑞士银行等。中国石油化学总公司也于1997年加入了WBCSD。此外,WBCSD还发展了18个国家和地区级的可持续发展工商理事会(BCSD)及4个伙伴组织,代表了世界600多家公司,形成了一个全球网络。

(一) 背景和组织机构

世界可持续发展工商理事会于1995年1月由可持续发展工商理事会(Business Council for Sustainable Development, BCSD)和世界环境工业理事会(World Industry Council for Environment, WICE)合并而成,总部设在日内瓦。BCSD和WICE作为里约会议精神的积极响应者,长期致力于工商界参与支持可持续发展的事业。WBCSD秉承了BCSD和WICE的宗旨,提出了一系列工

商业可持续发展的战略、政策和实施措施,并取得了积极成果。

WBCSD的最高管理机构是执行委员会,委员为成员公司的总裁或具有同等级别的行政官员,日常事务由秘书处负责管理。WBCSD的成员公司承诺为可持续发展和环境管理作出努力,在各自的领域为工商界作出表率。成员公司必须利用自身优势,提供其技能、知识、经验和人力资源支持WBCSD的工作。理事会执行委员会的委员对WBCSD的政策制定有着重要影响。委员们还为WBCSD的工作计划提供支持,保证可持续发展计划在各自的企业内得以实施。理事会每年举行年会,确定WBCSD的优先发展项目,讨论可持续发展战略。理事会年会为企业领导层提供一个分析、讨论和交流有关可持续发展和环境保护方面经验的机会。

(二) 目标

WBCSD的目标是发展企业、政府以及所有关心环境和可持续发展的组织之间的紧密合作关系,鼓励企业自身实行高标准的环境管理。具体目标可以分为四个方面:

1. 在环境和可持续发展事业上成为企业的倡导者;

2. 参与制定相关政策,促使企业为可持续发展作出积极贡献,使企业在追求经济利益的同时,确保环境效益和可持续发展的前景;

3. 展示企业在环境和资源管理方面取得的成果,促进成员之间互相学习交流,使企业认识到:实施环境管理不仅能为改善人类生存环境作出贡献,也可以提高企业自身的竞争能力;

4. 帮助发展中国家和处于过渡时期的转轨国家实现可持续

发展。

(三) WBCSD 制定政策的原则和方法

在有关政策制定过程中，WBCSD 首先向成员公司进行咨询，根据企业在可持续发展方面共同关心的问题，提出关键的政策要点，然后经过仔细研究、讨论，将这些政策作为优先执行政策。通过总结选取典型范例，在更多的企业中加以推广，并将这些典型范例推荐给环境政策的有关决策者，使之对有关政策的制定产生影响。WBCSD 的政策研究涉及范围广泛，包括贸易和环境、可持续的生产和消费模式、气候变化、能源利用以及金融市场等。

WBCSD 利用所建立的全球性网络，广泛收集各地方工商理事会在可持续发展实践中所取得的经验教训。这些经验不仅为 WBCSD，也为发展中国家和正处于过渡时期的东欧国家制定发展战略提供了很好的借鉴。通过网络，各地方工商理事会也能够学习世界其他地区环境管理的实践经验和可持续发展的战略思想。

二、WBCSD 的可持续发展战略和政策

WBCSD 从工商企业的角度认识可持续发展问题，它认为，可持续发展包括三方面的含义：经济发展、生态平衡和社会进步，三者缺一不可。从长远来看，不考虑对环境影响的经济发展是不可持续的。同样，缺乏创造财富机制支持的社会发展最终只会限制自身的发展。

WBCSD 的政策内容广泛，主要包括：

(一) 生态经济效益(Eco-efficiency)

生态经济效益(Eco-efficiency)是经济(economic)和生态效益(ecological efficiency)的合称,即以最少的资源损耗和环境污染生产最多、最新和最好的产品并提供最完善的服务,它是 WBCSD 的核心思想,指导着理事会及其成员企业的所有工作。越来越多的企业认识并接受了 Eco-efficiency 的概念,实践证明企业从中收益匪浅。WBCSD 认为,企业要达到经济效益和生态效益并重,必须要在为满足人类需求和提高生活质量提供富有竞争力的产品和服务的同时,在生产和消费的整个过程中,不断地将对生态系统的影响和资源的损耗减少到我们的地球可以承受的水平。具体来讲,企业必须努力做到:

- 减少产品和服务的原材料使用量;
- 降低产品和服务的能量消耗;
- 减少有毒物质的扩散;
- 提高原材料的可回收性;
- 最大限度提高可再生资源的持续利用率;
- 延长产品的寿命;
- 加强产品的服务。

此外,企业的金融行为也影响它的环境行为。企业推行建立生态效益与经济效益并重的运作模式需要金融市场的承认和支持,否则,企业很难向可持续发展迈进。

(二) 贸易和环境

WBCSD 致力于推动公众更好地理解贸易和环境之间的关系,关注贸易发展、外来投资和可持续发展的关系。WBCSD 认为,贸易与可持续发展两者相辅相成,只要处理得当,贸易有助于可持续发展。可持续发展的概念必须渗透到商品的生产和消费、国内和国际贸易交往的全过程中。WBCSD 工作组发表的题为《贸易和环境:企业前景》的研究报告中,深入分析了贸易和环境复杂的内在关系。来自 WBCSD 成员企业的 50 名专家和其他外界学者参加了这项工作。报告认为,解决贸易和环境之间潜在冲突的主动权就在企业自己手中,关键是每个企业要将环境管理放在优先发展的地位,并由主要负责人直接负责。企业的自发行为比立法更为有效。此外,企业还必须考虑其所有贸易伙伴的环境政策。报告提议建立一种连接机制,协调国际贸易法和多边环境协议。

(三) 气候变化

人类正在研究温室气体对全球气候的长远影响。WBCSD 认为,工商企业应该在寻求减少温室气体排放的方法上发挥重要作用。WBCSD 努力寻找一种建设性的、企业起带头作用的应对气候异常的方法,为此专门制订了"针对气候变化的国际企业行动计划",目的是在 WBCSD 的成员公司和发展中国家以及正处于过渡时期的转轨国家的企业间建立起伙伴关系。这项计划的核心是合作,鼓励发达国家的企业在其他国家对有关减少污染排放的开发项目进行投资,达到双方互信互利。WBCSD强调合作精神,鼓励私人资金投入到国家的优先发展领域,最大限度发挥资金的效用。同时也为发展中国家创造了就业机会,为那些在下个世纪有巨大能源需求的国家提供了学习发达国家先进技术的机会。

(四)自然资源保护

水资源作为人类生产生活必不可少的自然资源,对人类有着重要影响。在全球许多地区,由于低水平的管理导致了水质的严重恶化,同时由于人口增长、工农业生产的发展增加了对水的需求。在WBCSD与联合国环境规划署合作的研究报告《工业、水和可持续发展》中的案例研究显示,由于工商企业拥有技术和管理方面的优势以及较充足的财政资源,完全有能力最大限度地减少单位产品的耗水量,在水资源的社会管理中起到举足轻重的作用。但是,工业部门只是众多的影响因素之一,研究表明,农业和城市生活消耗的水资源量最大,产生更为严重的环境污染,单靠企业的力量不可能根本解决污染问题。报告指出,政府部门应该逐步停止发放不合理的补贴,用水价格要能反映其真实价值,鼓励减少浪费,提高水的循环使用率。此外,政府还需出台相关政策,鼓励增加在供水设施建设方面的私人投资。

许多自然资源保护公约对企业产生了多方面的影响。如政府部门为执行"生物多样性公约"所采取的政策,例如,禁止过度开发土地,保护生物资源,保证生物技术工程安全等,都与企业的发展密切相关。WBCSD与世界自然保护联盟(World Conservation Union,WCN)联合发表的《工商业和生物多样性:私营企业指南》,

解释了公约的原则性特点,探讨了可能产生的问题和机遇,以及在公约的执行过程中如何制定体现工商界人士观点的发展战略。

(五)社会协作

WBCSD认为,社会协作与经济发展、生态平衡共同组成可持续发展的三个重要支柱,是未来可持续发展的一个重要方面。社会协作关心人权、环境、厂商关系、社会参与和社会监督等方面的问题。WBCSD强调社会协作,目的是引导工商界成为迈向可持续发展社会的贡献者和领导者。企业应该将着眼点从狭隘的对股东负责转向对全社会负责,即加强企业的社会责任感,增强公众对企业职责范围的影响力。企业在决策时要吸纳公众意见,这样才能减少失误,真正体现对全社会的责任感。

三、WBCSD的核心战略思想——生态效益与经济效益并重

WBCSD在1996年发表的报告《改善经济和环境行为的生态经济效益企业典范》中阐述了其核心战略思想——生态效益与经济效益并重(Eco-efficiency)。1997年进行的一项题为"环境行为和股东评估"的研究着重研究了建立环境和金融行为的密切联系问题。1998年与联合国环境规划暑(UNEP)共同发表的《清洁生产和生态效益与经济效益并重——迈向可持续发展的互补方法》指出,清洁生产和建立生态效益与经济效益并重的企业模式两者可以互相补充与互相促进。

（一）WBCSD 的指标体系

企业如何检验它们的环境行为，如何衡量它们是否取得生态效益，金融市场如何评估企业，需要制定一套统一的方法和一套适用于产品、企业乃至各个工业部门的指标体系。为此，WBCSD 专门成立了一个研究小组。良好的衡量体系有助于企业管理者作出正确决策，也有助于金融界和其他非政府组织、社会团体将环境资料转化为金融信息。研究小组提出用每单位环境负荷的产出价值来衡量企业是否做到生态效益与经济效益并重。

制定指标体系主要依赖于产品的相关指标、数据收集、权重分析和归一化以及衡量产品的物理手段和金融手段。研究小组参考了有关领域其他国际组织，如世界资源研究所（WRI）的研究成果定义了一套横向可比的指标，并确定了指标的选择方法。并在成员公司里开展试点，编制培训和应用教材，开发推广支持体系。研究小组的第一份报告"衡量生态效益与经济效益并重的现状分析"汇编了当前对工业企业环境行为进行量化分析的研究成果并收集了研究实例。

（二）实行生态效益与经济效益并重的企业运行模式

WBCSD 进行的大量案例研究显示，企业实行生态效益与经济效益并重的运行模式，不仅获得了经济效益，还保护了环境，提高了企业的公众形象，达到了所谓的双赢效果。

Danfoss 公司便是实行这种经济与生态效益并重的企业运行模式的成功典范。Danfoss 公司是一家生产密封压缩机和泵等设备的跨国公司,有雇员 1.8 万人。它的主厂位于波罗的海一个叫 Als 的小岛。公司是岛上最大的用水户,每年要从全岛提取 200 万立方米的用水。1983 年,小岛含水层水位已经降到了危险高度,将会导致海水入侵。

公司管理层清醒地认识到,如果对社会共用资源管理不当,企业就会面临各种不同风险。Als 岛上 5 万居民的用水问题是地方政府首要考虑的问题。这就意味着如果海水侵入地下水源,Danfoss 公司的用水量就会遭到削减,如果削减到生产所需用量以下,将会导致企业的严重困难。公司决定运用生态效益与经济效益并重的企业运行模式来进行风险管理。为此,公司制定了一系列措施,如优先考虑有关水的问题;发挥所有员工的积极性;检查所有用水设备和程序等,并修建了一座新的净化厂,将经净化的废水通过管道直接排入海中。

1983 至 1997 年间,公司的产量增加了 2.6 倍,而用水量从 200 万立方米减少到 34 万立方米,降低幅度达 83%。至 1998 年,地下水位上升了 1.8 米,完全消除了海水侵入的威胁,从而保证了公司和岛上居民的用水。表 4-6 列出了公司 1983 年至 1998 年的用水情况。

表 4-6　Danfoss 公司 1983~1998 年用水情况变化

单位:万 m^3

年份	1983	1986	1992	1994	1996	1997	1998
处理水	67	62	19	14	12	12	12
冷却水	116	78	10	10	8	16	12

生活用水	13	13	12	12	12	10	10
其他	4	4	5	5	5	0	0
总计	200	157	46	41	37	38	34
地下水位（海平面以上,米）	0.00	0.09	1.41	1.66	1.43	1.54	1.8

此外,鼓励和实行可持续的用水政策也提高了员工和岛上居民的健康水平,改善了外部环境,在员工、岛上居民、地方政府和消费者中树立了良好的企业形象。Danfoss公司的经验表明,任何依赖于社会共用资源的企业都必须考虑各方面利益。否则,企业将陷入危险境地。只有对环境问题足够重视并付诸实践,企业才能降低风险,获取经济效益。

（三）副产品综合利用

副产品综合利用是WBCSD强调的实现生态效益与经济效益并重的另一措施,其含义是将工业生产的副产品和废弃物转换成其他工业部门、农业生产和社会所需的有用物质,实现资源的可持续利用。

WBCSD的一些成员公司开展了一系列副产品综合利用计划,取得了很大的成功。墨西哥湾地区可持续发展工商理事会（BCSD-Gulf Mexico）总结成员国的经验,于1997年发表了一份报告"副产品综合利用——可持续发展的一项战略",阐明了企业、社会和环境如何从这项发展战略中获得相应的利益。1998年,WBCSD开始在发展中国家和正处于过渡时期的国家中宣传副产品综合利用的思想,并大力推广在实际中的应用。

四、其他工作成果和未来计划

在过去的几年里,WBCSD按照其可持续发展战略思想,为推动全球工商界的可持续发展做了不少工作,在国际社会产生了一定的影响。

作为"针对气候变化的国际企业行动计划"的一部分,1997年WBCSD召开了多次研讨会,确定了一些被称之为"潜在经济伙伴"的计划。到目前为止,与世界银行合作,已经有80项计划得到审议,大部分承诺已得到评估。1997年12月,WBCSD与国际商会(International Chamber of Commerce)在日本京都举行的《气候变化框架公约》第三次缔约国大会上发表了题为《企业和气候变化:降低温室气体排放的案例研究》的报告,总结了工业界所取得的成就,报告包括34家企业的案例研究。研究表明,这些企业一年总共削减了相当于几十亿吨的二氧化碳排放。WBCSD还对世界银行计划中的碳投资基金(Carbon Investment Fund)提出建议,并协助联合国贸易和发展大会(UNCTAD)开展了有关这方面的工作。

WBCSD在1998年召开了两次研讨会,主要讨论市场可持续性问题。参加者来自政府、科研部门、非政府组织、消费者和WBCSD的成员和非成员企业。研讨会的主题分别是"权利、地位、责任和改革"。会议讨论了全体利益相关者的权利,明确了各方的地位和作用,指出了大家团结合作、缓解当前生产与消费之间矛盾的途径。研讨会探讨了企业如何影响市场的可持续性,并确立了企业在改革创新中应遵循的原则和标准,提出要进一步理解"提高生活质量"和"改革"的含义。1999年4月WBCSD将研究成果向联合国可持续发展委员会第七次会议进行了报告。

WBCSD还十分重视媒体的监督作用。他们与一些大的媒体建立了良好的关系,将WBCSD的工作和政策立场公诸于众。尽管有时得到的评价是负面的,但是,正是在舆论的监督作用下,WBCSD几年来取得了令人瞩目的成绩,发表了大量的研究报告、通讯和正式出版物,如季刊《贸易和环境公告》不断刊登了贸易、投资和可持续发展领域的活动和进展并作出评论。WBCSD还在国际互联网上建立了网站,综合介绍WBCSD的工作。

教育和培训是WBCSD的另一个工作重点。他们在奥斯陆成立了工商业和可持续发展基金会,专门资助可持续发展领域的教育和培训计划。基金会在互联网上主要面向全世界的大学和工商学校发布WBCSD的有关观点和思想,并组织了一个题为"可持续的工商业挑战"的网上考试,让大学和工商学校的毕业生在他们投身于社会之前了解可持续发展的思想。基金会的这项工作得到了国际社会的肯定,有的学校还将这门考试正式列入了教学课程当中。

WBCSD在制定未来工作计划时,依据这样的原则:一个新的思想或一个新的理念所产生的新措施,在竞争的环境下要具有足够的应变能力。WBCSD探索了工商界未来面对可持续发展挑战的对策,尝试弄清变化的实质以及企业如何应变,并预测了三种可能出现的情况:第一,社会和环境问题被忽视,经济发展和技术创新给我们提供未来保障。第二,可持续发展被融入到市场机制之中,企业成为面对社会和环境挑战的积极领导者。第三,当危机来临时,社会摒弃政府的那些无用的形式,寻找新的社会管理模式。为了推动未来工作的发展,WBCSD成立了专门小组,研究可持续发展的对策,为成员企业可持续发展战略提供参考意见。

五、WBCSD在可持续发展国际舞台上的地位和作用

WBCSD积极参与和组织了国际上有关实施可持续发展战略和《21世纪议程》的重要活动,参加了"里约+5"、地球理事会论坛、联合国可持续发展委员会等一系列重要会议,以展示其在国际可持续发展舞台上的地位和作用。WBCSD为全球工商界可持续发展所做的努力得到了国际社会的认可。巴西可持续发展工商理事会主席,巴西White Martins公司主席Felix De Bulhoes说:"White Martins公司一直致力于巴西的环境保护工作并资助了一些有关可持续发展的计划。通过加入WBCSD,我们有机会为全世界的可持续发展事业作出贡献。"日本尼桑汽车公司主席Yoshifumi Tsuji评价道:"我们正处在一个全球范围内对环境保护的要求日益提高的时代,这就要求工商界联合起来,采取有效措施,保持企业、社会财富和环境三者间的平衡。WBCSD为这种国际联盟提供了良好的基础。"[1]

WBCSD作为全球工商界可持续发展的积极倡导者,汇集了

---

[1] WBCSD: *Annual Keview 1997*. WBCSD Report, Geneva, 1998.

全世界 120 多家工商企业巨头,他们提出的关于工商企业界可持续发展的战略思想代表了其成员公司的理念和思想,具有相当的号召力。他们所制定的发展政策对工商界可持续发展起到了良好的推动作用,尤其是他们在企业中推行建立生态效益与经济效益并重的发展模式,促进传统的不可持续的生产和消费模式向可持续转变。几年来的实践证明,通过建立生态效益与经济效益并重的发展模式,企业有效地降低了生产成本和经营风险,使企业真正走上了可持续发展的道路。

第八节 地球理事会

一、简介

地球理事会(Earth Council)是一个世界性的非政府组织。该组织成立于 1992 年 9 月,秘书处设在哥斯达黎加。地球理事会管理机构由来自世界各地的政府部门、经济团体、科研机构和非政府组织的 21 位成员组成,并由世界上的十多位知名人士担任荣誉会员,主席由联合国环境与发展大会秘书长莫依·斯特朗担任。此外,地球理事会还建立了专门的研究机构,为咨询委员会提供科学决策咨询服务。其运作的资金主要来自地球理事会基金会。

地球理事会成立的主要目的是从非政府组织的角度推动里约环发大会决议的实施,并鼓励和支持各国建设更加安全、平等和可持续的社会经济系统。为了达到这一目的,地球理事会主要致力于三方面的工作:提高公众环境意识,促进传统发展模式向可持续发展模式过渡;鼓励公众参与政府决策活动;努力在非政府组织和政府之间建立起理解与合作的桥梁。为此,地球理事会于1996年初提出了建立"全球伦理和价值运作体系"、进行可持续发展所需的经济改革、采取决策过程的公众参与机制等六个核心倡议,并与其合作者和资助者一起执行这些倡议。

地球理事会成立以来,为实现世界各地的可持续发展战略开展了一系列活动。这些活动的目标是,在伦理和民主的框架内,使全球各地的经济、环境和资源普遍而和谐地朝可持续的方向发展。为了开展这些活动,地球理事会采取了四个既相互独立又相互促进的战略方案:

1. 多方参与机制方案。将重点放在建立区域可持续发展国家理事会上,将经济、社会和环境政策统一纳入地方和国家的发展计划,并促进国际合作。

2. 可持续发展立法框架方案。通过国际、区域和国家的一致性协商,建立国家可持续发展立法框架,并通过当地政府推动有关法律的执行。

3. 伦理与民主原则方案。使伦理与民主原则融入政府的政策框架内,并推动建立区域间的可持续发展调解机构。

4. 信息资源和流通资金的管理方案。推动可持续发展的信息资源建设和科学管理,促进各类投资资金的合理流通和调度。

二、有关活动

地球理事会为自己设定的使命是,通过支持民主化进程使可持续发展具有可操作性,并为各国可持续发展国家理事会实现这一目标提供适宜的机制。为了扩大自身的影响,地球理事会积极参加一些国际会议和活动,如联合国可持续发展委员会(UNCSD)和"里约+5"的各种活动,以及各国可持续发展国家理事会开展的活动。1997~1998年,地球理事会协助玻利维亚、布基纳法索、哥斯达黎加、日本、墨西哥、菲律宾、波兰、乌干达等国家开展其可持续发展国家理事会的一些活动。到2000年,地球理事会计划协助大约70个可持续发展国家理事会的活动。为了达到这个目的,地球理事会开展了如下工作:在联合国发展计划署全球环境融资(GEF)的资助下,为哥斯达黎加等六个国家推进旨在提高环境质量的项目;帮助布基纳法索、多米尼加共和国和乌干达的非政府组织建立公众秘书处,并以此促进这些国家的公众参与可持续发展国家理事会的决策活动;举行一系列的区域性会议,为各国交流实施可持续发展的实践经验和各种观点提供机会;建立可持续发展国家理事会的时事通讯网络与网站,使之成为全球有关可持续发展国家理事会信息的交换场所。

地球理事会还通过与拉丁美洲地区最高立法机构的合作,支持拉丁美洲可持续发展的立法,目的是加强拉丁美洲国家现有立法的信息交流。地球理事会多次参加拉美地区立法机构所主持的定期论坛中关于环境与可持续发展的一系列会议,并参与了该地区立法机构的有关立法活动。此外,还组织了拉丁美洲及加勒比海地区议事法规专家会议,分析并讨论地区性战略问题。为了推行可持续发展立法计划,地球理事会与全球立法者组织欧洲执行委员会在丹麦共同组织了议事法规专家会议,通过回顾可持续发展政策与立法过程,总结推广可持续发展立法在一些国家所取得的成果,强调要把环境意识融入各领域的政策法规中。

为了使人类理性地把握生活、工作和信仰中的行为价值,规范人类活动,地球理事会于1993年与"国际绿十字会"合作,制定了一个《地球宪章》。在形成《地球宪章》草案的过程中,广泛采纳了各类团体和公众的意见和建议。目前,《地球宪章》已经成为促使人们行为方式向可持续方向转变的管理性参考文献。

地球理事会还建立了一个信息资源体系,其目的是帮助交换可持续性发展的理论知识和实践经验,把科技知识、社会文化和当地传统文化转化到信息、培训课程和具体的实施项目中,以加强专家和公众之间的沟通和理解,并且将其纳入地区及国家的社会、经济和环境计划。这有助于推动和加强公众更有效地参与当地和国家理事会的有关决策。这个信息资源体系将和所有地区和全球性组织的信息体系一起合作,为信息资源的提供者和使用者提供更广阔的合作机会。该系统还将取得各个国家的政治和财政支持,为可持续的发展建立国家级和区域性信息资源网络,以提供地方、国家和区域"可持续发展管理系统"的相关信息,公布有关政策背景的调查情况和分析结果,以及那些在"里约+5论坛"上所确定的问题(如环境和健康、可持续农业、可持续能源发展和利用、经济改革、评价和监测工具)等的解决情况。

在与可持续发展国家理事会及区域性经济团体的合作中,地球理事会实施了一个特殊的项目,即经济改革的范·里纳普(van Lennep)项目。该项目的取名是为了纪念地球理事会前任成员、经济合作与发展组织秘书长、前荷兰首相艾米尔·范·里纳普。该项目的目的是在一个更广的范围内实施经济激励机制的研究与转化,促使传统的生产和消费模式向可持续方向转变。在实施这一项目的第一阶段产生了《补贴不可持续发展:用公众资金破坏地球》的研究报告。该报告明确指出,不论是发达国家还是发展中国家,盲目追求经济效益而不顾生态效益的补贴都普遍存在,每年耗去公众资金 7~9 亿美元。这份报告的发表引起了世界各国政府和机构对于这类补贴的关注。项目的第二阶段以第一阶段的研究为基础,主要研究了可持续发展的经济激励机制,并将研究的范围扩大到农业、林业、生物多样性、矿业、能源、交通和渔业等方面。根据有关研究结果,地球理事会呼吁各国政府应当考查现行的各项补贴对社会、经济与环境的影响,并建议由各国政府及其有关机构取消那些对环境不利的补贴。

对于温室气体排放贸易,地球理事会的观点是:提供一个可进行国际竞争的温室气体排放交易市场,以保护世界范围的经济增长,并鼓励发展中国家和处于经济转型期的国家中有利于可持续发展的新兴投资。1998 年 5 月,地球理事会组织了第三次温室气体排放交易政策论坛。这一政策论坛试图支持对此感兴趣的政府、公司以及非政府组织,设计并实施温室气体排放贸易体系的国际指南,在《京都协定书》的原则基础上,为 2000 年温室气体排放允许量和承诺减少量的贸易建立指导性市场,促进《京都协议书》

的执行。但是,由于温室气体排放贸易问题的复杂性,通过这种论坛的形式很难在此问题上取得实质性的进展。

第 五 章

国际可持续发展战略评价和比较

国际社会关于可持续发展的认识，集中反映在越来越多的国家和国际组织制定了针对本国和自身特点的21世纪议程或可持续发展战略。统览本书介绍的主要国家和重要国际组织的21世纪议程和可持续发展战略，既能领会到这些国家和国际组织关于可持续发展的"共识"，也不难看出他们各自的特色和差异，如：澳大利亚虽然至今没有编制、而且今后也不准备编制国家的《21世纪议程》，但其《生态可持续发展国家战略》作为单项战略颇具特色，反映了澳大利亚贯彻《21世纪议程》的特点。芬兰、瑞典等发达国家实施可持续发展战略的法律体系、政策体系、市场机制以及环境教育等非常值得借鉴。新加坡从硬件、软件和心件全方位推进可持续发展战略。日本贯彻可持续发展战略注重发挥企业界的作用，明确提出企业要与消费者建立共生关系，企业的价值不仅在于向社会提供产品，而且还有责任创建美好社会和改善人的生活质量。瑞典、芬兰等发起的"波罗的海地方21世纪议程计划"在国际社会产生了较大的影响。法国的自然资源管理模式已经被美国、英国、德国和亚洲部分新兴工业化国家广为称赞和借鉴，也受到世界银行专家们的高度评价。加拿大的"经济与环境圆桌会议"模式,吸收政府、非政府组织和社会各界的广泛参与,使其有机会成为环境质量最优秀的国家之一。意大利的"环保运动政党化"也引起了学术界的广泛关注,人们普遍担心,"环保运动政党化"趋势可能导致可持续发展的走向和动力机制的改变。为了便于更深刻地理解和领会这些议程和战略的精髓,本章将首先对它们进行全面的比较分析,在此基础上,预测全球可持续发展趋势,并结合中国的特点,提出对中国可持续发展战略可资借鉴之处。

第一节 国际可持续发展战略比较

自1992年世界环发大会以来,世界各国和国际组织普遍认识到可持续发展对于本国、本地区和全球发展的重要性,纷纷依据在环发大会上达成的共识和自身特点制定各自的21世纪议程或可持续发展战略。这些议程和战略的制定和实施对于全球可持续发展起到了积极的促进作用。在看到贯彻可持续发展战略可喜一面的同时,我们也应清醒地认识到,不同经济类型、不同发展阶段、经历了不同发展道路的国家,关于可持续发展的理解、目标以及实施的手段、方式各不相同,由此不仅形成了泾渭分明的发达国家、发展中国家两大阵营,而且在发达国家、发展中国家内部也存在较大分歧。因此,深刻理解"共识",全面比较这些国家和国际组织反映在各自的21世纪议程和可持续发展战略中的差异,是至关重要的。

一、从可持续发展基本价值原则的认同上看，全球"共识"逐步增强

回顾"可持续发展"概念从诞生到逐步成熟的过程，不难看出世界各国关于可持续发展达成"共识"的艰巨性。可持续发展一词，最初出现在 80 年代中期的一些发达国家的文章和文件中。1987 年，联合国环境与发展委员会在其题为《我们共同的未来》的报告中，可持续发展作为一个关键概念被采用，并给出了定义。但是，该报告对可持续发展的表述至少有六种之多，而且各种表述之间相去较远。此后，发展中国家与发达国家围绕可持续发展的含义又进行了一系列对话和辩论，终于在 1989 年 5 月联合国环境署第 15 届理事会期间，经过反复磋商，达成共识，通过了《关于可持续的发展的声明》（以下简称《声明》）。《声明》认为，可持续的发展，系指满足当前需要又不削弱子孙后代满足其需要之能力的发展，它包括子孙后代的需要、国家主权、国际公平、发展中国家的持续经济增长、自然资源基础、生态抗压力、环保与发展相结合等重要内容。《声明》关于可持续发展的界定继续在南北双方争论了多年，直至 1992 年 6 月在巴西里约热内卢召开的世界环发大会上，可持续发展作为全人类共同的发展战略才得到确认。可持续发展有了一个较为公认的定义："在不损害未来世代满足其发展要求的资源的前提下的发展。"这个定义作为各方都可接受的原则说法，体现了可持续发展内涵的基本价值原则——代际公平性原则、持续性原则和共同性原则，但没有强调"代内公平"。这在一定意义

上反映各国关于可持续发展认识上的差异。

环发大会后,国际社会关于可持续发展基本价值原则的"共识"逐步增强。集中反映在三个方面:

一是越来越多的国家和地方制定了本国和地方的21世纪议程或可持续发展战略。截至目前,已有大约100多个国家政府制定了本国的21世纪议程或可持续发展战略,如本书中列举的大多数国家。有的国家政府虽然没有制定本国的21世纪议程,或者制定的可持续发展战略与行动计划名称不叫"21世纪议程",如美国出台的《可持续发展的美国——新的共识》、瑞典议会通过的《迈向可持续发展——执行联合国环境与发展决定》等,但也根据环发大会通过的21世纪议程调整了国家发展战略,如澳大利亚的《生态可持续发展国家战略》、加拿大联邦政府发布实施的"绿色计划"、日本的"新阳光计划"、欧盟的"第五个环境与可持续发展政策和行动计划"等。这些国家都将可持续发展作为本国的发展战略,并就此提出了一系列具体行动计划。与此同时,21世纪议程和可持续发展战略的制定工作迅速从国家层次向地方层次推进,全球已有2000多个地方制定了地方的21世纪议程或可持续发展战略。

二是各国贯彻实施可持续发展战略的机构不断新设、调整和完善。环发大会以来,已有150多个国家建立了与可持续发展有关的国家委员会或协调机制,有74个国家向联合国可持续发展委员会提交了执行《21世纪议程》的国家报告,介绍本国在实现可持续发展目标方面取得的进展和成就。发达国家,德国、芬兰、瑞典、美国等,分别新成立了国家可持续发展委员会或类似的机构(如美国的总统可持续发展理事会)。发展中国家,韩国,在原国家环境保护委员会的基础上建立了"国家环境委员会"，该委员会不仅有效地协调了国家的环境政策，而且制定了一系列措施配合联合国环境署的工作；泰国负责全国可持续发展事务的专门机构是国家经济和社会发展委员会、国家环境委员会；越南在原国家科学技术委员会的基础上成立了科学、技术与环境部，形成了一套上至中央、下至地方各级政府的环境管理体系；菲律宾、南非、巴西、印度等也分别成立了可持续发展理事会、委员会之类的宏观协调机构；匈牙利没有成立新的负责全国可持续发展的专门机构，而是依靠政府的有关部门和机构，环境和区域政策部、农业部、林业部等十二个部来协调可持续发展问题；印尼正在考虑建立专门的可持续发展委员会，完成可持续发展相应的规划工作，评估监督可持续发展战略的实施情况；玻利维亚通过宪法改革、行政权力分散化、公众参与等措施，对国家机构进行全面重组，并新成立了可持续发展部，以利贯彻实施可持续发展战略；等等。总之，无论是发达国家、还是发展中国家，为了更好地贯彻实施可持续发展战略，都在一定程度上增设、调整和完善了机构。

三是有关国际组织纷纷根据可持续发展原则调整了机构、制定了新的方针政策，关于可持续发展的国际组织、国际会议、国际条约大量产生。联合国系统，根据环发大会的建议，1993年在经社理事会（ECOSCO）下成立了可持续发展委员会（UNCSD），主要宗旨是确保有效实施联合国环发大会的后续工作，以及增进国际合作并使政府间决策过程合理化，使其有能力兼顾环境与发展问题，有效地监督管理《21世纪议程》在国家、地区和国际各级实施的进展情况；开发计划署（UNDP）成立了21世纪议程能力建设计划(CAPACITY 21),作为其在各国实施可持续发展能力建设项目的具体执行机构;等等。世界银行为了支持各国贯彻可持续发展战略,全面调整了贷款项目,制定了国家支持、行业、区域等战略,推动全球可持续发展问题的解决。亚洲开发银行加大了对环境与资源保护项目的支持力度,在开发项目中根据对环境影响程度实行分类。欧盟、东盟等区域性组织,也相应地制定了自身的可持续发展战略及行动计划。世界可持续发展工商理事会和地球理事会则是环发大会后诞生的非政府组织的典型,他们分别通过自身在工商界和公众中的影响,推动全球的可持续发展。此外,联合国系统、政府或非政府组织安排的关于可持续发展的各种国际会议令人应接不暇,各种决议、条约、声明不断产生,一些在环发大会上通过的《公约》的实施与谈判也在紧锣密鼓地进行。

所有这些都清楚地表明,国际社会关于可持续发展的"共识"正在逐步增强。

二、从可持续发展整体上的理解和把握上看,总体目标层次分明

基本价值原则的"共识",不能掩盖整体上的分歧,更不意味着目标和行动的一致。造成这种分歧的原因,一方面源于各国经济发展水平的不同,由此形成了发达国家与发展中国家的严重分歧;另一方面可能源于各国文化和资源环境基础的差异,突出反映在美国和欧洲关于可持续发展认识上的差距。英国外交大臣罗宾科克曾经说过,"隔着大西洋的欧洲同美国、加拿大在文化上是有明

显差异的。难道美国和加拿大政府就没有办法说服他们的老百姓,放弃那种用惯了的奢侈的大型私人汽车和大量消费廉价能源的文化吗?"欧洲各国普遍对全球环境问题持热心态度,他们提出到 2010 年减排 15% 的温室气体的数值目标;而美国则对制定这样的数值目标持消极态度。这种分歧既是源于这两个地区文化上的差异,也是源于欧洲的资源条件——直到 70 年代北海油田得到开发为止,欧洲一直没有油田,石油供应全靠从中东和非洲进口。因此,从整体上分析这些国家和国际组织关于可持续发展的概念、战略目标和行动的优先项目上的特点,不难看出,它们在认识程度上层次清楚,在战略目标和优先项目选择上泾渭分明。

(一) 依据这些国家和国际组织对可持续发展的整体上的认知,可以将它们分成三个层次。第一层次,芬兰、瑞典、挪威、德国、新西兰等少数发达国家,将可持续发展定位于经济、社会以及生态的全面可持续发展。如:芬兰为了明确地规范和界定可持续发展的内涵,可持续发展委员会专门成立了一个特别小组,根据这个特别小组的阐述,可持续发展是指在全球、地区、地方等不同空间尺度上,旨在为当代人和后代人提供享有良好生活的每一个机会、具有指导性的、持续不断的社会变化过程。具体而言,可持续发展包括具有操作性的三个领域,即生态可持续性(包括而且与经济可持续性紧密相关)、社会可持续性、文化可持续性;瑞典 21 世纪议程,即《瑞典转向可持续发展——执行联合国环境与发展大会决定》,强调瑞典要从片面的保护环境转入同时兼顾资源、环境、经济、社会诸方面协调的可持续发展阶段;德国政府认为,根据生态学和市场经济的准则,经济、社会和生态的三位一体是可持续发展模式的本质要求,只有这三个方面达到彼此协调才能认为是可持续发展。第二层次,包括第一层次以外的工业化国家和少数准工业化国家(如新加坡),它们将可持续发展定位于在环境保护的基础上的经济发展。如:美国对可持续发展的定义,"满足现在需求而不损害下一代满足他们自己要求的能力",进一步说可持续发展是一种主张,从长远看,经济增长与环境保护不矛盾,应有一些被发达国家和发展中国家同时接受的政策,这些政策可使发达国家继续增长,使发展中国家经济发展而不造成生物多样性的明显破坏及人类赖以生存的大气、海洋、淡水、森林等系统的永久性损害;英国认为可持续发展指的是协调社会两方面的进步:第一是促进经济以保证当代人及后代子孙生活水平的提高,其次是为当代及后代保护和改善环境;法国的可持续发展政策和计划着眼点在于使生态环境和经济活动不再相互矛盾,强调企业必须优先考虑环境问题,从重视环境问题入手,加强研究与开发工作,推广应用先进实用的环保技术,改革生产工艺和流程,合理使用原材料和能源,把经济发展对环境的影响降低至最低限度,使环境和发展两者相互促进,相得益彰;澳大利亚强调生态可持续发展,联邦政府将其定义为:利用、保护和改善社会资源以保证生活所依赖的生态过程能够得以维持,生活的全部质量不论现在还是将来都应该增加。这一层次国家的可持续发展战略通常认为,经济发展与保护环境并不矛盾,但特别强调保护环境的重要性。第三层次,几乎全部是发展中国家,包括大多数准工业化国家、经济转型国家和其他广大发展中国家,将可持续发展定位于在经济发展的基础上注意保护环境。如泰国、菲律宾、印尼、印度、巴西、匈牙利、越南等国的可持续发展战略都是把经济发展作为首要任务,在经济发展的同时,不同程度上注重保护环境。

(二)从可持续发展的战略目标和行动的优先项目选择上区分,发达国家与发展中国家泾渭分明。发达国家可持续发展的战略目标通常都是强调环境保护,由此决定它的优先项目选择也都是围绕保护环境,如废物循环利用、污水处理、可持续能源、绿色农业等。瑞典可持续发展的目标是:保护人类健康、保护生物多样性、自然资源的可持续管理和利用、保护自然和人文景观,由此决定了它的优先行动项目集中在可持续能源、剩余产品循环利用、污水治理、可持续的交通运输、可持续农业和绿色食品等;奥地利可持续发展战略的行动优先项目是管理脆弱生态系统——可持续山区的发展、改变消费模式、防止毁林和保护水质;比利时可持续发展行动集中在改变消费模式、提高居民生活水平、保护大气、合理开发土地、保护森林、保护生物多样性、固体废弃物处理及放射性废物管理等。发展中国家可持续发展战略目标则特别注重经济发展,优先发展计划通常围绕消除贫困、控制人口、发展农业、减少环境污染等。南非可持续发展战略最优先发展计划是向贫困宣战、人口和可持续发展、促进可持续的人居环境发展、在决策过程中综合环境和发展、向沙漠化和干旱宣战、生物多样性的保护、海洋资源的合理利用开发、水资源保护、有毒废物的管理;巴西可持续发展战略在国家一级上的主要行动包括逐步消除贫困、保护生物多样性、保护和改善人类健康状况、居民住宅区的可持续开发与改善、推进可持续农业和农村的发展等。

需要指出的是,除联合国系统外,国际组织在可持续发展问题上的原则立场通常由其内部占主导地位的国家决定。如世界银行由于是受西方国家控制,因此它的可持续发展战略更加强调环境保护;欧盟成员国基本上都是发达国家,所以它通常是站在发达国家的立场上;东盟由于是发展中国家占主导,因此它的可持续发展战略目标特别强调经济发展。

三、从可持续发展的实施手段上看,依靠市场和政府各有侧重

鉴于环境、生态的公共物品属性,单纯依靠政府或市场实施可持续发展都不可避免地产生缺陷。只有充分发挥政府和市场两方面的作用,才能起到事半功倍的效果。但是,由于各个国家的经济发展水平不同、发展道路不同,它们在实施可持续发展战略时对政府和市场的依靠各有侧重。一般来讲,发达国家更侧重于发挥市场手段,如税收、信贷、污染者付费等,同时拥有健全的立法、执法体系和灵活的经济政策;发展中国家更侧重于发挥政府的特殊地位推动环境保护和可持续发展,虽然也已尝试采取市场手段、经济政策和立法,但这些手段无论在建立、还是实施方面都不十分成熟。

瑞典是西方国家中较早采用经济控制手段进行环境保护的国家。自70年代开始征收环境税及环境费,经过20多年的实践,证明经济控制机制是十分有效的。1994年,瑞典环境税收占其国民生产总值的3%。瑞典征收的环境税(费)主要包括二氧化碳税、硫税、汽油税、氮肥和磷肥环境费、电池费、报废车费等。此外,瑞

典还建立了系统、协调的法律体系和灵活的环境政策体系。芬兰、德国、法国、日本等环境保护比较好发达国家,几乎都建立类似的环境税(费)机制和法律、政策体系。发展中国家,即使是新加坡等经济发展水平比较高国家,仍没有完全摆脱依靠政府自上而下、强制性的环境保护模式,比较好的国家是环境保护的法律、政策体系比较完备、市场机制正在逐步建立完善。新加坡是环保法律体系比较完整的国家,截至 1996 年,新加坡国会通过的有关环境保护的法律及附属文件已经超过 50 项。但新加坡的环保法律体系也存在两大不足:一是法律框架有些凌乱、没有一个环保的综合性法律,二是总量控制在法律框架中的作用不明显,这使得企业缺少削减污染物总量的动力,污染控制的主要工具还停留在末端治理技术。应当指出的是,新加坡的严格执法值得所有发展中国家借鉴。新加坡的邻国马来西亚虽然也制订了相对完善的环境法律体系,但其在环境保护方面取得的成就远不如新加坡,重要原因就是执法力度不够。在重视政府对可持续发展战略直接推动作用的同时,新加坡还开始着手从硬件、软件和心件建设全方位推进。所谓硬件,是指建立完善可靠的工业、城市、环境基础设施,为确保经济、社会的可持续发展提供物质条件;所谓软件,是指加强政策、法律框架的建设,使得社会的可持续发展始终在有序的轨道上运行,通过多种形式的教育提高全体国民的意识,使可持续发展成为全体人民的自觉行动;所谓心件,是指从价值观、国民的归属感着手建立一个各种族和谐相处的社会,建立起全体人民对未来发展的信心和共识。

总之,在完善可持续发展战略实施手段上,发展中国家要学习发达国家的市场机制,建立完备的税费、信贷等市场手段;同时,发展中国家还要向发达国家借鉴系统协调的法律体系和灵活的政策体系,向新加坡等国学习严格的执法体系。此外,政府在推动与实施可持续发展方面也起着不可替代的作用。在这一点上,无论是发展中国家还是发达国家,都已经认识到并已经在努力发挥政府的作用。

四、从地方可持续发展战略的推动情况上看,实现途径各有不同

由于地方在实施可持续发展战略中的重要作用,各国都非常重视地方可持续发展战略的推动工作。但作为不同经济发展水平的国家,地方可持续发展战略的实现途径各有不同。发达国家,地方实施可持续发展战略的积极性很高,有的国家地方政府的作用甚至大于中央政府。比较典型的国家有:加拿大作为市场经济国家,政府对各行业具体发展的影响非常有限,加之加拿大各省在教育、林业、矿产资源、城市建设等方面都拥有自己的立法权,所以联邦政府不可能制定一个全国性的可持续发展规划;有鉴于此,政府不设立专门的权威机构来指导和实施全国性的可持续发展行动,而是采用政府支持,社会参与的模式来实施可持续发展战略,"环境与经济圆桌会议"就是这一模式的具体体现。瑞典政府虽然没有从行政上和法律上对地方开展21世纪议程行动提出硬性的要求,但地方政府对开展21世纪议程工作积极性很高;到1995年,几乎所有的地方(达到96%)都做出开展这项工作的正式决定,有

2/3 的地方已经将 21 世纪议程工作纳入地方政府的管理当中。比利时 21 世纪议程提出后,各个地区政府都积极行动起来,制定了各自的行动计划,配合联邦可持续发展战略的实施;比利时的三个地区政府都已提出各自的"21 世纪议程"和可持续发展的战略计划。芬兰,1992 年地方机构协会启动了市政可持续发展项目,推动各级地方政府可持续发展战略的实施;到 1996 年秋,开始实施当地 21 世纪议程的市政增加到 88 个,覆盖芬兰人口的近 50%,几乎所有较大城市都介入其中。意大利环境保护和可持续发展运动始终是自下而上的,在意大利各级政府中,地方政府的作用大于中央政府的作用。新西兰的五个地方城市在 1992 年开始制定各自的地方 21 世纪议程,他们的做法引起了中央政府的重视,致使新西兰环境部提出与地方政府委员会合作出版《迎接未来的挑战——地方政府实施 21 世纪议程指南》向其他地方推广。发展中国家,实施地方可持续发展战略主要是依靠中央政府强制作用,地方政府更多地是贯彻中央政府的指令,突出作用在于搞好地方能力建设。巴西通过联邦环境部和一些州级政府来推动地方的 21 世纪议程行动,目前有 10 多个地方政府起草和制订了自己的 21 世纪议程。在菲律宾,许多非政府组织在各地积极推动地方 21 世纪议程的活动,得到了多数地方政府的大力支持。值得注意的是,有的国家虽然地方 21 世纪议程推进速度较快,但地方可持续发展能力建设跟不上要求。

我们认为,发达国家推动地方 21 世纪议程,重点是要加强地方政府与中央政府的配合;发展中国家推动地方 21 世纪议程的重点则是,加强地方 21 世纪议程的能力建设。

五、从可持续发展的贯彻方式上看，
公众参与意识和程度差异很大

公众是推动可持续发展战略的主力，公众能否有效参与可持续发展是实施可持续发展战略的关键。一般来讲，公众参与意识决定公众参与程度。发达国家公众参与意识强，公众参与的程度就深；发展中国家公众参与意识弱，公众参与的程度就浅。公众参与意识作为可持续发展能力建设的重要组成部分，应引起发展中国家的高度重视。

发达国家，由于历史和经济发展水平的缘故，公众参与环境保护和可持续发展的意识较高，如意大利，通常是社会公众的环境意识先行，政府的环境管理滞后于社会和企业的环境保护行动和觉悟。发达国家公众参与环境保护意识高，同这些国家政府提供环境教育和非政府组织参与环境决策分不开的。芬兰政府十分重视在校学生的环保教育，环保教育不仅是职业教育的一部分，也被列为基础教育和高中的教学大纲中。瑞典各类学校针对不同年龄的学生开展环境教育活动，以提高他们的环境保护意识；非政府组织不定期地举办各种沙龙，讨论环境保护等社会热点问题，同时，积极参与政府决策，经常给政府提出合理建议，也常常得到政府的资金支持。加拿大通过"环境与经济圆桌会议"的模式吸收公众的参与。澳大利亚也建立了类似加拿大的非政府组织和公众参与机制——有关国际环境问题的非政府组织协商论坛，该论坛由联邦外交部、环境部和发展合作部三部部长、澳环境大使以及来自自然资源保护、工商界、工会、职业组织、妇女、青年和土著人组织等17个主要非政府委员会的代表组成。论坛每两年开会，讨论环境与发展中出现的问题，研究解决办法，为实施国家战略奠定社会基础。一些发展中国家也开始尝试通过环境教育和发挥非政府组织作用的方式，推动它们的可持续发展战略。新加坡过去在环境领域的成就主要是在政府主导下取得的，为了改变这种模式，新加坡着手把环境教育摆在非常重要的地位；新加坡以往的环境教育形式主要是政府在通过新的环境法规后和处理某个特定的与环境有关的问题时举办的活动，具有主题狭窄和强制性的弱点，为提高环境教育的效果，新加坡正在努力建立一个完善的环境教育体系，其核心的目标是通过学校、社区、企业和媒体各个环节对国民施行终身的环境教育。泰国的一些非政府组织也积极参加可持续发展活动，但它们往往只是政府关于环境发展政策问题的咨询机构，并且需要政府的资金支持，常常受到政府的支配。总而言之，在提高公众参与意识方面，发展中国家应积极借鉴发达国家的做法，在环境教育和发挥非政府组织作用方面吸收发达国家的经验。

六、从对待可持续发展的全球重大问题的立场上看，发达国家与发展中国家阵营清晰

环境问题跨越国界的属性，使得一国封闭地解决环境问题成为不可能；对待全球重大环境问题的原则立场，成为各国《21世纪议程》的重要内容。由于国际社会的倡导和推动，一个国家是否积极投身可持续发展实际上已经成为其树立良好国际形象的重要因

素,因此不论是发达国家、还是发展中国家都标榜其积极参与全球环境合作。截至1996年底,《联合国气候变化框架公约》的缔约国已经达到165个;截至目前,签署《联合国防止荒漠化公约》的国家和地区达159个,包括美国在内的另外10个国家也准备签署该公约;《关于消耗臭氧层物质的蒙特利尔议定书》的成员国也已经达到172个。

积极参与全球重大环境问题的合作,并不等于各国合作的原则立场的一致。尽管发达国家与发展中国家内部关于国际合作的方式也有分歧,如发达国家阵营内部,欧盟与美国在执行《联合国气候变化框架公约》上的分歧,不过是减排指标、谁率先达标的问题,发展中国家阵营内部,经济转型国家与其他发展中国家在受援方面的分歧,不过是谁分配的援助更多的问题,只有发达国家与发展中国家之间的分歧,才是全球环境合作中最本质的问题。这些问题突出反映在以下几个方面:(1)发展权问题。发展中国家认为,消除贫困、解决环境污染的根本出路,在于发展经济。只有保持一定的经济增长,才有可能缩小与发达国家的差距,在国际事务中与发达国家取得平等的地位。发达国家则借口环境问题,构筑贸易及其他各种壁垒,限制发展中国家的经济增长。由此形成了发展中国家与发达国家在发展权问题上的矛盾。(2)责任问题。发展中国家认为,发达国家在实现工业化过程中,疯狂地掠夺殖民地、半殖民地的资源,导致许多地方生态环境破坏、自然资源枯竭,200年来发达国家不可持续的生产和生活方式,不顾后果地向环境索取,造成了当前的全球环境问题;即使在今天,发达国家以仅占世界25%的人口,消费着全球能源总消费量的75%,排放着全球温室气体排放量的75%,因此发达国家应对目前的环境问题负主要责任。发达国家在发展中国家施加的巨大压力下,虽然承认对全球环境问题付有主要责任,但在行动上却缺乏诚意。如美国在温室气体减排谈判中,违背气候变化公约的原则,将其减排目标与发展中国家的减排目标联系起来。(3)资金和技术援助问题。发达国家在联合国环发大会上承诺的国民生产总值的0.7%作为官方发展援助,但只有丹麦、挪威、瑞典等少数几个国家履行这个承诺;在技术转让问题上,发达国家借口知识产权保护推卸向发展中国家转让技术的责任。(4)生产和消费方式问题。芬兰、瑞典等国家积极倡导可持续的生产和消费方式,但少数发达国家,如美国,在强调自身环境消费的生产、生活不可改变的同时,要求发展中国家为保护环境改变经济增长方式。发展中国家认为自己当前的首要任务是发展经济,只有在经济发展的基础上才能保护环境。(5)环境与贸易问题。除新西兰等对贸易依赖性很强的发达国家外,欧盟及其成员国、美国、加拿大、澳大利亚等发达国家都在积极推行生态(环境)标志,对与发展中国家贸易形成壁垒。发展中国家则坚决反对将环境与贸易挂钩的做法。综上,发达国家与发展中国家在全球环境问题上的矛盾由此可见。

第二节 全球可持续发展趋势

联合国在1999年末发表的题为《2000年全球环境展望》(Global Environment Outlook——2000)显示,世界环发大会七年后,在体制机构建设、国际共识建立、有关公约实施、公众参与和私营部门行动方面已取得一些进展,一些国家甚至成功地抑制了污染并使资源退化的速度放慢,然而全球环境总体情况趋于恶化。在工业化国家,许多污染物,特别是有毒物质、温室气体和废物量的排放仍在增加,这些国家的浪费型生产和消费方式基本上没有改变。在世界许多较穷的区域,持续的贫困加速了生产性自然资源的退化和生态环境的恶化。我们认为,当前全球环境的进一步恶化,正是由于环境问题的特殊性和贯彻可持续发展战略的艰巨性决定的。总体上看,全球可持续发展趋势并非如此悲观,主要表现在:(1)各项环境公约的逐步实施,推动全球环境改善;(2)联合国可持续发展委员会的每年审议工作,对于推动 21 世纪议程的实施起到了积极作用;(3)各国制定并实施可持续发展战略,有利于贯彻可持续发展战略的能力和手段的日臻完善;(4)国际组织大力推进可持续发展战略,进一步增强它们的国际协调能力。这些都在一定意义上促进了全球可持续发展能力的提高。当然,这并不意味着贯彻可持续发展战略的道路是一帆风顺的,更不能掩饰各国国内和国际社会在贯彻可持续发展战略中存在的问题和矛盾。就当前的形势分析,未来全球可持续发展将表现出下面几个趋势。

趋势一:全球可持续发展的能力水平将逐步提高。

客观地分析,各国可持续发展的总体水平将会逐步提高。主要基于两方面考虑:一是各国关于可持续发展的"共识"。这一点,已经集中反映在各国的可持续发展战略之中。基于这种"共识",发达国家将更加重视生态、环境的可持续性;发展中国家也会在努力发展经济的同时,注意对生态、环境的保护。二是各国财富绝对量的进一步增加,为贯彻可持续发展战略提供了物质基础。从各国实施可持续发展战略的水平差异中不难看出,一国可持续发展水平是与该国经济发展水平高度正相关的。发达国家经济发展水平高,实施可持续发展的能力就较强;发展中国家经济落后,实施可持续发展的能力也相对较弱。所以,建立在可持续发展"共识"基础上的适度经济增长,是有利于提高各国可持续发展水平的。综合各个国际经济组织的预测,世界经济在21世纪仍将保持持续增长,预计每年经济增长水平稳定在3%左右。全球物质财富总体水平的提高显然会有利于各国贯彻可持续发展战略。虽然世界财富的分配机制更有利于经济发达国家,但仍将给发展中国家带来新的机遇:少数新兴工业化国家和发展较快的发展中国家(如中国和东盟国家)将保持高于世界平均水平的经济增长速度,从世界物质经济增加中获得较多的收益;多数中低收入国家也将获得一定收益;即使是48个最不发达的国家,除极个别国家外,也将从世界性的经济增长中获得收益。因此,无论是发达国家、还是发展中国家,物质财富的绝对量都将进一步增加,从而为其贯彻可持续发展战略奠定物质基础。

趋势二:推进可持续发展战略进程中正在呈现出四个"转向"。

统览各国的可持续发展战略,不难归纳出推进可持续发展战略进程中的四个转向,即环境治理从重视"末端"转向"全过程"的清洁生产;环境保护从单纯的污染防治转向重视资源、生态系统的保护;环境管理从单部门转向多部门;环境战略从片面地重视环境保护转向经济、社会、生态的全面可持续发展。

这四个转向因各国经济发展水平不同,在不同国家之间表现出差距。从环境治理水平上看,发展中国家往往只重视"末端治理",即强调对已经发生污染的控制;发达国家则已开始转向"全过程"的清洁生产,即通过产品设计、原料选择、工艺改革、生产过程管理和物料内部循环利用等环节的科学化与合理化,实现工业生产最终产生的污染物最少的工业生产方法和管理思路。清洁生产包括清洁的生产过程和清洁的产品两方面内容,不仅要实现生产过程的无污染和少污染,而且生产出来的产品在使用和最终报废处理过程中也不对环境造成损害。从环境保护水平上看,发展中国家将主要精力投入到防治污染上;而发达国家则通过立法和市场机制强化对资源、生态系统的保护。从环境管理上看,管理部门正由单一的环保部门,转变成环境、经济、社会保障、工业、农业、交通、能源等多部门共同的责任,环境部门更多地发挥部门间协调的作用。从环境战略上看,环境意识落后的国家片面重视环境保护;而环境意识较强的国家,已经转向经济、社会、生态的全面可持续发展。

需要指出的是,随着发展中国家经济实力的增强和环境意识的提高,必将相继逐步实现四个转向。"四个转向"代表了可持续发展进程中的趋势。

趋势三:南北经济差距进一步扩大,反映在可持续发展领域的矛盾更加尖锐。

在知识经济和经济全球化的作用下,世界经济整体上保持了良好增长势头。但是,世界经济增长在穷国和富国之间的分配是极不平衡的。联合国开发计划署1999年度《人类发展报告》指出:世界上最富有的1/5人口和最贫穷的1/5人口的人均国民收入之比,1960年为30:1,1997年达到74:1;前者占全世界国内生产总值的86%,出口市场的82%,外国直接投资的68%,而后者仅占以上各项的1%。造成这种差距的原因是极其复杂的,但有两个原因应该是显而易见的:一是发达国家在工业革命以来,占据了全球资源的优势,取得了飞速的经济发展和一定水平的经济积累;二是不平等的国际经济、政治体系,为其掠夺全球资源奠定了基础。

南北经济差距的进一步扩大,导致了双方在可持续发展领域的矛盾更加尖锐。发展中国家坚持要求捍卫其发展权,并要求发达国家对全球环境问题承担主要责任。发达国家虽然表面上认可发展中国家发展经济的权利和在全球环境问题上承担主要责任,但在诸如环境与贸易问题上,为发展中国家的发展设置重重壁垒;在资金与技术援助问题上,拒绝履行在环发大会上的承诺。发展中国家与发达国家的矛盾,从根本上说,是由不平等的国际经济、政治体系造成的;这种由发达国家占据主导地位的国际经济、政治体系,更是由历史和诸多深层原因造就的。这种不平等的国际经济、政治体系既是南北经济差距和矛盾的原因,也是它们的结果。因此,从长期上看,南北经济差距将进一步扩大,反映在可持续发展领域的矛盾也必将更加尖锐。

趋势四:环境问题的国际协调日益紧迫,国与国之间在解决环境问题中谋求合作的趋势越来越强。

一国的生态安全与其他国家的生态安全是高度一致的。水污染、大气污染等均不受国家边界和领土的限制,因此,致力于全球可持续发展,必须依赖于全球的通力合作,仅靠一个国家的力量是不足以保护地球生物的多样性和全球生态系统的整体性。如果不在全球范围内加强对生态、环境的保护,就有可能加速地球的毁灭。

环境问题的国际属性以及发展中国家与发达国家在环境问题上的尖锐矛盾,导致了环境问题的国际协调日益紧迫。在联合国系统的主持下,已经成功地使绝大多数的国家批准并签署了《气候变化框架公约》、《维也纳保护臭氧层公约》、《关于保护臭氧层耗损物质蒙特利尔议定书》、《伦敦修正案》、《防止倾倒废弃物和其他物质引起海洋污染公约》等国际公约。以世界银行为主导的全球环境融资(GEF),针对生物多样性保护、温室气体排放、跨国水域保护以及取缔氟利昂等耗损臭氧层的化学物质等方面的项目给予了广泛的资金支持。以欧盟、东盟为典型的区域性国际组织,在统一联盟内各国环境立场方面起到了一定作用。此外,非政府组织对协调全球环境问题也发挥了积极的作用。尤其是国际标准化组织(ISO),为统一各国环境环境标准、推动各国环境管理、促进国际贸易发展与环境保护的协调起到了积极的作用。

在看到国际组织协调、解决环境问题发挥积极作用的同时,也不能忽视国际组织在协调国际环境问题时暴露出的问题和消极作用。一是国际组织大多为发达国家所控制,更多地代表发达国家的利益。国际货币基金组织、世界银行、世界贸易组织、经合组织以及联合国等许多组织都日益成为发达国家的工具,发展中国家要想获得这些组织的经济援助,不仅要付出诸多经济上的让步,而且还要做出政治上的妥协。这显然不利于国际经济、政治新秩序的建立,并将进一步加剧发展中国家与发达国家在解决环境问题上的对立。二是少数发达国家利用这些国际组织,侵害发展中国家的"主权",进而影响到发展中国家的环境、经济安全。环境问题的特殊性，决定了不以国家政治边界作为解决国际环境问题的边界。发达国家透过国际组织这种工具，以贯彻环境政策和可持续发展战略为名，干涉发展中国家的发展权，更进一步威胁到发展中国家的环境安全和经济安全，以期保持其在国际事务中的长期主导地位。

趋势五：各国实施可持续发展战略的市场机制更加完善、法律体系更加健全、政策体系更加灵活。

在如何加强对生态、环境的保护、推动可持续发展的问题上，主要有两种思路：一是依靠政府的法律、政策进行直接控制，二是透过市场机制进行间接控制。前者通过设定环境质量标准，依靠政府的法律、政策手段强制执行；后者则通过经济手段达到控制目的。资源环境的公共物品属性，决定了单纯依靠政府或市场，都无法彻底解决资源、环境问题。政府的法律、政策和市场机制在解决环境问题上均呈现出不同程度的"失灵"。

综观德国、瑞典、芬兰等贯彻可持续发展战略比较出色的国家，不仅都具有健全的可持续发展法律体系、灵活的政策体系以及完善的市场机制，而且从它们的内在联系分析，法律、政策往往是透过市场机制发挥作用。通常而言，法律体系覆盖了保护自然资源和保护生态环境的方方面面，如瑞典的《自然资源法》《水法》、《环境保护法》、《自然保护法》等规定了资源、生态、环境的权属以及每个公民和社会组织的权利、义务；进而通过政策、法规(实施细则)手段，使这些法律具有可操作性；直至透过市场机制达到规范公民和社会组织行为的目的。

加强生态环境保护、贯彻可持续发展战略的市场机制，主要包括以下内容:(1)资源、环境税、费。资源、环境费是根据环境资源有偿使用的原则,由国家这一所有者授权的代表机构,向开发、利用环境资源的单位或个人,依照其开发、利用量以及供求关系所收取的相当于其全部或部分价值的货币补偿。它总体上分为开发、利用自然资源的资源补偿费以及向环境中排放污染物、利用环境纳污能力的排污费两种。对资源使用者和排污者收费是各国广泛采用的环保措施。由于市场不足以使价格充分反映资源的实际成本以及对资源补偿和排污收费难于监控等问题,出现了对投入资源进行征税的要求。环境税是国家为了保护环境与资源而凭借其主权权力对一切开发、利用环境资源的单位和个人,按照其开发利用自然资源的程度或污染、破坏环境资源的程度征收的税种。主要包括开发、利用自然资源行为税和有污染的产品税两种。如:许多国家针对机动车燃料征收燃料消费税;为保护环境,许多国家还采取了差别税制,如对含铅和不含铅的汽油实行差别征税;在挪威、瑞典、荷兰还设立了针对机动车燃料的碳税以控制大气污染和温室效应。(2)排污权交易。政府制定排污总量上限,按此发放排污许可证,排污许可证可以在市场上买卖。这种方法是对市场机制最充分的利用,以最小的成本控制污染,且政府不需要许多边际污染成本的信息。排污权交易在美国应用最为普遍。(3)押金退款制度。政府规定对可能造成污染的固体废物加以回收,并通过经济手段建立配额制度,用收押金的办法,促使消费者把有关废物退还到商店或超市,然后收回押金,以此达到废物的再循环和再利用。押金退款制度已为德国、挪威等国广泛用于回收饮料罐。(4)财政补贴。政府对有利于保护环境的生产者或经济行为给予补贴是促进可持续发展的一项重要经济手段,如德国政府对老工厂的技术改造给予补贴,促使其停止向环境排放污染物;丹麦补贴农民停止向水中排放营养物质等。此外,有的国家政府还通过减免税收、比例退税、投资减税等形式对有利于保护资源环境的行为进行间接补贴,促进企业进行技术革新,开发对环境有利的生产程序及产品。(5)环境(生态)标志。现已为许多国家采用。政府通过推行环境(生态)标志,间接引导企业开发、使用有利于环境的生产工艺,生产环保产品。(6)处罚制度。政府对违反环境法律、法规的行为采取的经济惩罚措施。

需要指出的是,当今世界仅有少数国家能够拥有这种健全的法律体系、灵活的政策体系以及完善的市场机制。但作为一种成熟的经验,已经引起越来越多的国家的重视,并将成为未来全球可持续发展的趋势。

趋势六:各国贯彻可持续发展战略的主体逐步由中央政府转化为地方政府、企业和公众。

众所周知,地方是实施可持续发展战略的主战场,地方政府、企业和公众是贯彻可持续发展战略的主体。一国实施可持续发展战略的效果与地方政府、企业和公众参与可持续发展的程度,是互为因果关系的。事实也证明了这一点,加拿大、瑞典、芬兰、意大利等,这些贯彻可持续发展战略总体水平比较高的国家,它们的地方政府、企业和公众参与可持续发展的程度也比较高。

不同国家的宏观管理体制不同,地方政府实施可持续发展战略的责任、权力不同,地方政府贯彻可持续发展战略的积极性不同;各个国家的经济基础不同,推动可持续发展战略的机制不同,企业和公众参与可持续发展的意识也存在很大差异。各国贯彻可持续发展战略的经验表明,大多数国家在实施可持续发展战略时,都是首先依靠中央政府推动,随后依据不同国家宏观管理水平和经济发展水平的差异,地方政府、企业和公众的参与程度呈现出很大差距。应该说,依靠地方政府、企业和公众推动可持续发展战略,代表了实施可持续发展战略的方向。随着各国贯彻可持续发展战略水平的深化和宏观管理水平、经济发展水平的提高,可持续发展战略的实施主体将逐步由中央政府向地方政府、企业和公众转移。

趋势七:环保产业"异军突起",成为全球的朝阳产业。

实施可持续发展战略、执行严格的环境标准,形成并推动了全球环保产业的发展。环保产业是指产品和服务用于解决环境污染、改善生态环境、保护自然资源,有利于提高人类生存环境质量的新兴产业;主要包括用于环境保护的设备制造、自然保护开发、环境工程建设、环境保护服务等方面内容。在国际上,无论是发达国家,还是发展中国家,环保产业都普遍看好,无一不将其视为经济的新增长点和振兴经济的希望。1997年,世界环保产业市场交易额为4000亿美元;1998年,虽然由于亚洲金融危机和全球性金融动荡的影响,世界贸易额下降了2%,但世界环境贸易增长幅度依然超过了7%,据估计,1998年世界环保产品的市场规模大约为4500亿美元;预计2000年世界环保市场交易额将达到5430亿美元以上。目前,发达国家在世界环境贸易中仍处于领先地位,世界环保产业的中心也在发达国家。但可喜的是,发展中国家日益重视扶持环保产业,将促进环境贸易作为发展经济和调整经济结构的重要手段,而且环保产业的中心也出现了在由发达国家向新兴工业化国家转移的趋势。可以预计,随着发展中国家对可持续发展和环境保护的进一步重视,环保产业必将成为下一轮世界产业结构调整的重点,成为全球的朝阳产业。

趋势八:全球经济一体化与可持续发展相互融合,成为推动21世纪人类生活质量改善的重要动力源泉。

全球化是一种在世界各国间影响、合作、互动日益增强基础上的世界发展的整体化趋势,是面对不断增长的全球互相依赖的事实而提出的全球整体意识。经济与环境,是全球化的两个重要方面。经济全球化是指生产要素在全球范围内的自由流动,从而达到资源的合理配置;环境全球化是指环境问题本身的跨越国界的属性,以及人们认识、解决环境问题的方式日益全球化。环境作为资源的重要组成部分,它的作用越来越重要,而且制约着各国经济的发展,因此,重视国际环境合作是经济全球化的客观要求;同时,经济全球化也为全球环境合作提供了条件。经济全球化与环境全球化的相互融合(可持续发展),已经成为全球的一种趋势,引起越来越多的重视。推动经济全球化的三大国际组织,关贸总协定(现已演变成世界贸易组织)、世界银行以及国际货币基金组织,除国际货币基金组织受其职能限制外,其余两大组织都十分重视而且直接参与全球环境合作。关贸总协定在80年代的乌拉圭回合谈判中,就把环境与贸易作为优先议题,于1994年4月达成《关于贸易与环境的马拉喀什决议》,1995年世界贸易组织成立伊始即设立了贸易与环境的专门委员会,强化了对环境问题的处理。世界银行将环境项目作为其支持的重点,而且非常重视受援国的环保意识和水平。作为推动全球经济一体化主体的国际组织,不仅将保护环境作为其发展战略的重要组成部分,而且将环保产业作为其产业结构的重要组成部分。此外,许多国际环境组织也积极推动将环境问题纳入经济全球化进程。国际标准化组织,通过制定环境标准,推动了国际环境与贸易的融合。联合国工业发展组织,提出"生态可持续工业发展"概念,推动对环境无害或生态系统可长期承受的工业发展模式。

当然,我们也不能忽略经济全球化对于可持续发展的负面影响,如经济全球化引发的环境政策失效、环境污染扩散、南北矛盾加剧以及跨国公司对全球资源环境的进一步掠夺等问题。这些问题如不能得到彻底解决,必将影响并阻碍全球可持续发展的进程。

趋势九:在可持续发展领域中的国际斗争日益尖锐化、复杂化。

全球生态环境问题,如酸雨、温室气体的排放、臭氧层空洞的出现等均已超出一国的领土范围,因此,全球生态环境问题使国家间相互依存日益加深。这种相互依存,一方面演变成各国利益的互补与联系,促成了国际合作,另一方面也引发了国际间的对抗与冲突。国际社会围绕可持续发展领域的斗争集中反映于此。《联合国气候变化框架公约》的制订、实施和修订的谈判历程即是围绕这种对抗与冲突的典型事例。

温室气体对地球生态环境威胁理论产生于 80 年代初,欧洲的科学家认为排放的二氧化碳等具有温室效应的气体将可能导致地球平均气温上升,形成气候系统不可逆转的变化,从而带来海平面上升、洪涝、干旱等气候灾害的频繁发生。围绕减排温室气体的国际合作开始于1990年,第45届联合国大会建立了政府间气候变化谈判委员会以谈判制订《联合国气候变化框架公约》。至此,气候变化问题由一个科学问题变成了一个事关各国重大利益的政治和外交问题。从那时起,减排温室气体国际合作经历了三个阶段。

第一阶段始于1989年联合国启动气候变化国际谈判,结束于1992年联合国环境与发展会议。联合国政府间气候变化谈判委员会从1991年2月进行谈判制订《联合国气候变化框架公约》起,经过历时15个月共5轮谈判,各国政府于1992年5月9日达成了《联合国气候变化框架公约》,并在1992年6月在巴西召开的联合国环境与发展会议上签署。中国当时参加会议的李鹏总理代表中国政府签署了该公约。气候公约已于1995年3月21日生效。《联合国气候变化框架公约》的执行机构是缔约国会议,缔约国会议包括批准公约的所有国家,至今已有75个成员。该协议目的是将温室气体排放水平维持在一个安全的层次内。公约规定了发达国家与发展中国家对气候变化问题的"共同但有区别的责任",发达国家在协议中承诺到2000年将温室气体排放量降至1990年的水平,国际社会开始通过实施和修订《联合国气候变化框架公约》来迎接气候变化这一挑战。

第二阶段起自联合国环境与发展大会一直延续到1997年日本京都会议闭幕。1995年3月28日至4月7日,在德国柏林举行了第一次缔约方会议,并确定缔约国会议的宗旨是促进气候变化公约的实施。会议重申了发展中国家"共同但有区别的责任"这一原则,这一原则后来也被称为"柏林授权"精神。1997年12月1~11日,在日本京都召开的公约第三次缔约方会议上,通过了

《联合国气候变化框架公约京都议定书》。要求 2000 年之后采取更有效的措施降低温室气体排放。《京都协议》要求到 2008 年～2012 年发达国家要将其温室气体排放总量比 1990 年再降低 5%。《京都协议》采纳了"排放贸易机制（IET）"和"清洁发展机制（CDM）"等国际合作机制。在京都会议上发达国家力图将"发展中国家自愿承诺"以及"发展中国家于 2014 年起承担减排温室气体义务"等条款塞进《京都议定书》，但受到中国、印度等发展中国家强烈反对而未被通过。

第三阶段自京都会议起一直延续到今天，国际合作重点主要集中在以下三个方面：一是气候变化公约的执行，二是排放贸易机制（IET）、联合履约（JI）以及清洁发展机制（CDM）等国际合作机制的建立，三是建立《京都协议》的"国际遵约机制"。1998 年 12 月，全球代表 4200 多人在阿根廷布宜诺斯艾利斯召开的联合国气候变化公约第四次缔约方会议上，发达国家和发展中国家展开了激烈的斗争，发达国家提出，气候的人为改变来自发展中国家的森林乱砍乱伐和对植被的各种破坏，必须采取措施制止发展中国家的发展趋势，发展中国家应该承担减排温室气体义务。发展中国家则提出，发达国家不合理的消费结构和工业高能耗结构，以及通过殖民地体系和不平等的世界贸易体系对发展中国家的掠夺性开发才是气候变化的原因，强调发达国家应承担责任，增加援助，改造旧的国际秩序，放弃西方发达国家在国际社会中的支配型模式，建立机会均等、权利平等、规则公平的国际社会民主机制。1999 年 10 月 25 日～11 月 5 日，在德国波恩举行了第五次缔约方会议，东道主德国总理施罗德呼吁世界各国在 2002 年之前实施温室气体减排协议，而美国在对减排温室气体问题上一方面继续强调实施排放贸易、清洁发展机制等国际合作机制，另一方面又拖延实质性减排义务的承诺。

由于减排温室气体问题在能源、工业生产、人民福利水准等几个方面关系到各个国家利益乃至主权，因此必然存在错综复杂的利益之争。总的看来表现在以下几个方面：一是发达国家和发展中国家的利益冲突。发达国家与发展中国家之间的矛盾是这场斗争的主流，表现为发展中国家和发达国家之间存在着严重分歧和不信任感。(1)对于全球气候变化谁应承担主要责任问题。发达国家认为发展中国家应该为全球气候变暖的趋势承担责任，而发展中国家认为发达国家应为全球气候变化负主要责任。(2)在全球减排的国际合作制度的安排方面。发达国家提出了联合履约、清洁发展机制以及国际排放贸易等合作机制，发展中国家反对发达国家向发展中国家转嫁排放责任定额，认为发达国家应该率先承担责任，削减温室气体排放。(3)在资金与技术转移方面。公约中明确提出，发达国家应向发展中国家提供资金援助以帮助其建立排放计算方法及推动技术转让。但是，没有在资金数量上明确表态，只是笼统地称为"新的额外的资金"；某些发达国家认为降低温室气体排放国际合作会使资金更多地流向发展中国家，认为这是"变相的资金援助"。发展中国家则对目前援助资金远远低于当时达成协议的数量表示非常不满。二是发达国家内部的矛盾。在发达国家集团内部，由于各国的国情和经济社会发展水平的差异，存在两个集团之间的矛盾和斗争，即：欧盟和美、日、加、澳(大利亚)、新(西兰)的矛盾和斗争。欧盟试图利用其在能源结构、能源发展水平、环保技术水平和产品结构方面的优势,较积极推动公约的谈判并提出制订较高的温室气体减排指标,以此与美、日等国抗衡,争夺 21 世纪的全球市场,并同时在政治、经济和外交上摆脱这些发达国家对其的控制和影响;这些发达国家力图维持其在下个世纪的政治和经济领导能力和地位,表面上也同意制订国际公约,实质上并不想使其能源发展受到限制,并希望该国际公约能够成为他们国家的企业推销产品、赢得发展的渠道,再发一笔环保财。三是发展中国家内部的矛盾。在发展中国家内部,由于各国利益相去甚远,矛盾变得更为错综复杂。小岛国联盟担心气候变化会威胁其生存,因而要求采取激进的保护气候行动;石油输出国担心全球采取减排温室气体的行动会影响其石油出口,极力拖延谈判;我国和印度、巴西、印尼等国,更多的是考虑国家未来的发展空间和发展前途,在谈判过程中强调发达国家不应要求发展中国家在其没有达到一定经济发展水平之前承担实质性减排义务。

综上所述,围绕温室气体减排问题,国际社会展开了激烈的争论与斗争。由此从一个侧面反映出国际社会关于可持续发展问题的斗争将会更加尖锐化、复杂化。

第三节 国际可持续发展战略模式对中国的启示

中国作为世界上最大的发展中国家,实施可持续发展战略具有举足轻重的地位。《中国 21 世纪议程》实施六年多来,中国的可持续发展取得了可喜的进展,在国际上树立起了发展中大国坚定地走可持续发展道路的良好形象。在国内建立了推动可持续发展战略实施的组织保障体系，制定了国家、部门、地方不同层次的可持续发展战略，提高了公众的可持续发展意识，加快了可持续发展的立法进程，加强了执法力度等等。但从总体上看，中国实施可持续发展战略尚有诸多不完善之处，立足本国国情，积极借鉴其他国家实施可持续发展战略的经验、教训，对于中国贯彻可持续发展战略将起到积极的作用。

一、立足国情，积极开展国际环境合作

针对本国的国情、立足于对外开放的长期战略，中国有理由更加积极地开展国际环境和可持续发展领域的合作。中国拥有世界近1/4的人口，经济发展水平相对落后，要实现中国的第三个战略目标，完成从小康走向富裕，离不开经济的增长。可是当前中国的资源短缺的问题依然存在，环境污染不断蔓延，生态破坏日趋严重，已经对发展构成严重制约。国内外关于中国环境污染的经济损失评估均表明，由于环境污染导致的中国经济损失和对生态环境的透支已经十分严重。（详见表5—1）

解决环境污染和生态恶化问题，除了依靠中国自身的力量以外，积极开展国际合作可以为中国解决环境问题提供机遇并获得多方面收益。最直接的收益是，切身感触到全球对可持续发展的重视程度，接触到发达国家政府先进技术和公众的环境意识。第二项收益是，获得其他国家在可持续发展问题上的经验和教训，为中国实施可持续发展战略提供借鉴。第三项收益是，在扩大对外

表 5—1 中国环境污染损失估算结果比较

估算项	世界银行	美国东西方中心	中国环科院	国家环保局政研中心	中国社科院环发中心
环境污染损失估计值	支付意愿法 535.89亿美元（1995）人力资本法 242.28亿美元（1995）	297—437亿元人民币（1990）	人力资本法 381.56亿元人民币（1985）	人力资本法 986.10亿元人民币（1992）	人力资本法 1029.2亿元人民币（1993）
占当年GDP比重%	支付意愿法 7.7 人力资本法 3.50	1.60—2.36	4.26	3.70	2.97

资料来源：

(1)世界银行:《碧水蓝天:展望21世纪的中国环境》,中国财政经济出版社,1997年。

(2)Smil, V. (1996) Environment Problems in China: Estimates of Economic Cost, EAST-WEST CENTER Special Reports No. 5, April 1996.

(3)过孝民、张慧勤、李平:《我国环境污染和生态破坏造成的经济损失估算》,《公元2000年中国环境预测与对策研究》,清华大学出版社,1990年。

(4)夏光、赵毅红:《中国环境污染损失计量与研究》,《管理世界》,1995年第6期。

(5)郑易生、王世汶、李玉浸:《中国环境污染破坏的经济损失》,1995年;郑易生等:《九十年代环境与生态问题造成的经济损失估算》研究报告,国家环保局局长基金项目,1995年12月。

开放、积极利用外资的同时,通过参与制定、实施和完善各种国际公约和国内法规,防止少数国家向中国转移污染产业和产品。第四项收益是,获得国际社会的资金和技术支持。中国在这一方面已经取得较大进展。截至1998年底,中国引进的用于环保项目的外资贷款共计33.4亿美元,赠款4.2亿美元,分别占全国利用国外贷款和赠款的4%和14%,在引进贷款的同时,还引进了大量先进的环保技术。这些资金和技术,对支持中国可持续发展能力建设起到了促进作用。截至目前,在双边合作领域,中国已先后与美国、加拿大、印度、韩国、日本、蒙古、朝鲜、俄罗斯、德国、澳大利亚、乌克兰、芬兰、挪威、丹麦、荷兰等国签定了双边合作协定或谅解备忘录;同时,中国还积极参与和履行多边环境协约和一些国际公约,在国际社会赢得了良好的声誉。

值得注意的是,少数国家通过贸易及投资方式向中国转移污染性产品和产业,这一点应当在国际合作中给予高度重视。以消耗臭氧层物质(ODS)的生产转移为例,中国环境与发展国际合作委员会环境与贸易专家组曾对1985至1994年中国政府批准建立的部分外资企业即42380家进行了分析,结果表明,其中957家企业可能与ODS生产与消费有关,占被调查企业数的2.26%,它们的外资额高达14.5亿美元。这既反映了国内诸如《大气污染防治法》、环境影响评价制度、三同时制度、排污收费制度等环境法规和环境管理政策中可能存在的问题,也从一个侧面反映了中国在引进外资促进经济发展过程中,对可能引起的环境问题考虑不周,因此要在开展国际环境领域的交流与合作中坚持原则,严格管理以避免对中国环境可能造成的负面影响。

二、进一步完善政府在组织、协调可持续
　　发展战略中的作用

　　联合国环发大会后中国政府制定了《中国 21 世纪议程》。其后,在国家层次上,政府要求将《议程》作为指导"九五"计划和 2010 年远景目标的指导性文件;有关部门分别制定了相应的部门和行业 21 世纪议程和行动计划;在地方层次上,绝大多数省、自治区、直辖市已经或正在制定省级 21 世纪议程,一批市、县也已经或正在制定市、县级 21 世纪议程或行动计划。可持续发展战略在中国的宣传力度之大、推进速度之快,不仅在发展中国家难以想像,即使在发达国家也很难做到。究其根本原因,就是中国社会主义体制的优越性得到了充分的发挥,政府能够集中力量办大事。

　　中央政府在迅速推进可持续发展战略方面,的确表现出很强的宏观组织、协调能力。但在具体实施可持续发展战略时,也不能忽视部门分管过强、协调不力的问题。依照中国国情,并借鉴其他国家经验教训,完善政府的组织、协调职能应从两方面入手。一方面是完善立法。中国已初步建立了与可持续发展相关的法律、法规、政策体系,包括环境保护法律、自然资源管理法律、环境保护与资源管理行政法规、各类国家环境标准、地方环境保护资源管理法规以及加入与可持续发展有关的国际公约。这些法律、法规、政策为贯彻实施可持续发展奠定了基础,但它们侧重于规范部门、地方政府的职责,偏重条、块,缺乏整体上的协调性。另一方面是建立综合管理决策机制。建立综合决策机制的基本要求和当前亟待解

决的根本性问题是要建立合理的决策规则、规范的决策程序、高效的决策机构和透明的决策过程。要进一步明确政府职能,加强部门之间的合作,建立部门协调的管理运行机制和反馈机制,提高政府政策的一致性和协调性。

三、借鉴国外贯彻可持续发展战略的经验教训,调动地方政府和公众参与可持续发展的积极性

中国地域辽阔,各地方自然资源、经济发展水平和文化背景存在较大差异,发展中遇到的问题也各不相同,推进可持续发展战略的重点也各不一样。因此,单纯依靠中央政府的作用推动可持续发展战略并不能达到具体落实的效果,如何调动地方政府的积极性,是推动可持续发展战略实施的关键。借鉴国外地方政府贯彻可持续发展战略的经验教训,参照中国国情,主要可以采取四种方式。一是通过法律,规范地方政府实施可持续发展战略的权利和义务;二是重视地方政府参与可持续发展的宏观决策;三是推行"绿色 GDP"考核体系,即建立适合中国国情的可持续发展指标体系,将现行 GDP 指标扣除因环境污染、自然资源环境存量消耗和生态退化造成的损失;四是将实施可持续发展的评价指标纳入地方的当地经济核算和政府官员的政绩考核。

中国实施可持续发展战略的另一重要推动力来自公众的参与。如何使更广泛的社会各阶层和公众能够参与决策的过程是保证政府决策反映人民群众根本意志的基本条件。公众不仅要参与有关环境与发展的决策过程,而且更要参与决策过程和对决策执

行过程的监督。虽然近几年来政府在提高公众环境意识方面作了大量的工作,取得了明显的成效,但客观地说,中国公众的环境意识还很淡薄,许多污染事件就是公众环境意识淡薄造成的。因此,如何因势利导,调动公众参与实施可持续发展战略,同样是十分重要的。(1)将环境保护纳入教育体系,不仅是职业教育体系,而且要纳入义务教育体系。重视环境从娃娃抓起,是西方国家的普遍做法。(2)发挥非政府组织的作用,调动公众的参与意识。中央政府应积极借鉴一些西方国家的环境问题圆桌会议制度,建立具有中国特色的类似机制,吸收非政府组织的代表参与环境决策过程和监督环境执法。(3)因地制宜,搞好环境宣传。一方面要通过对重大环境事件的系统报道,唤醒公众的环境意识,激发他们参与环境决策和监督的积极性。另一方面要将环境宣传与公众的切身利益结合起来,例如与群众的脱贫致富联系起来,找出可持续发展的脱贫致富办法,从与群众利益密切相关的环境清洁事情做起,逐步调动广大公众的环境意识。

四、吸收国外通过市场机制强化环境管理的经验,建立并完善中国环境管理的市场机制,推动企业参与环境保护

通过市场机制强化环境管理是发达国家普遍采用的方式,市场机制的主要手段包括资源和环境的税费,排污权交易,押金退款制度,财政补贴,环境(生态)标志,处罚制度等。

如何将这些手段适时有效地应用于中国,结合国情,应从以下

几方面着手：(1)逐步建立起可持续发展的环境资源价格体系。中国虽然已经对部分资源实行了资源补偿费制度，但由于补偿费标准过低，实际上对许多资源实行的仍是无偿开发使用制度，资源的所有权和开发权划分不清，使用资源的地区、企业为了自身短期利益进行破坏性开采，不重视资源综合利用，很多伴生资源因得不到合理利用甚至变宝为废形成人为的污染源。为此，国家应充分运用市场机制强化资源有偿使用制度，并根据资源的稀缺程度将资源环境成本纳入其价格。通过建立资源产权制度，培育资源市场，用市场手段配置资源、实现资源的合理开发和利用。坚持开发利用与保护增值并重的方针，切实实行"谁开采谁保护、谁破坏谁恢复、谁利用谁补偿"的政策。对稀缺资源和不可再生资源，提高开采价格，控制过度开采；对可再生资源，如森林资源，采取经济补偿政策；对可综合利用的资源，制定具体的综合利用率指标体系和与之相配套的税收、惩罚制度，对不能做到合理综合利用资源的经济实体课以高税赋和重罚。要通过有效的资源环境成本内部化这一积极的市场手段，切实提高资源利用率、资源再生率，变索取性开采为保护性、再生性利用资源，建立起可持续发展的价格体系。(2)全面改革排污收费制度。一方面，要变超标排污收费制为排污收费、超标排污加重收费制。中国现行的排污收费制度，除"水污染防治法"规定的排污收费、超标准排污征收超标准排污费外，总的来说实行的是超标排污收费制度。排污收费、超标罚款并加重收费是世界许多国家通行的做法，而且"水污染防治法"规定的排污收费、超标准排污征收超标准排污费的制度的成功运作，更进一步说明中国推行这种制度的可行性。另一方面，要提高排污收费

第三节 国际可持续发展战略模式对中国的启示

标准。现行的低标准排污收费水平,从一定意义上,制约了企业治污的积极性。举例说明,二氧化硫治理1吨需费用约800元,而排放每吨收费仅200元,导致企业宁肯缴纳排污费,也不愿采取治污措施。所以,适当提高排污收费标准,对调动企业治污积极性是十分重要的。(3)适时推出环境税。环境税是对环境费的进一步补充。考虑到企业的负担,可以先行在重点行业推行,再进行推广。(4)明晰环境、资源产权。环境、资源的产权属于国家,国家既可以委托某一政府部门承担产权人权利;也可以采取法国自然资源管理模式,将国有自然资源委托给私营企业进行经营和管理。客观地说,后一种方式更有利于产权明晰,从而更有利于环境、资源的合理利用。(5)尽快建立环境基金。环境基金在某种意义上可以替代国家财政补贴职能,帮助企业摆脱治理环境污染资金不足的难题。环境基金的来源,可以来自环境税费,也可以来自国家财政划拨,甚至可以来自银行优惠信贷,当然也可以有少部分来自社会捐赠。(6)积极推行生态标志。生态标志不仅在发达国家广泛实行,而且在新兴工业化国家也开始推行。环境标志是市场条件下的产物,它不是依靠强制的法律规定或行政命令,迫使企业承担环境义务,而是根据市场销售导向,向企业反馈资源合理配置、清洁生产工艺、最佳处理技术及资源循环利用等方面的技术信息,使企业综合考虑产品"从摇篮到坟墓"的全过程环境行为。环境标志有利于使中国环境管理由单纯的强制性管理逐步发展为强制性和指导性相结合的管理方式,使企业由被动治理逐步变为主动治理。综上,中国强化环境管理市场机制,将有利于推动企业积极参与环境保护,进而有利于环境的改善。

五、依靠可持续发展技术创新,逐步调整产业结构

经济的不断发展是技术创新和与之相适应的制度创新相结合的结果。一个有效的国家创新体系能使一国在有限的资源条件下获得较快的经济发展。自第一次产业革命以来,世界经济的领头羊之所以在不断改变,重要因素之一是经济发展领先的国家确立了一个新的国家创新体系,出现了新的技术以及与之相适应的制度安排,即经济、科技、企业、管理的制度创新。当前,经济发展和社会进步对科技的依赖性日益增强,全球科学技术的日新月异和知识经济的迅猛发展为中国实施可持续发展战略提供了可能;中国将有条件大力发展建立在科技基础上的经济产业结构,逐步减少对资源环境的压力。中国作为一个人口大国,战略性的基础研究和技术开发会比小国更容易产生巨大的规模效益和知识的外溢效应。但是,我国目前的科技投入较低,科技手段与创新能力严重不足,科技成果转化率还很低,这与经济发展的要求形成尖锐的矛盾。

中国作为后起的发展中国家,赶超型的经济政策造就了产业结构的超常规发展。从工业发展的一般规律看,工业发达国家通常是先轻工业和加工业(环境污染较低),后基础工业、重化工业(环境污染较重)的发展模式。中国却反其道而行之,重化工业、基础工业先行,结果在人均国民生产总值几百美元的情况下出现了发达国家人均国民生产总值几千美元时才出现的比较严重的污染状况。由于产业结构的不合理,科技含量低,进一步加剧了高投入

低产出的矛盾。据测算,如果中国钢铁生产的技术和管理能力达到日本 80 年代的水平,每年可节省 5000 万吨标煤当量;如果国民产值单位能耗达到世界先进水平,每年可节省 3 亿吨标煤当量。从工业用水利用率看,中国单位产品用水量高出发达国家 5~10 倍。从资源消耗的国际比较看,据《世界资源报告》,每万美元 GDP 中,中国的铝消耗是加拿大、美国和日本的 2 倍,是英、意、法等国的 3 倍;铜消耗是美国、意大利和日本的 3 倍,英国的 4 倍;粗钢消耗是韩国和印度的 2 倍多,巴西的 4 倍,日本、意大利的 6~7 倍,美、英、法等国的 10 倍多;差别最悬殊的是铁矿石消耗,是巴西、印度的 5 倍多,日本的 13 倍,英、法的 25 倍,美国的 37 倍。这种"高能耗、高投入、高污染"的产业结构显然是不可持续的。

为此,应当积极进行产业结构调整,通过技术创新,建立"资源节约型"和"环境友好型"的国民经济体系。具体措施包括以下几个方面:(1)立足国内自身技术实力,积极引进国外适用的先进技术。要抓住全球推进可持续发展的契机,通过开展环境合作,从国外引进一批与环境保护和可持续发展相关的技术,实现技术创新的跳跃式发展。(2)继续大力推动建立国家科技创新体系,加快经济和科技体制改革步伐,构筑科技与经济结合,适于市场经济的新的创新体系。(3)完善技术市场,促进科技成果的转让与产业化;增加科技要素在经济发展中的比重,减少发展对资源环境的依赖性。(4)建立企业技术创新体系,提高企业技术创新能力同时,应鼓励企业增加对研发(R&D)的投入,逐步使企业成为技术创新的主体。

需要注意的是,传统的技术创新理论和技术创新活动对可持续发展目标的忽视是造成当今诸多环境及生态问题的重要原因。事实上,技术创新过程的每一环(从技术的评估、技术或工艺的选择,到技术的扩散、生产和经营的组织与管理)都存在着从可持续发展角度进行评价和控制的必要性,因为正是通过这些环节,技术得以物化为特定的生产过程并最终成为产品,从而对资源、环境、生态等产生正面或负面的影响。因此,要从对传统技术创新理论和技术创新活动的反思入手,从可持续发展的角度重新对传统技术创新活动进行系统地分析和评价,提出可持续发展的技术创新体系和技术选择方法,用可持续发展的技术创新理论来支持产业结构的调整。

六、顺应全球环保产业蓬勃发展的良好势头,立足本国培育中国环保产业

全球环保产业"方兴未艾",中国环保产业也呈现旺盛发展势头。按照1997年全国环保产业基本情况调查的统计,全国环保产业的年产值为521.7亿元,占国民生产总值的0.7%;与同年世界环保市场交易额4000亿美元相比,大约只占1%。1993年至1997年,环保产业产值年增长率达13.9%。总的来讲,中国环保产业尽管起步晚、起点低,但发展速度还是比较快的。

为了迎接环保产业迅速发展的趋势,政府必须因势利导促进环保产业的健康发展。为此,要积极从以下几个方面入手:(1)中国环保产业首先必须立足于国内环保市场。与发达国家相比,中国环保产业技术水平偏低,但国内存在着巨大的环保需求,因此有

必要在发展初期立足于国内环保市场。1998年,全国环境污染治理投资达722亿元,占全国GDP的1%;与中国环境污染治理的巨大需求相比,目前每年的环境投入仍然偏低,还需要逐年增加。这为中国环保产业发展提供了大好机遇。(2)给予有力地扶持。环保产业作为新兴产业,既需要大量投入,又面临国际市场激烈竞争的压力,所以,中国环保产业离不开政府的扶持。一国政府给予环保产业一定的扶持,是符合国际惯例的。例如,美国政府公开表示,环保产品享受出口退税,同时给予出口信贷上的优惠。日本政府提出了"21世纪绿化地球百年计划",并在一项总额达24亿日元的紧急经济对策中将大力发展环保产业放在突出地位。德国历届政府都把环保产业置于优先发展领域,现在德国每年的环保投资在60~80亿马克,其环保技术和产品占世界市场的21%。意大利环保产业技术水平在欧洲名列前茅,在世界上具有其独特的地位,这也是与其政府对环保产业的支持分不开的。意大利政府给予环保产业的优惠政策,分为三个层次:一是针对环保产品使用者的优惠政策;二是针对环保产品生产企业的优惠政策;三是对环保设施运行费的资助。针对环保产业企业生产者优惠政策的资金来源,有一部分来自环境税——政府首先对消费者征税,再将其返还给从事污染物处理的企业,这样,既解决了财源又控制了污染。因此,中国政府也要通过舆论引导、资金保障、内外政策协调,为环保产业"保驾护航"。(3)确保有效的领导。首先要搞好规划,确定扶持重点;其次要培育骨干企业,防止低水平重复建设;三是规范市场,狠抓产品质量。(4)促进环保产业市场化、国际化。从长期看,只有通过市场化、国际化引进竞争机制,才能调动企业学习国内外先进环保技术的积极性,切实提高国内环保产业水平。(5)注重发挥环保产业协会的作用。意大利环保产业取得举世瞩目成绩的另一个原因,是注重发挥产业协会的作用。意大利环保产业协会的组织结构和功能设计值得中国借鉴。意大利环保产业协会包括全国100多个与环保有关的工业集团和企业,领导成员由法律人员、经济学家和技术专家组成,主要从事筹集资金、贷款、提供技术改造等项服务。

中国环保产业总体水平处于发展初期,尚离不开政府的大力扶持和行业协会的指导,但只有逐步引进竞争机制,才能保证其健康发展。

七、利用加入 WTO 的契机,推动符合可持续发展的对外开放战略

1999年11月15日,中美两国政府就中国加入WTO达成协议,为中国加入WTO带来了机遇。中国加入WTO,对实施可持续发展战略既是机遇也是挑战。最直接的积极作用是有利于扩大出口、有利于吸引外商投资,从而有利于中国的经济增长,提高可持续发展的能力;但同时也对中国外汇平衡、产业安全等造成消极影响,对新兴的环保产业的发展也可能带来不利的冲击。中国应抓住加入WTO的契机,尽快改变高投入、高消耗型的产业结构,将可持续发展战略与对外开放紧密结合起来,兴利除弊,未雨绸缪,走出一条促进可持续发展的对外开放之路。

从可持续发展角度,审视当前中国对外贸易状况,主要存在以

第三节　国际可持续发展战略模式对中国的启示　593

下几方面问题:出口产品行业的污染密集度在30%以上,在出口额上升的同时,废水、废气、固体废弃物排放量也呈一定的上升趋势;出口产品不断碰到来自环境的壁垒,如出口欧盟的冻鸡案,对欧、美等国的含木质包装案等;外商投资于污染密集型产业占全部外商工业企业投资的30%左右;国外将严重污染环境的废弃物和技术、设备向中国境内非法转移;缺乏对人类、动植物健康和生态安全构成影响的转基因产品进口的有效监控等等。这些都要求我们在WTO框架内,创造性地加以解决。一是要不断优化出口产品结构,使之符合可持续发展的要求。要树立环境意识,在千方百计扩大出口的同时,提高产品档次,实现经济效益、环境效益的统一。二是充分利用WTO争端解决机制,对环境壁垒予以有效的回击。三是加强对进口的监管,对严重污染环境、危害生态安全的废弃物、设备和技术坚决予以打击。四是不断完善外商投资产业指导目录,防止外商以投资为名向中国转移污染密集型产业,同时也要对外商投资的转基因生物技术加强防范。五是中国加入WTO后,应同广大发展中国家一道,在WTO框架内争取发展的权力,反对将环境与贸易挂钩,积极探索消除环境壁垒的新途径,保护和争取自身的权益。

最后,在对外开放和可持续发展的国际合作中,要始终把握在环境与发展问题上的原则立场,即:经济发展必须与环境保护相协调;保护环境是全人类共同的任务,但是经济发达国家富有更大责任;加强国际环境与发展领域的合作必须以尊重国家主权为基础;保护环境和发展离不开世界的和平与稳定;处理环境问题应当兼顾各国现实的实际利益和世界的长远利益。坚持这个原

第五章 国际可持续发展战略评价和比较

则立场，对于切实维护国家的根本利益，保障中国的国家经济安全和生态环境安全，推动中国可持续发展战略的实施具有非常重要的意义。

参 考 文 献

1. 阿克塞尔·索姆(挪威):《北欧地理》,上海译文出版社,1987年。
2. 埃兹拉·沃格尔:《与中国共处——21世纪的美中关系》,新华出版社,1998年。
3. 安德鲁·坦泽著,杨真译:"网络化的岛国",《福布斯杂志》,1999年1月11日(美国)。
4. 曹凤中:《绿色的冲击》,中国环境科学出版社,1998年。
5. 曹学坤主编:《世界若干大城市社会经济发展研究》,北京科学技术出版社,1993年。
6. 陈汉文:《在世界舞台上》,四川人民出版社,1985年。
7. 陈慧增:"芬兰",《中国大百科全书》(世界地理卷),中国大百科全书出版社,1988年。
8. 陈利秋等编:《世界环境科技发展与实力分析》,中国环境科学出版社,1998年。
9. 戴维·里德主编:《结构调整、环境与可持续发展(Structural Adjustment, the Environment and Sustainable Development)》,中国环境出版社,1998年。
10. 德国概况,莎西埃德出版社,1995年。
11. "德国环境政策:基础、手段、新途径",《世界环境》,1995年2月。
12. 甘师俊主编:《可持续发展——跨世纪的抉择》,广东科技出版社,1997年。
13. (世界银行)哈密尔顿等著,张庆丰等译:《里约后五年——环境政策的创新》,北京:中国环境科学出版社,1998年8月。

14. 汉斯·摩根索:《国家间政治》,中国人民公安大学出版社。
15. 黄晶:"环发大会后的全球可持续发展趋势",《世界环境》,2000年第1期。
16. 黄晶:"环发大会后的重要全球性环境问题",《世界环境》,1999年第4期。
17. 黄晶、周海林:"可持续发展能力建设的理论分析与重构",《中国人口、资源与环境》,1999年第3期。
18. 黄晶、周海林:"中国可持续发展战略实施进展及其趋势",《中国人口、资源与环境》,2000年第1期。
19. Carl Floke等著,黄晶等译:《环境与贸易》,清华大学出版社,1998年。
20. 霍立浦:《法国的可持续发展政策和措施》,《中国人口、资源与环境》,北京,1998,8(2):87~89。
21. 姜文来:《水资源市场的初步研究》,《中国人口、资源与环境》,1997年8月,Vol. 7:17~20。
22. 卡尔·多伊奇:《国际关系分析》,世界知识出版社,1991年。
23. 邝杨:"欧盟的环境合作政策",《欧洲》,1998年第4期。
24. 李政:《巴黎地区车辆的单、双号轮流行驶计划——空气污染达到规定限额时的应急计划》,驻法使馆科技处。
25. 联合国开发计划署驻华代表处:《中国:人类发展报告人类发展与扶贫,1997》。
26. 联合国开发计划署驻华代表处:《中国人类发展报告1999》。
27. 刘洪主编:《国际统计年鉴》(1997),北京:中国统计出版社,1997年11月。
28. 刘丽云:"欧盟的环境政策与中欧在环发领域的合作",中国人民大学欧洲问题研究中心编:《欧洲问题研究论坛》,1998年第二辑。
29. 马佳:"新加坡提出21世纪五大理想",《北京晚报》,1999年5月6日。
30. 马林英:"以色列发展沙漠可持续农业的启示",《中国人口、资源与环境》,1999,9(1):84~88。
31. 毛中颖:"加拿大实施社会、经济、环境持续发展计划",《中国人口、资源与环境》,1995年3月。
32. 孟淑贤主编:《各国概况》(东南亚),北京:世界知识出版社,1996年。
33. 挪威南森研究所:《绿色全球年鉴1995》,北京:中国环境出版社,1995年。
34. 挪威南森研究所:《绿色全球年鉴1996》,北京:中国环境出版社,1996年。
35. 挪威南森研究所:《绿色全球年鉴1997》,北京:中国环境出版社,1997年。
36. 启廉、王会珍:《泰国—黄袍佛国/缅甸—佛塔之国》(世界知识丛书),北京:军事谊文出版社,1995年。
37. 乔治·W.霍夫曼主编:《欧洲地理》,天津人民出版社,1982年。
38. 世界银行:《1992年世界发展报告:发展与环境》,北京:中国财政经济出版社,1992年。
39. 世界银行:《1996年世界发展报告:从计划到市场》,北京:中国财经经济出版社,1996年。
40. 世界银行环境局等:《扩展衡量财富的手段》,中国环境科学出版社,1998年。
41. 《世界知识年鉴》(1995),世界知识出版社,1995年。
42. 世界资源研究所:《世界资源(1990~1991)》,北京:北京大学出版社,1992年。
43. 孙成权、施永辉:"加拿大全球变化研究的特点及借鉴意义",《中国人口、资源与环境》,1994年12月。
44. 王才楠编著:《中国周边国家及港澳台地区经济介评》,北京:经济科学出版社,1996年。
45. 王伟中、黄晶、傅小锋:"中国可持续发展指标体系建设的理论与实践",《中国软科学》,1999年第9期。
46. 王伟中主编:《地方可持续发展导论》,商务印书馆,1999年5月。
47. 王伟中主编:《中国可持续发展态势分析》,商务印书馆,1999年11月。
48. 杨兴礼:"简论90年代以色列的经济政策",《世界地理研究》,1998,7

(1):23~29。

49. 杨扬、靳仲华:"从欧洲'对华关系长期政策'看中欧科技合作的走向",《国际科技合作动态》,1995年8月。
50. 赵长春、杜新:《千湖之国》,时事出版社,1997年。
51. 赵黎青:"对联合国体系可持续发展思想的理解",《世界经济与政治》,1998年1月。
52. 郑新奇、孙希华等:"区域可持续发展并决策支持系统研究",《中国人口、资源与环境》,1998年8月,Vol. 8:73~76。
53. 中国21世纪议程管理中心:《中华人民共和国可持续发展国家报告》,1997年。
54. 中欧能源与可持续发展大会论文集。
55. 朱文转:"论可持续发展的环境资源价值观",《中国人口、资源与环境》,1998年8月,Vol.8: 4—6。
56. Capacity 21: Capacity 21 in Review, 1996.
57. Capacity 21: From Rio to Rabat-Capacity 21 at Mid-term, 1997.
58. Country Report to the 19th Special Session of the UN General Assembly on Implement of Agenda 21, New York, 23—27 June, 1997.
59. European Commission: Towards Sustainability, The European Commission's Progress Report and Action Plan on the Fifth Programme of Policy and Action in Relation to the Environment and Sustainable Development, European communities, 1997.
60. Federal Ministry of Environment, Youth and Family Affairs: Austria Country Profile (Implementation of Agenda 21), New York, 1997.
61. Finland Country Profile, Implementation of Agenda 21: review of progress made since the United Nations Conference On Environment And Development, 1992. Information provided by the government of Finland to the United Nations Commission on Sustainable Development, Fifth Session, 7—25 April, 1997, New York.
62. Germany country Frofile, Information provided by the Government of Ger-

many to the United Nations Commission on Sustainable Development, Fifth Session, 7—25 April, 1997, New York.
63. Heidrun Luelf: A Brief Survey of Singapore's Environmental Legislation, Environmental Law Digest, Vol. 1, No. 1, Regional Institute of Environmental Technology, Singapore Publicity and Standards Board, Singapore, 1998.
64. Japan Council for Sustainable Development: Japan Report for Rio + 5 Process, 1997.
65. Ministry Of Housing, Spatial Planning And Environment, Ministry Of Foreign Affairs, Ministry Of Economic Affairs, Ministry Of Agriculture, Nature Management And Fisheries, Ministry Of Finance, Ministry Of Transport, Public Works And Water Management, National Environmental Policy Plan 3(The Summary), 1998.
66. Ministry Of Housing, Spatial Planning And Environment, Towards A Sustainable Netherlands, 1997.
67. Ministry Of Housing, Spatial Planning And Environment Of The Netherlands, The Netherlands Country Profile, Information Provided By The Government Of The Netherlands To The United Nations Commission On Sustainable Development Fifth Session. New York, 1997.
68. Ministry Of Housing, Spatial Planning And Environment, Ministry Of Foreign Affairs, Developments In Sustainability (1992—1997), 1997.
69. Ministry of Sustainable Development and Environment National Secretariat of Planning. Agenda Bolivia 21. Republic of Bolivia, 1996.
70. New Zealand Country Profile.
71. Philippine Country Profile.
72. Population & Sustainable Development: Five Years After Rio, UNFPA, United Nations Population Fund, New York, NY 10017, USA.
73. R. Knowles & P. W. E. Stove: Western Europe in Maps, Longman Group Limited, 1982.

74. Report of Canada to The United Nations Commission on Sustainable Development, 1994.
75. Singapore: The Singapore Green Plan-Action Programmes, Ministry of The Environment, Singapore, 1993.
76. Singapore: The Singapore Green Plan: towards A Model Green City, Ministry of The Environment, Singapore, 1992.
77. Stefan Baumgarten: The Singapore Environmental Market: Asia's Hub, Regional Institute of Environmental Technology, The Strategist, Singapore, 1998.
78. SUSTAIBABLE AGRICULTURAL SYSTEMS FOR THE TWENTY-FIRST CENTURY THE ROLE OF MINERAL FERTILIZERS INTRODUCTION.
79. THAILAND COUNTRY PROFILE (Implementation of Agenda 21: Review of Progress made Since the United Nations Conference on Environment and Development, 1992).
80. The government of Israel: Israel Country Profile, 1997.
81. The Government of Japan: National Action Plan for Agenda 21.
82. The Ministry of Industry and Trade of Israel. The Israel Economy at a Glance. 1995.
83. Toways Sustainable Development in Germany: Report of the Government of the Federal Republic of Germany on the occasion of the Special Session of United Nations Gerneral Assembly on Environment and Development in 1997 in New York.
84. UNDP. Country Strategies for Social Development the Experience of Bolivia. United Nations, New York, NY 10017, 1995.
85. United Nations Department for Policy Coordination and Sustainable Development: Country Profile of Japan, New York, 1997.
86. United Nations Department of Economic and Social Affairs, CANADA COUNTRY PROFILE IMPLEMENTATION OF AGENDA 21: REVIEW

OF PROGRESS MADE SINCE THE UNITED NATIONS CONFERENCE ON ENVIRONMENT AND DEVELOPMENT, 1992.
87. United Nations Development Programme: Undp Today.
88. United Nations, Towards Indicators of Sustainable Development in Asia and the Pacific.
89. United Nations: Implementation of Agenda 21: Singapore Country Profile, United Nations Department for Policy Coordination and Sustainable Development, New York, 1997.

后　记

随着经济全球化趋势的发展和全球环境问题的日益严重,可持续发展越来越受到社会各界的关注,其基本思想已逐步渗透到社会经济发展的各个领域,对各国重新制定发展战略提出了新的要求,也给建立新的国际政治经济秩序带来了新的影响因素。在过去的十几年中,特别是里约会议以来,各国纷纷调整发展战略,争取在可持续发展的各个国际领域维护自己的利益;各个国际组织也制定了支持可持续发展的计划,以展示各自在可持续发展的国际舞台上的形象。为了给国内各有关部门和研究机构提供国际可持续发展方面的最新信息和参考材料,中国 21 世纪议程管理中心组织编著了这本《国际可持续发展战略比较研究》。参加本书编写的有中国 21 世纪议程管理中心的领导和研究人员,以及来自中国科学院、中国社会科学院、清华大学、北京大学、南开大学、北京师范大学、中国人民大学、首都师范大学和首都经贸大学的知名专家、学者和研究生。参加各章节编写的人员如下:

引　言　王伟中、郭日生

第一章　杨川、黄晶、周海林、陈漓高

第二章　第一节:夏星辉、周海林,第二节:程红光、杨志峰,第三节:程红光、王金生,第四节:王恩宙,第五节:田至美,第六节:

徐琳瑜、杨志峰,第七节:王晓峰,第八节:傅小峰、张军涛,第九节:闫林,第十节:高詠,第十一节:于宏源,第十二节:曾红鹰、马丽,第十三节:任亚楠、周海林,第十四节:曾思育、李明,第十五节:李高,第十六节:任亚楠,第十七节:马丽、周伟,第十八节:周海林

第三章 第一节:何孟常,第二节:曾思育,第三节:张远、王颢,第四节:于宏源、闫林,第五节:牛冬杰,第六节:张远、王金生,第七节:夏丽萍、杨志峰、张军涛,第八节:张远、杨志峰,第九节:王红瑞、冉圣宏

第四章 第一节:贾兰庆,第二节:于长青、罗怀圣,第三节:王恩宙、黄晶,第四节:高詠,第五节:黄晶,第六节:李小梅、王金生,第七节:夏丽萍、王金生、任亚楠,第八节:王丽、李明

第五章 杨川、周海林、黄晶、陈漓高

全书由王伟中、郭日生审阅定稿。

本书是在中国21世纪议程管理中心的组织下,经过多次专家和研究人员的研讨,最后分工编写完成。在编写出版的工作中得到了科学技术部农村与社会发展司、国家发展计划委员会地区经济发展司的大力支持。中国21世纪议程管理中心战略研究处为组织本书的撰稿、修改和出版作了大量的工作。在本书的策划和撰写过程中,得到很多专家和有关人士的热情帮助。中国环境与发展国际合作委员会秘书长张坤民教授、联合国开发计划署(UNDP)驻北京代表处助理代表何进博士、UNDP驻北京代表处方案支持部主任路磊博士、中国常驻联合国代表团张小安参赞、中国社会科学院世界经济所研究员潘家华博士(现任联合国政府间气候变化专门委员会第三工作组专家)、美国哈佛大学博士后研究

人员于长青先生(现任环境资源管理集团 ERM 中国公司北京地区经理)、美国麻省理工学院研究生贾兰庆先生(现任世界银行东亚局环境处高级项目官员)、中国 21 世纪议程管理中心环境无害化技术转移中心德国专家鲁德福(Rolf Dietmar)先生、北京师范大学环境科学研究所所长杨志峰教授、王金生博士和宁大同教授、首都师范大学地理系宫辉力博士等都提出了宝贵的意见和建议,有的还参加了部分章节的撰写。在本书的编写过程中,还得到天津市科委的热情支持。在此一并表示衷心的感谢。

我们还非常感谢商务印书馆地理编辑室对本书编辑出版工作的大力支持和付出的辛勤劳动。

最后,我们特别要感谢科学技术部邓楠副部长在百忙之中为本书作序。

限于水平,本书文中定有不少不妥之处,敬请读者不吝指正,以便在本书再版时及我们以后的工作中不断改进。

中国 21 世纪议程管理中心

2000 年 6 月